国家科学技术学术著作出版基金资助出版

模糊偏好关系及其应用

王绪柱　武彩萍　薛　娜　著

科学出版社

北　京

内 容 简 介

本书系统讨论了模糊偏好关系的基本理论及其应用. 首先对普通偏好关系以及模糊逻辑联结运算等工具进行系统的介绍; 然后讨论模糊偏好关系理论, 主要集中于模糊关系的各种性质及其度量以及模糊偏好结构理论; 应用方面, 介绍了模糊选择函数以及基于模糊关系的模糊量排序.

模糊偏好关系理论是模糊决策的重要理论基础及工具. 本书可供应用数学、运筹学、经济学、决策理论及应用等相关学科的研究生以及科研人员参考.

图书在版编目(CIP)数据

模糊偏好关系及其应用/王绪柱, 武彩萍, 薛娜著. —北京: 科学出版社, 2016.6

　ISBN 978-7-03-049337-8

Ⅰ.①模… Ⅱ.①王… ②武… ③薛… Ⅲ.①模糊数学—研究　Ⅳ.①O159

中国版本图书馆 CIP 数据核字(2016) 第 152180 号

责任编辑: 王　静 / 责任校对: 张凤琴
责任印制: 徐晓晨 / 封面设计: 迷底书装

科学出版社 出版
北京东黄城根北街 16 号
邮政编码: 100717
http://www.sciencep.com

北京虎诚则铭印刷科技有限公司 印刷
科学出版社发行　各地新华书店经销

＊

2016 年 7 月第　一　版　　开本: 720×1000　1/16
2017 年 3 月第二次印刷　　印张: 16 1/2
字数: 333 000

定价: 49.00 元
(如有印装质量问题, 我社负责调换)

前　　言

一般而言, 决策分析研究备择对象的选择与排序问题, 为此, 必须对备择对象进行适当的比较以确定其优劣. 比较备择对象可能有多种方法, 如两两比较、一个与多个进行比较、一部分与另一部分进行比较等, 而两两 (逐对) 比较 (pairwise comparisons) 则是人们最为常用的比较方法之一. 数学上, 常用关系来描述这种比较, 由于决策中关系都是定义在全体备择对象集上, 实际上反映了决策者对备择对象的偏好 (preference), 所以常称为偏好关系. 现实中, 存在各种各样的偏好, 如大偏好、严格偏好、无区别关系等. 所以, 偏好关系现已渗入决策分析方面方面, 形成了一些别具特色的决策分支, 而偏好构模 (preference modeling) 理论则是它们的典型代表. 1965 年, L.A. Zadeh 提出模糊集的概念之后, 模糊思想很快深入决策领域, 形成了模糊决策. 模糊决策主要研究模糊环境下备择对象的选择与排序问题, 其中同样涉及备择对象的两两比较. 由于环境的模糊性以及考虑到决策者的主观因素, Orlovsky 认为: 决策者们在确定 "A 好于 B" 还是 "B 好于 A" 时显得左右为难, 此时更为适合的方法是用 [0,1] 中的数来描述 "A 好于 B" 以及 "B 好于 A" 的程度, 这就是 "赋值偏好 (valued preference)" 或者 "模糊偏好 (fuzzy preference)". 由于模糊偏好实际上是备择对象集上的模糊关系, 它反映决策者确定备择对象偏好时的模糊不确定性, 所以常称为模糊偏好关系. 本书即为模糊偏好关系及其在模糊量排序以及模糊选择函数的应用方面的一本专著, 它在总结了作者们多年来研究成果的同时, 也汇集了研究模糊偏好关系所需要的一些基础知识以及国际上有关模糊偏好的最新研究成果.

本书的主要内容如下: 第 1 章是关于普通 (偏好) 关系的一些预备知识, 包括关系的运算、偏好关系所可能具有的一些决策性质以及普通偏好结构, 所涉及的内容及相关结果是我们模糊化的基础. 第 2 章系统整理了模糊逻辑联结运算的相关内容, 主要包括模糊非、t-模、t-余模、模糊蕴涵、模糊等价等五类模糊联结算子. 第 3 章讨论模糊关系, 详细介绍了模糊关系的运算、迹、性质、闭包及内部, 其中模糊偏好关系的性质是本章讨论的重点, 这些性质包括了非对称、完全、传递、弱传递、负传递、半传递、一致、非循环以及 Ferrers 性等, 在讨论了它们之间关系的同时, 给出了它们的度量研究, 从而将相关结果推广到指标层面上. 第 4 章为模糊偏好结构, 其内容包括可加的 φ-模糊偏好结构及其性质、无不可比关系的可加的 φ-模糊偏好结构及一些常见的偏好结构 (如模糊弱序、模糊全区间序以及模糊全半序结构), 本章在参照大量文献资料的基础上, 选取可加偏好结构作为讨论的主线, 将国际上有关模糊偏好结构的研究与我们的研究结果统一起来, 系统地整理并完善了有关模糊偏好结构的主要研究成果. 第 5 章是模糊数排序, 涉及在已知模糊偏好关系作为排序指标的情况下, 模糊量最终序关系的确定问题、典型的排序指标的传递性以及序关系的合理性等重要研究内容. 第 6 章为模糊选择函数, 我们以 Bernerjee 模糊选择函数为基础, 主要对选择函数与模糊偏好有关的课题进行了深入的研究, 内容涉及模糊选择函数及其导出的模糊偏好、模糊选择函数的合理性研究以及基于模糊偏好的模糊选择函数等. 本书的主要特点如下:

(1) 本书汇集了作者们及其研究小组多年来的研究结果, 除第 5 章和第 6 章完全是我们自己的研究成果以外, 也收入了我们关于 t-模的旋转不变性、模糊蕴涵、基于 (S,n)-蕴涵的模糊等价、模糊关系性质之间关系、性质度量以及模糊偏好结构方面的最新研究结果.

(2) 书稿的内容自成体系, 基本概念都有严格的定义、详细的讨论, 除个别结果以及模糊数学基础理论外, 所有用到的结论都给出了严格的证明.

(3) 在一些章节或概念之后, 介绍了与本章节或概念有关的更进一步的研究或其他形式, 为感兴趣的读者进一步阅读或研究提供一些线索.

模糊偏好关系理论是模糊决策的重要理论基础及工具, 是国际上从事模糊决策理论及应用研究的学者所关注的一个热门领域, 我们希望书稿的出版能为国内的相关研究人员提供模糊偏好关系主要研究成果的系统介绍, 并借此推动该研究在国内的开展.

本书的写作过程中得到了研究生们的大力帮助, 科学出版社王静编辑及其他编辑们也为书稿的出版付出了辛勤的劳动, 在此一并致谢! 另外, 本书得到了国家科学技术学术著作出版基金、山西省高等学校哲学社会科学研究项目 (2014314)、山西省研究生教育改革研究课题 (20142028) 的资助.

由于作者的水平限制, 不当之处在所难免, 还望指正.

作 者

2016 年 5 月

目　　录

第1章 关　　系

在数学中, 存在各种各样的关系, 如实数的大于关系, 矩阵的等价、合同以及相似关系, 线性空间的同构关系等. 甚至有人说, 数学就是研究关系. 在日常生活中, 关系也随处可见, 例如: 亲戚关系、师生关系、上下级关系等. 直观上来看, 关系表达客体之间的联系. 那么如何从数学上描述这种联系呢? 我们从关系的概念开始.

1.1　关系的概念与运算

1.1.1　关系的基本概念

对任意集合 X, $P(X)$ 表示 X 的幂集, 即 X 的所有子集的集合.

定义 1.1　设 A 和 B 是两个集合, $R \subseteq A \times B$, 称 R 是从 A 到 B 的一个二元关系, 简称一个关系 (relation). 若 $(a,b) \in R$, 则称 A 与 B 具有关系 R, 简记为 aRb.

由定义可知, 从 A 到 B 的关系 R 是 $A \times B$ 的一个子集, 所以也可以用符号表示为 $R \in P(A \times B)$. 如果这个子集是空集, 则 R 称为空关系, 记为 $\varnothing$. 如果这个子集是 $A \times B$ 本身, 则 R 称为全关系. 特别地, 当 $A = B$ 时, R 称为 A 上的关系. 本书所涉及的关系均为 A 上的关系. A 上的一个特殊的关系为 $I_A = \{(a,a)|a \in A\}$, 该关系称为 A 上的恒等关系.

例 1.1　设 $A = \{1,2,3,4,5,6\}$, R 定义为"整除关系", 即

$$
\begin{aligned}
R =& \{(a,b) \mid a \mid b, \ a,b \in A\} \\
=& \{(1,1),(1,2),(1,3),(1,4),(1,5),(1,6),(2,2), \\
& (2,4),(2,6),(3,3),(3,6),(4,4),(5,5),(6,6)\},
\end{aligned}
$$

则 R 是 A 上的一个关系.

设 R_1 和 R_2 是 A 上的关系, 定义 R_2 包含 R_1 为: $\forall a,b \in A$, $aR_1b \Longrightarrow aR_2b$, 记为 $R_1 \subseteq R_2$. 若 $R_1 \subseteq R_2$ 且 $R_2 \subseteq R_1$, 则称 R_1 与 R_2 相等, 记为 $R_1 = R_2$.

1.1.2　关系的基本运算

因为关系即为集合, 故关系的许多运算和集合的运算相同. 如关系存在一元运

算余及二元运算并、交, 除这些运算外, 关系也有其特有的运算, 如逆运算、对偶运算以及合成运算等, 下面是这些运算的具体定义.

定义 1.2 设 R, R_1 和 R_2 是 A 上的关系, 定义

(1) R 的余 (complement) $R^c = \{(a,b)|(a,b) \notin R\}$;

(2) R 的逆 (inverse) $R^{-1} = \{(a,b) \mid (b,a) \in R\}$;

(3) R 的对偶 (dual) $R^d = \{(a,b)|(b,a) \notin R\}$;

(4) R_1 与 R_2 的交 (intersection) $R_1 \cap R_2 = \{(a,b)|aR_1b \text{且} aR_2b\}$;

(5) R_1 与 R_2 的并 (union) $R_1 \cup R_2 = \{(a,b)|aR_1b \text{或} aR_2b\}$;

(6) R_1 与 R_2 的合成 (composition) $R_1 \circ R_2 = \{(a,c)|\exists b \in A, aR_1b \text{ 且 } bR_2c\}$.

我们规定 $R^1 = R$, 对 $n \geqslant 2$ 的正整数, R^n 递归地定义为 $R^{n-1} \circ R$.

例 1.2 设 $A = \{a,b,c,d\}$, $R = \{(a,a),(a,c),(b,c),(c,b),(c,d),(d,a),(d,d)\}$, 则

$$R^{-1} = \{(a,a),(c,a),(b,c),(c,b),(d,c),(a,d),(d,d)\};$$

$$R^c = \{(a,b),(a,d),(b,a),(b,b),(b,d),(c,a),(c,c),(d,b),(d,c)\};$$

$$R^d = \{(b,a),(d,a),(a,b),(b,b),(d,b),(a,c),(c,c),(b,d),(c,d)\};$$

$$R^2 = \{(a,a),(a,b),(a,c),(a,d),(b,b),(b,d),(c,a),(c,c),(c,d),(d,a),(d,c),(d,d)\}.$$

注 1.1 逻辑上, 并、交分别表示两个关系的 "或" 及 "与", 余表示一个关系的 "非". 而其他运算也有其自己的实际意义, 例如: 若 R 表示 "好于" 关系的话, R^{-1} 可理解为 "差于" 关系. 另外, 由定义容易验证: "叔侄" 关系是 "弟兄" 关系与 "父子" 关系的合成, "堂兄弟" 关系可表示为 "(父子$^{-1}$ ∘ 弟兄) ∘ 父子".

下列命题给出了关系运算的性质.

命题 1.1 设 R, R_1, R_2 是 A 上的关系, 则

(1) $R^d = (R^c)^{-1} = (R^{-1})^c$;

(2) $(R^{-1})^{-1} = R$, $(R^c)^c = R$;

(3) $R_1 \subseteq R_2 \iff R_1^{-1} \subseteq R_2^{-1}$;

(4) $(R_1 \cap R_2)^c = (R_1)^c \cup (R_2)^c$, $(R_1 \cup R_2)^c = (R_1)^c \cap (R_2)^c$;

(5) $(R_1 \cup R_2)^{-1} = R_1^{-1} \cup R_2^{-1}$, $(R_1 \cap R_2)^{-1} = R_1^{-1} \cap R_2^{-1}$;

(6) $(R_1 \circ R_2) \circ R_3 = R_1 \circ (R_2 \circ R_3)$;

(7) $(R_1 \circ R_2)^{-1} = R_2^{-1} \circ R_1^{-1}$;

(8) $R \circ (R_1 \cup R_2) = (R \circ R_1) \cup (R \circ R_2)$, $(R_1 \cup R_2) \circ R = (R_1 \circ R) \cup (R_2 \circ R)$;

(9) 当 l, m, n 是任意的正整数时, $R^l \circ R^m = R^{l+m}$, $(R^l)^m = R^{lm}$.

证明 我们证明 (1), (6) 及 (9), 其余证明留给读者.

(1) 对任意 $a,b \in A$,

$$(a,b) \in R^d \iff (b,a) \notin R \iff (b,a) \in R^c \iff (a,b) \in (R^c)^{-1}.$$

所以, $R^d = (R^c)^{-1}$. 类似可得 $R^d = (R^{-1})^c$.

(6) 对任意 $a, b \in A$,

$$
\begin{aligned}
(a, b) \in (R_1 \circ R_2) \circ R_3 &\Longleftrightarrow \exists c \in A, \text{ 使得}(a, c) \in (R_1 \circ R_2) \text{ 且}(c, b) \in R_3 \\
&\Longleftrightarrow \exists c, d \in A, \text{ 使得}(a, d) \in R_1 \text{ 且}(d, c) \in R_2 \text{ 且}(c, b) \in R_3 \\
&\Longleftrightarrow \exists d \in A, \text{ 使得}(a, d) \in R_1 \text{ 且}(d, b) \in R_2 \circ R_3 \\
&\Longleftrightarrow (a, b) \in R_1 \circ (R_2 \circ R_3).
\end{aligned}
$$

故 $(R_1 \circ R_2) \circ R_3 = R_1 \circ (R_2 \circ R_3)$.

(9) 对 m 用数学归纳法证明 $R^l \circ R^m = R^{l+m}$.

$m = 1$ 时, $R^l \circ R = R^{l+1}$ 即为定义. 假设 $m = k - 1$ 时上述等式成立, 下面考虑 $m = k$ 时的情况, 由 (6) 及归纳假设,

$$
R^l \circ R^k = R^l \circ (R^{k-1} \circ R) = (R^l \circ R^{k-1}) \circ R = (R^{l+k-1}) \circ R = R^{l+k},
$$

故 $R^l \circ R^m = R^{l+m}$.

类似可证 $(R^l)^m = R^{lm}$. □

1.1.3 有限集上的关系的矩阵表示法

有限集上的关系除了可以像在例 1.1 中那样用集合表示外, 还可以用只含 $0, 1$ 元的矩阵来描述, 具体做法如下: 设 $A = \{a_1, a_2, \cdots, a_n\}$, R 为 A 上的一个二元关系, 则 R 确定一个矩阵 $(r_{ij})_{n \times n}$, 其中

$$
r_{ij} = \begin{cases} 1, & a_i R a_j, \\ 0, & \text{其他}. \end{cases}
$$

以后, 我们就用该矩阵表示关系 R, 即 $R = (r_{ij})_{n \times n}$, 如例 1.2 中所涉及的关系可用矩阵表示为

$$
R = \begin{pmatrix} 1 & 0 & 1 & 0 \\ 0 & 0 & 1 & 0 \\ 0 & 1 & 0 & 1 \\ 1 & 0 & 0 & 1 \end{pmatrix}, \quad R^{-1} = \begin{pmatrix} 1 & 0 & 0 & 1 \\ 0 & 0 & 1 & 0 \\ 1 & 1 & 0 & 0 \\ 0 & 0 & 1 & 1 \end{pmatrix},
$$

$$
R^c = \begin{pmatrix} 0 & 1 & 0 & 1 \\ 1 & 1 & 0 & 1 \\ 1 & 0 & 1 & 0 \\ 0 & 1 & 1 & 0 \end{pmatrix}, \quad R^d = \begin{pmatrix} 0 & 1 & 1 & 0 \\ 1 & 1 & 0 & 1 \\ 0 & 0 & 1 & 1 \\ 1 & 1 & 0 & 0 \end{pmatrix}.
$$

在决策分析中, 决策者经常需要对一些备选对象 (方案、人、物等) 之间进行比较, 这些备选的对象称为备择对象 (alternatives). 若我们用 A 表示所有的备择对象集, A 上的关系通常表示决策者在对备择对象进行两两比较时的一种偏好 (preference), 如 "好于" "不差于" "无区别" 等都表示决策者的某种偏好, 当它们用关系来表述时, 习惯上称之为偏好关系. 所以, 本书中的偏好关系指的是备择对象集上的二元关系. 例如: 三个备择对象 a, b, c 构成的备择对象集为 $A = \{a, b, c\}$. 若一个决策者认为: "a 好于 b" "b 好于 c" 且 "a 好于 c", 则我们就可以用 A 上的关系 $P = \{(a, b), (a, c), (b, c)\}$ 来表述该 "好于" 关系, P 实际上反映了该决策者的偏好, 是最典型的一类偏好关系 (严格偏好). 本书以各种偏好关系及其模糊化形式作为研究对象.

1.2 关系的基本性质

1.2.1 基本性质

设 R 是 A 上的一个关系, R 的各种性质定义如下:

(1) 自反性 (reflexivity): $\forall a \in A, aRa$;

(2) 非自反性 (irreflexivity): $\forall a \in A, aR^c a$;

(3) 对称性 (symmetry): $\forall a, b \in A, aRb$ 时, bRa;

(4) 反对称性 (antisymmetry): $\forall a, b \in A, a \neq b, aRb$ 时, $bR^c a$;

(5) 非对称性 (asymmetry): $\forall a, b \in A, aRb$ 时, $bR^c a$;

(6) 完全性 (completeness): $\forall a, b \in A, a \neq b$ 时, aRb 或 bRa;

(7) 强完全性 (strong completeness): $\forall a, b \in A, aRb$ 或 bRa;

(8) 传递性 (transitivity): $\forall a, b, c \in A, aRb$ 且 bRc 时, aRc;

(9) 负传递性 (negative transitivity): $\forall a, b, c \in A, aRc$ 时, aRb 或 bRc;

(10) 半传递性 (semitransitivity): $\forall a, b, c, d \in A, aRb$ 且 bRc 时, aRd 或 dRc;

(11) Ferrers 性质: $\forall a, b, c, d \in A, aRb$ 且 cRd 时, aRd 或 cRb;

(12) 非循环性 (acyclicity):

对任意正整数 n, 不存在 $a_1, a_2, \cdots, a_n$ 使得 $a_1 R a_2 R \cdots R a_n R a_1$.

注 1.2   据我们所知, Ferrers 性质以及半传递性分别是 Riguet[1] 以及 Chipman[2] 提出来的. 非循环的定义取自文献 [3], 其他文献中有不同的定义方法[4−8], 例如: 文献 [6], [8] 中 R 的非循环性即为我们的定义下 R 的严格部分 $P_R = R \cap R^d$ 的非循环性, 而文献 [5], [7], [9] 给出的 R 非循环的定义在 R 为强完全的情况下即为我们的定义下 P_R 的非循环性. 我们认为, 本书所采用的定义较为自然.

由定义立得:

(1) R 非对称 $\iff R$ 非自反且反对称;

(2) R 强完全 $\iff R$ 自反且完全;

(3) R 非循环 $\implies R$ 非自反;

(4) R 传递、非自反 $\implies R$ 非循环;

(5) R 传递、非自反 $\implies R$ 非对称;

(6) R 传递 $\implies P_R$ 非循环.

另外, 就上面所定义的各种性质而言, R 与 R^{-1} 的性质相同, 从而 R^c 与 R^d 的性质相同. 例如: R 自反 $\iff R^{-1}$ 自反; R^c 自反 $\iff R^d$ 自反, 等等.

容易证明下列结论.

命题 1.2 设 R 是 A 上的关系.

(1) R 非对称 $\iff R^{-1} \cap R = \varnothing$;

(2) R 强完全 $\iff R \cup R^{-1} = A \times A$;

(3) R 对称 $\iff R^{-1} = R$;

(4) R 反对称 $\iff R^{-1} \cap R \subseteq I_A$;

(5) R 传递 $\iff R^2 \subseteq R$.

1.2.2 基本性质之间的联系

首先, 给出了关系与它的余关系性质之间的联系.

命题 1.3 设 R 是 A 上的关系.

(1) R 自反 $\iff R^c$ 非自反, R 非自反 $\iff R^c$ 自反;

(2) R 对称 $\iff R^c$ 对称;

(3) R 反对称 $\iff R^c$ 完全, R 完全 $\iff R^c$ 反对称;

(4) R 非对称 $\iff R^c$ 强完全, R 强完全 $\iff R^c$ 非对称;

(5) R 传递 $\iff R^c$ 负传递, R 负传递 $\iff R^c$ 传递;

(6) R 半传递 $\iff R^c$ 半传递;

(7) R 为 Ferrers 关系 $\iff R^c$ 为 Ferrers 关系.

证明 我们证明 (3) 及 (6), 其余证明留给读者.

(3) 设 R 反对称, $\forall a, b \in A$, $a \neq b$, $a(R^c)^c b$, 则 aRb. 由 R 反对称, $bR^c a$, 即 R^c 完全. 反之, 设 R^c 完全, $\forall a, b \in A$, $a \neq b$, aRb, 即 $a(R^c)^c b$, 由完全性, $bR^c a$, 故 R 反对称. 类似可证 R 完全 $\iff R^c$ 反对称.

(6) 设 $\forall a, b \in A$, $aR^c b$ 且 $bR^c c$, 此时, 若 $a(R^c)^c d$ 且 $d(R^c)^c c$, 则 aRd 且 dRc, 由 R 的半传递性, aRb 或 bRc, 矛盾. 故 R 半传递 $\implies R^c$ 半传递. 由命题 1.1(2) 得 $R = (R^c)^c$, 故 R^c 半传递 $\implies R$ 半传递. □

若一个关系 R 具有某个性质 P_1 当且仅当 R^d 具有性质 P_2, 则称 P_1 与 P_2 是对偶性质. 所以, 自反与非自反、R 反 (非) 对称与 (强) 完全、传递与负传递均为对偶性质, 而对称性、半传递性以及 Ferrers 性质由于与自身对偶, 故将它们称为自对偶性质. 接下来, 我们给出传递、负传递、半传递以及 Ferrers 性质之间的关系.

命题 1.4　设 R 是一个 A 上的关系.

(1) 若 R 完全且传递, 则 R 是一个负传递、半传递的 Ferrers 关系;

(2) 若 R 反对称且负传递, 则 R 是一个传递、半传递的 Ferrers 关系;

(3) 若 R 非自反且半传递, 则 R 传递;

(4) 若 R 自反且半传递, 则 R 负传递;

(5) 若 R 非自反、完全且半传递, 则 R 为 Ferrers 关系;

(6) 若 R 是非自反的 Ferrers 关系, 则 R 传递;

(7) 若 R 是自反的 Ferrers 关系, 则 R 负传递;

(8) 若 R 是非自反、完全的 Ferrers 关系, 则 R 半传递;

(9) 若 R 传递且负传递, 则 R 是一个半传递的 Ferrers 关系.

证明　(1) 先证负传递性. 设 aRc, 证明: $\forall b$, aRb 或 bRc.

若 $b = a$, 显然.

若 $b \neq a$, 设 aR^cb, 则由完全性, bRa, 由于 aRc, 根据传递性, bRc.

再证半传递性. 设 aRb 且 bRc, 证明: $\forall d$, aRd 或 dRc.

若 $d = a$, 则 dRb 且 bRc. 由传递性得 dRc.

若 $d \neq a$, 设 aR^cd, 则由完全性得 dRa. 又由 aRb, bRc, 根据传递性得 dRc.

最后证 Ferrers 性质. 设 aRb 且 cRd, 证明 $\forall c, d \in A$, aRd 或 cRb.

若 $d = a$, 则由 cRa, aRb 及传递性得 cRb.

若 $d \neq a$, 设 aR^cd, 则由完全性得 dRa. 又 cRd, 由传递性得 cRa. 又 aRb, 再由传递性得 cRb.

(2) 因为 R 反对称且负传递, 由命题 1.3(3)、(5) 知 R^c 完全且传递. 由 (1) 知 R^c 是一个负传递、半传递的 Ferrers 关系. 再由命题 1.3(5)、(6)、(7) 知 R 是一个传递、半传递的 Ferrers 关系.

(3) 对任意 $a, b, c \in A$, 若 aRb, bRc, 由半传递性, aRc 或 cRc, 由于 R 的非自反性, 故 cRc 不可能, 所以 aRc.

(4) 由 R 自反且半传递, 则由命题 1.3(1)、(6) 知, R^c 非自反且半传递, 由 (3) 知 R^c 传递, 再由命题 1.3(5) 知 R 负传递.

(5) 因为 R 非自反且半传递, 由 (3) 知 R 传递. 又因为 R 完全, 由 (1) 知 R 为 Ferrers 关系.

(6) 对任意 $a, b, c \in A$, 若 aRb 且 bRc, 由 Ferrers 关系知 aRc 或 bRb(与 R 非自反矛盾). 故 aRc.

(7) 因为 R 是自反的 Ferrers 关系, 由命题 1.3(1), (7) 知, R^c 为非自反的 Ferrers 关系, 由 (6) 知 R^c 传递, 再由命题 1.3(5) 知 R 负传递.

(8) 因为 R 是非自反的 Ferrers 关系, 由 (6) 知 R 传递. 又因为 R 完全, 由 (1) 知 R 半传递.

(9) 先证半传递性. 假设存在 $a, b, c \in A$ 满足 aRb 及 bRc, 由传递性知 aRc. 再由负传递性知, 对任意 $d \in A$, aRd 或 dRc.

再证 Ferrers 性质. 对任意 $a, b, c, d \in A$, aRb 且 cRd, 证明 aRd 或 cRb. 由 aRb 及负传递性, 知 aRc 或 cRb. 若 cRb, 已证. 若 aRc, 由 cRd 及传递性得 aRd. □

当然, 除了上面所给出的关系外, 还有其他一些关系, 如 "若 R 非自反、完全且半传递则 R 负传递" "若 R 自反、反对称且半传递, 则 R 是一个传递的 Ferrers 关系" 等, 这里就不一一列举了.

1.3 关系的特征函数

1.3.1 特征函数的概念及关系运算的特征函数

我们知道, 一个 A 上的关系 R 是 $A \times A$ 的一个普通子集, 它的特征函数 (也称之为特征关系) 为: 对任意的 $a, b \in A$,

$$\chi_R(a, b) = \begin{cases} 1, & aRb, \\ 0, & \text{否则}. \end{cases}$$

显然, 空关系的特征函数的值恒为 0, 全关系的特征函数的值恒为 1.

命题 1.5 设 $R, S \in P(A \times A)$, 则关系的各种运算的特征函数如下:

(1) $\forall a, b \in A$, $\chi_{R \cup S}(a, b) = \max\{\chi_R(a, b), \chi_S(a, b)\}$;

(2) $\forall a, b \in A$, $\chi_{R \cap S}(a, b) = \min\{\chi_R(a, b), \chi_S(a, b)\}$;

(3) $\forall a, b \in A$, $\chi_{R^c}(a, b) = 1 - \chi_R(a, b)$;

(4) $\forall a, b \in A$, $\chi_{R^{-1}}(a, b) = \chi_R(b, a)$;

(5) $\forall a, b \in A$, $\chi_{R \circ S}(a, b) = \sup_{c \in A} \min\{\chi_R(a, c), \chi_S(c, b)\}$.

证明 这里我们仅给出 (1) 与 (5) 的证明.

(1) 任取 $a, b \in A$,

$$\chi_{R \cup S}(a, b) = 1 \Longleftrightarrow (a, b) \in R \cup S$$
$$\Longleftrightarrow (a, b) \in R \text{ 或 } (a, b) \in S$$
$$\Longleftrightarrow \chi_R(a, b) = 1 \text{ 或 } \chi_S(a, b) = 1$$
$$\Longleftrightarrow \max\{\chi_R(a, b), \chi_S(a, b)\} = 1.$$

(5) 任取 $a, b \in A$,

$$\chi_{R \circ S}(a, b) = 1 \Longleftrightarrow (a, b) \in R \circ S$$
$$\Longleftrightarrow \exists c \in A, (a, c) \in R \text{ 且} (c, b) \in S$$
$$\Longleftrightarrow \exists c \in A, \chi_R(a, c) = 1 \text{ 且} \chi_S(c, b) = 1$$
$$\Longleftrightarrow \exists c \in A, \min\{\chi_R(a, c), \chi_S(c, b)\} = 1$$
$$\Longleftrightarrow \sup_{c \in A} \min\{\chi_R(a, c), \chi_S(c, b)\} = 1. \qquad \square$$

在有限论域的关系矩阵表示法中, 矩阵中元素的值实际即为特征函数值. 具体来说, 若 $A = \{a_1, a_2, \cdots, a_n\}$, R 是 A 上的关系, 其矩阵表示为 $R = (r_{ij})_{n \times n}$, 则 $r_{ij} = \chi_R(a_i, a_j)$ $(i, j = 1, 2, \cdots, n)$. 设 $R = (r_{ij})_{n \times n}$, $S = (s_{ij})_{n \times n}$, 则由命题 1.5 容易得到:

(1) $R \cup S = (\max\{r_{ij}, s_{ij}\})_{n \times n}$;

(2) $R \cap S = (\min\{r_{ij}, s_{ij}\})_{n \times n}$;

(3) $R^c = (1 - r_{ij})_{n \times n}$;

(4) $R^{-1} = (r'_{ij})_{n \times n}$, 其中 $r'_{ij} = r_{ji}$, 即 R^{-1} 是 R 的转置;

(5) $R \circ S = (t_{ij})_{n \times n}$, 其中 $t_{ij} = \max\{\min\{r_{i1}, s_{1j}\}, \min\{r_{i2}, s_{2j}\}, \cdots, \min\{r_{in}, s_{nj}\}\}$.

1.3.2   关系性质的特征函数描述

设 R 是 A 上的一个关系, 则 R 的各种性质可以用特征函数来描述.

(1) R 自反 $\Longleftrightarrow \forall a \in A, \chi_R(a, a) = 1$;

(2) R 非自反 $\Longleftrightarrow \forall a \in A, \chi_R(a, a) = 0$;

(3) R 反对称 $\Longleftrightarrow \forall a, b \in A, a \neq b, \min\{\chi_R(a, b), \chi_R(b, a)\} = 0$;

(4) R 非对称 $\Longleftrightarrow \forall a, b \in A, \min\{\chi_R(a, b), \chi_R(b, a)\} = 0$;

(5) R 完全 $\Longleftrightarrow \forall a, b \in A, a \neq b, \max\{\chi_R(a, b), \chi_R(b, a)\} = 1$;

(6) R 强完全 $\Longleftrightarrow \forall a, b \in A, \max\{\chi_R(a, b), \chi_R(b, a)\} = 1$;

(7) R 传递 $\Longleftrightarrow \forall a, b, c \in A, \min\{\chi_R(a, b), \chi_R(b, c)\} \leqslant \chi_R(a, c)$;

(8) R 负传递 $\Longleftrightarrow \forall a, b, c \in A, \chi_R(a, c) \leqslant \max\{\chi_R(a, b), \chi_R(b, c)\}$;

(9) R 半传递 $\Longleftrightarrow \forall a, b, c, d \in A, \min\{\chi_R(a, b), \chi_R(b, c)\} \leqslant \max\{\chi_R(a, d), \chi_R(d, c)\}$;

(10) R 是一个 Ferrers 关系当且仅当

$$\forall a, b, c, d \in A, \quad \min\{\chi_R(a, b), \chi_R(c, d)\} \leqslant \max\{\chi_R(a, d), \chi_R(c, b)\}.$$

证明   我们给出 (1) 与 (4) 的证明, 其余证明留给读者.

(1) R自反 $\iff \forall a \in A, (a,a) \in R \iff \forall a \in A, \chi_R(a,a) = 1$.

(4) 由命题 1.2(1) 以及命题 1.5(2), (4),

$$R\text{非对称} \iff R \cap R^{-1} = \varnothing \iff \min\{\chi_R(a,b), \chi_R(b,a)\} = 0. \qquad \square$$

1.4 关系的迹

1.4.1 迹的概念

设 R 是 A 上的一个关系, $a \in A$, 定义 a 的 R-后集 (afterset) aR 为

$$aR = \{c | c \in A, (a,c) \in R\},$$

以及 R-前集 (foreset) Ra 为

$$Ra = \{c | c \in A, (c,a) \in R\}.$$

显然, aR 及 Ra 均为 A 的子集. 在决策中, 前、后集往往有明确的实际意义, 例如: 若 R 表示 "不差于" 关系, 则 Ra 表示不差于 a 的所有备择对象的集合, 而 aR 表示 a 不比其差的所有备择对象的集合.

定义 1.3[10]   设 $R \subseteq A \times A$, 若 $Ra \subseteq Rb$, 则记 $aR^l b$, 称 R^l 为 R 的左迹 (left trace). 若 $bR \subseteq aR$, 则记 $aR^r b$, R^r 称为 R 的右迹 (right trace).

由定义立得

$$aR^l b \iff (\forall c \in A, cRa \Rightarrow cRb),$$

$$aR^r b \iff (\forall c \in A, bRc \Rightarrow aRc).$$

另外, R^l 及 R^r 显然是自反及传递关系.

命题 1.6   对 A 上任意关系 R,

(1) R^l 是满足 $R \circ X \subseteq R$ 的 X 中最大者;

(2) R^r 是满足 $X \circ R \subseteq R$ 的 X 中最大者;

(3) $R = R \circ R^l = R^r \circ R$.

证明   (1) 取任意 $a,b \in R \circ R^l$, 则存在 c, 使得 aRc, $cR^l b$. 从而, 对任意 d, dRc 时, dRb. 由于 aRc, 故 aRb. 所以, $R \circ R^l \subseteq R$. 现有任一满足 $R \circ X \subseteq R$ 的 X, 任取 $(a,b) \in X$, 则 $\forall c$, cRa 时, $c(R \circ X)b$, 从而, cRb. 所以, $aR^l b$, 即 $X \subseteq R^l$.

(2) 证明类似于 (1) 的证明.

(3) 由 (1), $R \circ R^l \subseteq R$. 另外, 由 R^l 的自反性易得 $R \subseteq R \circ R^l$. 所以, $R = R \circ R^l$. $R = R^r \circ R$ 由 (2) 及 R^r 的自反性类似可得. $\qquad \square$

1.4.2　关系性质的迹的刻画

命题 1.7　设 R 是 A 上的关系, 则

(1) $(R^{-1})^l = (R^r)^{-1}$, $(R^{-1})^r = (R^l)^{-1}$;

(2) $(R^c)^l = (R^l)^{-1}$, $(R^c)^r = (R^r)^{-1}$;

(3) $(R^d)^l = R^r$, $(R^d)^r = R^l$;

(4) $(R^l)^r = (R^l)^l = R^l$, $(R^r)^l = (R^r)^r = R^r$;

(5) $R^l = (R^{-1} \circ R^c)^c$, $R^r = (R^c \circ R^{-1})^c$.

证明　(1) 取任意 $a, b \in A$,

$$a(R^{-1})^l b \iff (\forall c \in A, cR^{-1}a \implies cR^{-1}b)$$
$$\iff (\forall c \in A, aRc \implies bRc)$$
$$\iff bR^r a \iff a(R^r)^{-1} b.$$

类似可证 $(R^{-1})^r = (R^l)^{-1}$.

(2) 取任意 $a, b \in A$,

$$a(R^c)^l b \iff (\forall c \in A, cR^c a \implies cR^c b)$$
$$\iff (\forall c \in A, cRb \implies cRa)$$
$$\iff bR^l a \iff a(R^l)^{-1} b.$$

类似可证 $(R^c)^r = (R^r)^{-1}$.

(3) 由 (1), (2) 可得

$$(R^d)^l = [(R^c)^{-1}]^l = [(R^c)^r]^{-1} = R^r.$$

类似可证 $(R^d)^r = R^l$.

(4) 我们证明 $(R^l)^r = R^l$.

先设 $a(R^l)^r b$. 由定义, $\forall c \in A$, $bR^l c \implies aR^l c$. 而 $bR^l b$, 所以 $aR^l b$. 故 $(R^l)^r \subseteq R^l$.

反之, 假设 $aR^l b$, 任给定 c, 若 $bR^l c$, 则由 R^l 的传递性可知 $aR^l c$. 所以 $a(R^l)^r b$, 于是 $R^l \subseteq (R^l)^r$.

故 $(R^l)^r = R^l$. 同理可证 $(R^l)^l = R^l$.

类似可证 $(R^r)^l = (R^r)^r = R^r$.

(5) 取任意 $a, b \in A$,

$$a(R^{-1} \circ R^c)^c b \iff (a, b) \notin (R^{-1} \circ R^c)$$
$$\iff (\forall c \in A, (a, c) \in R^{-1} \implies (c, b) \notin R^c)$$
$$\iff (\forall c \in A, cRa \implies cRb)$$
$$\iff aR^l b.$$

从而, $R^l = (R^{-1} \circ R^c)^c$.

类似可证 $R^r = (R^c \circ R^{-1})^c$. □

利用关系的迹可以刻画关系的各种性质.

命题 1.8 设 R 是 A 上的关系, 则

(1) R 为自反关系 $\iff R^l \subseteq R \iff R^r \subseteq R$;

(2) R 为非自反关系 $\iff R^l \subseteq R^d \iff R^r \subseteq R^d$;

(3) R 为非对称关系 $\iff R^2 \subseteq (R^l)^d \iff R^2 \subseteq (R^r)^d \iff R^l \circ R \subseteq R^d \iff R \circ R^r \subseteq R^d$;

(4) R 为强完全关系 $\iff R^d \circ R^l \subseteq R \iff R^r \circ R^d \subseteq R$;

(5) R 为传递关系 $\iff R \subseteq R^l \iff R \subseteq R^r$;

(6) R 为负传递关系 $\iff R^d \subseteq R^l \iff R^d \subseteq R^r$;

(7) R 为 Ferrers 关系 $\iff R^l$ 强完全 $\iff R^r$ 强完全 $\iff R^d \circ R \subseteq R^l \iff R \circ R^d \subseteq R^r \iff R \circ R^d \circ R \subseteq R$;

(8) R 为半传递关系 $\iff (R^r)^d \subseteq R^l \iff (R^l)^d \subseteq R^r \iff R \circ R^d \subseteq R^l \iff R^d \circ R \subseteq R^r \iff R^2 \circ R^d \subseteq R \iff R^d \circ R^2 \subseteq R$.

证明 (1) 设 R 为自反关系且 aR^lb, 则 aRa, 由 R^l 的定义知, aRb. 所以, $R^l \subseteq R$. 反之, 设 $R^l \subseteq R$, 则由 R^l 的自反性可知: 对任意 $a \in A$, $(a, a) \in R^l \subseteq R$. 从而, R 自反. 于是, 我们证明了 R 为自反关系 $\iff R^l \subseteq R$.

R 为自反关系 $\iff R^r \subseteq R$ 可类似证明.

(2) 由命题 1.3(1), R 非自反与 R^c 自反等价, 由 (1) 知

$$R \text{ 非自反} \iff (R^c)^l \subseteq R^c \iff (R^c)^r \subseteq R^c.$$

由命题 1.7(2),

$$R \text{ 非自反} \iff (R^l)^{-1} \subseteq R^c \iff (R^r)^{-1} \subseteq R^c.$$

由命题 1.1(2), (3),

$$R \text{ 非自反} \iff R^l \subseteq R^d \iff R^r \subseteq R^d.$$

(3) 我们证明 R 非对称 $\iff R^2 \subseteq (R^l)^d$, 其余证明留给读者.

设 R 非对称且 aR^2b, 则存在 $c \in A$, aRc 且 cRb. 由非对称性知 cR^ca. 由 R^l 的定义知 $b(R^l)^ca$, 即 $a(R^l)^db$. 从而, $R^2 \subseteq (R^l)^d$. 反之, 我们假设 $R^2 \subseteq (R^l)^d$ 且 aRb. 证明 bR^ca. 否则 bRa, 从而, aR^2a. 由 R^l 的自反性, aR^la. 所以, $(a, a) \notin (R^l)^d$, 与 $R^2 \subseteq (R^l)^d$ 矛盾. 从而, R 是非对称性的.

(4) 由命题 1.3(4), R 强完全与 R^c 非对称等价, 故由 (3),

$$R \text{ 强完全} \iff (R^c)^l \circ R^c \subseteq (R^c)^d \iff R^c \circ (R^c)^r \subseteq (R^c)^d,$$

由命题 1.7(2),

$$R \text{ 强完全} \iff (R^l)^{-1} \circ R^c \subseteq R^{-1} \iff R^c \circ (R^r)^{-1} \subseteq R^{-1}.$$

由命题 1.1(2), (3), (7),

$$R \text{ 强完全} \iff R^d \circ R^l \subseteq R \iff R^r \circ R^d \subseteq R.$$

(5) 我们证明 R 为传递关系 $\iff R \subseteq R^l$, 另一个等价关系证明类似.

先设 R 为传递关系且 aRb, 任取 $c \in A$, 若 cRa, 由 R 的传递性可得 cRb. 于是, 由 R^l 的定义知 aR^lb. 反之, 设 $R \subseteq R^l$. 若 aRb 且 bRc, 则 bR^lc, 于是任意 $d \in A$, $dRb \implies dRc$, 从而, 由 aRb 可得 aRc. 所以传递性成立.

(6) 由命题 1.3(5), R 负传递, 由命题 1.3(5) 知 R^c 传递. 由 (5),

$$R \text{ 负传递} \iff R^c \subseteq (R^c)^l \iff R^c \subseteq (R^c)^r.$$

再由命题 1.7(2)、命题 1.1(2), (3) 即得我们的结论.

(7) 我们分三部分证明.

(i) 证明 R 为 Ferrers 关系 $\iff R^l$ 强完全.

先设 R 是 Ferrers 关系. 我们证明 R^l 强完全. 否则, $\exists a, b \in A, a(R^l)^c b, b(R^l)^c a$. 故

$$\exists c_1 \in A, \quad c_1 R a \text{ 且} c_1 R^c b.$$

同时,

$$\exists c_2 \in A, \quad c_2 R b \text{ 且} c_2 R^c a.$$

于是, 我们有

$$c_1 R a, \quad c_2 R b, \quad c_1 R^c b, \quad c_2 R^c a,$$

与 Ferrers 性质相矛盾.

反之, 假设 R^l 强完全, 我们证明 R 是一个 Ferrers 关系. 否则, 存在 a, b, c, d 使得 aRb, cRd 且 aR^cd, cR^cb.

由 aRb, aR^cd 及 R^l 的定义知 $b(R^l)^c d$. 由 R^l 的强完全性知 dR^lb.

由 cRd 及 R^l 的定义可得 cRb 与 cR^cb 矛盾. 于是 R 是一个 Ferrers 关系.

类似可证 R 为 Ferrers 关系 $\iff R^r$ 强完全.

(ii) 证明 R 为 Ferrers 关系 $\iff R^d \circ R \subseteq R^l$.

首先, 我们假设 R 为 Ferrers 关系且 $a(R^d \circ R)b$, 则存在 c, aR^dc 且 cRb. 于是 cR^ca 且 cRb. 由 R^l 的定义, $b(R^l)^ca$. 由 (i), R^l 强完全, 故 aR^lb. 于是我们证明了 $R^d \circ R \subseteq R^l$.

反之, 假设 $R^d \circ R \subseteq R^l$, 我们证明 R 是一个 Ferrers 关系. 否则的话, 存在 a, b, c, d 使得

$$aRb, cRd \ 且 aR^cd, cR^cb.$$

由于 aRb 且 dR^da, 所以, $dR^d \circ Rb$. 故由假设可知 dR^lb. 再由 R^l 的定义及 cRd 可得 cRb, 与 cR^cb 矛盾. 于是 R 是一个 Ferrers 关系.

类似可证 R 为 Ferrers 关系 $\Longleftrightarrow R \circ R^d \subseteq R^r$.

(iii) 证明 R 为 Ferrers 关系 $\Longleftrightarrow R \circ R^d \circ R \subseteq R$.

首先, 我们假设 R 为 Ferrers 关系且 $aR \circ R^d \circ Rb$, 则存在 c, $a(R \circ R^d)cRb$. 由 (ii) 知 aR^rc. 又 cRb, 由 R^r 的定义, aRb. 于是, 我们证明了 $R \circ R^d \circ R \subseteq R$.

反之, 假设 $R \circ R^d \circ R \subseteq R$, 我们证明 R 是一个 Ferrers 关系. 否则的话, 存在 a, b, c, d 使得

$$aRb, cRd \ 且 aR^cd, cR^cb.$$

由 aRb, bR^dc, cRd, 故由假设可知 aRd, 与 aR^cd 矛盾. 所以 R 是一个 Ferrers 关系.

(8) 的证明与 (7) 的证明类似. □

1.5　偏好结构

1.5.1　偏好结构的定义

设 A 为有限的备择对象集, 我们假定: 对 A 中的任意两个元素, 一个决策者只能采取下列三种态度之一: ①认为一个备择对象好于另一个备择对象; ②认为两者无区别; ③认为两者不可比.

我们可以用关系来描述这三种态度, "好于" 关系即为严格偏好关系 (strict preference relation), 所有不能区别的元素对构成无区别关系 (indifference relation), 而所有不能比较的元素对则构成不可比关系 (incomparability relation). 当三个关系满足一定性质时即构成所谓的偏好结构, 在文献 [11] 中, Roubens 及 Vincke 对各种偏好结构的相关内容进行了详细的整理、研究, 本节的相关概念及结果主要取自该文献.

定义 1.4　设 A 为一个集合, A 上的一个偏好结构指的是一个三元组 (P, I, J), 其中 P, I, J 均为 A 上的二元关系, 且满足:

(1) P 非对称;

(2) I 自反且对称;

(3) J 非自反且对称;

(4) $P \cup I \cup J$ 强完全, 即 $P \cup P^{-1} \cup I \cup J = A \times A$;

(5) $P \cap I = P \cap J = I \cap J = \varnothing$.

例 1.3　设 $A = \{a, b, c, d\}$, A 上的三个关系 P, I, J 定义为

$$
P = \begin{pmatrix} 0 & 0 & 1 & 1 \\ 1 & 0 & 0 & 0 \\ 0 & 0 & 0 & 1 \\ 0 & 0 & 0 & 0 \end{pmatrix}, \quad
I = \begin{pmatrix} 1 & 0 & 0 & 0 \\ 0 & 1 & 0 & 1 \\ 0 & 0 & 1 & 0 \\ 0 & 1 & 0 & 1 \end{pmatrix}, \quad
J = \begin{pmatrix} 0 & 0 & 0 & 0 \\ 0 & 0 & 1 & 0 \\ 0 & 1 & 0 & 0 \\ 0 & 0 & 0 & 0 \end{pmatrix}.
$$

则 (P, I, J) 是 A 上的一个偏好结构.

在一个偏好结构 (P, I, J) 中, P 称为严格偏好关系, I 称为无区别关系, J 称为不可比关系.

在 A 中若存在两个元素 a 及 b 满足

$$\forall c \in A (aPc \Longleftrightarrow bPc) \text{ 且} (cPa \Longleftrightarrow cPb) \text{ 且 } (aIc \Longleftrightarrow bIc) \text{ 且} (aJc \Longleftrightarrow bJc).$$

我们称 a, b 具有关系 E. 显然 E 是一个等价关系, 且 $E \subseteq I$. 若 aEb, 则在研究偏好结构的时候, 往往不区别 a 与 b.

容易证明: 对任意自反关系 R, 若

$$P = R \cap R^d, \quad I = R \cap R^{-1}, \quad J = R^c \cap R^d,$$

则 (P, I, J) 是一个偏好结构.

1.5.2　偏好结构的性质

定义 1.5　设 (P, I, J) 是 A 上的一个偏好结构, $R = P \cup I$ 称为该结构的特征关系或大偏好关系.

显然, 特征关系总是自反的, $P \subseteq R$ 且 $I \subseteq R$. 另外, 容易证明下列结果.

命题 1.9　设 R 是偏好结构 (P, I, J) 的特征关系, 则

(1) $aPb \Longleftrightarrow aRb$ 且 $bR^c a$;

(2) $aIb \Longleftrightarrow aRb$ 且 bRa;

(3) $aJb \Longleftrightarrow aR^c b$ 且 $bR^c a$.

由命题 1.9 可得

$$P = R \cap R^d, \quad I = R \cap R^{-1}, \quad J = R^c \cap R^d.$$

除此以外, 还成立下列一些结论.

命题 1.10 $R^c = P^{-1} \cup J$, $R^{-1} = P^{-1} \cup I$, $R^d = P \cup J$.

证明 我们仅证 $R^c = P^{-1} \cup J$, 其他证明留给读者.

设 aR^cb, 则 aJb 或 bRa. 由 bRa 得 bPa 或 bIa. 若 bIa, 则 aIb, 故 aRb, 与 aR^cb 矛盾, 故只能 bPa. 反过来, 若 $a(P^{-1} \cup J)b$, 则 $aP^{-1}b$ 或 aJb.

若 $aP^{-1}b$, 则 bPa, 由 P 的非对称性, aP^cb, 故 aR^cb.

若 aJb, 显然 aR^cb. $\qquad\square$

命题 1.11 设 (P, I, J) 是 A 上的偏好结构, R 是其特征关系, 则 R 传递 $\Longleftrightarrow$ P 传递且 I 传递且 $(P \circ I) \cup (I \circ P) \subseteq P$.

证明 $\Longrightarrow$. 首先证明 P 传递.

假设 aP^2b, 则 aR^2b, 由 R 的传递性知 aRb.

若 aIb, 则 bIa. 由 aP^2b, $\exists c \in A$, $aPcPb$. 于是, $bRaRc$.

由 R 的传递性知 bRc, 与 cPb 相矛盾. 故只能 aPb, 从而 P 传递.

再证 I 传递. 设 aI^2b, 则 aR^2b, 由 R 传递知 aRb.

另外, 由 aI^2b 及 I 的对称性, 易得 bI^2a. 故 bRa. 所以 aIb. 即 I 是传递的.

最后, 我们证明 $P \circ I \subseteq P$.

设 $aP \circ Ib$, 则 $\exists c \in A, aPcIb$. 由 R 的传递性得 aRb.

若 aIb, 则 $aIbIc$, 由于我们已证得 I 的传递性, 故有 aIc, 与 aPc 相违. 故 aPb. 即 $P \circ I \subseteq P$.

类似可证 $I \circ P \subseteq P$.

$\Longleftarrow$. $R \circ R = (P \cup I) \circ (P \cup I) = P^2 \cup I^2 \cup (P \circ I) \cup (I \circ P) \subseteq P \cup I = R$. $\qquad\square$

为方便起见, 以后我们称 $P \circ I \subseteq P$ 为 PI 性质, $I \circ P \subseteq P$ 为 IP 性质.

我们常把 $J = \varnothing$ 时的情形称为无不可比关系情形, 下面就来给出这种情况下的有关结果.

命题 1.12 (1) R(强) 完全 $\Longleftrightarrow J = \varnothing$;

(2) 若 $J = \varnothing$, 则 $R = P^d$, $P = P^d \cap I^c$, $I = P^d \cap P^c$.

证明 (1) 由 R 自反, 故 R 完全即为 R 强完全, 由命题 1.1(4) 及命题 1.2(2),

$$R \text{强完全} \iff R \cup R^{-1} = A \times A \iff R^c \cap R^d = \varnothing \iff J = \varnothing.$$

(2) 由命题 1.10 立得. $\qquad\square$

命题 1.13 对一个 $J = \varnothing$ 的偏好结构 (P, I, J),

(1) R 传递 $\Longleftrightarrow P$ 负传递;

(2) R 为 Ferrers 关系 $\Longleftrightarrow P$ 为 Ferrers 关系;

(3) R 半传递 $\Longleftrightarrow P$ 半传递.

证明　由 $J = \varnothing$ 及命题 1.12(2), $R = P^d$. 考虑到 P^d 与 P^c 的性质相同, 由命题 1.3(5)~(7) 立得结论.　　　　　　　　　　　　　　　　　　　□

命题 1.14　对一个 $J = \varnothing$ 的偏好结构 (P, I, J),

(1) 若 P 传递且 PI 性质成立, 则 R 传递;

(2) PI 性质与 IP 性质是等价的;

(3) 若 PI 性质成立, 则 I 满足传递性;

(4) 若 P 传递且 I 传递, 则 PI 性质成立.

证明　(1) 设 aR^2b 且 aR^cb. 由于 $J = \varnothing$, 由命题 1.12(2), $R^c = (P^d)^c = P^{-1}$. 所以, aR^2bPa. 于是

$$\exists c, \ aRcRbPa.$$

由 $bPaRc$, P 传递及 PI 性质得 bPc. 从而 $bPcRb$, 再次利用 P 传递或 PI 性质立得 bPb, 矛盾.

(2) 我们先证明 PI 性质 $\Longrightarrow IP$ 性质. 否则存在 a, b, 使得 $aI \circ Pb$ 且 aP^cb. 由命题 1.12(2), $P = P^d \cap I^c$, 故 $P^c = P^{-1} \cup I$. 于是

$$\exists c, \ aIcPb \text{且} a(P^{-1} \cup I)b.$$

所以, $aIcPb$ 且 $(bPa$ 或 $aIb)$, 即 $aIcPbPa$ 或 $aIcPbIa$.

对第一种情况, $bPaIc$. 由 PI 性质知 bPc, 与 cPb 矛盾;

对第二种情况, $cPbIa$. 由 PI 性质知 cPa, 与 aIc 矛盾.

IP 性质 $\Longrightarrow PI$ 性质的证明类似.

(3) 设 aI^2b 且 aI^cb. 由于 $J = \varnothing$, 由命题 1.12(2), $I = P^d \cap P^c$, 故 $I^c = P^{-1} \cup P$. 于是

$$\exists c, \ aIcIb \text{且} (bPa \text{或} aPb).$$

于是, $bPaIc$ 或 $aPbIc$. 根据 PI 性质, bPc 或 aPc, 与 $aIcIb$ 矛盾.

(4) 设 $aP \circ Ib$ 且 aP^cb. 由于 $J = \varnothing$, 由命题 1.12(2), $R = P^d$, 故 $P^c = R^{-1}$, 从而 bRa. 于是

$$\exists c, \ aPcIb \text{且} (bPa \text{或} bIa).$$

若 bPa, 由 aPc 及 P 传递得 bPc, 与 cIb 矛盾.

若 bIa, 由 cIb 及 I 传递得 cIa, 与 aPc 矛盾.

故 PI 性质成立.　　　　　　　　　　　　　　　　　　　　　　□

注 1.3　由命题 1.11 及命题 1.14 知: $J = \varnothing$ 时, P 的传递性再加上三个性质 (PI 性质、IP 性质、I 传递) 中的任一个性质均与 R 传递是等价的.

1.5.3 特殊偏好结构

下面我们介绍三个特殊偏好结构: 弱序、全区间序以及全半序结构.

定义 1.6 若 $J = \varnothing$ 且 R 传递, 则称 (P, I, J) 为一个弱序结构.

命题 1.15 下列陈述等价:

(1) (P, I, J) 为弱序结构;

(2) R 为强完全、传递;

(3) $J = \varnothing$ 且 $P \circ R \subseteq P$(或 $R \circ P \subseteq P$);

(4) $J = \varnothing$ 且 P 传递、PI 性质 (或 IP 性质);

(5) $J = \varnothing$ 且 P 传递、I 传递;

(6) $J = \varnothing$ 且 P 传递、I 传递、PI 性质 (或 IP 性质);

(7) $J = \varnothing$ 且 P 负传递.

证明 由命题 1.12(1) 可得 (1) $\Longleftrightarrow$ (2).

下证 (1) $\Longleftrightarrow$ (3).

先证 R 传递 $\Longrightarrow P \circ R \subseteq P$. 设 $aP \circ Rb$ 且 aP^cb. 于是 $\exists c, aPcRb$. 由于 $J = \varnothing$, 由命题 1.12(2), $P^c = R^{-1}$, 故 bRa. 由 aPc 及命题 1.11 得 bPc, 与 cRb 矛盾.

再证 $P \circ R \subseteq P \Longrightarrow R$ 传递. 设 aRb, bRc 且 aR^cc. 由于 $J = \varnothing$, 由命题 1.12(2), $R^c = P^{-1}$, 故 cPa. 由 aRb 及 $P \circ R \subseteq P$ 得 cPb, 与 bRc 矛盾.

于是, 我们证明了 R 的传递性与 $P \circ R \subseteq P$ 等价.

类似可证 R 传递 $\Longleftrightarrow R \circ P \subseteq P$, 从而 (1) 与 (3) 等价.

(1), (4)~(6) 的等价性由注 1.3 立得.

(1) 与 (7) 的等价性由命题 1.13(1) 可得. □

定义 1.7 若 $J = \varnothing$ 且 P 为一个 Ferrers 关系, 则称 (P, I, J) 为一个全区间序结构.

注 1.4 (1) 由于弱序结构中的 P 为负传递且反对称, 由命题 1.4(2) 知 P 为 Ferrers 关系, 即一个弱序结构为一个全区间序结构;

(2) 在全区间序结构中, 因为 P 是非自反的 Ferrers 关系, 由命题 1.4(6) 知 P 是传递的.

命题 1.16 下列陈述等价:

(1) (P, I, J) 为一个全区间序结构;

(2) $J = \varnothing$, R 为 Ferrers 关系;

(3) R 为强完全的 Ferrers 关系;

(4) $J = \varnothing$, $P \circ I \circ P \subseteq P$;

(5) $J = \varnothing$, $P \circ R \circ P \subseteq P(P \circ P^d \circ P \subseteq P)$;

(6) $J = \varnothing$, $R \circ P \circ R \subseteq R(P^d \circ P \circ P^d \subseteq P^d)$.

证明　由命题 1.13(2) 可得 (1) $\Longleftrightarrow$ (2).

由命题 1.12(1) 可得 (2) $\Longleftrightarrow$ (3).

下证 (1), (4)~(6) 等价.

(1) $\Longrightarrow$ (4). 即证 $P \circ I \circ P \subseteq P$ 成立, 否则

$$\exists a, b, c, d,\ aPbIcPd \text{且} aP^cd.$$

由于 $J = \varnothing$, 由命题 1.12(2), $P^c = (R^d)^c = R^{-1}$, 故 dRa. 由 aPb, cPd 且 P 为 Ferrers 关系, 故有 aPd 或 cPb, 分别与 dRa 及 bIc 矛盾.

(4) $\Longrightarrow$ (5). 先证 $P \circ I \circ P \subseteq P$ 时, P 是传递的. 事实上, 假设存在 a, b, c, 使得 $aPbPc$, 则 $aPbIbPc$, 故由 $P \circ I \circ P \subseteq P$ 知 aPc. 因而 P 是传递的.

我们现在证明 $P \circ R \circ P \subseteq P$.

设 $\exists a, b, c, d,\ aPbRcPd$. 若 $aPbIcPd$, 则由已知条件可得 aPd. 若 $aPbPcPd$, 则由 P 的传递性知 aPd. 所以, $P \circ R \circ P \subseteq P$. 由于 $J = \varnothing$, 由命题 1.12(2), $R = P^d$, 故 $P \circ P^d \circ P \subseteq P$ 与 $P \circ R \circ P \subseteq P$ 等价. 所以, $P \circ P^d \circ P \subseteq P$ 也成立.

(5) $\Longrightarrow$ (6). 由于 $J = \varnothing$ 时, $R = P^d$, 故 $P^d \circ P \circ P^d \subseteq P^d$ 与 $R \circ P \circ R \subseteq R$ 等价, 我们只需证 $R \circ P \circ R \subseteq R$ 即可. 否则

$$\exists a, b, c, d,\ aRbPcRd \text{且} aR^cd.$$

由于 $J = \varnothing$, 由命题 1.12(2), $R^c = P^{-1}$, 故 dPa. 由 $bPcRdPa$ 知 bPa, 与 aRb 矛盾.

(6) $\Longrightarrow$ (1). 由于 $P^d \circ P \circ P^d \subseteq P^d$ 与 $R \circ P \circ R \subseteq R$ 等价, 我们假设 $R \circ P \circ R \subseteq R$. 若 P 不是 Ferrers 关系, 则存在 a, b, c, d, 使得 aPb, cPd 且 aP^cd, cP^cb. 由于 $J = \varnothing$, 则由命题 1.12(2), $P^c = R^{-1}$, 故 dRa, bRc. 由 $dRaPbRc$ 知 dRc, 与 cP^cd 矛盾.　□

最后, 我们简单介绍一下全半序结构.

定义 1.8　若 $J = \varnothing$ 且 P 为一个半传递的 Ferrers 关系, 则称 (P, I, J) 为一个全半序结构.

显然, 全半序结构是全区间序结构.

命题 1.17　下列陈述等价:

(1) (P, I, J) 为一个全半序结构;

(2) R 为强完全、半传递的 Ferrers 关系;

(3) $J = \varnothing$ 且 $P \circ I \circ P \subseteq P$ 且 $P^2 \bigcap I^2 = \varnothing$;

(4) $J = \varnothing$ 且 $P \circ R \circ P \subseteq P(P \circ P^d \circ P \subseteq P)$ 且 $R \circ P \circ P \subseteq P(P^d \circ P \circ P \subseteq P)$;

(5) $J = \varnothing$ 且 $P \circ R \circ P \subseteq P(P \circ P^d \circ P \subseteq P)$ 且 $P \circ P \circ R \subseteq P(P \circ P \circ P^d \subseteq P)$;

(6) $J = \varnothing$ 且 $R \circ P \circ R \subseteq R(P^d \circ P \circ P^d \subseteq P^d)$ 且 $P \circ R \circ R \subseteq R(P \circ P^d \circ P^d \subseteq P^d)$;

(7) $J = \varnothing$ 且 $R \circ P \circ R \subseteq R(P^d \circ P \circ P^d \subseteq P^d)$ 且 $R \circ R \circ P \subseteq P(P^d \circ P^d \circ P \subseteq P^d)$.

证明   由命题 1.12(1) 及 1.13(2), (3) 可得 (1) $\Longleftrightarrow$ (2).

下证 (1), (3)~(7) 等价.

(1) $\Longrightarrow$ (3). 只需证 $P^2 \bigcap I^2 = \varnothing$. 否则, 存在 a, b, c, d, 使得 $aPcPb, aIdIb$, 由 P 的半传递性可得 aPd 或 dPb, 与 $aIdIb$ 矛盾.

(3) $\Longrightarrow$ (4). 先证 $P \circ R \circ P \subseteq P$ 成立. 由命题 1.16 中 (4) $\Longrightarrow$ (5) 的证明, $P \circ I \circ P \subseteq P$ 可得 P 传递. 于是

$$P \circ R \circ P = P \circ (P \cup I) \circ P = (P \circ P \circ P) \cup (P \circ I \circ P) \subseteq P \cup P = P.$$

再证 $R \circ P \circ P \subseteq P$ 成立. 否则, 存在 a, b, c, d, 使得 $aRbPcPd$ 且 $aP^c d$. 由于 $J = \varnothing, P^c = R^{-1}$, 故 dRa. 于是有下列四种情况.

(i) $aPbPcPdPa$: 由 $P \circ I \circ P \subseteq P$ 知 P 传递, 故 aPa, 与 P 非对称 (因而非自反) 矛盾.

(ii) $aPbPcPdIa$: 由 $cPdIaPb$ 知 cPb, 与 bPc 矛盾.

(iii) $aIbPcPdPa$: 于是 $bPcPdPa$, 由 $P \circ I \circ P \subseteq P$ 知 P 传递知 bPa, 与 aIb 矛盾.

(iv) $aIbPcPdIa$: 由 $bPcPd$ 知 $bP^2 d$. 由 $dIaIb$, 知 $bI^2 d$, 与 $P^2 \bigcap I^2 = \varnothing$ 矛盾.

(4) $\Longrightarrow$ (5). 只需证 $P \circ P \circ R \subseteq P$. 否则, 存在 a, b, c, d, 使得 $aPbPcRd$ 且 $aP^c d$.

由于 $J = \varnothing, P^c = R^{-1}$, 故 dRa. 由 $dRaPbPc$ 知 dPc, 与 cRd 矛盾.

(5) $\Longrightarrow$ (6). 先证 $R \circ P \circ R \subseteq R$ 成立. 否则, 存在 a, b, c, d, 使得 $aRbPcRd$ 且 $aR^c d$.

由于 $J = \varnothing, R^c = P^{-1}$, 故 dPa. 由 $bPcRdPa$ 知 bPa, 与 aRb 矛盾.

类似可证 $P \circ R \circ R \subseteq R$ 成立.

(6) $\Longrightarrow$ (7). 只需证 $R \circ R \circ P \subseteq R$. 否则, 存在 a, b, c, d, 使得 $aRbRcPd$ 且 $aR^c d$.

由于 $J = \varnothing, R^c = P^{-1}$, 故 dPa. 由 $dPaRbRc$ 知 dRc, 与 cPd 矛盾.

(7) $\Longrightarrow$ (1). 先证 P 为半传递. 否则, 存在 a, b, c, d, 使得 aPb, bPc 且 $aP^c d$, $dP^c c$.

由于 $J = \varnothing, P^c = R^{-1}$, 故 dRa, cRd. 由 $cRdRaPb$ 知 cRb, 与 bPc 矛盾.

再证 P 为 Ferrers 关系. 否则, 存在 a, b, c, d, 使得 aPb, cPd 且 $aP^c d$, $cP^c b$.

由于 $J = \varnothing, P^c = R^{-1}$, 故 dRa 且 bRc. 由 $bRcPdRa$ 知 bRa, 与 aPb 矛盾.

最后, 我们指出: 由于在 $J = \varnothing$ 情况下, $R = P^d$, 故 (4)~(7) 中括号内、外的式子是等价的.   □

　　注 1.5　全区间序及全半序结构是人们最为关注, 也是研究成果最为丰富的两个偏好结构, 除了前面所述的结果外, 还有它们的矩阵表示 (matrix representation)、图表示 (graph representation) 以及数值表现 (numerical representation) 等相关研究, 有兴趣的读者可参看 Pirlot 及 Vincke 的关于半序的专著 [12]. 区间序的推广参见文献 [13].

第 2 章 模糊逻辑联结

本章将介绍各种模糊逻辑联结 (fuzzy logic connectives) 运算, 主要包括 t-模、t-余模、非、模糊蕴涵以及模糊等价等概念, 它们是模糊偏好关系中众多概念模糊化的逻辑基础.

2.1 预 备 知 识

除个别情况外, 本书中所涉及的数均为 $[0,1]$ 中的数. 设 I 是任一指标集, 对任意 $a_i \in [0,1] (i \in I)$, 我们用 $\vee$ 表示上确界, 即

$$\vee\{a_i | i \in I\} = \sup\{a_i | i \in I\},$$

并将其简记为 $\bigvee_{i \in I} a_i$.

类似地, 用 $\wedge$ 表示下确界, 同时记 $\wedge\{a_i | i \in I\} = \inf\{a_i | i \in I\}$ 为 $\bigwedge_{i \in I} a_i$. 于是, 当 I 有限时, $\bigvee_{i \in I} a_i = \max\{a_i | i \in I\}$ 且 $\bigwedge_{i \in I} a_i = \min\{a_i | i \in I\}$.

上、下确界成立则有下列简单性质: 设 I, J 是任意指标集, $a, a_i, a_{ij} \in [0,1]$ $(i \in I, j \in J)$, 则

(1) $\bigvee\limits_{i \in I} \bigvee\limits_{j \in J} a_{ij} = \bigvee\limits_{j \in J} \bigvee\limits_{i \in I} a_{ij}$;

(2) $\bigwedge\limits_{i \in I} \bigwedge\limits_{j \in J} a_{ij} = \bigwedge\limits_{j \in J} \bigwedge\limits_{i \in I} a_{ij}$;

(3) $\bigvee\limits_{i \in I} a_i \leqslant a$ 当且仅当 $\forall i \in I, a_i \leqslant a$;

(4) $a \leqslant \bigwedge\limits_{i \in I} a_i$ 当且仅当 $\forall i \in I, a \leqslant a_i$;

(5) 若 $a < \bigvee\limits_{i \in I} a_i$, 则 $\exists i \in I, a < a_i$;

(6) 若 $a > \bigwedge\limits_{i \in I} a_i$, 则 $\exists i \in I, a > a_i$;

(7) $a \wedge \left(\bigvee\limits_{i \in I} a_i\right) = \bigvee\limits_{i \in I} (a \wedge a_i)$;

(8) $a \vee \left(\bigwedge\limits_{i \in I} a_i\right) = \bigwedge\limits_{i \in I} (a \vee a_i)$.

2.1.1   单调函数的有关性质

若无特别说明, 本书中所涉及的函数均为 $[0,1]$ 上的函数, 函数 f 单(调)增指的是

$$\forall x_1, x_2 \in [0,1], \quad x_1 < x_2 \Longrightarrow f(x_1) \leqslant f(x_2);$$

函数 f 严格 (单调) 增指的是

$$\forall x_1, x_2 \in [0,1], \quad x_1 < x_2 \Longrightarrow f(x_1) < f(x_2).$$

类似地定义单 (调) 减及严格单 (调) 减函数. 记号 $f(x_0^-)$, $f(x_0^+)$ 分别表示函数 $f(x)$ 在 x_0 处的左、右极限.

下面我们首先给出一元单调函数的有关性质.

引理 2.1   (1) 若 f 是 $[0,1]$ 上的单增函数, 则对任意 $x_0 \in (0,1)$,

$$f(x_0^-) = \bigvee_{x < x_0} f(x), \quad f(x_0^+) = \bigwedge_{x > x_0} f(x);$$

(2) 若 f 是 $[0,1]$ 上的单减函数, 则对任意 $x_0 \in (0,1)$,

$$f(x_0^+) = \bigvee_{x > x_0} f(x), \quad f(x_0^-) = \bigwedge_{x < x_0} f(x).$$

证明   (1) 由 $f(x_0^-)$ 的定义, $f(x_0^-) \leqslant \bigvee\limits_{x < x_0} f(x)$.

任取 $x < x_0$, 则对任意 x', $x < x' < x_0$ 时, 由 f 单调增知 $f(x) \leqslant f(x')$. 于是,

$$f(x) \leqslant \lim_{\substack{x' < x_0 \\ x' \to x_0}} f(x') = f(x_0^-).$$

所以, $\bigvee\limits_{x < x_0} f(x) \leqslant f(x_0^-)$. 综合即得 $f(x_0^-) = \bigvee\limits_{x < x_0} f(x)$.

其余证明类似.   □

注 2.1   对于端点 $x_0 = 0$, 引理 2.1 中关于 $f(x_0^+)$ 的部分仍然成立. 同样, 对于 $x_0 = 1$, 引理 2.1 中关于 $f(x_0^-)$ 的部分仍然成立.

引理 2.2   (1) 若 f 是 $[0,1]$ 上的单增函数, 则 f 左 (右) 连续当且仅当对任意指标集 I 以及任意 $a_i \in [0,1](i \in I)$,

$$f\left(\bigvee_{i \in I} a_i\right) = \bigvee_{i \in I} f(a_i) \quad \left(f\left(\bigwedge_{i \in I} a_i\right) = \bigwedge_{i \in I} f(a_i)\right);$$

(2) 若 f 是 $[0,1]$ 上的单减函数, 则 f 左 (右) 连续当且仅当对任意指标集 I 以及任意 $a_i \in [0,1](i \in I)$,

$$f\left(\bigvee_{i \in I} a_i\right) = \bigwedge_{i \in I} f(a_i) \quad \left(f\left(\bigwedge_{i \in I} a_i\right) = \bigvee_{i \in I} f(a_i)\right).$$

证明 (1) 设 f 单增且左连续, 则对任意 $a_i \in [0,1](i \in I)$, 显然有 $f\left(\bigvee_{i \in I} a_i\right) \geqslant \bigvee_{i \in I} f(a_i)$.

令 $\bigvee_{i \in I} a_i = a$. 若 $a = 0$, 则 $\forall i \in I, a_i = 0$. 等式 $f\left(\bigvee_{i \in I} a_i\right) = \bigvee_{i \in I} f(a_i)$ 显然成立. 故我们设 $a > 0$, 此时 n 充分大时 $a - \dfrac{1}{n} > 0$, 于是由上确界的定义, 存在 $i_n \in I$, $a - \dfrac{1}{n} \leqslant a_{i_n}$, 故

$$f\left(a - \frac{1}{n}\right) \leqslant f(a_{i_n}) \leqslant \bigvee_{i \in I} f(a_i).$$

令 $n \to \infty$, 由 f 的左连续性得 $f(a) \leqslant \bigvee_{i \in I} f(a_i)$, 即 $f\left(\bigvee_{i \in I} a_i\right) \leqslant \bigvee_{i \in I} f(a_i)$.

综合即得 $f\left(\bigvee_{i \in I} a_i\right) = \bigvee_{i \in I} f(a_i)$.

反过来, 假设对任意指标集 I 以及任意 $a_i \in [0,1](i \in I)$, $f\left(\bigvee_{i \in I} a_i\right) = \bigvee_{i \in I} f(a_i)$. 由引理 2.1(1),

$$f(x_0^-) = \bigvee_{x < x_0} f(x) = f\left(\bigvee_{x < x_0} x\right) = f(x_0),$$

即 f 左连续.

其余证明类似. □

注 2.2 当 I 有限时, 若 f 单增, 则必有 $f\left(\bigvee_{i \in I} a_i\right) = \bigvee_{i \in I} f(a_i)$, $f\left(\bigwedge_{i \in I} a_i\right) = \bigwedge_{i \in I} f(a_i)$. 若 f 单减, 则必有 $f\left(\bigvee_{i \in I} a_i\right) = \bigwedge_{i \in I} f(a_i)$, $f\left(\bigwedge_{i \in I} a_i\right) = \bigvee_{i \in I} f(a_i)$.

接下来是关于二元单调函数的一个结果.

引理 2.3 一个单调函数 $F : [0,1]^2 \to [0,1]$ 连续当且仅当 F 对每个变量连续.

证明 我们就单增函数进行证明. 必要性显然, 下证充分性.

任取 $x_0, y_0 \in [0,1]$ 以及 $\varepsilon > 0$, 令 $\{x_n\}$ 及 $\{y_n\}$ 是任意两个分别收敛到 x_0 及 y_0 的序列. 构造单调增序列 $\{a_n\}$, $\{c_n\}$ 以及单调减序列 $\{b_n\}$, $\{d_n\}$ 使得:

(1) $\forall n, a_n \leqslant x_n \leqslant b_n$ 且 $c_n \leqslant y_n \leqslant d_n$;

(2) 当 $n \to \infty$ 时, $a_n \to x_0, b_n \to x_0, c_n \to y_0, d_n \to y_0$.

由于 F 对第二个变量连续, 存在 N, 当 $n \geqslant N$ 时,

$$F(x_0, y_0) - \varepsilon < F(x_0, c_N) \leqslant F(x_0, y_n) \leqslant F(x_0, d_N) < F(x_0, y_0) + \varepsilon.$$

再由 F 对第一个变量的连续性可得存在 M, 当 $m \geqslant M$ 且 $n \geqslant N$ 时,

$$F(x_0, c_N) - \varepsilon < F(a_M, c_N) \leqslant F(x_m, y_n) \leqslant F(b_M, d_N) < F(x_0, d_N) + \varepsilon.$$

令 $K = \max\{M, N\}$, 则当 $k \geqslant K$ 时有

$$F(x_0, y_0) - 2\varepsilon < F(x_0, c_N) - \varepsilon < F(x_k, y_k) < F(x_0, d_N) + \varepsilon < F(x_0, y_0) + 2\varepsilon.$$

所以, $n \to \infty$ 时, $F(x_n, y_n) \to F(x_0, y_0)$, 从而, F 作为二元函数是连续的.　　　□

最后简要介绍一下单调函数的伪逆 (pseudo-inverse).

定义 2.1　设 $[a, b]$ 及 $[c, d]$ 是广义实直线 $[-\infty, +\infty]$ 上的两个闭子区间, f: $[a, b] \to [c, d]$ 是一个单调函数. 定义 $f^{(-1)}$: $[c, d] \to [a, b]$ 为

$$\forall y \in [c, d], \quad f^{(-1)}(y) = \sup\{x \in [a, b] | (f(x) - y)(f(b) - f(a)) < 0\}$$

(规定 $[a, b]$ 的空子集的上确界为 a), 则称 $f^{(-1)}$ 为 f 的伪逆.

对一个单调函数 f 的伪逆, 容易证明下列结论:

(1) 若 f 单增且不是常函数, 则

$$\forall y \in [c, d], \quad f^{(-1)}(y) = \sup\{x \in [a, b] | f(x) < y\};$$

若 f 是严格增的连续函数, 则

$$f^{(-1)}(y) = \begin{cases} a, & y < f(a), \\ f^{-1}(y), & f(a) \leqslant y < f(b), \\ b, & y \geqslant f(b). \end{cases}$$

(2) 若 f 单减且不是常函数, 则

$$\forall y \in [c, d], \quad f^{(-1)}(y) = \sup\{x \in [a, b] | f(x) > y\};$$

若 f 是严格减的连续函数, 则

$$f^{(-1)}(y) = \begin{cases} b, & y < f(b), \\ f^{-1}(y), & f(b) \leqslant y < f(a), \\ a, & y \geqslant f(a). \end{cases}$$

2.1.2　函数的自同构

定义 2.2[14]　设 φ 是 $[0, 1]$ 上严格增的连续函数, 若其满足: $\varphi(0) = 0$, $\varphi(1) = 1$, 则称 φ 为 $[0, 1]$ 上的一个自同构 (automorphism).

例如: $\varphi_1(x) = x$, $\varphi_2(x) = x^2$ 以及 $\varphi_3(x) = \sqrt{x}$ 均为 $[0, 1]$ 上的自同构.

注 2.3　容易证明: φ 为 $[0, 1]$ 上的一个自同构当且仅当 φ 是 $[0, 1]$ 到其自身的双射且对任意 $a_i \in [0, 1]$ $(i \in I)$,

$$\varphi\left(\bigvee_{i \in I} a_i\right) = \bigvee_{i \in I} \varphi(a_i), \quad \varphi\left(\bigwedge_{i \in I} a_i\right) = \bigwedge_{i \in I} \varphi(a_i).$$

所以, 一个自同构即为保持上、下确界运算的双射.

定义 2.3 设 f 是 $[0,1]$ 上的 n 元函数 $(n \geqslant 1)$, φ 是 $[0,1]$ 上的一个自同构, $[0,1]$ 上的 n 元函数 f_φ 定义为: 对任意 $x_1, x_2, \cdots, x_n \in [0,1]$,

$$f_\varphi(x_1, x_2, \cdots, x_n) = \varphi^{-1}(f(\varphi(x_1), \varphi(x_2), \cdots, \varphi(x_n))),$$

则称 f_φ 为 f 的 φ-变换 (φ-transform).

注 2.4 φ-变换的概念取自文献 [14], 但是在 [14] 中, f 仅限于一元函数的情形. 在 [15] 中, f_φ 称为 f 的 φ-共轭 (φ-conjugate).

f 与 f_φ 对许多性质而言是相同的, 例如: f 与 f_φ 同时连续或不连续, f 与 f_φ 具有同样的单调性等.

2.2 非

2.2.1 非的基本概念

定义 2.4[14, 15] 设 $n : [0,1] \to [0,1]$, 若 n 单调减且满足 $n(0) = 1, n(1) = 0$, 则称 n 是一个模糊非 (fuzzy negation), 简称为非. 如果 n 是一个非且满足

$$n(x) = 1 \Longrightarrow x = 0,$$

则称 n 为一个非填充 (non-filling) 非. 如果 n 是一个非且满足

$$n(x) = 0 \Longrightarrow x = 1,$$

则称 n 为一个非零 (non-vanishing) 非,

在模糊逻辑中, "非"可以用来构模一个命题的"否定"的真值. 具体来说, 若一个命题 P 的真值为 x, 则"非 P"的真值可通过 n 计算为 $n(x)$.

若 n 是一个非, 令 $n_d(x) = 1 - n(1-x)$, 则 n_d 显然也是一个非, 该非称为 n 的对偶非 (dual negation).

定义 2.5[14] 设 n 是一个非, 若 n 严格减且连续, 则称 n 是一个严格非 (strict negation). 若一个严格非 n 满足复原律 (involution): $\forall x \in [0,1], n(n(x)) = x$, 则称 n 为一个强非 (strong negation).

例 2.1 设 $t \in [0,1)$, 定义 $n : [0,1] \to [0,1]$ 为

$$n(x) = \begin{cases} 1, & x \leqslant t, \\ 0, & x > t. \end{cases}$$

则 n 是一个非.

特别地, $t = 0$ 时,

$$n(x) = \begin{cases} 1, & x = 0, \\ 0, & x > 0. \end{cases}$$

该非称为直觉非 (intuitionistic negation), 记为 n_i. n_i 的对偶非为

$$(n_i)_d(x) = \begin{cases} 0, & x = 1, \\ 1, & x < 1. \end{cases}$$

容易证明: 对任意非 n, 均有 $\forall x \in [0,1]$, $n_i(x) \leqslant n(x) \leqslant (n_i)_d(x)$, 即 n_i 是最小的非, $(n_i)_d$ 是最大的非. n_i 与 $(n_i)_d$ 均不是严格非.

例 2.2　定义 $n(x) = 1 - x^2$, 则 n 是一个非, 该非是一个严格非, 但不是一个强非.

例 2.3　定义 $N(x) = 1-x$, 则 N 是一个非, 该非称为标准非 (standard negation), 记为 N_0. 显然, 标准非是一个强非.

例 2.4　定义 $N_\lambda(x) = \dfrac{1-x}{1+\lambda x}$, 则对任意的 $\lambda > -1$, N_λ 是强非, 这些强非是由 Sugeno 引入的[16].

对严格非, 由定义容易证明下列结论.

命题 2.1　设 n 是一个严格非, 则

(1) n 的对偶 n_d 以及逆 n^{-1} 仍为严格非;

(2) 设 I 是一个指标集, 对任意 $a_i \in [0,1](i \in I)$,

$$n\left(\bigvee_{i \in I} a_i\right) = \bigwedge_{i \in I} n(a_i), \quad n\left(\bigwedge_{i \in I} a_i\right) = \bigvee_{i \in I} n(a_i);$$

(3) 存在唯一的 $s \in (0,1)$ 使得 $n(s) = s$, 即 n 在 $(0,1)$ 中有唯一的不动点.

另外, 我们给出下列定理以对强非的条件进行简化.

定理 2.1　设 $N : [0,1] \to [0,1]$, 则 N 为强非的充要条件是下列条件同时成立:

(1) $\forall x, y \in [0,1], x \leqslant y \Longrightarrow N(y) \leqslant N(x)$;

(2) $\forall x \in [0,1], N(N(x)) = x$.

证明　只需证明 (1), (2) 成立时, N 确为强非. 由于 $N(1) \geqslant 0$, 故由 (1), (2), $1 = N(N(1)) \leqslant N(0)$, 从而, $N(0) = 1$. 类似可得 $N(1) = 0$. 由 (1) 可知: N 是一个非. 另外, 当 $x_1 < x_2$ 时, 由 (1) 得 $N(x_2) \leqslant N(x_1)$, 由 (2) 得 $N(x_2) < N(x_1)$. 从而, N 严格单调减少. 为了证明 N 在 x 点的左连续性, 需证 $N(x_0^-) = N(x_0)$, 考虑到 N 的单减性及引理 2.1(2), 只需证 $\bigwedge\limits_{x < x_0} N(x) = N(x_0)$. 由于 $\bigwedge\limits_{x < x_0} N(x) \geqslant N(x_0)$, 故下面证明 $\bigwedge\limits_{x < x_0} N(x) > N(x_0)$ 不成立. 否则的话, $\exists \alpha \in (0,1)$, $\bigwedge\limits_{x < x_0} N(x) > \alpha > N(x_0)$.

于是, $\forall x < x_0$, $N(x) > \alpha$ 且 $\alpha > N(x_0)$. 由 (2) 及 N 的严格单调性, $\forall x < x_0$, $x < N(\alpha)$. 而由 $\alpha > N(x_0)$ 知 $N(\alpha) < x_0$. 所以, $N(\alpha) < N(\alpha)$, 矛盾. 类似可证 N 的右连续性. □

2.2.2 严格非及强非的表现定理

引理 2.4 设 n 及 n_1 是两个严格非, 则存在 $[0,1]$ 上的两个自同构 φ 及 ψ, 使得 $n_1 = \psi \circ n \circ \varphi$.

证明 由命题 2.1(3), 存在唯一的 $s, s_1 \in (0,1)$ 满足: $n(s) = s$, $n_1(s_1) = s_1$. 令 $t = \dfrac{s_1}{s}$, 定义 φ 及 ψ 为

$$\varphi(x) = \begin{cases} \dfrac{x}{t}, & x \leqslant s_1, \\ n^{-1}\left(\dfrac{n_1(x)}{t}\right), & x > s_1, \end{cases}$$

$$\psi(x) = \begin{cases} tx, & x \leqslant s, \\ n_1[tn^{-1}(x)], & x > s. \end{cases}$$

则 φ 及 ψ 是 $[0,1]$ 上的自同构.

当 $x < s_1$ 时, $\dfrac{x}{t} < \dfrac{s_1}{t} = s$, 从而, $n\left(\dfrac{x}{t}\right) > n(s) = s$.

$$(\psi \circ n \circ \varphi)(x) = \psi(n(\varphi(x))) = \psi\left(n\left(\dfrac{x}{t}\right)\right) = n_1\left[tn^{-1}\left(n\left(\dfrac{x}{t}\right)\right)\right] = n_1(x).$$

当 $x > s_1$ 时, $n_1(x) \leqslant n_1(s_1) = s_1 = st$, 从而, $\dfrac{n_1(x)}{t} \leqslant s$.

$$(\psi \circ n \circ \varphi)(x) = \psi\left[n\left(n^{-1}\left(\dfrac{n_1(x)}{t}\right)\right)\right] = \psi\left(\dfrac{n_1(x)}{t}\right) = t \cdot \dfrac{n_1(x)}{t} = n_1(x).$$

另外, 易证 $n_1(s_1) = (\psi \circ n \circ \varphi)(s_1)$. 所以, $n_1 = \psi \circ n \circ \varphi$. □

注 2.5 容易证明: 若 n 是严格非且存在 $[0,1]$ 上的自同构 φ 及 ψ 使得 $n_1 = \psi \circ n \circ \varphi$, 则 n_1 也是一个严格非.

定理 2.2(严格非表现定理) $n : [0,1] \to [0,1]$ 为严格非的充分必要条件为存在 $[0,1]$ 上的自同构 φ 及 ψ, 使得

$$\forall x \in [0,1], \quad n(x) = \psi(1 - \varphi(x)).$$

证明 充分性是显然的, 我们只证明必要性.

由于标准非 N_0 是严格非, 对 N_0 及 n 应用引理 2.4 可得存在 $[0,1]$ 上的自同构 φ 及 ψ, 使得 $n = \psi \circ N_0 \circ \varphi$, 即

$$\forall x \in [0,1], \quad n(x) = \psi(1 - \varphi(x)).$$ □

仿照定理 2.2 的证明, 可得下列结论.

定理 2.3(强非表现定理) $N : [0,1] \to [0,1]$ 为强非当且仅当存在 $[0,1]$ 上的自同构 φ, 使得

$$\forall x \in [0,1], \quad N(x) = \varphi^{-1}(1 - \varphi(x)).$$

由此可知: 任一强非 N 均可表为 $N(x) = \varphi^{-1}(1 - \varphi(x))$, 其中 $[0,1]$ 上的自同构 φ 称为 N 的一个生成元 (generator). 所以, 任意强非都是标准非的某个 φ-变换. 以后, 我们将由一个自同构映射 φ 生成的强非记为 N_φ.

一般来说, 一个强非的生成元并不唯一. 例如: $\varphi_1(x) = x$ 与

$$\varphi_2(x) = \begin{cases} \sqrt{\dfrac{x}{2}}, & x < 0.5, \\ 1 - \sqrt{\dfrac{1-x}{2}}, & x \geqslant 0.5 \end{cases}$$

均为标准非 $N(x) = 1 - x$ 的生成元.

注 2.6   最早给出强非表现定理的是 Trillas[17], 本书给出的形式参见文献 [14], [18]. 严格非表现定理由 Fodor[19] 给出.

2.3 t-模

在模糊逻辑中, 常用 t-模来描述逻辑 "与".

2.3.1 t-模的基本概念

定义 2.6 [20]   设 $T : [0,1] \times [0,1] \to [0,1]$, 若其满足:

(1) 对称性 (symmetry): $\forall x, y \in [0,1], T(x,y) = T(y,x)$;

(2) 单调性 (monotonicity): $\forall x_1 \leqslant x_2, y_1 \leqslant y_2 \Rightarrow T(x_1, y_1) \leqslant T(x_2, y_2)$;

(3) 结合律 (associativity): $\forall x, y, z \in [0,1], T(T(x,y), z) = T(x, T(y,z))$;

(4) 边界条件 (boundary condition): $\forall x \in [0,1], T(1,x) = x$,

则称 T 是一个 t-模 (t-norm).

注 2.7 t-模的概念早期见于文献 [21], [22] 用于研究统计度量空间的三角不等式.

常见的 t-模有:

取小 t-模 (Gödel t-模): $T(x,y) = \min\{x,y\} = x \wedge y$, 该 t-模记为 $\min$;

Łukasiewicz t-模: $T(x,y) = \max\{0, x + y - 1\}$, 该 t-模记为 W;

幂零取小 (nilponent minimum) t-模: $T(x,y) = \begin{cases} \min\{x,y\}, & x + y > 1, \\ 0, & 否则, \end{cases}$ 该 t-模是由 Fodor 提出来的, 记为 T^{nM}, 它的更一般形式见文献 [23];

乘积 t-模: $T(x,y) = xy$, 该 t-模记为 π;

$$T(x,y) = \begin{cases} x, & y = 1, \\ y, & x = 1, \\ 0, & \text{其他,} \end{cases} \quad \text{该 t-模记为 } T_0, \text{该 t-模的英文名称 drastic product}^{[20]}.$$

一个 t-模即为 $[0,1]$ 上的二元函数, t-模间的比较即为函数间的比较. 因此, 两个 t-模 T_1, T_2 的序关系 $T_1 \leqslant T_2$ 定义为: $\forall x, y \in [0,1], T_1(x,y) \leqslant T_2(x,y)$.

命题 2.2 对 t-模之间的序关系, 成立下列结论:

(1) $T_0 \leqslant W \leqslant \pi \leqslant \min$;

(2) 对任意 t-模 T, $T_0 \leqslant T \leqslant \min$.

证明 (1) 证明留给读者.

(2) 由 t-模的单调性及边界条件, 我们有

$$\forall x, y \in [0,1], \quad T(x,y) \leqslant T(x,1) = x.$$

类似可得 $T(x,y) \leqslant y$. 所以, $T(x,y) \leqslant x \wedge y = \min\{x,y\}$, 故 $T \leqslant \min$.

若 $x = 1$ 或 $y = 1$, 由边界条件可知 $T(x,y) = T_0(x,y)$, 而对于其他的 x, y, $T_0(x,y) = 0 \leqslant T(x,y)$. 故总有 $T_0 \leqslant T$. □

除上述 t-模的序关系以外, t-模之间还有所谓的控制 (domination) 关系.

定义 2.7[20] 设 T 及 T' 是两个 t-模. 若其满足: $\forall x_1, x_2, x_3, x_4 \in [0,1]$,

$$T'(T(x_1,x_2), T(x_3,x_4)) \geqslant T(T'(x_1,x_3), T'(x_2,x_4)),$$

则称 T' 控制 $T(T'$ dominates $T)$, 记为 $T' \gg T$.

容易验证:

(1) $\min \gg \pi \gg W \gg T_0$;

(2) 对任意 t-模 T, $\min \gg T \gg T_0$;

(3) 若 $T' \gg T$, 则 $T' \geqslant T$. 但是反过来不真, 例如: 令

$$T(x,y) = \begin{cases} \dfrac{1}{2}xy, & x, y \in [0,1), \\ \min\{x,y\}, & x = 1 \text{ 或 } y = 1. \end{cases}$$

则 T 是一个 t-模, 此时, $\pi \geqslant T$, 但是 $\pi \gg T$ 不成立;

(4) $\gg$ 是一个自反的、反对称的关系.

命题 2.3 若 T 是一个 t-模, φ 是 $[0,1]$ 上的一个自同构, 则 T 的 φ-变换

$$T_\varphi(x,y) = \varphi^{-1}(T(\varphi(x), \varphi(y)))$$

也是一个 t-模.

证明   按 t-模定义逐条验证即可.   □

例如: (1) $T = W$ 时, $T_\varphi(x, y) = \varphi^{-1}(\max\{\varphi(x) + \varphi(y) - 1, 0\})$;

(2) $T = \pi$ 时, $T_\varphi(x, y) = \varphi^{-1}(\varphi(x)\varphi(y))$;

(3) 若 $T = \min$ 或 $T = T_0$, 则对任意 $[0,1]$ 上的自同构 φ, $T_\varphi = T$.

一个 t-模是一个 $[0,1]$ 上的二元运算, 可将其推广为 n 元运算. 设 T 是一个 t-模, 令

$$T(x) = x, \quad T(x_1, x_2, \cdots, x_n) = T(T(x_1, x_2, \cdots, x_{n-1}), x_n) \quad (n \geqslant 2).$$

例如: $n \geqslant 2$ 时,

$$W(x_1, x_2, \cdots, x_n) = \max\left\{\sum_{i=1}^{n} x_i - (n-1), 0\right\};$$

$$T_0(x_1, x_2, \cdots, x_n) = \begin{cases} x_i, & x_j = 1(j \neq i), \\ \\ 0, & \text{其他}. \end{cases}$$

特别地, 若 $x_1 = x_2 = \cdots = x_n = x$, 记 $x_T^{(n)} = T(x, x, \cdots, x)$. 另外, 为方便起见, 规定 $x_T^{(0)} = 1$. 例如: $n \geqslant 1$ 时, $x_W^{(n)} = \max\{nx - n + 1, 0\}$, $x_{\min}^{(n)} = x$, $x_\pi^{(n)} = x^n$ 等.

容易证明: 对任意的正整数 n, m 以及任意 $x \in [0,1]$,

(1) $x_T^{(m+n)} = T(x_T^{(m)}, x_T^{(n)})$;

(2) $x_T^{(mn)} = (x_T^{(m)})_T^{(n)}$.

2.3.2 t-模的各种性质

首先我们简要介绍 t-模的连续性. 若 t-模 T 是二元连续函数, 则称 T 是连续 t-模. 例如: $\min, \pi, W$ 均为连续 t-模, 而 T_0 及 T^{nM} 不连续.

命题 2.4   一个 t-模 T 连续当且仅当 T 对第一个变量连续.

证明   由引理 2.3 以及 t-模的对称性立得.   □

我们说一个 t-模 T 左 (右) 连续, 意思是 T 对每个变量左 (右) 连续. 由于 T 的对称性, T 左 (右) 连续当且仅当 T 对第一个变量左 (右) 连续. 例如: T^{nM} 虽然不是连续 t-模, 但却是一个左连续 t-模. 我们将会看到, t-模的左连续性在模糊偏好的相关理论研究中起着至关重要的作用.

其次我们讨论 t-模的阿基米德性.

定义 2.8   若 t-模 T 满足: 对任意 $x, y \in (0,1)$, 存在正整数 n, 使得 $x_T^{(n)} < y$, 则称 T 是阿基米德 t-模 (Archimedean t-norm).

例如: T_0, π, W 是阿基米德 t-模, $\min, T^{nM}$ 均不是阿基米德 t-模.

命题 2.5 [20] T 为阿基米德 t-模当且仅当 T 满足极限性 (limit property):

$$\forall x \in (0,1), \quad \lim_{n \to \infty} x_T^{(n)} = 0.$$

证明   充分性是显然的, 我们证明必要性.

设 T 为阿基米德 t-模, 我们证明: $\forall x \in (0,1), \lim\limits_{n \to \infty} x_T^{(n)} = 0$. 因为 $\{x_T^{(n)}\}$ 单减且有界, 故极限存在. 若 $\lim\limits_{n \to \infty} x_T^{(n)} = x_0 \neq 0$, 取 $y = \dfrac{x_0}{2}$, 则对任意 n, $x_T^{(n)} \geqslant x_0 > y$, 与 T 为阿基米德 t-模相矛盾, 故 T 满足极限性.   □

命题 2.6 [20]   设 T 是一个连续的 t-模, 则 T 是阿基米德 t-模当且仅当 T 满足: $\forall x \in (0,1), T(x,x) < x$.

证明   必要性. 假设存在 $x \in (0,1)$ 满足 $T(x,x) = x$. 取 $y = x$, 则对任意正整数 n, $x_T^{(n)} = x$, 从而, T 不是阿基米德 t-模.

充分性. 我们证明: $\forall x \in (0,1), \lim\limits_{n \to \infty} x_T^{(n)} = 0$. 若存在 $x \in (0,1), \lim\limits_{n \to \infty} x_T^{(n)} = x_0 \neq 0$, 由 T 的连续性以及 $\lim\limits_{n \to \infty} T(x, x_T^{(n-1)}) = \lim\limits_{n \to \infty} x_T^{(n)} = x_0$ 知, $T(x, x_0) = x_0$. 于是 $T(x, T(x, x_0)) = x_0$, 即 $T(x_T^{(2)}, x_0) = x_0$, 依次类推可得 $T(x_T^{(n)}, x_0) = x_0$. 取极限得 $T(x_0, x_0) = x_0$, 与充分性假设矛盾. 所以, $\lim\limits_{n \to \infty} x_T^{(n)} = 0$. 由命题 2.5 知, T 是阿基米德 t-模.   □

接下来介绍 t-模的幂零性及零因子.

定义 2.9 [20]   设 $x > 0$, 若存在正整数 n, 使得 $x_T^{(n)} = 0$, 则称 x 是 T 的一个幂零元 (nilpotent element); 设 $x > 0$, 若存在 $y > 0$ 使得 $T(x,y) = 0$, 则称 x 是 T 的一个零因子 (zero divisor). 若 T 没有任何零因子, 则称 T 是一个无零因子的 t-模.

显然, T 无零因子当且仅当对任意 $x \in (0,1), T(x,x) > 0$.

例如: (1) T_0 以及 W 的所有幂零元和零因子的全体为 $(0,1)$;

(2) min 以及 π 既没有幂零元也没有零因子.

注 2.8   由定义易得: 一个 t-模的幂零元, 一定是零因子. 但反之不真. 例如: T^{nM} 的所有幂零元为 $(0, 0.5]$, 所有零因子为 $(0,1)$.

命题 2.7 [20]   一个 t-模 T 有幂零元的充分必要条件是 T 有零因子.

证明 $\Longrightarrow$. 由注 2.8 立得.

$\Longleftarrow$. 设 $x \in (0,1)$ 是 T 的一个零因子, 则存在 $y \in (0,1)$, 使得 $T(x,y) = 0$. 令 $z = \min\{x,y\}$, 则有 $T(z,z) = 0$, 即 $z_T^{(2)} = 0$, 从而, z 是 T 的一个幂零元.   □

命题 2.8   若 T 是一个连续 t-模且任意 $x \in (0,1)$ 都是 T 的零因子, 则 T 是阿基米德 t-模.

证明   用反证法. 假如 T 不是阿基米德 t-模. 由于 T 连续, 故由命题 2.6, 存在 $x_0 \in (0,1)$, 使得 $T(x_0, x_0) = x_0$. 由于 x_0 是 T 的零因子, 故存在 $y_0 \in (0,1)$, 使

得 $T(x_0, y_0) = 0$. 显然 $y_0 < x_0$. 由 T 的连续性, 对任意 $z \in [0, x_0]$, 存在 $y \in [y_0, x_0]$, 使得 $T(x_0, y) = z$. 特别地, 取 $z = y_0$, 存在 y_1, 使得 $T(x_0, y_1) = y_0$. 于是,

$$T(x_0, y_1) = T(T(x_0, x_0), y_1) = T(x_0, T(x_0, y_1)) = T(x_0, y_0) = 0,$$

即 $y_0 = 0$, 与 $y_0 \in (0, 1)$ 矛盾.   □

定义 2.10 [20] 设 T 是一个 t-模, 若 T 连续且每个 $x \in (0, 1)$ 都是其幂零元, 则称 T 是一个幂零的 t-模; 若 $x \neq 0$ 且 $\forall y_1, y_2, y_1 < y_2$ 时, $T(x, y_1) < T(x, y_2)$, 则称 T 是严格增加的 t-模; 若 T 是严格增加的连续 t-模, 则称 T 是一个严格 t-模.

例如: W 是一个幂零的 t-模; π 是一个严格 t-模; min 既不是幂零也不是严格 t-模.

容易证明下列结果:

(1) 不存在既是幂零又是严格的 t-模;

(2) 严格 t-模必为阿基米德 t-模;

(3) 幂零 t-模必为阿基米德 t-模.

最后, 我们介绍 t-模的旋转不变性.

定义 2.11 若一个 t-模 T 满足: $\forall x, y, z \in [0, 1], T(x, y) \leqslant z \iff T(x, n(z)) \leqslant n(y)$, 其中 n 是一个非, 则称 T 是一个关于 n 的旋转不变的 (rotation invariant) t-模.

注 2.9 旋转不变性是 Jenei 在 1998 年提出来的 [24, 25], 但他在给出该概念时不要求 T 是一个 t-模, 但要求 n 是强非, 我们将会看到 (见推论 2.2), 在 T 是一个 t-模的情况下, 定义 2.11 中的 n 确为强非.

例如: T^{nM} 以及 W 均为关于标准非的旋转不变的 t-模. 由定义可知, 一个关于 n 旋转不变的 t-模必须满足

$$x \leqslant n(y) \Longrightarrow T(x, y) = 0.$$

所以, 当 n 不是直觉非时, T 必有零因子, 从而, π 以及 min 均不可能是关于非直觉非的旋转不变的 t-模. 简单验证可知, π 以及 min 也不是关于直觉非的旋转不变的 t-模. 所以, π 以及 min 关于任意非都不是旋转不变的.

2.3.3 连续的阿基米德 t-模的数学表现

本小节将给出刻画连续的阿基米德 t-模、有零因子连续的阿基米德 t-模以及严格的阿基米德 t-模的表现定理 (representation theorem).

定理 2.4 (连续的阿基米德 t-模表现定理) t-模 T 是连续的阿基米德 t-模当且仅当存在严格减少的连续函数 $f: [0, 1] \to [0, \infty]$ 满足 $f(1) = 0$, 使得

$$\forall x, y \in [0, 1], \quad T(x, y) = f^{(-1)}(f(x) + f(y)),$$

且上述 f 在相差一个正常数积因子的意义下唯一.

注 2.10 定理 2.4 见文献 [26]. 由于该定理的证明较长, 这里略去, 对证明感兴趣的读者可参看文献 [20], [26].

上述定理中的 f 称为连续的阿基米德 t-模 T 的生成元. 例如: 对 t-模 W, 其一个生成元为 $f(x) = 1 - x$, 所有生成元为 $k(1-x)(k > 0)$; 对 π, 其一个生成元为 $f(x) = -\ln x$, 所有生成元为 $k \ln x(k < 0)$. 另外, 由定理 2.4 可知, 若 $f(0) < +\infty$, 连续的阿基米德 t-模可以写成下列形式:

$$\forall x, y \in [0, 1], \quad T(x, y) = f^{-1}(\min\{f(x) + f(y), f(0)\}).$$

定理 2.5 设 T 是连续的阿基米德 t-模, 其一个生成元为 f, 则

(1) T 有零因子当且仅当 $f(0) < +\infty$;

(2) T 是严格 t-模当且仅当 $f(0) = +\infty$.

证明 (1) 若 T 有零因子, 则存在 $x, y \in (0, 1)$, 使得 $T(x, y) = 0$. 由定理 2.4,

$$f^{(-1)}(f(x) + f(y)) = 0.$$

于是, $f(0) \leqslant f(x) + f(y) < +\infty$. 反之, 若 $f(0) < +\infty$, 则存在 $x \in (0, 1)$, 使得 $f(x) = \frac{1}{2}f(0)$. 于是,

$$T(x, x) = f^{(-1)}(2f(x)) = 0,$$

即 x 是 T 的一个零因子.

(2) T 严格 $\Longrightarrow$ T 无零因子 $\Longrightarrow$ $f(0) = +\infty$.

反之, 若 $f(0) = +\infty$, 则 $\forall x, y \in (0, 1]$,

$$T(x, y) = f^{(-1)}(f(x) + f(y)) = f^{-1}(f(x) + f(y)).$$

而 $x = 0$ 或 $y = 0$ 时, $T(x, y) = 0$. 易见, $T(x, y)$ 对 x, y 均严格增, 从而, 由 T 的连续性知 T 为一个严格 t-模. $\qquad\square$

推论 2.1 对连续的阿基米德 t-模 T, 下列陈述等价:

(1) T 有零因子;

(2) T 幂零;

(3) T 不是一个严格 t-模.

证明 (1) 与 (3) 的等价性由定理 2.5 立得. 下面证明 (1) 与 (2) 的等价性. 首先假设 T 有零因子, 则由定理 2.5 可得 $f(0) < +\infty$. 任取 $x \in (0, 1)$, 由于 f 严格减, $f(x) > 0$. 当 n 充分大时, $nf(x) > f(0)$. 于是, $x_T^{(n)} = 0$. 所以, 任意 $x \in (0, 1)$ 都是 T 的幂零元, 即 T 是幂零的.

当 T 幂零时, 由命题 2.7 立得 T 有零因子. 故 (1) 与 (2) 等价. □

由上面的结论可知: 一个连续的阿基米德 t-模若有零因子, 则 $(0,1)$ 中的所有元均为其幂零元, 从而, 易得其全体零因子的集合为 $(0,1)$.

定理 2.6(有零因子的连续的阿基米德 t-模的数学表现)[18]　　设 T 是连续的阿基米德 t-模, 则 T 有零因子当且仅当存在单位区间上的自同构 φ, 使得 $T = W_\varphi$, 即

$$\forall x, y \in [0,1], \quad T(x,y) = \varphi^{-1}(W(\varphi(x), \varphi(y))).$$

证明　充分性显然.

必要性. 由定理 2.4, 存在 f 严格减、连续且 $f(1) = 0$, 使得

$$T(x,y) = f^{(-1)}(f(x) + f(y)).$$

由于 T 有零因子, 故由定理 2.5 知: $f(0) < +\infty$. 令 $\varphi(x) = 1 - \dfrac{f(x)}{f(0)}$, 则 φ 是 $[0,1]$ 上的自同构且 $f^{-1}(x) = \varphi^{-1}\left(1 - \dfrac{x}{f(0)}\right)$. 于是,

$$\begin{aligned}
T(x,y) &= f^{-1}(\min\{f(x) + f(y), f(0)\}) \\
&= \varphi^{-1}\left(1 - \frac{1}{f(0)}\min\{f(x) + f(y), f(0)\}\right) \\
&= \varphi^{-1}\left(\max\left\{1 - \frac{f(x)}{f(0)} - \frac{f(y)}{f(0)}, 0\right\}\right) \\
&= \varphi^{-1}(W(\varphi(x), \varphi(y))).
\end{aligned}$$

□

上述定理说明: 有零因子的连续的阿基米德 t-模是 Łukasiewicz t-模的 φ 变换. 所以, 该类 t-模也称为 Łukasiewicz 类 (Łukasiewicz-class) t-模 [14].

命题 2.9　　若 T 是连续 t-模且任意 $x \in (0,1)$ 都是 T 的零因子, 则 T 是 Łukasiewicz 类 t-模.

证明　由命题 2.8 以及定理 2.6 立得. □

定理 2.7(严格 t-模的数学表现)[14, 22]　　T 是严格 t-模的充分必要条件是存在单位区间上的自同构 φ, 使得 $T = \pi_\varphi$.

证明　充分性显然.

必要性. 因 T 是严格 t-模, 故是连续的阿基米德 t-模且 $f(0) = +\infty$. 于是, $x, y \neq 0$ 时, $T(x,y) = f^{-1}(f(x) + f(y))$. 令 $\varphi(x) = \exp(-f(x))$, 则 φ 是单位区间上的自同构且 $f(x) = -\ln \varphi(x)$, $f^{-1}(x) = \varphi^{-1}(\exp(-x))$. 于是,

$$T(x,y) = \varphi^{-1}(\exp(-f(x) - f(y))) = \varphi^{-1}(\varphi(x)\varphi(y)).$$

□

上述定理说明: 无零因子的连续的阿基米德 t-模是 π 的 φ 变换.

注 2.11 由定理 2.6 及定理 2.7 可知: 连续的阿基米德 *t*-模要么是 Łukasiewicz *t*-模的 φ 变换, 要么是 π 的 φ 变换. 文献中对一般的连续 *t*-模有下列研究: 设 $\{[a_m, b_m]\}$ 是可列个互不相交的 $[0,1]$ 上的真子区间集, T_m 是连续的阿基米德 *t*-模. $T : [0,1]^2 \to [0,1]$ 定义为

$$T(x,y) = \begin{cases} a_m + (b_m - a_m)T_m \left(\dfrac{x - a_m}{b_m - a_m}, \dfrac{y - a_m}{b_m - a_m} \right), & x, y \in [a_m, b_m], \\ \min\{x,y\}, & \text{其他,} \end{cases}$$

则 T 是一个连续的 *t*-模, 该 *t*-模称为 $([a_m, b_m], T_m)$ 的顺序和 (ordinal sum). 连续 *t*-模只有下列三种情况:

(1) $T = \min$;

(2) T 是阿基米德 *t*-模;

(3) T 是某个 $([a_m, b_m], T_m)$ 的序数和.

该结果的详细证明见 [20].

注 2.12 由于 *t*- 模在概率度量空间、模糊逻辑以及广义测度与积分等方面有广泛的应用性, 所以, 文献中有大量的关于 *t*-模的研究结果, 其内容涉及 *t*-模的数学表现、*t*-模的构造、*t*-模的比较、*t*-模与函数方程以及特殊 *t*-模等. 有兴趣的读者可参看 Klement 等的关于 *t*-模的专著 [20]. 文献 [27] 则是关于 *t*-模的一些开放问题 (有的问题已经解决, 例如 [28]).

2.4 *t*-余 模

在模糊逻辑中, 逻辑"或"是由 *t*-余模来描述的, 本节介绍 *t*-余模相关理论. 由于 *t*-余模的结论可仿照 *t*-模相关结论的证明完成, 故本节的大多数证明留给读者.

定义 2.12[14] 若映射 $S : [0,1] \times [0,1] \to [0,1]$ 满足下列条件:

(1) 对称性: $\forall x, y \in [0,1]$, $S(x,y) = S(y,x)$;

(2) 单调性: $\forall x_1 \leqslant x_2, y_1 \leqslant y_2 \Longrightarrow S(x_1, y_1) \leqslant S(x_2, y_2)$;

(3) 结合律: $\forall x, y, z \in [0,1]$, $S(S(x,y), z) = S(x, S(y,z))$;

(4) 边界条件: $\forall x \in [0,1]$, $S(0,x) = x$,

则称 S 是一个 *t*-余模 (*t*-conorm).

若 T 是一个 *t*-模, n 是一个严格非, 定义 S 为

$$\forall x, y \in [0,1], \quad S(x,y) = n^{-1}(T(n(x), n(y))),$$

则 S 是一个 *t*-余模. 特别地, 当 $n = N_0$ 时, $S(x,y) = 1 - T(1 - x, 1 - y)$, T 与 S 称为对偶模. 下面是一些常见 *t*-模的对偶模.

min 的对偶模: $S(x,y) = \max\{x,y\} = x \bigvee y$, 记为 max;

W 的对偶模: $W'(x,y) = \min\{1, x+y\}$, 称为 Łukasiewicz t-余模;

T_0 的对偶模: $S_0(x,y) = \begin{cases} x, & y = 0, \\ y, & x = 0, \\ 1, & \text{其他}; \end{cases}$

π 的对偶模: $\pi'(x,y) = x + y - xy$;

T^{nM} 的对偶模: $S^{nM}(x,y) = \begin{cases} \max\{x,y\}, & x+y < 1, \\ 1, & \text{其他}. \end{cases}$

t-余模之间的序关系仍为二元函数的序关系, 与 t-模的性质类似, 可以证明 t-余模序关系的下列性质:

(1) $S_0 \geqslant W' \geqslant \pi' \geqslant \max$;

(2) 对任意 t-余模 S, $S_0 \geqslant S \geqslant \max$.

所以, max 是最小的 t-余模, S_0 是最大的 t-余模.

命题 2.10   若 S 是一个 t-余模, φ 是 $[0,1]$ 上的自同构, 则 S 的 φ 变换 S_φ:

$$\forall x, y \in [0,1], \quad S_\varphi(x,y) = \varphi^{-1}(S(\varphi(x), \varphi(y)))$$

是一个 t-余模.

证明   按 t-余模定义逐条验证即可.   □

例如: (1) 若 $S = \max$ 或 $S = S_0$, 则对任意 φ, $S_\varphi = S$;

(2) 若 $S = W'$, 则 $S_\varphi(x,y) = \varphi^{-1}(\min\{\varphi(x) + \varphi(y), 1\})$;

(3) 若 $S = \pi'$, 则 $S_\varphi(x,y) = \varphi^{-1}(\varphi(x) + \varphi(y) - \varphi(x)\varphi(y))$.

对一个 t-余模 S, $x_S^{(n)}$ 递归定义为: $x_S^{(1)} = x$, $x_S^{(k+1)} = S(x_S^{(k)}, x)$ $(k = 1, 2, \cdots)$.

定义 2.13   若 t-余模 S 是二元连续函数, 则称 S 是连续 t-余模; 若 S 对每个变量左 (右) 连续, 则称 S 左 (右) 连续; 若 t-余模 S 满足: 对任意 $x, y \in (0,1)$, 存在正整数 n 使得 $x_S^{(n)} > y$, 则称 S 是阿基米德 t-余模.

例如: max 是连续的, 但非阿基米德 t-余模; S_0 是阿基米德的, 但不连续; π' 与 W' 是连续的阿基米德 t-余模; S^{nM} 既不连续, 也不是阿基米德的, 但该 t-余模右连续.

由命题 2.3 以及 t-模的对称性可知: 一个 t-余模 S 连续当且仅当 S 对第一个变量连续. 另外由命题 2.6 的证明类似可得下列结论.

命题 2.11   一个连续的 t-余模 S 是阿基米德 t-余模当且仅当 S 满足:

$$\forall x \in (0,1), \quad S(x,x) > x.$$

定义 2.14   若 t-余模 S 满足: 存在 $x, y < 1$, 使得 $S(x,y) = 1$, 则称 S 是有零因子 t-余模; 若 $x \neq 1$ 且 $y_1 < y_2$ 时, 必有 $S(x,y_1) < S(x,y_2)$, 则称 S 是严格增加

的 t-余模; 若 S 是严格增加、连续的 t-余模. 则称 S 是严格的 t-余模.

定理 2.8(连续的阿基米德 t-余模表现定理) t-余模 S 是连续的阿基米德 t-余模的一个充分必要条件是存在严格增加的函数 $g : [0,1] \to [0,+\infty]$ 满足 $g(0) = 0$, 使得

$$S(x,y) = g^{(-1)}(g(x) + g(y)),$$

且上述 g 在相差一个正常数积因子的意义下唯一.

证明 充分性显然, 下证必要性.

令 $T(x,y) = 1 - S(1-x, 1-y)$, 则 T 是连续的阿基米德 t-模. 由 t-模表现定理, 存在严格减的连续函数 $f : [0,1] \to [0,+\infty]$, $f(1) = 0$ 使得

$$T(x,y) = f^{(-1)}(f(x) + f(y)).$$

令 $g(x) = f(1-x)$, 则 g 连续、严格增且 $g(0) = f(1) = 0$, $f^{(-1)}(x) = 1 - g^{(-1)}(x)$. 因此,

$$\begin{aligned}
S(x,y) &= 1 - T(1-x, 1-y) \\
&= 1 - f^{(-1)}(f(1-x) + f(1-y)) \\
&= g^{(-1)}(g(x) + g(y)).
\end{aligned}$$

g 的唯一性由 f 的唯一性可得. □

定理 2.8 中的 g 称为连续的阿基米德 t-余模 S 的一个生成元. 例如: $g_1(x) = x$; $g_2(x) = -\ln(1-x)$ 分别为 W' 与 π' 的一个生成元. 下列一系列结论的证明与 t-模对应结论的证明是类似的, 我们只列出结果.

定理 2.9 设 S 是连续的阿基米德 t-余模, 其一个生成元为 g, 则

(1) S 有零因子当且仅当 $g(1) < +\infty$;

(2) S 严格当且仅当 $g(1) = +\infty$.

定理 2.10 设 S 是连续的阿基米德 t-余模, 则 S 有零因子当且仅当存在单位区间上的自同构 φ, 使得 $S = W'_\varphi$, 即

$$\forall x, y \in [0,1], \quad S(x,y) = \varphi^{-1}(W'(\varphi(x), \varphi(y))).$$

上述定理说明: 有零因子的连续的阿基米德 t-余模是Łukasiewicz t-余模的 φ 变换.

定理 2.11 连续 t-余模 S 是严格的当且仅当存在单位区间上的自同构 φ, 使得 $S = \pi'_\varphi$.

2.5 t-模及 t-余模的各种运算律

我们首先讨论满足幂等律、吸收律及分配律的 t-模及 t-余模.

命题 2.12   设 T 及 S 分别为 t-模及 t-余模, 我们有:

(1) 若 T 满足幂等律: $\forall x \in [0,1], T(x,x) = x$, 则 $T = \min$;

(2) 若 S 满足幂等律: $\forall x \in [0,1], S(x,x) = x$, 则 $S = \max$.

证明   (1) 由幂等律以及命题 2.2(2) 可得

$$\forall x, y \in [0,1], \quad x \wedge y = T(x \wedge y, x \wedge y) \leqslant T(x,y) \leqslant x \wedge y.$$

所以, $T(x,y) = x \wedge y$.

(2) 证明留给读者.   □

命题 2.13   设 T 及 S 分别为 t-模及 t-余模.

(1) 若 T 与 S 满足吸收律: $\forall x, y \in [0,1], T(S(x,y),x) = x$, 则 $T = \min$;

(2) 若 T 与 S 满足吸收律: $\forall x, y \in [0,1], S(T(x,y),x) = x$, 则 $S = \max$.

证明   (1) 令 $y = 0$, 则 $T(S(x,0),x) = x$, 即 $T(x,x) = x(\forall x \in [0,1])$. 由命题 2.12(1) 立得 $T = \min$. 至于 (2) 的证明, 令 $y = 1$ 类似可得.   □

命题 2.14   设 T 及 S 分别为 t-模及 t-余模.

(1) 若 T 及 S 满足分配律: $\forall x, y, z \in [0,1], S(x,T(y,z)) = T(S(x,y),S(x,z))$, 则 $T = \min$;

(2) 若 T 及 S 满足分配律: $\forall x, y, z \in [0,1], T(x,S(y,z)) = S(T(x,y),T(x,z))$, 则 $S = \max$.

证明   (1) 令 $z = 0$, 则 $T(S(x,y),x) = x(\forall x, y \in [0,1])$, 由命题 2.13(1) 可得. 至于 (2) 的证明, 令 $z = 1$, 由命题 2.13(2) 可得.   □

其次, 我们讨论满足矛盾律 (law of contradiction) 及排中律 (law of excluded middle) 的 t-模及 t-余模.

定义 2.15   设 T, S 分别是 t-模及 t-余模, n 是一个非.

(1) 若 $\forall x \in [0,1], T(x,n(x)) = 0$, 则称 (T,n) 满足矛盾律;

(2) 若 $\forall x \in [0,1], S(x,n(x)) = 1$, 则称 (S,n) 满足排中律.

注 2.13   定义 2.15 取自文献 [15], 在文献 [14] 中, 矛盾律与排中律的定义要求 n 为严格非.

容易验证: (1) 对任意非填充非 n, (T_0,n) 满足矛盾律; 对任意非零非 n, (S_0,n) 满足排中律.

(2) (W,N_0) 满足矛盾律; (W',N_0) 满足排中律.

(3) 对任意 t-模 T, (T, n_i) 满足矛盾律; 对任意 t-余模 S, $(S, (n_i)_d)$ 满足排中律.

(4) 若 T 是无零因子的 t-模, 且 (T, n) 满足矛盾律, 则 $n = n_i$.

(5) 若 S 是无零因子的 t-余模, 且 (S, n) 满足排中律, 则 $n = (n_i)_d$.

引理 2.5 设 T 及 S 分别为连续的 t-模及连续的 t-余模, n 为一个严格非.

(1) 若 (T, n) 满足矛盾律, 则 T 是一个阿基米德 t-模, 其全体零因子集为 $(0, 1)$;

(2) 若 (S, n) 满足排中律, 则 S 是一个阿基米德 t-余模, 其全体零因子集为 $(0, 1)$.

证明 (1) 若 T 不是阿基米德 t-模, 则存在 $x \in (0, 1)$, 使得 $T(x, x) = x$.

若 $x \leqslant n(x)$, 则 $x = T(x, x) \leqslant T(x, n(x)) = 0$, 与 $x > 0$ 矛盾.

若 $x > n(x)$, 由于 T 的连续性, 故存在 $y < x$, 使得 $T(x, y) = n(x)$, 于是,

$$n(x) = T(x, y) = T(T(x, x), y) = T(x, T(x, y)) = T(x, n(x)) = 0,$$

与 $x < 1$ 且 n 严格减相违. 所以, T 是一个阿基米德 t-模.

对任意 $x \in (0, 1)$, 令 $y = n(x)$, 由于 n 是一个严格非, 故 $y \in (0, 1)$ 且由矛盾律, $T(x, y) = 0$, 故 x 是 T 的一个零因子. 所以, T 的全体零因子集为 $(0, 1)$.

(2) 证明留给读者. □

定理 2.12 若 T 及 S 分别是连续的 t-模及连续的 t-余模且 n 是一个严格非, 则

(1) (T, n) 满足矛盾律当且仅当存在单位区间上的自同构 φ, 使得 $T = W_\varphi$ 且 $n \leqslant N_\varphi$;

(2) (S, n) 满足排中律当且仅当存在单位区间上的自同构 φ, 使得 $S = W'_\varphi$ 且 $n \geqslant N_\varphi$.

证明 (1) 充分性. 若存在单位区间上的自同构, 使得 $T = W_\varphi$ 且 $n \leqslant N_\varphi$, 则 $\forall x \in [0, 1]$,

$$
\begin{aligned}
T(x, n(x)) = W_\varphi(x, n(x)) &\leqslant W_\varphi(x, N_\varphi(x)) \\
&= \varphi^{-1}(\max\{\varphi(x) + \varphi(N_\varphi(x)) - 1, 0\}) \\
&= \varphi^{-1}(\max\{\varphi(x) + (1 - \varphi(x)) - 1, 0\}) = 0.
\end{aligned}
$$

所以, (T, n) 满足矛盾律.

必要性. 由引理 2.5 及定理 2.6 知 $T = W_\varphi$. 另外, 由矛盾律, $\forall x \in [0, 1]$,

$$0 = T(x, n(x)) = \varphi^{-1}(\max\{\varphi(x) + \varphi(n(x)) - 1, 0\}),$$

所以, $\varphi(x) + \varphi(n(x)) \leqslant 1$, 即 $n \leqslant N_\varphi$.

(2) 证明类似. □

命题 2.15 [29]　　若 T 是关于非 n 的旋转不变 t-模, 则 (T, n) 满足矛盾律.

证明　由 $T(x, 1) \leqslant x$ $(\forall x \in [0, 1])$ 及 T 的旋转不变性立得 $T(x, n(x)) \leqslant 0$. 所以,

$$\forall x \in [0, 1], \quad T(x, n(x)) = 0,$$

即 (T, n) 满足矛盾律.　　　　　　　　　　　　　　　　　　　　　　　　　　　□

推论 2.2 [29]　　若 T 是关于非 n 的旋转不变 t-模, 则 n 是一个强非.

证明　任取 $x \in [0, 1]$, 由命题 2.15, (T, n) 满足矛盾律. 于是, $T(x, n(x)) = 0$. 由 T 关于 n 的旋转不变性, $T(x, n(0)) \leqslant n(n(x))$, 即 $x \leqslant n(n(x))$.

另外, 由矛盾律可得

$$T(n(n(x)), n(x)) = 0 = n(1).$$

于是, 由 T 关于 n 满足旋转不变性, $T(n(n(x), 1)) \leqslant x$, 即 $n(n(x)) \leqslant x$.

综合即得 $n(n(x)) = x$. 由定理 2.1, n 是一个强非.　　　　　　　　　　　　□

命题 2.16 [24]　　若 T 是关于非 n 的旋转不变 t-模, 则 T **左连续**.

证明　由引理 2.2(1), 只需证明: 对任意指标集 I 以及 $x_i, x \in [0, 1]$ $(i \in I)$,

$$T\left(\bigvee_{i \in I} x_i, x\right) = \bigvee_{i \in I} T(x_i, x).$$

由于 $T\left(\bigvee_{i \in I} x_i, x\right) \geqslant \bigvee_{i \in I} T(x_i, x)$ 是显然的, 故我们下面证明

$$T\left(\bigvee_{i \in I} x_i, x\right) \leqslant \bigvee_{i \in I} T(x_i, x).$$

由推论 2.2, n 是强非, 故对任意 $x_i \in [0, 1]$ $(i \in I)$,

$$T(x, x_i) = T(x_i, x) \leqslant \bigvee_{i \in I} T(x_i, x) = n\left(\bigwedge_{i \in I} n(T(x_i, x))\right).$$

由 T 关于 n 的旋转不变性及 n 为强非可得: 对任意 $x_i \in [0, 1]$ $(i \in I)$,

$$T\left(x, n\left(\bigvee_{i \in I} T(x_i, x)\right)\right) = T\left(x, \bigwedge_{i \in I} n(T(x_i, x))\right) \leqslant n(x_i).$$

故 $T\left(x, n\left(\bigvee_{i \in I} T(x_i, x)\right)\right) \leqslant \bigwedge_{i \in I} n(x_i) = n\left(\bigvee_{i \in I} x_i\right).$

由 T 关于 n 的旋转不变性,

$$T\left(\bigvee_{i \in I} x_i, x\right) = T\left(x, \bigvee_{i \in I} x_i\right) \leqslant \bigvee_{i \in I} T(x_i, x).$$

综合即得 $T\left(\bigvee_{i\in I} x_i, x\right) = \bigvee_{i\in I} T(x_i, x)$, 从而 T 是左连续的.　　　　　□

接下来, 我们讨论满足 De Morgan 律的 t-模及 t-余模.

定义 2.16[14]　设 T 及 S 分别为 t-模及 t-余模, n 是一个非. 若

$$\forall x, y \in [0, 1], \quad n(S(x, y)) = T(n(x), n(y)),$$

则称 (T, S, n) 满足第一类 De Morgan 律; 若

$$\forall x, y \in [0, 1], \quad n(T(x, y)) = S(n(x), n(y)),$$

则称 (T, S, n) 满足第二类 De Morgan 律.

若 (T, S, n) 同时满足第一类和第二类 De Morgan 律, 则称 (T, S, n) 满足 De Morgan 律.

一般来说, 两类 De Morgan 律并不等价, 下面的例子说明了这一点.

例 2.5　设 $n(x) = 1 - x^2$, $T = W$, $S(x, y) = \min\{1, \sqrt{x^2 + y^2}\}$, 则 (T, S, n) 满足第一类 De Morgan 律.

取 $x = y = 0.9$, 则 $n(T(x, y)) = 0.36$, $S(n(x), n(y)) = 0.2687$. 所以, $n(T(x, y)) \neq S(n(x), n(y))$, 即第二类 De Morgan 律不成立.

但是, 容易证明: 当 n 为强非时, 两类 De Morgan 律是等价的. 特别地, 当 n 为标准非时, 满足第一类或第二类 De Morgan 律的 T 与 S 即为对偶模.

命题 2.17　设 T 与 S 分别为 t-模及 t-余模, n 为严格非.

(1) 设 (T, S, n) 满足第一类 De Morgan 律, 若 T 是连续的阿基米德 t-模, 其一个生成元为 f, 则 S 也是连续的阿基米德 t-余模且 S 的一个生成元为 $f \circ n$.

(2) 设 (T, S, n) 满足第二类 De Morgan 律, 若 S 是一个连续的阿基米德 t-余模, 其一个生成元为 g, 则 T 也是一个连续的阿基米德 t-模且 T 的一个生成元为 $g \circ n$.

证明　我们仅证 (1), (2) 的证明类似, 留给读者.

由生成元的定义, f 严格减、连续、$f(1) = 0$ 且满足

$$T(x, y) = f^{(-1)}(f(x) + f(y)).$$

于是,

$$n(S(x, y)) = T(n(x), n(y)) = f^{(-1)}(f(n(x)) + f(n(y))),$$

即

$$S(x, y) = (f \circ n)^{(-1)}((f \circ n)(x) + (f \circ n)(y)).$$

由于 $f \circ n$ 是严格增加的连续函数且 $(f \circ n)(0) = f(n(0)) = f(1) = 0$, 故由定理 2.8 知: S 是一个连续的阿基米德 t-余模, 且一个生成元为 $f \circ n$.　　　　　□

定义 2.17　设 T, S 分别是 t-模及 t-余模, n 为严格非, 若 (T, S, n) 满足 De Morgan 律, 则称 (T, S, n) 是一个 De Morgan 三元组. 当 T 与 S 均连续时, (T, S, n) 称为连续的 De Morgan 三元组.

注 2.14　上述 De Morgan 三元组的定义取自 [20], 该定义中 T 与 S 的地位完全对称. 文献 [14] 中的 De Morgan 三元组 (T, S, n) 只要求满足第一类 De Morgan 律.

容易验证: (1) 对任意的严格非 n, $(\min, \max, n)$ 是一个 De Morgan 三元组;

(2) 若 φ 是一个 $[0,1]$ 上的自同构, $T = \pi_\varphi$, $S = \pi'_\varphi$, $N = N_\varphi$, 则 (T, S, N) 是一个 De Morgan 三元组, 该三元组称为严格 De Morgan 三元组;

(3) 若 φ 是一个 $[0,1]$ 上的自同构, $T = W_\varphi$, $S = W'_\varphi$, $N = N_\varphi$, 则 (T, S, N) 是一个 De Morgan 三元组, 该三元组称为强 De Morgan 三元组.

命题 2.17 表明: 一个 De Morgan 三元组中的 t-模及 t-余模同时具有阿基米德性 (一者具有阿基米德性, 则另一者也具有阿基米德性), 并可以通过 t-模 (t-余模) 的一个生成元导出 t-余模 (t-模) 的一个生成元. 实际上, 一个 De Morgan 三元组中的 t-模及 t-余模同时具有许多其他性质, 如连续性、零因子、幂零性以及严格性等.

命题 2.18 [29]　若 (T, S, n) 是一个 De Morgan 三元组, 则 (S, n) 满足排中律当且仅当 (T, n) 满足矛盾律.

证明　由 De Morgan 三元组的定义, $S(n(x), x) = n(T(x, n^{-1}(x)))$. 于是,

$$\forall x, S(n(x), x) = 1 \iff \forall x, n(T(x, n^{-1}(x))) = 1 \iff \forall x, T(x, n^{-1}(x)) = 0.$$

令 $y = n^{-1}(x)$, 则由 x 的任意性及 n 的连续性知: y 可取到 $[0,1]$ 中的任意值. 所以,

$$\forall x, S(n(x), x) = 1 \iff \forall y, T(n(y), y) = 0,$$

即 (S, n) 满足排中律当且仅当 (T, n) 满足矛盾律.　　　　　　　　　　　□

最后, 我们介绍满足彭育威等[30] 提出的条件的 t-模及 t-余模.

设 T 与 S 分别是 t-模及 t-余模, 若它们满足:

$$\forall x, y, z \in [0,1], \quad T(S(x, y), z) \leqslant S(x, T(y, z)),$$

则称 (T, S) 满足条件 $(\mathcal{C})$.

注 2.15　条件 $(\mathcal{C})$ 基于集合论包含式

$$(A \cup B) \cap C \subseteq A \cup (B \cap C).$$

彭育威等[30] 提出该条件主要用来研究模糊关系性质之间的关系, 这一点我们将会在 3.8.2 小节中看到. 同时将该条件用于基于 (S, n)-蕴涵的模糊等价以及模糊关系性质度量的研究中[31, 32], 可参看定理 2.18、命题 3.58、命题 3.61~命题 3.63 等.

容易验证: (1) 对 $[0,1]$ 上的任意自同构 φ, (W_φ, W'_φ) 满足条件 $(\mathcal{C})$.

(2) 对 $[0,1]$ 上的任意自同构 φ, $(\pi_\varphi, \pi'_\varphi)$ 满足条件 $(\mathcal{C})$.

(3) (T^{nM}, S^{nM}) 满足条件 $(\mathcal{C})$.

(4) 对任意 t-模 T, $(T, \max)$ 满足条件 $(\mathcal{C})$.

(5) 对任意 t-余模 S, $(\min, S)$ 满足条件 $(\mathcal{C})$.

当然, 并不是所有的 t-模 T 及 t-余模 S, (T, S) 均满足条件 $(\mathcal{C})$.

例如, 考虑 (T_0, S_0), $x = 0.3, y = z = 0.5$, 则

$$T_0(S_0(x, y), z) = 0.5 > 0.3 = S_0(x, T_0(y, z)),$$

即 (T_0, S_0) 不满足条件 $(\mathcal{C})$.

命题 2.19[29]　　若 (T, S, n) 是一个 De Morgan 三元组, 且 T 关于 n 满足旋转不变性, 则 (T, S) 满足条件 $(\mathcal{C})$.

证明　　由于 $\forall y, z \in [0,1]$, $T(y, z) \leqslant T(y, z)$. 由 T 关于 n 满足旋转不变性,

$$T(n(T(y, z)), z) \leqslant n(y).$$

因此, 由 t-模的单调性, $\forall x, y, z, \in [0, 1]$,

$$T(n(x), T(n(T(y, z)), z)) \leqslant T(n(x), n(y)).$$

根据 t-模的结合律,

$$T(T(n(x), n(T(y, z))), z) \leqslant T(n(x), n(y))$$

再由 T 的旋转不变性可得

$$T(n(T(n(x), n(y))), z) \leqslant n(T(n(x), n(T(y, z)))).$$

由推论 2.2 及 T 的旋转不变性知, n 是一个强非. 从而, $n = n^{-1}$. 于是,

$$T(n^{-1}(T(n(x), n(y))), z) \leqslant n^{-1}(T(n(x), n(T(y, z)))).$$

由于 (T, S, n) 是一个 De Morgan 三元组, 故 $T(S(x, y), z) \leqslant S(x, T(y, z))$, 即 (T, S) 满足条件 $(\mathcal{C})$.　　　　　　　　　　　　　　　　　　　　　　□

命题 2.19 告诉我们: 在 (T, S, n) 为 De Morgan 三元组的情况下, T 关于 n 的旋转不变性可导出条件 $(\mathcal{C})$, 但一般来说, 反过来并不成立. 例如: (π, π', N_0) 是一个 De Morgan 三元组且 (π, π') 满足条件 $(\mathcal{C})$, 但 π 关于标准非 N_0 不满足旋转不变性.

命题 2.20[29]   设 (T, S, n) 是一个 De Morgan 三元组, 若 n 为强非, (T, n) 满足矛盾律且 (T, S) 满足条件 $(\mathcal{C})$, 则 T 关于 n 满足旋转不变性.

证明   按照定义, 需证: $\forall x, y, z \in [0, 1]$, $T(x, y) \leqslant z \iff T(x, n(z)) \leqslant n(y)$.

先假设 $T(x, y) \leqslant z$. 由命题 2.18 及已知条件, (S, n) 满足排中律, 从而由条件 $(\mathcal{C})$,

$$S(n(x), T(x, y)) \geqslant T(S(n(x), x), y) = T(1, y) = y.$$

由 $T(x, y) \leqslant z$,

$$S(n(x), z) \geqslant S(n(x), T(x, y)) \geqslant y.$$

由 n 为强非以及 (T, S, n) 是一个 De Morgan 三元组可得

$$T(x, n(z)) = n(S(n(x), z)) \leqslant n(y).$$

反过来, 假设 $T(x, n(z)) \leqslant n(y)$. 类似上面的证明可得 $T(x, n(n(y))) \leqslant n(n(z))$, 由 n 为强非得 $T(x, y) \leqslant z$.   □

定理 2.13[29]   若 (T, S, n) 是 De Morgan 三元组, 则下列陈述等价:

(1) T 关于 n 满足旋转不变性;

(2) n 为强非, (T, n) 满足矛盾律且 (T, S) 满足条件 $(\mathcal{C})$.

证明   (1)$\Longrightarrow$(2). 由推论 2.2、命题 2.15 以及命题 2.19 可得.

(2)$\Longrightarrow$(1). 由命题 2.20 可得.   □

注 2.16   定理 2.13 的前提条件为 (T, S, n) 是一个 De Morgan 三元组, 若该条件不成立, 则结果不一定成立. 例如: (W, S^{nM}, N_0) 不是一个 De Morgan 三元组. 此时, W 为关于 N_0 的旋转不变 t-模, 但 (W, S^{nM}) 不满足条件 $(\mathcal{C})$.

2.6 t-模及 t-余模的自然非

设 T 是一个 t-模, 定义 $n_T : [0, 1] \to [0, 1]$ 为

$$\forall x \in [0, 1], \quad n_T(x) = \sup\{y | T(x, y) = 0\}.$$

容易证明: n_T 是一个非. 该非称为 T 的自然非 (natural negation)[15]. 例如, T_0 的自然非为对偶直觉非, W 的自然非为标准非, $\min$ 及 π 的自然非为直觉非. 一般来说, 容易证明: 若 T 是一个无零因子的 t-模, 则 T 的自然非为直觉非.

命题 2.21   设 T 是一个 t-模.

(1) 若 T 左连续, 则对任意 $x \in [0, 1]$, $T(x, n_T(x)) = 0$, 即 $n_T(x)$ 为最大值;

(2) 若 T 左连续, $x, y \in [0, 1]$, 则 $x \leqslant n_T(y)$ 当且仅当 $T(x, y) = 0$;

(3) 若 T 是一个有零因子的、连续的阿基米德 t-模, 其一个生成元为 f, 则 $n_T(x) = f^{-1}(f(0) - f(x))$, 此时 n_T 是一个强非.

证明 (1) 若 $n_T(x) = 0$, 结论显然成立. 现设 $n_T(x) > 0$, 考虑充分大的正整数 m, 使得 $n_T(x) - 1/m > 0$. 由上确界的定义可知, 存在 y_m, 使得 $n_T(x) - 1/m \leqslant y_m \leqslant n_T(x)$ 且 $T(x, y_m) = 0$. 于是, 当 $m \to \infty$ 时, $y_m \to n_T(x)$. 由 T 的左连续性知,

$$T(x, n_T(x)) = \lim_{m \to \infty} T(x, y_m) = 0.$$

(2) 若 $x \leqslant n_T(y)$, 则 $T(x, y) \leqslant T(n_T(y), y) = 0$.

反之, 我们假设 $T(x, y) = 0$, 则 $x \in \{z | T(y, z) = 0\}$. 从而,

$$x \leqslant \sup\{z | T(y, z) = 0\} = n_T(y).$$

(3) 由定理 2.4 及定理 2.5, $T(x, y) = f^{(-1)}(f(x) + f(y))$ 且 $f(0) < +\infty$. 于是,

$$
\begin{aligned}
n_T(x) &= \sup\{y | T(x, y) = 0\} \\
&= \sup\{y | f^{(-1)}(f(x) + f(y)) = 0\} \\
&= \sup\{y | f(x) + f(y) \geqslant f(0)\} \\
&= \sup\{y | y \leqslant f^{-1}(f(0) - f(x))\} \\
&= f^{-1}(f(0) - f(x)).
\end{aligned}
$$

另外, $n_T(x) = f^{-1}(f(0) - f(x))$ 显然是连续非, 且 $n_T(n_T(x)) = x$ ($\forall x \in [0, 1]$), 故 n_T 是一个强非. $\qquad \square$

命题 2.22 设 T 是一个连续 t-模, 则 (T, S, n_T) 为 De Morgan 三元组当且仅当 (T, S, n_T) 是强 De Morgan 三元组.

证明 只需证必要性. 由命题 2.21, $\forall x \in [0, 1]$, $T(x, n_T(x)) = 0$. 考虑到在 De Morgan 三元组 (T, S, n_T) 中 n_T 是严格非, 由定理 2.12 可知: 存在 $[0, 1]$ 上的自同构 φ 满足 $T = W_\varphi$. 所以, $\forall x \in [0, 1]$,

$$
\begin{aligned}
n_T(x) &= \sup\{y | T(x, y) = 0\} \\
&= \sup\{y | W_\varphi(x, y) = 0\} = \varphi^{-1}(1 - \varphi(x)) \\
&= N_\varphi(x),
\end{aligned}
$$

即 $n_T = N_\varphi$.

另外, 由 De Morgan 三元组的定义可得

$$
\begin{aligned}
S(x, y) &= n_T^{-1}(T(n_T(x), n_T(y))) \\
&= N_\varphi^{-1}(W_\varphi(N_\varphi(x), N_\varphi(y))) \\
&= W_\varphi'(x, y),
\end{aligned}
$$

即 $S = W'_\varphi$. 所以, (T, S, n_T) 是一个强 De Morgan 三元组.   □

设 S 是一个 t-余模, 定义: $\forall x \in [0,1]$, $n_S(x) = \inf\{y | S(x,y) = 1\}$. 则容易证明 n_S 是一个非, 该非称为 S 的自然非[15]. 类似于命题 2.21, 可以证明下列结果.

命题 2.23 设 S 是一个 t-余模, 我们有:

(1) 若 S 右连续, 则对任意 $x \in [0,1]$, $S(x, n_S(x)) = 1$, 即 $n_S(x)$ 达到其最小值;

(2) 若 S 是一个有零因子的、连续的阿基米德 t-余模, 其一个生成元为 g, 则

$$n_S(x) = g^{-1}(g(1) - g(x)),$$

此时 n_S 是一个强非.

注 2.17 在文献 [33] 中, Yager 等对 t-模及 t-余模的概念进行了推广, 这就是所谓一致模的概念.

设映射 $U : [0,1] \times [0,1] \to [0,1]$, 若其满足:

(1) 对称性: $\forall x, y \in [0,1]$, $U(x,y) = U(y,x)$;

(2) 单调性: $\forall x_1 \leqslant x_2, y_1 \leqslant y_2 \Longrightarrow U(x_1, y_1) \leqslant U(x_2, y_2)$;

(3) 结合律: $\forall x, y, z \in [0,1]$, $U(U(x,y), z) = U(x, U(y,z))$;

(4) 边界条件: $\exists e \in [0,1]$, $\forall x \in [0,1]$, $U(e,x) = x$,

则称 U 是一个一致模 (uninorm).

一致模中的 e 称为 U 的单位元. 若 $e = 1$, 一致模即为 t-模; 若 $e = 0$, 一致模即为 t-余模. 关于一致模的详细讨论, 读者可参看 [33], [34].

2.7 模 糊 蕴 涵

在普通逻辑中, 若 P, Q 为两个命题, $P \to Q = \neg P \bigvee Q$ 称为 P 蕴涵 Q, 其中 $\neg$ 及 $\bigvee$ 分别为逻辑 "非" 及 "或". 其真值表为

$$0 \to 0 = 0 \to 1 = 1 \to 1 = 1, \quad 1 \to 0 = 0.$$

本节将介绍蕴涵的模糊化形式.

2.7.1 模糊蕴涵的概念

定义 2.18 设 $I : [0,1] \times [0,1] \to [0,1]$, 若 $I(x,y)$ 对 x 单减, 对 y 单增, 且满足:

$$I(1,0) = 0, \quad I(0,0) = I(1,1) = 1,$$

则称 I 为一个模糊蕴涵 (fuzzy implication), 简称为一个蕴涵. 所有模糊蕴涵的集合记为 $\mathcal{FI}$.

$I(x, y)$ 表示前件 P 的真值为 x, 后件 Q 的真值为 y 时, "P 蕴涵 Q" 的真值程度. 由于蕴涵 I 对第一个变量单调减, 对第二个变量单调增, 故我们说 I 满足混合单调性 (hybrid monotonicity).

注 2.18 定义 2.18 见文献 [14], [15], 模糊蕴涵的其他定义可参看文献 [35]~[37]. 常见的蕴涵有:

(1) Rechenbach 蕴涵: $I_{RC}(x, y) = 1 - x + xy$;

(2) Łukasiewicz 蕴涵: $I_{LK}(x, y) = \min\{1 - x + y, 1\}$;

(3) Kleene-Dienes 蕴涵: $I_{KD}(x, y) = \max\{1 - x, y\}$;

(4) Gödel 蕴涵: $I_{GD}(x, y) = \begin{cases} 1, & x \leqslant y, \\ y, & x > y; \end{cases}$

(5) Goguen 蕴涵: $I_{GG}(x, y) = \begin{cases} 1, & x \leqslant y, \\ \dfrac{y}{x}, & x > y; \end{cases}$

(6) Fodor 蕴涵: $I_{FD}(x, y) = \begin{cases} 1, & x \leqslant y, \\ \max\{1 - x, y\}, & x > y. \end{cases}$

另外, 若定义 I_0 及 I_1 为: $\forall x, y \in [0, 1]$,

$$I_0(x, y) = \begin{cases} 1, & x = 0 \ \text{或} \ y = 1, \\ 0, & \text{其他}, \end{cases}$$

$$I_1(x, y) = \begin{cases} 0, & x = 1 \ \text{且} \ y = 0, \\ 1, & \text{其他}. \end{cases}$$

则 I_0 及 I_1 均为模糊蕴涵.

命题 2.24 设 $I \in \mathcal{FI}$, 则

(1) $I_0 \leqslant I \leqslant I_1$;

(2) I 的 φ-变换: $I_\varphi(x, y) = \varphi^{-1}(I(\varphi(x), \varphi(y)))$ 是一个模糊蕴涵;

(3) $I_n(x, y) = I(n(y), n(x))$ 是一个模糊蕴涵, 其中 n 是一个非.

证明 (1) 显然. (2) 及 (3) 的证明按模糊蕴涵定义逐条验证即可. □

2.7.2 模糊蕴涵的各种性质

由定义知, 模糊蕴涵满足:

(I1) $\forall x \leqslant z, \ I(x, y) \geqslant I(z, y)$;

(I2) $\forall y \leqslant z, \ I(x, y) \leqslant I(x, z)$;

(I3) $\forall x \in [0, 1], \ I(0, x) = 1$;

(I4) $\forall x \in [0, 1], \ I(x, 1) = 1$;

(I5) $I(1, 0) = 0$.

反过来, 若 $I : [0,1] \times [0,1] \rightarrow [0,1]$ 满足 (I1)~(I5), 则 I 是一个蕴涵, 所以 (I1)~(I5) 可以作为模糊蕴涵的等价定义.

在研究模糊蕴涵时, 经常涉及下列性质[14, 15]:

(I6) 单位元性质 (neutrality property): $\forall x \in [0,1]$, $I(1,x) = x$, 该性质简记为 (NP);

(I7) 交换性 (exchange property): $\forall x,y,z \in [0,1]$, $I(x,I(y,z)) = I(y,I(x,z))$, 该性质简记为 (EP);

(I8) 排序性 (ordering property): $\forall x,y \in [0,1]$, $x \leqslant y \Longleftrightarrow I(x,y) = 1$, 该性质简记为 (OP);

(I9) $n(x) = I(x,0)(\forall x \in [0,1])$ 为一个强非;

(I10) $\forall x,y \in [0,1]$, $I(x,y) \geqslant y$;

(I11) 恒等性 (identity property): $\forall x \in [0,1]$, $I(x,x) = 1$, 简记为 (IP);

(I12) 逆否对称性 (contrapositive symmetry): 设 n 是一个非,

$$\forall x,y \in [0,1], \quad I(x,y) = I(n(y),n(x)),$$

即 $I = I_n$, 该性质简记为 (CP(n));

(I13) I 是一个二元连续函数.

注 2.19　单位元性质在文献 [15] 称为左单位元性质 (left neutrality property).

例如: (1) Kleene-Dienes 蕴涵和 Rechenbach 蕴涵满足 (I1)~(I7), (I9), (I10), (I12) 以及 (I13)((I9) 及 (I12) 中的 n 是标准非);

(2) Łukasiewicz 蕴涵满足 (I1)~(I13)((I9) 及 (I12) 中的 n 是标准非);

(3) Fodor 蕴涵满足 (I1)~(I12)((I9) 及 (I12) 中的 n 是标准非);

(4) Gödel 蕴涵以及 Goguen 蕴涵满足 (I1)~(I8), (I10) 及 (I11).

命题 2.25 [14]　设 $I : [0,1] \times [0,1] \rightarrow [0,1]$ 满足 (EP) 以及 (OP), 则 I 满足 (I1), (I3)~(I6), (I10) 及 (I11).

证明　由 (OP) 立得 (I3), (I4) 以及 (I11).

证 (I1). 令 $x \leqslant z$, 由 (EP) 及 (OP),

$$I(z,I(I(z,y),y)) = I(I(z,y),I(z,y)) = 1.$$

由 (OP), $z \leqslant I(I(z,y),y)$. 于是, $x \leqslant z \leqslant I(I(z,y),y)$. 由 (EP) 及 (OP),

$$I(I(z,y),I(x,y)) = I(x,I(I(z,y),y)) = 1.$$

由 (OP), $I(z,y) \leqslant I(x,y)$. 所以 (I1) 成立.

证 (I6).

$$I(x,I(1,x)) = I(1,I(x,x)) = I(1,1) = 1,$$

从而, $x \leqslant I(1, x)$. 此外,

$$I(1, I(I(1, x), x)) = I(I(1, x), I(1, x)) = 1,$$

从而, $I(I(1, x), x) = 1$, 进而 $I(1, x) \leqslant x$. 所以 $I(1, x) = x$, 即 (I6) 成立.

(I5) 由 (I6) 立得.

证 (I10). 由 (EP) 及 (OP) 可得

$$I(y, I(x, y)) = I(x, I(y, y)) = I(x, 1) = 1,$$

由 (OP) 知 $I(x, y) \geqslant y$. □

命题 2.26　设 $I : [0, 1] \times [0, 1] \to [0, 1]$, n 是一个非.

(1) 若 I 满足 (I1) 以及 (CP(n)), 则 I 满足 (I2).

(2) 若 I 满足 (I2) 以及 (CP(n)), 则 I 满足 (I1).

证明　我们证明 (1), (2) 的证明类似.

令 $y \leqslant z$, 则 $n(z) \leqslant n(y)$. 由 (I1) 及 (CP(n)),

$$I(x, y) = I(n(y), n(x)) \leqslant I(n(z), n(x)) = I(x, z).$$

所以 (I2) 成立. □

2.7.3　由模糊蕴涵导出的非

设 $I : [0, 1] \times [0, 1] \to [0, 1]$, 记 $n_I(x) = I(x, 0) (x \in [0, 1])$.

命题 2.27　若 I 是一个模糊蕴涵, 则 n_I 是一个非.

证明　$n_I(0) = I(0, 0) = 1$, $n_I(1) = I(1, 0) = 0$ 且 $n_I(x)$ 单减, 故 n_I 是一个非. □

定义 2.19[15]　若 I 是一个模糊蕴涵, 则 n_I 称为 I 的自然非 (natural negation) 或 I 导出的非 (negation induced by I).

注 2.20　由命题 2.25 可知: I 满足 (EP) 及 (OP) 时, I 满足 (I1), (I3) 及 (I5), 从而, 采用命题 2.27 的证明可得 n_I 也是一个非.

例如: 若 $I = I_{\mathrm{LK}}$ 或 $I = I_{\mathrm{KD}}$ 或 $I = I_{\mathrm{RC}}$ 或 $I = I_{\mathrm{FD}}$ 时, n_I 是标准非 N_0; 若 $I = I_{\mathrm{GD}}$, 则 n_I 是直觉非 n_i.

命题 2.28　设 $I : [0, 1] \times [0, 1] \to [0, 1]$.

(1) 若 I 满足 (EP) 及 (OP), 则 $\forall x \in [0, 1]$, $x \leqslant n_I(n_I(x))$ 且 $n_I(n_I(n_I(x))) = n_I(x)$;

(2) 若 I 满足 (EP) 及 (OP) 且 n_I 连续, 则 n_I 是一个强非;

(3) 若 I 满足 (EP) 且 n_I 是强非, 则 I 满足 (CP(n_I));

(4) 若 I 满足 (CP(n)) 及 (NP), 其中 n 是一个非, 则 $n = n_I$ 是一个强非.

证明   (1) $n_I(n_I(x)) = I(n_I(x), 0) = I(I(x, 0), 0)$. 由 (EP) 及 (OP),

$$I(x, n_I(n_I(x))) = I(x, I(I(x, 0), 0)) = I(I(x, 0), I(x, 0)) = 1.$$

由 (OP), $x \leqslant n_I(n_I(x))$. 所以, 一方面,

$$\forall x \in [0, 1], \quad n_I(x) \leqslant n_I(n_I(n_I(x))).$$

另一方面, 由 n_I 的单调性 (注 2.20),

$$\forall x \in [0, 1], \quad n_I(x) \geqslant n_I(n_I(n_I(x))).$$

于是,

$$n_I(x) = n_I(n_I(n_I(x))).$$

(2) 由注 2.20, n_I 是一个非. 因 n_I 连续, 故对 $\forall y \in [0, 1]$, 存在 $x \in [0, 1]$ 使得 $n_I(x) = y$. 由 (1), $y = n_I(n_I(y))$, 即 n_I 满足复原律, 从而是一个强非.

(3) 若 n_I 为强非, 则由 (EP),

$$I(x, y) = I(x, n_I(n_I(y))) = I(x, I(I(y, 0), 0))$$
$$= I(I(y, 0), I(x, 0)) = I(n_I(y), n_I(x)).$$

即 I 满足 $(\mathrm{CP}(n_I))$.

(4) 由于 I 满足 $(\mathrm{CP}(n))$ 及 (NP), 故 $\forall x \in [0, 1]$,

$$n_I(x) = I(x, 0) = I(n(0), n(x))$$
$$= I(1, n(x)) = n(x).$$

于是, $n_I = n$.

另一方面, 由 I 的 (NP) 性质以及 $(\mathrm{CP}(n))$ 性质可得: $\forall x \in [0, 1]$,

$$x = I(1, x) = I(n_I(x), n_I(1)) = I(n_I(x), 0) = n_I(n_I(x)).$$

所以, $n = n_I$ 是一个强非. $\square$

由命题 2.28(2), 当 I 满足 (EP) 及 (OP) 性质时, n_I 要么不连续, 要么是强非, 不可能仅仅是严格非.

命题 2.29   若 n_I 是一个强非且 $I : [0, 1] \times [0, 1] \to [0, 1]$ 满足 (EP), 则 I 满足 (NP).

证明   由命题 2.28(3) 知, I 满足 $(\mathrm{CP}(n_I))$. 于是,

$$I(1, x) = I(n_I(x), n_I(1)) = I(n_I(x), 0) = n_I(n_I(x)) = x,$$

即 (NP) 成立. $\square$

2.7.4 (S, n)-蕴涵

普通逻辑中, P 蕴涵 Q "$P \rightarrow Q$" 定义为 "$\neg P \vee Q$". 由于在模糊情况下, 非及 t-余模分别对应逻辑联结运算 "$\neg$" 及 "$\vee$", 所以, 下面的 (S, n)-蕴涵定义是自然的.

定义 2.20 设 S 是一个 t-余模, n 是一个非, 定义:

$$\forall x, y \in [0, 1], \quad I_{S,n}(x, y) = S(n(x), y),$$

则称 $I_{S,n}$ 为一个 (S, n)-蕴涵.

容易验证, $I_{S,n}$ 确为一个模糊蕴涵.

注 2.21 (S, n)-蕴涵最早以 S-蕴涵的名称由 Trillas 及 Valverde 等[38] 引入模糊逻辑, 不过, 他们要求 S 连续且 n 是强非. 在一般意义下使用 (S, n)-蕴涵这一概念的是 Alsina 及 Trillas[39]. 许多文献资料 (例如, [14], [23], [37], [40]) 在定义该类蕴涵时要求 n 是强非, 同时将该类蕴涵称为 S-蕴涵.

例如: (1) 当 $S = \max$, $n = N_0$ 时, $I_{S,n}(x, y) = \max\{1 - x, y\}$ 为 Kleene-Dienes 蕴涵;

(2) 当 $S = \pi'$, $n = N_0$ 时, $I_{S,n}(x, y) = 1 - x + xy$ 为 Rechenbach 蕴涵;

(3) 当 $S = W'$, $n = N_0$ 时, $I_{S,n}(x, y) = \min\{1 - x + y, 1\}$ 为 Łukasiewicz 蕴涵;

(4) 当 $S = S^{nM}$, $n = N_0$ 时, $I_{S,n}(x, y) = \begin{cases} 1, & x \leqslant y, \\ \max\{1 - x, y\}, & x > y \end{cases}$ 为 Fodor 蕴涵.

下面我们讨论 (S, n)-蕴涵所满足的各种性质.

命题 2.30[14, 15] 设 S 是一个 t-余模, n 是一个非, 则

(1) $n_{I_{S,n}} = n$;

(2) $I_{S,n}$ 满足 (NP), (EP) 以及 (I10);

(3) n 是一个强非时, $I_{S,n}$ 满足 (I9) 以及 (CP(n));

(4) $I_{S,n}$ 满足 (IP) 当且仅当 (S, n) 满足排中律;

(5) $I_{S,n}$ 满足 (OP) 当且仅当 $n = n_S$ 是一个强非且 (S, n) 满足排中律.

证明 (1) 任取 $x \in [0, 1]$, $n_{I_{S,n}}(x) = S(n(x), 0) = n(x)$.

(2) 任取 $x \in [0, 1]$, $I_{S,n}(1, x) = S(n(1), x) = S(0, x) = x$, 即 (NP) 成立.

另外, $\forall x, y, z \in [0, 1]$, 由 S 的对称性及结合律可得

$$
\begin{aligned}
I_{S,n}(x, I_{S,n}(y, z)) &= S(n(x), S(n(y), z)) \\
&= S(n(y), S(n(x), z)) \\
&= I_{S,n}(y, I_{S,n}(x, z)),
\end{aligned}
$$

于是 (EP) 成立. 而 (I10) 是显然的.

(3) n 为强非时, $I_{S,n}(x,0) = n(x)$ 为强非, 即 (I9) 成立. 另外, $\forall x, y \in [0,1]$,

$$I_{S,n}(n(y), n(x)) = S(n(n(y)), n(x)) = S(y, n(x)) = S(n(x), y) = I_{S,n}(x, y).$$

所以, $I_{S,n}$ 满足 (CP(n)).

(4)

$$
\begin{aligned}
I_{S,n} \text{ 满足(IP)} &\iff \forall x \in [0,1], I_{S,n}(x,x) = 1 \\
&\iff \forall x \in [0,1], S(n(x), x) = 1 \\
&\iff (S, n) \text{ 满足排中律}.
\end{aligned}
$$

(5) $\implies$. 设 $I_{S,n}$ 满足 (OP), 则其满足 (IP), 于是由 (4), (S, n) 满足排中律, 即 $\forall x \in [0,1]$, $S(x, n(x)) = 1$. 所以,

$$n_S(x) = \inf\{y | S(x, y) = 1\} \leqslant n(x),$$

$$n_S(n(x)) = \inf\{y | S(n(x), y) = 1\} \leqslant x.$$

若存在 x_0, 使得 $n_S(n(x_0)) < x_0$, 则存在 y 满足 $n_S(n(x_0)) < y < x_0$. 由 $y > n_S(n(x_0)) = \inf\{z | S(n(x_0), z) = 1\}$ 可得

$$\exists z_0, \quad y > z_0 \quad \text{且} \quad S(n(x_0), z_0) = 1.$$

于是,

$$S(n(x_0), y) \geqslant S(n(x_0), z_0) = 1,$$

即 $I_{S,n}(x_0, y) = S(n(x_0), y) = 1$. 由 (OP) 可得 $x_0 \leqslant y$, 矛盾.

所以, $\forall x \in [0,1], n_S(n(x)) = x$.

下证 n_S 的连续性.

若 n_S 在 x_0 不连续, 由于 n_S 单减, 故 $n_S(x_0^-) > n_S(x_0^+)$.

当 $x > x_0$ 时,

$$n_S(x) \leqslant \bigvee_{x > x_0} n_S(x) = n_S(x_0^+).$$

当 $x < x_0$ 时,

$$n_S(x) \geqslant \bigwedge_{x < x_0} n_S(x) = n_S(x_0^-).$$

取 $y \in (n_S(x_0^+), n_S(x_0^-))$ 且 $y \neq n_S(x_0)$, 则 $\forall x \in [0,1], n_S(x) \neq y$, 与 $n_S(n(y)) = y$ 矛盾.

再证: $\forall y \in [0,1]$, $n_S(n_S(n_S(y))) = n_S(y)$. 首先由 n_S 单减以及 $n_S(y) \leqslant n(y)$ 可得

$$n_S(n_S(y)) \geqslant n_S(n(y)) = y.$$

于是, 一方面,

$$n_S(n_S(n_S(y))) \geqslant n_S(y);$$

另一方面, 再次利用 n_S 的单减性可得

$$n_S(n_S(n_S(y))) \leqslant n_S(y).$$

所以,

$$\forall y \in [0,1], \quad n_S(n_S(n_S(y))) = n_S(y).$$

由 n_S 的连续性可得

$$\forall x \in [0,1], \quad n_S(n_S(x)) = x.$$

所以 n_S 是一个强非, 并且由 $n_S(n(x)) = x$ 立得 $n = n_S$.

$\Longleftarrow$. $x \leqslant y$ 时, 由 (S, n) 的排中律,

$$I_{S,n}(x,y) = S(n(x), y) \geqslant S(n(x), x) = 1.$$

反之, 若 $I_{S,n}(x, y) = S(n(x), y) = 1$, 则 $S(n_S(x), y) = 1$. 于是,

$$n_S(n_S(x)) = \inf\{z | S(n_S(x), z) = 1\} \leqslant y,$$

即 $x \leqslant y$. 故 $I_{S,n}$ 满足 (OP). $\qquad\square$

定理 2.14 设 $I : [0,1] \times [0,1] \to [0,1]$, n 是一个强非, 则 I 为一个 (S,n)-蕴涵当且仅当 I 满足 (I1), (NP), (EP) 及 (CP(n)).

证明 $\Longrightarrow$. 由命题 2.30 立得.

$\Longleftarrow$. 对任意 $x, y \in [0,1]$, 令 $S(x, y) = I(n(x), y)$, 则 $S(0, y) = I(1, y) = y$.

$$S(x, y) = I(n(x), y) = I(n(y), x) = S(y, x).$$

于是, S 满足对称性. 由 (CP(n)) 及 (EP) 性质,

$$\begin{aligned}
S(x, S(y, z)) &= I(n(x), S(y, z)) = I(n(x), I(n(y), z)) \\
&= I(n(x), I(n(z), y)) = I(n(z), I(n(x), y)) \\
&= I(n(I(n(x), y)), z) = I(n(S(x, y)), z) \\
&= S(S(x, y), z),
\end{aligned}$$

即 S 满足结合律. 另外, 由 (I1) 立得 S 对 x 单调增. 于是, S 是一个 t-余模. 而 $I(x, y) = S(n(x), y)$, 从而 I 是一个 (S, n)-蕴涵. $\qquad\square$

推论 2.3 设 $I : [0,1] \times [0,1] \to [0,1]$, 则 I 为一个 (S,n)-蕴涵 (n 是一个强非) 当且仅当 I 满足 (I1) 及 (EP) 且 n_I 是一个强非.

证明 $\Longrightarrow$. 由定理 2.14 及 $n_I = n$ 立得.

$\Longleftarrow$. 由命题 2.28(3), I 满足 (CP(n_I)). 由命题 2.29, I 满足 (NP). 由定理 2.14, I 为一个 (S,n)-蕴涵, 其中 $n = n_I$ 是一个强非. □

注 2.22 定理 2.14 以及推论 2.3 是对 n 为强非时 (S,n)-蕴涵的刻画, 更多有关 (S,n)-蕴涵的刻画方面的结果 (如 n 是连续非或严格非、S 是连续的 t-余模等), 读者可参看 [15].

2.7.5 R-蕴涵

首先给出 R-蕴涵的定义.

定义 2.21 设 T 是一个 t-模, $\forall x, y \in [0,1]$, $I_T(x,y) = \sup\{z | T(x,z) \leqslant y\}$, 则称 I_T 为由 t-模 T 生成的 R-蕴涵.

容易验证: I_T 确为一个模糊蕴涵.

I_T 的定义基于普通逻辑中蕴涵的定义以及集合论等式

$$A^c \cup B = \cup\{Z | A \cap Z \subseteq B\}.$$

注 2.23 容易证明: $T_1 \leqslant T_2$ 时, $\forall x, y \in [0,1]$, $I_{T_1}(x,y) \geqslant I_{T_2}(x,y)$, 即 R-蕴涵对 T 单调减.

常见的 R-蕴涵有:

(1) $T = \pi$ 时, $I_T(x,y) = \begin{cases} 1, & x \leqslant y, \\ \dfrac{y}{x}, & x > y \end{cases}$ 为 Goguen 蕴涵;

(2) $T = W$ 时, $I_T(x,y) = \min\{1 - x + y, 1\}$ 为 Łukasiewicz 蕴涵;

(3) $T = \min$ 时, $I_T(x,y) = \begin{cases} 1, & x \leqslant y, \\ y, & x > y \end{cases}$ 为 Gödel 蕴涵;

(4) $T = T^{nM}$ 时, $I_T(x,y) = \begin{cases} 1, & x \leqslant y, \\ \max\{1 - x, y\}, & x > y \end{cases}$ 为 Fodor 蕴涵.

下面我们讨论 R-蕴涵的相关性质.

命题 2.31 [14, 15] 设 T 是一个 t-模, 则

(1) $n_{I_T} = n_T$, 即 I_T 的自然非为 T 的自然非;

(2) $x \leqslant y \Longrightarrow I_T(x,y) = 1$;

(3) I_T 满足 (NP), (I10) 及 (IP).

证明 (1) 显然.

(2) $x \leqslant y$ 时, 由于 $T(x, 1) = x \leqslant y$. 所以,

$$I_T(x, y) = \sup\{z | T(x, z) \leqslant y\} = 1.$$

(3) $I_T(1, x) = \sup\{z | T(1, z) \leqslant x\} = \sup\{z | z \leqslant x\} = x$, 即 (NP) 成立.

由于 $T(x, y) \leqslant y$, 故 $I_T(x, y) = \sup\{z | T(x, z) \leqslant y\} \geqslant y$, 即 (I10) 成立.

(IP) 由 (2) 可得. □

引理 2.6 T 左连续当且仅当 $(\forall x, y, z \in [0, 1], T(x, z) \leqslant y \iff I_T(x, y) \geqslant z)$.

证明 $\Longrightarrow$. 当 $T(x, z) \leqslant y$ 时, 显然 $I_T(x, y) \geqslant z$. 若 $I_T(x, y) \geqslant z$, 我们来证明 $T(x, z) \leqslant y$.

若 $I_T(x, y) > z$, 则有 $T(x, z) \leqslant y$. 否则的话, $T(x, z) > y$. 当 $z' \geqslant z$ 时, $T(x, z') \geqslant T(x, z) > y$, 从而 $I_T(x, y) = \sup\{z' | T(x, z') \leqslant y\} \leqslant z$, 矛盾.

现在考虑 $I_T(x, y) = z$, 若 $z = 0$, 则显然 $T(x, z) \leqslant y$. 假设 $z \neq 0$, 则当 n 充分大时, $z - 1/n > 0$, 此时, 存在 $z_n, z \geqslant z_n > z - 1/n$ 且 $T(x, z_n) \leqslant y$. 令 $z_n \to z$ 取极限, 利用 T 的左连续性即得 $T(x, z) \leqslant y$.

$\Longleftarrow$. 证 $\lim\limits_{z' \to z^-} T(x, z') = T(x, z)$. 由 T 的单增性及引理 2.1(1) 即证

$$\bigvee_{z' < z} T(x, z') = T(x, z).$$

令 $y = \bigvee\limits_{z' < z} T(x, z')$, 则当 $z' < z$ 时, $T(x, z') \leqslant y$. 从而,

$$\sup\{z' | T(x, z') \leqslant y\} \geqslant \sup\{z' | z' < z\} = z,$$

即 $I_T(x, y) \geqslant z$. 由充分性假设, $T(x, z) \leqslant y$. 而 $T(x, z) \geqslant y$ 是显然的. 所以,

$$T(x, z) = y = \bigvee_{z' < z} T(x, z') = \lim_{z' \to z^-} T(x, z'),$$

即 T 左连续. □

注 2.24 若 I 与 T 满足性质:

$$\forall x, y, z, \quad T(x, z) \leqslant y \iff I(x, y) \geqslant z,$$

则称 I 是 T 的一个剩余 (residuum), R-蕴涵的概念即来源于此[41, 42].

命题 2.32 [14, 15] 若 T 是一个左连续 t-模, 则

(1) $\forall x, y \in [0, 1], T(x, I_T(x, y)) \leqslant y$;

(2) $\forall x, y \in [0, 1], I_T(x, I_T(y, z)) = I_T(T(x, y), z)$;

(3) I_T 满足 (EP) 及 (OP);

(4) $I_T(x, y)$ 对 x 左连续, 对 y 右连续.

证明   (1) 由引理 2.6 及 $I_T(x, y) \geqslant I_T(x, y)$ 立得.

(2) 对任意 $x, y, z \in [0, 1]$,

$$
\begin{aligned}
I_T(x, I_T(y, z)) &= \sup\{t | T(x, t) \leqslant I_T(y, z)\} \\
&= \sup\{t | T(y, T(x, t)) \leqslant z\} \qquad \text{(引理 2.6)} \\
&= \sup\{t | T(T(x, y), t) \leqslant z\} \\
&= I_T(T(x, y), z).
\end{aligned}
$$

(3) 由引理 2.6, $I_T(x, y) = 1 \Longleftrightarrow T(x, 1) \leqslant y \Longleftrightarrow x \leqslant y$, 从而 (OP) 成立. 而性质 (EP) 由 (2) 及 t-模的对称性立得.

(4) 证明 $I_T(x, y)$ 对 y 右连续, 即证: $\forall y_0 \in [0, 1)$, $\lim\limits_{y \to y_0^+} I_T(x, y) = I_T(x, y_0)$. 由 $I_T(x, y)$ 对 y 的单增性即证 $\bigwedge\limits_{y > y_0} I_T(x, y) = I_T(x, y_0)$. 由于 $\bigwedge\limits_{y > y_0} I_T(x, y) \geqslant I_T(x, y_0)$, 若两者不等, 则存在 α, $\bigwedge\limits_{y > y_0} I_T(x, y) > \alpha > I_T(x, y_0)$. 从而, $\forall y > y_0$, $I_T(x, y) > \alpha$. 由 T 的左连续性及引理 2.6 得: $\forall y > y_0, T(x, \alpha) \leqslant y$. 令 $y \to y_0$ 取极限得 $T(x, \alpha) \leqslant y_0$, 故 $I_T(x, y_0) \geqslant \alpha$, 矛盾.

$I_T(x, y)$ 对 x 左连续的证明留给读者. $\square$

命题 2.33[15]   设 T 是一个 t-模, 则下列结果成立:

(1) 若 I_T 满足 (EP) 性质, n 是一个非, 则 I_T 满足 (CP(n)) 当且仅当 $n = n_T$ 是一个强非;

(2) 若 T 是一个左连续 t-模且 n 是一个强非, 则 I_T 满足 (CP(n)) 的一个充分必要条件为

$$
\forall x, y \in [0, 1], \quad I_T(x, y) = n(T(x, n(y))).
$$

证明   (1) 由于 I_T 满足 (NP), 故由 $n_{I_T} = n_T$ 及命题 2.28(3), (4) 立得我们的结论.

(2) 充分性易证, 我们证明必要性. 任取 $x, y, z \in [0, 1]$,

$$
\begin{aligned}
T(x, z) \leqslant y &\Longleftrightarrow T(z, x) \leqslant y \\
&\Longleftrightarrow I_T(z, y) \geqslant x \qquad \text{(引理 2.6)} \\
&\Longleftrightarrow I_T(n(y), n(z)) \geqslant x \qquad \text{((CP(n)))} \\
&\Longleftrightarrow T(n(y), x) \leqslant n(z) \qquad \text{(引理 2.6)} \\
&\Longleftrightarrow z \leqslant n(T(n(y), x)).
\end{aligned}
$$

所以,

$$
I_T(x, y) = \sup\{z | T(x, z) \leqslant y\} = \sup\{z | z \leqslant n(T(n(y), x))\} = n(T(n(y), x)). \qquad \square
$$

推论 2.4 设 T 是一个左连续 t-模且 n_T 是一个强非, 则

(1) I_T 满足 $(\mathrm{CP}(n_T))$;

(2) 对任意 $x, y \in [0,1]$, $I_T(x, y) = n_T(T(x, n_T(y)))$;

(3) 若 (T, S, n_T) 为 De Morgan 三元组, 则 $I_T = I_{S, n_T}$.

证明 由命题 2.32(3) 知, I_T 满足 (EP).

(1) 由 n_T 是一个强非及命题 2.33(1) 立得.

(2) 由 (1) 及命题 2.33(2) 立得.

(3) 由 (S, n)-蕴涵的定义、De Morgan 三元组的定义、n_T 为强非以及 (2) 知: $\forall x, y \in [0,1]$,

$$I_{S, n_T}(x, y) = S(n_T(x), y) = n_T^{-1}(T(n_T(n_T(x)), n_T(y))) = n_T(T(x, n_T(y))) = I_T(x, y),$$

即 $I_T = I_{S, n_T}$. □

命题 2.34 [29] 若 T 关于 n 满足旋转不变性, 则 I_T 满足 $(\mathrm{CP}(n))$.

证明 若 T 关于 n 满足旋转不变性, 则

$$I_T(n(y), n(x)) = \sup\{z | T(n(y), z) \leqslant n(x)\} = \sup\{z | T(x, z) \leqslant y\} = I_T(x, y),$$

即 I_T 满足 $(\mathrm{CP}(n))$. □

推论 2.5 若 T 关于 n 满足旋转不变性, 则 $n = n_T$.

证明 由命题 2.16 及命题 2.34 知, T 左连续且 I_T 满足 $(\mathrm{CP}(n))$. 由命题 2.32(3) 知, I_T 满足 (EP). 由命题 2.33(1) 知, $n = n_T$. □

注 2.25 由推论 2.5 可知, 一个 t-模 T 只能关于 n_T 旋转不变.

下面的例子说明: 命题 2.34 的逆不真.

例 2.6 令 $T(x, y) = \begin{cases} 0, & x + y < 1, \\ x \wedge y, & \text{其他}, \end{cases}$ 则 $I_T = I_{\mathrm{FD}}$ 满足 $\mathrm{CP}(N_0)$, 但由于 T 不是左连续的, 因而由命题 2.16 知, T 不是关于 N_0 的旋转不变 t-模.

命题 2.35 [29] 设 T 是一个左连续 t-模且 I_T 满足 $(\mathrm{CP}(n))$, 则 T 关于 n 满足旋转不变性.

证明 我们需证:

$$\forall x, y, z \in [0,1], \quad T(x, y) \leqslant z \iff T(x, n(z)) \leqslant n(y).$$

设 $T(x, y) \leqslant z$, 则 $T(y, x) \leqslant z$. 由 I_T 的定义, $I_T(y, z) \geqslant x$. 由 $(\mathrm{CP}(n))$, $I_T(n(z), n(y)) \geqslant x$. 由 T 左连续及引理 2.6, $T(n(z), x) \leqslant n(y)$, 即 $T(x, n(z)) \leqslant n(y)$.

反过来, 设 $T(x, n(z)) \leqslant n(y)$. 由前面的证明知 $T(x, n(n(y))) \leqslant n(n(z))$. 由 T 左连续及命题 2.32(3), I_T 满足 (EP). 由命题 2.33(1), n 是一个强非, 故 $T(x, y) \leqslant z$.

□

定理 2.15 [29]　　一个 t-模 T 关于 n 满足旋转不变性的充分必要条件是 T 左连续且 I_T 满足 (CP(n)).

证明　必要性由命题 2.34 及命题 2.16 可得, 充分性由命题 2.35 立得.　　　□

推论 2.6　若 (T, S, n) 为 De Morgan 三元组且 T 是关于 n 的旋转不变 t-模, 则 $I_T = I_{S,n}$.

证明　由命题 2.16 及 T 的旋转不变性, T 左连续. 由命题 2.32(3) 及 T 的左连续性, I_T 满足 (EP). 由命题 2.34, I_T 满足 (CP(n)). 由 I_T 满足 (EP), (CP(n)) 以及命题 2.33(1), $n = n_T$ 是一个强非. 最后, 由 T 左连续、$n = n_T$ 是一个强非、$(T, S, n_T) = (T, S, n)$ 为一个 De Morgan 三元组以及推论 2.4(3), $I_T = I_{S,n_T}$, 即 $I_T = I_{S,n}$.　　　□

下面我们给出 R-蕴涵的一个刻画定理. 先引入一个记号. 设 $I : [0,1] \times [0,1] \to [0,1]$, 定义 $T_I : [0,1] \times [0,1] \to [0,1]$ 为

$$\forall x, y \in [0,1], \quad T_I(x,y) = \inf\{t | I(x,t) \geqslant y\}.$$

定理 2.16 [14]　　设 $I : [0,1] \times [0,1] \to [0,1]$, 则 I 是由一个左连续 t-模生成的 R-蕴涵的充分必要条件是 I 满足 (I2), (EP), (OP) 且 $I(x,y)$ 对 y 右连续.

证明　必要性由命题 2.32 可得.

$\Longleftarrow$. 设 I 满足 (I2), (EP), (OP) 且 $I(x,y)$ 对 y 右连续, 则由命题 2.25, I 满足 (I1)~(I6).

第一步: 证 T_I 是 t-模. 由于 I 满足 (I1), T_I 对 x 单增.

$$T_I(1,x) = \inf\{t | I(1,t) \geqslant x\} = \inf\{t | t \geqslant x\} = x.$$

于是, T_I 满足 t-模的边界条件. 由 (EP) 及 (OP),

$$I(x,t) \geqslant y \iff I(y, I(x,t)) = 1 \iff I(x, I(y,t)) = 1 \iff I(y,t) \geqslant x.$$

于是,

$$T_I(x,y) = \inf\{t | I(x,t) \geqslant y\} = \inf\{t | I(y,t) \geqslant x\} = T_I(y,x).$$

从而, T_I 满足 t-模的对称性.

下面证明 T_I 满足结合律

$$\forall x, y, z \in [0,1], \quad T_I(x, T_I(y,z)) = T_I(T_I(x,y), z) = T_I(z, T_I(x,y)).$$

由 T_I 的定义, 只需证

$$I(x,t) \geqslant T_I(y,z) = T_I(z,y) \iff I(z,t) \geqslant T_I(x,y).$$

由于 $I(x,y) \geqslant I(x,y)$, 故 $T_I(x, I(x,y)) \leqslant y$.

由 $I(x,y)$ 对 y 右连续可得 $I(x, T_I(x,y)) \geqslant y$ (令 $T_I(x,y) = \alpha$, 若 $\alpha = 1$, 由 T_I 定义知 $I(x, T_I(x,y)) \geqslant y$ 成立. 假设 $\alpha < 1$, 则 n 充分大时, $\alpha + \dfrac{1}{n} < 1$, 此时, 对 $\alpha + \dfrac{1}{n}$, 存在 t_n, 使得 $I(x, t_n) \geqslant y$ 且 $\alpha \leqslant t_n < \alpha + \dfrac{1}{n}$, 令 $n \to \infty$, $t_n \to \alpha$ 取极限得 $I(x, \alpha) \geqslant y$). 由 $I(z, t) \geqslant T_I(x, y)$, (I2) 以及 (EP) 可得

$$T_I(z, y) \leqslant T_I(z, I(x, T_I(x, y))) \leqslant T_I(z, I(x, I(z, t)))$$
$$= T_I(z, I(z, I(x, t))) \leqslant I(x, t).$$

于是, $T_I(y, z) = T_I(z, y) \leqslant I(x, t)$. 类似推理, 由 $T_I(z, y) \leqslant I(x, t)$ 可得 $I(z, t) \geqslant T_I(x, y)$.

第二步: 证 T_I 左连续, 即证 $\forall y_0 \in (0, 1]$, $\lim\limits_{y \to y_0^-} T_I(x, y) = T_I(x, y_0)$. 由 T_I 的单调性即证

$$\bigvee_{y < y_0} T_I(x, y) = T_I(x, y_0) = \inf\{t | I(x, t) \geqslant y_0\}.$$

用反证法. 若上述等式不成立, 则由于 $\bigvee\limits_{y < y_0} T_I(x, y) \leqslant T_I(x, y_0)$, 故 $\bigvee\limits_{y < y_0} T_I(x, y) < T_I(x, y_0)$. 于是, 存在 α, 使得 $\bigvee\limits_{y < y_0} T_I(x, y) < \alpha < T_I(x, y_0)$, 则 $\forall y < y_0$, $T_I(x, y) < \alpha < T_I(x, y_0)$. 从而, $y \leqslant I(x, T_I(x, y)) \leqslant I(x, \alpha)$, 令 $y \to y_0$ 取极限得 $I(x, \alpha) \geqslant y_0$. 所以, $T_I(x, y_0) \leqslant \alpha$, 矛盾.

第三步: 证 $I(x, y) = I_{T_I}(x, y) = \sup\{z | T_I(x, z) \leqslant y\}$.

由于 $T_I(x, I(x, y)) \leqslant y$, 故 $I_{T_I}(x, y) \geqslant I(x, y)$.

另外, 在 $I(x, T_I(x, z)) \geqslant z$ 中取 $z = I_{T_I}(x, y)$ 并由 T_I 的左连续性及命题 2.32(1) 可得

$$I_{T_I}(x, y) \leqslant I(x, T_I(x, I_{T_I}(x, y))) \leqslant I(x, y).$$

于是, $I_{T_I}(x, y) = I(x, y)$, 即 I 是由左连续 t-模 T_I 生成的 R-蕴涵. □

最后我们讨论 Łukasiewicz 蕴涵类的刻画问题.

引理 2.7　设 $I : [0, 1] \times [0, 1] \to [0, 1]$ 满足 (EP) 及 (OP) 且 n_I 是一个强非.

(1) 定义 T 如下

$$\forall x, y \in [0, 1], \quad T(x, y) = n_I(I(x, n_I(y))),$$

则 T 是一个 t-模且 I 是 T 的剩余, 即

$$\forall x, y, z \in [0, 1], \quad T(x, y) \leqslant z \iff I(x, z) \geqslant y.$$

(2) I 满足 (I2).

(3) $T = T_I$.

证明 (1) 由于 $I : [0, 1] \times [0, 1] \to [0, 1]$ 满足 (EP) 且 n_I 是一个强非, 所以由命题 2.28(3), I 满足 $(\mathrm{CP}(n_I))$. 于是, $\forall x, y \in [0, 1]$,

$$T(x, y) = n_I(I(x, n_I(y))) = n_I(I(y, n_I(x))) = T(y, x),$$

从而, T 满足对称性.

根据 T 的对称性, 结合律等价于 $\forall x, y \in [0, 1], T(x, T(z, y)) = T(z, T(x, y))$.

事实上,

$$\begin{aligned}
T(x, T(z, y)) &= n_I(I(x, n_I(T(z, y)))) \\
&= n_I(I(x, n_I(n_I(I(z, n_I(y)))))) \\
&= n_I(I(x, I(z, n_I(y)))) \qquad (n_I \text{ 为强非}) \\
&= n_I(I(z, I(x, n_I(y)))) \qquad ((\mathrm{EP})) \\
&= T(z, T(x, y)).
\end{aligned}$$

另外, 由于 I 满足 (EP) 及 (OP), 故由命题 2.25 知: I 满足 (NP). 于是, $\forall x \in [0, 1]$,

$$T(1, x) = n_I(I(1, n_I(x))) = n_I(n_I(x)) = x,$$

即 T 满足边界条件.

至于 T 的单调性可由 I 对第一个变量的单减 (命题 2.25) 得到. 至此, 我们证明了 T 是一个 t-模.

另外, 由于 n_I 是一个强非,

$$\begin{aligned}
T(x, y) \leqslant z &\iff n_I(I(x, n_I(y))) \leqslant z \\
&\iff I(x, n_I(y)) \geqslant n_I(z) \\
&\iff I(n_I(z), I(x, n_I(y))) = 1 \qquad ((\mathrm{OP})) \\
&\iff I(x, I(n_I(z), n_I(y))) = 1 \qquad ((\mathrm{EP})) \\
&\iff I(x, I(y, z)) = 1 \qquad ((\mathrm{CP}(n_I))) \\
&\iff I(y, I(x, z)) = 1 \qquad ((\mathrm{EP})) \\
&\iff I(x, z) \geqslant y. \qquad ((\mathrm{OP}))
\end{aligned}$$

(2) 由命题 2.28(3), I 满足 $(\mathrm{CP}(n_I))$. 由命题 2.25, I 满足 (I1). 再由命题 2.26(1), I 满足 $(I2)$.

(3) 由 (1) 以及 $T(x,y) \leqslant T(x,y)$ 得 $I(x, T(x,y)) \geqslant y$, 从而 $T_I \leqslant T$. 若存在 x_0, y_0, 使得 $T_I(x_0, y_0) < T(x_0, y_0)$, 则有 t_0, 使得 $T_I(x_0, y_0) < t_0 < T(x_0, y_0)$. 于是,

$$t_0 > T_I(x_0, y_0) = \inf\{t | I(x_0, t) \geqslant y_0\},$$

故存在 $t_1 < t_0$ 使得 $I(x_0, t_1) \geqslant y_0$. 由 (2), $I(x_0, t_0) \geqslant I(x_0, t_1) \geqslant y_0$. 由 (1), $T(x_0, y_0) \leqslant t_0$, 矛盾. □

定理 2.17[43] I 是 $[0,1]$ 上的二元连续函数, 则 I 满足 (EP) 及 (OP) 当且仅当存在单位区间上的自同构 φ, 使得 $I = I_{W_\varphi}$.

证明 充分性易证, 我们直接证明必要性.

由已知, I 满足 (EP), (OP) 且 $n_I(x) = I(x, 0)$ 连续, 故由命题 2.28(2), n_I 为一个强非. 由引理 2.7(2), I 满足 (I2). $I(x, y)$ 的连续性保证了其对 y 的右连续性, 故由定理 2.16 的充分性证明可知 $I = I_{T_I}$. 再由引理 2.7(3) 可得 $T_I = T$, 其中 T 的定义如引理 2.7, 从而 $I = I_T$, 显然 T 是连续的. 由命题 2.21(1),

$$T(x, n_I(x)) = T(x, n_{I_T}(x)) = T(x, n_T(x)) = 0.$$

所以, 由定理 2.12(1), 存在单位区间上的自同构 φ, 使得 $T = W_\varphi$. 于是, $I = I_T = I_{W_\varphi}$. □

由于 $I_{W_\varphi} = (I_W)_\varphi$, 故由定理 2.17 以及命题 2.32(3) 进一步可得: 一个由左连续 t-模生成的连续的 R-蕴涵是 Łukasiewicz 蕴涵的 φ-变换.

注 2.26 (S, n)-蕴涵以及 R-蕴涵是文献中最为典型的, 也是最受众人关注的两类模糊蕴涵, 我们将会看到, R-蕴涵是研究模糊偏好的主要工具. 除 (S, n)-蕴涵以及 R-蕴涵以外, 还有 QL-蕴涵[37, 44, 45]、D-蕴涵[45] 以及各种各样的其他蕴涵[23, 40, 46].

2.8 模 糊 等 价

普通逻辑中, 若 P, Q 为两个命题, $P \leftrightarrow Q = (P \to Q) \wedge (Q \to P)$ 称为 P 等价于 Q, 其中 $\to$ 及 $\wedge$ 分别表示逻辑 "蕴涵" 及 "与". 等价的真值表为

$$0 \leftrightarrow 0 = 1 \leftrightarrow 1 = 1, \quad 1 \leftrightarrow 0 = 0 \leftrightarrow 1 = 0.$$

2.8.1 模糊等价的基本概念

定义 2.22[14] $E : [0,1] \times [0,1] \to [0,1]$ 称为一个模糊等价 (简称等价), 若其满足:

(E1) $\forall x, y \in [0,1]$, $E(x, y) = E(y, x)$;

(E2) $E(0,1) = 0$;

(E3) $\forall x \in [0,1]$, $E(x,x) = 1$;

(E4) $\forall x,y,x',y' \in [0,1]$, $x \leqslant x' \leqslant y' \leqslant y$ 时, $E(x,y) \leqslant E(x',y')$.

显然, 对任意一个等价 E, $E(1,0) = 0$, 所以模糊等价确为普通等价的推广. $E(x,y)$ 可理解为真值程度分别为 x 与 y 的两个命题 P 与 Q 的等价程度.

常见的模糊等价有:

(1) Łukasiewice 等价: $E_{\text{LK}}(x,y) = 1 - |x - y|$;

(2) Gödel 等价: $E_{\text{GD}}(x,y) = \begin{cases} 1, & x = y, \\ \min\{x,y\}, & x \neq y; \end{cases}$

(3) Goguen 等价: $E_{\text{GG}}(x,y) = \begin{cases} 1, & x = y = 0, \\ \dfrac{\min\{x,y\}}{\max\{x,y\}}, & \text{其他}. \end{cases}$

命题 2.36[14] $E : [0,1] \times [0,1] \to [0,1]$ 为一个等价的充分必要条件是存在满足 (IP) 的模糊蕴涵 I, 使得

$$E(x,y) = \min\{I(x,y), I(y,x)\}.$$

证明   若 I 是一个满足 (IP) 的模糊蕴涵. 则按照等价的定义容易验证:

$$E(x,y) = \min\{I(x,y), I(y,x)\}$$

是一个模糊等价. 所以, 我们仅证明必要性.

令 $I(x,y) = \begin{cases} 1, & x \leqslant y, \\ E(x,y), & x > y. \end{cases}$ 则 I 显然满足 (IP). 下证 I 是一个模糊蕴涵.

由于很容易验证 I 满足蕴涵的边界条件, 故我们主要证明 (I1) 与 (I2) 成立.

设 $x < z$. 若 $x \leqslant y$, 则 $I(x,y) = 1 \geqslant I(z,y)$. 若 $x > y$, 则 $y < x < z$, 故

$$I(x,y) = E(x,y) \geqslant E(z,y) = I(z,y).$$

所以, (I1) 成立. (I2) 的证明类似.

若 $x \leqslant y$, $I(x,y) = 1$, $I(y,x) = E(y,x) = E(x,y)$. 从而,

$$E(x,y) = \min\{I(x,y), I(y,x)\}.$$

$x > y$ 时, 证明类似.   □

命题 2.37   对任意的等价 E 及 $x,y,z,w \in [0,1]$,

(1) $E(x,y) \wedge E(z,w) \leqslant E(x \wedge z, y \wedge w)$;

(2) $E(x,y) \wedge E(z,w) \leqslant E(x \vee z, y \vee w)$.

证明　由命题 2.36, 存在一个满足 (IP) 的蕴涵 I, 使得 $E(x,y) = \min\{I(x,y), I(y,x)\}$.

(1) 由 I 的混合单调性,

$$I(x \wedge z, y \wedge w) = I(x \wedge z, y) \wedge I(x \wedge z, w) \geqslant I(x,y) \wedge I(z,w).$$

类似可证

$$I(y \wedge w, x \wedge z) \geqslant I(y,x) \wedge I(w,z).$$

于是,

$$
\begin{aligned}
E(x,y) \wedge E(z,w) &= (I(x,y) \wedge I(y,x)) \wedge (I(w,z) \wedge I(z,w)) \\
&= (I(x,y) \wedge I(z,w)) \wedge (I(y,x) \wedge I(w,z)) \\
&\leqslant I(x \wedge z, y \wedge w) \wedge I(y \wedge w, x \wedge z) \\
&= E(x \wedge z, y \wedge w).
\end{aligned}
$$

(2) 证明与 (1) 类似.　　　　　　　　　　　　　　　　　　　　　　　□

2.8.2　基于 (S,n)-蕴涵的模糊等价

设 S 是一个 t-余模, n 是一个非, 对任意 $x,y \in [0,1]$, 令

$$E_{S,n}(x,y) = \min\{I_{S,n}(x,y), I_{S,n}(y,x)\}.$$

由命题 2.30(4), $I_{S,n}$ 满足 (IP) 当且仅当 (S,n) 满足排中律　所以, 由命题 2.36, (S,n) 满足排中律是 $E_{S,n}$ 成为模糊等价的充分必要条件. 所以, 在下面的讨论中, 我们假设 (S,n) 满足排中律. 下面的结果主要取自于 [32].

首先由模糊等价的定义, 下列结果是显然的.

命题 2.38　$x = y$ 时, $E_{S,n}(x,y) = 1$.

命题 2.38 的逆不真, 下面的例子说明了这一点.

例 2.7　令 $S = S_0$, 则

$$
I_{S,N_0}(x,y) = \begin{cases} y, & x = 1, \\ 1-x, & y = 0, \\ 1, & \text{其他.} \end{cases}
$$

容易证明 (S,n) 满足排中律, 从而 $E_{S,n}$ 是一个等价. 取 $x = 0.5, y = 0.6$, 则 $I_{S,n}(x,y) = I_{S,n}(y,x) = 1$, 故 $E_{S,n}(x,y) = 1$. 但是显然 $x \neq y$.

命题 2.39　若 $n = n_S$ 是一个强非, 则当 $E_{S,n}(x,y) = 1$ 时, $x = y$.

证明   由 $E_{S,n}(x,y) = 1$ 知, $I_{S,n}(x,y) = I_{S,n}(y,x) = 1$, 由 (S,n) 满足排中律、$n = n_S$ 是一个强非以及命题 2.30(5) 可得 I 满足 (OP), 从而, $x \leqslant y$ 且 $y \leqslant x$, 即 $x = y$. □

命题 2.40 $E_{S,n}(x,y) = E_{S,n}(n(x),n(y))$ $(\forall x,y \in [0,1])$ 当且仅当 n 是一个强非.

证明   若 n 是一个强非, 则由命题 2.30(3), $I_{S,n}$ 满足 CP(n). 于是,

$$E_{S,n}(x,y) = I_{S,n}(x,y) \wedge I_{S,n}(y,x)$$
$$= I_{S,n}(n(y),n(x)) \wedge I_{S,n}(n(x),n(y))$$
$$= E_{S,n}(n(x),n(y)).$$

反过来, 若 $E_{S,n}(x,y) = E_{S,n}(n(x),n(y))$ $(\forall x,y \in [0,1])$, 令 $y = 1$ 可得 $\forall x \in [0,1]$, $n(n(x)) = x$. 所以, n 是一个强非. □

下面我们利用条件 $(\mathcal{C})$, 进一步讨论 $E_{S,n}$ 的性质.

引理 2.8   若 (T,S,n) 是一个 De Morgan 三元组, (T,S) 满足条件 $(\mathcal{C})$, 则对任意 $x,y,z,w \in [0,1]$, 有

(1) $T(I_{S,n}(x,y),x) \leqslant y$;

(2) $I_{S,n}(x,z) \geqslant T(I_{S,n}(x,y),I_{S,n}(y,z))$;

(3) $T(I_{S,n}(x,y),I_{S,n}(z,w)) \leqslant I_{S,n}(T(x,z),T(y,w))$;

(4) $T(I_{S,n}(x,y),I_{S,n}(z,w)) \leqslant I_{S,n}(S(x,z),S(y,w))$.

证明   由 (T,S,n) 是一个 De Morgan 三元组、排中律以及命题 2.18 知 (T,n) 满足矛盾律.

(1) 由条件 $(\mathcal{C})$ 及矛盾律, 对任意 $x,y \in [0,1]$,

$$T(I_{S,n}(x,y),x) = T(S(n(x),y),x) \leqslant S(y,T(n(x),x)) = S(y,0) = y.$$

(2) 对任意 $x,y,z \in [0,1]$,

$$\begin{aligned}
T(I_{S,n}(x,y),I_{S,n}(y,z)) &= T(S(n(x),y),S(n(y),z)) \\
&\leqslant S(n(x),T(y,S(n(y),z))) \quad (\text{条件 } (\mathcal{C})) \\
&= S(n(x),T(S(z,n(y)),y)) \\
&\leqslant S(n(x),S(z,T(n(y),y))) \quad (\text{条件 } (\mathcal{C})) \\
&= S(n(x),S(z,0)) \\
&= S(n(x),z) = I_{S,n}(x,z).
\end{aligned}$$

(3) 对任意 $x, y, z, w \in [0, 1]$,

$$
\begin{aligned}
T(I_{S,n}(x,y), I_{S,n}(z,w)) &= T(S(n(x),y), S(n(z),w)) \\
&\leqslant S(n(x), T(S(n(z),w),y)) \qquad \text{(条件 $(\mathcal{C})$)} \\
&\leqslant S(n(x), S(n(z), T(y,w))) \qquad \text{(条件 $(\mathcal{C})$)} \\
&= S(S(n(x), n(z)), T(y,w)) \\
&= S(n(T(x,z)), T(y,w)) \\
&= I_{S,n}(T(x,z), T(y,w)).
\end{aligned}
$$

(4) 证明与 (3) 类似. $\qquad\qquad\qquad\qquad\qquad\qquad\qquad\qquad\qquad\square$

定理 2.18 若 (T, S, n) 是一个 De Morgan 三元组, (T, S) 满足条件 $(\mathcal{C})$, 则对任意 $x, y, z, w \in [0, 1]$, 有

(1) $T(E_{S,n}(x,y), x) \leqslant y$;

(2) $E_{S,n}(x,z) \geqslant T(E_{S,n}(x,y), E_{S,n}(y,z))$;

(3) $T(E_{S,n}(x,y), E_{S,n}(z,w)) \leqslant E_{S,n}(T(x,z), T(y,w))$;

(4) $T(E_{S,n}(x,y), E_{S,n}(z,w)) \leqslant E_{S,n}(S(x,z), S(y,w))$.

证明 (1) 由引理 2.8(1), 对任意 $x, y \in [0, 1]$,

$$
T(E_{S,n}(x,y), x) \leqslant T(I_{S,n}(x,y), x) \leqslant y.
$$

(2) 由引理 2.8(2), 对任意 $x, y, z \in [0, 1]$,

$$
\begin{aligned}
T(E_{S,n}(x,y), E_{S,n}(y,z)) &= T(I_{S,n}(x,y) \wedge I_{S,n}(y,x), I_{S,n}(y,z) \wedge I_{S,n}(z,y)) \\
&\leqslant T(I_{S,n}(x,y), I_{S,n}(z,y)) \leqslant I_{S,n}(x,z).
\end{aligned}
$$

类似可得

$$
T(E_{S,n}(x,y), E_{S,n}(y,z)) \leqslant I_{S,n}(z,x).
$$

所以,

$$
T(E_{S,n}(x,y), E_{S,n}(y,z)) \leqslant I_{S,n}(x,z) \wedge I_{S,n}(z,x) = E_{S,n}(x,z).
$$

(3) 由引理 2.8(3), 对任意 $x, y, z, w \in [0, 1]$,

$$
T(E_{S,n}(x,y), E_{S,n}(z,w)) \leqslant T(I_{S,n}(x,y), I_{S,n}(z,w)) \leqslant I_{S,n}(T(x,z), T(y,w)).
$$

类似可得

$$
T(E_{S,n}(x,y), E_{S,n}(z,w)) \leqslant I_{S,n}(T(y,w), T(x,z)).
$$

于是,

$$T(E_{S,n}(x,y), E_{S,n}(z,w)) \leqslant I_{S,n}(T(x,z), T(y,w)) \wedge I_{S,n}(T(y,w), T(x,z))$$
$$= E_{S,n}(T(x,z), T(y,w)).$$

(4) 由引理 2.8(4), 对任意 $x, y, z, w \in [0,1]$,

$$T(E_{S,n}(x,y), E_{S,n}(z,w)) \leqslant T(I_{S,n}(x,y), I_{S,n}(z,w)) \leqslant I_{S,n}(S(x,z), S(y,w)).$$

类似地,

$$T(E_{S,n}(x,y), E_{S,n}(z,w)) \leqslant I_{S,n}(S(y,w), S(x,z)).$$

所以,

$$T(E_{S,n}(x,y), E_{S,n}(z,w)) \leqslant I_{S,n}(S(x,z), S(y,w)) \wedge I_{S,n}(S(y,w), S(x,z))$$
$$= E_{S,n}(S(x,z), S(y,w)). \qquad \square$$

条件 $(\mathcal{C})$ 在定理 2.18 中起关键作用, 若去掉该条件, 则该定理不真, 我们用下面的例子来说明这一点.

例 2.8 设 $n = N_0$, $T = T_0$ 且 $S = S_0$, 则 (T_0, S_0, n) 是一个 De Morgan 三元组. 由于 (S, n) 满足排中律, $E_{S,n}$ 是一个模糊等价. 但 $(T, S) = (T_0, S_0)$ 不满足条件 $(\mathcal{C})$. 此时,

$$I_{S,n}(x,y) = \begin{cases} y, & x = 1, \\ 1-x, & y = 0, \\ 1, & \text{其他}. \end{cases}$$

取 $x = 0.7$, $y = 0.1$, 则 $I_{S,n}(x,y) = 1$, $I_{S,n}(y,x) = 1$, 从而 $E_{S,n}(x,y) = 1$. 所以,

$$T(E_{S,n}(x,y), x) = 0.7 > y.$$

于是, 定理 2.18(1) 不成立.

取 $x = 1$, $y = 0.8$, $w = 0.4$ 且 $z = 0.6$, 则

$$I_{S,n}(x,y) = 0.8, \quad I_{S,n}(y,x) = 1, \quad I_{S,n}(y,z) = 1,$$
$$I_{S,n}(z,y) = 1, \quad I_{S,n}(x,z) = 0.6 \quad \text{且} \quad I_{S,n}(z,x) = 1.$$

所以, $E_{S,n}(x,y) = 0.8$, $E_{S,n}(y,z) = 1$ 且 $E_{S,n}(x,z) = 0.6$. 故

$$T(E_{S,n}(x,y), E_{S,n}(y,z)) = 0.8 > E_{S,n}(x,z),$$

从而定理 2.18(2) 不成立.

另外, $T(x,z) = 0.6$ 且 $T(y,w) = 0$. 所以,

$$I_{S,n}(T(x,z), T(y,w)) = 0.4, \quad I_{S,n}(T(y,w), T(x,z)) = 1$$

且

$$E_{S,n}(T(x,z), T(y,w)) = 0.4.$$

由于 $I_{S,n}(z,w) = I_{S,n}(w,z) = 1$,

$$T(E_{S,n}(x,y), E_{S,n}(z,w)) = 0.8 > E_{S,n}(T(x,z), T(y,w)).$$

从而, 定理 2.18(3) 不成立.

取 $x = 0.2, y = 0, z = 0.4$ 且 $w = 0.5$, 则 $S(x,z) = 1$ 且 $S(y,w) = 0.5$, 所以,

$$I_{S,n}(S(y,w), S(x,z)) = 1, \quad I_{S,n}(S(x,z), S(y,w)) = 0.5,$$

故 $E_{S,n}(S(x,z), S(y,w)) = 0.5$. 另外, 由于 $I_{S,n}(x,y) = 0.8$, $I_{S,n}(y,x) = 1$, 故 $E_{S,n}(x,y) = 0.8$. 由于 $I_{S,n}(z,w) = 1$, $I_{S,n}(w,z) = 1$, 故 $E_{S,n}(z,w) = 1$. 所以,

$$T(E_{S,n}(x,y), E_{S,n}(z,w)) = 0.8 > E_{S,n}(S(x,z), S(y,w)),$$

故定理 2.18(4) 不成立.

2.8.3　基于 R-蕴涵的模糊等价

设 T 是一个 t-模, 令 $E_T(x,y) = \min\{I_T(x,y), I_T(y,x)\}$, 由命题 2.31(3), I_T 满足 (IP), 故由命题 2.36, E_T 是一个模糊等价. 下面我们即给出与该等价有关的结果, 这些结果大部分取自文献 [41], 先给出下面引理.

引理 2.9　若 T 是一个左连续 t-模, 则 $\forall x, y, z, w \in [0,1]$,

(1) $I_T(x,z) \geqslant T(I_T(x,y), I_T(y,z))$;

(2) $I_T(x,y) \leqslant I_T(n_T(y), n_T(x))$;

(3) $T(I_T(x,y), I_T(z,w)) \leqslant I_T(T(x,z), T(y,w))$.

证明　(1) 由左连续性及引理 2.6, 要证的不等式等价于

$$T(x, T(I_T(x,y), I_T(y,z))) \leqslant z.$$

利用 T 的结合律, 该不等式等价于

$$T(T(x, I_T(x,y)), I_T(y,z)) \leqslant z.$$

由左连续性及命题 2.32(1) 知: $T(x, I_T(x,y)) \leqslant y$ 以及 $T(y, I_T(y,z)) \leqslant z$. 从而,

$$T(T(x, I_T(x,y)), I_T(y,z)) \leqslant T(y, I_T(y,z)) \leqslant z.$$

(2) 由 (1) 可得

$$T(n_T(y), I_T(x,y)) = T(I_T(x,y), n_T(y))$$
$$= T(I_T(x,y), I_T(y,0))$$
$$\leqslant I_T(x,0) = n_T(x).$$

于是, 由引理 2.6 即得

$$I_T(x,y) \leqslant I_T(n_T(y), n_T(x)).$$

(3) 假设 $T(x,c_1) \leqslant y$ 且 $T(z,c_2) \leqslant w$, 则

$$T(T(x,z), T(c_1,c_2)) = T(T(x,c_1), T(z,c_2)) \leqslant T(y,w).$$

于是,

$$T(c_1,c_2) \leqslant \sup\{c | T(T(x,z),c) \leqslant T(y,w)\} = I_T(T(x,z), T(y,w)).$$

所以, 当 $T(z,c_2) \leqslant w$ 时, 由 T 的左连续性及引理 2.2(1),

$$T(I_T(x,y), c_2) = T\left(\bigvee_{T(x,c_1) \leqslant y} c_1, c_2\right) = \bigvee_{T(x,c_1) \leqslant y} T(c_1,c_2) \leqslant I_T(T(x,z), T(y,w)).$$

故

$$\bigvee_{T(z,c_2) \leqslant w} T(I_T(x,y), c_2) \leqslant I_T(T(x,z), T(y,w)).$$

由 T 的左连续性,

$$T\left(I_T(x,y), \bigvee_{T(z,c_2) \leqslant w} c_2\right) \leqslant I_T(T(x,z), T(y,w)),$$

即

$$T(I_T(x,y), I_T(z,w)) \leqslant I_T(T(x,z), T(y,w)). \qquad \square$$

现在我们给出 T 左连续时 E_T 的一些性质.

定理 2.19　设 T 为左连续 t-模, 则 $\forall x,y,z,w \in [0,1]$,

(1) $x = y \iff E_T(x,y) = 1$;

(2) $T(E_T(x,y), x) \leqslant y$;

(3) $E_T(x,y) \leqslant E_T(n_T(x), n_T(y))$, 特别地, n_T 为强非时成立等式;

(4) $E_T(x,z) \geqslant T(E_T(x,y), E_T(y,z))$;

(5) $T(E_T(x,y), E_T(z,w)) \leqslant E_T(I_T(x,z), I_T(y,w))$;

(6) $T(E_T(x,y), E_T(z,w)) \leqslant E_T(E_T(x,z), E_T(y,w))$;

(7) $T(E_T(x,y), E_T(z,w)) \leqslant E_T(T(x,z), T(y,w))$.

证明 (1) 由 T 左连续以及命题 2.32(3), I_T 满足 (OP). 于是,

$$E_T(x,y) = 1 \iff I_T(x,y) = I_T(y,x) = 1$$
$$\iff x \leqslant y \text{ 且 } y \leqslant x$$
$$\iff x = y.$$

(2) 由引理 2.6, $T(E_T(x,y),x) \leqslant y \iff I_T(x,y) \geqslant E_T(x,y)$. 而后者是显然的.

(3) 由引理 2.9(2) 可得

$$I_T(n_T(y),n_T(x)) \geqslant I_T(x,y) \quad \text{且} \quad I_T(n_T(x),n_T(y)) \geqslant I_T(y,x).$$

于是,

$$E_T(x,y) = I_T(x,y) \wedge I_T(y,x)$$
$$\leqslant I_T(n_T(y),n_T(x)) \wedge I_T(n_T(x),n_T(y))$$
$$= E_T(n_T(x),n_T(y)).$$

当 n_T 为强非时, 由 T 左连续及推论 2.4(1), I_T 满足 (CP(n_T)). 所以,

$$I_T(n_T(x),n_T(y)) = I_T(y,x) \quad \text{且} \quad I_T(n_T(y),n_T(x)) = I_T(x,y).$$

从而等式成立.

(4) 由 E_T 的定义及引理 2.9(1),

$$T(E_T(x,y),E_T(y,z)) = T((I_T(x,y) \wedge I_T(y,x)),(I_T(y,z) \wedge I_T(z,y)))$$
$$\leqslant T(I_T(y,x),I_T(z,y)) = T(I_T(z,y),I_T(y,x))$$
$$\leqslant I_T(z,x).$$

类似可得

$$T(E_T(x,y),E_T(y,z)) \leqslant I_T(x,z).$$

于是,

$$T(E_T(x,y),E_T(y,z)) \leqslant I_T(x,z) \wedge I_T(z,x) = E_T(x,z).$$

(5) 由 E_T 的定义及引理 2.9(1),

$$T(I_T(x,z), T(E_T(x,y), E_T(z,w)))$$
$$=T(I_T(x,z), T((I_T(x,y) \wedge I_T(y,x)), I_T(z,w) \wedge I_T(w,z)))$$
$$\leqslant T(I_T(x,z), T(I_T(y,x), I_T(z,w)))$$
$$=T(T(I_T(y,x), I_T(x,z)), I_T(z,w))$$
$$\leqslant T(I_T(y,z), I_T(z,w))$$
$$\leqslant I_T(y,w).$$

于是,

$$I_T(I_T(x,z), I_T(y,w)) \geqslant T(E_T(x,y), E_T(z,w)).$$

类似可得

$$I_T(I_T(y,w), I_T(x,z)) \geqslant T(E_T(x,y), E_T(z,w)).$$

所以,

$$T(E_T(x,y), E_T(z,w)) \leqslant I_T(I_T(x,z), I_T(y,w)) \wedge I_T(I_T(y,w), I_T(x,z))$$
$$= E_T(I_T(x,z), I_T(y,w)).$$

(6) 证明与 (5) 类似.

(7) 由引理 2.9(3) 可得: $\forall x, y, z, w \in [0,1]$,

$$T(E_T(x,y), E_T(z,w)) = T((I_T(x,y) \wedge I_T(y,x)), (I_T(z,w) \wedge I_T(w,z)))$$
$$\leqslant T(I_T(x,y), I_T(z,w))$$
$$\leqslant I_T(T(x,z), T(y,w)).$$

类似地,

$$T(E_T(x,y), E_T(z,w)) \leqslant I_T(T(y,w), T(x,z)).$$

所以,

$$T(E_T(x,y), E_T(z,w)) \leqslant I_T(T(x,z), T(y,w)) \wedge I_T(T(y,w), T(x,z))$$
$$= E_T(T(x,z), T(y,w)). \qquad \square$$

第3章 模糊关系

本章我们将介绍与模糊关系有关的基本概念、研究模糊偏好关系所涉及的性质、性质的迹的刻画、主要性质之间的关系、性质闭包与内部以及性质的度量化. 我们先来回忆一下模糊集的一些基本概念.

3.1 模　糊　集

定义 3.1 设 X 是一个普通集合, 一个映射 $A: X \to [0,1]$ 称为 X 上的一个模糊集, 所有 X 上模糊集的集合记为 $F(X)$.

设 $A, B \in F(X)$, B 包含 $A(A$ 包含于 $B)A \subseteq B$ 定义为: $\forall x \in X, A(x) \subseteq B(x)$.

A 与 B 相等 $A = B$ 定义为: $\forall x \in X, A(x) = B(x)$. 显然, $A = B$ 当且仅当 $A \subseteq B$ 且 $B \subseteq A$.

设 $A, B \in F(X)$, 它们的并 $A \cup B \in F(X)$ 以及交 $A \cap B \in F(X)$ 分别定义为

$$\forall x \in X, \quad (A \cup B)(x) = A(x) \vee B(x), \quad (A \cap B)(x) = A(x) \wedge B(x).$$

设 A 是 X 上的一个模糊集, 下面是与 A 有关的概念:

(1) 对任意 $\alpha \in [0,1]$, $A_\alpha = \{x | A(x) \geqslant \alpha\}$ 称为 A 的 α-截集 (α-cut);

(2) 对任意 $\alpha \in [0,1]$, $A_\alpha = \{x | A(x) > \alpha\}$ 称为 A 的 α-强截集 (strong α-cut);

(3) $\mathrm{hgt}(A) = \bigvee_{x \in X} A(x)$ 称为 A 的高度;

(4) $\mathrm{supp}(A) = \{x | A(x) > 0\}$ 称为 A 的支集 (support);

(5) $\ker(A) = \{x | A(x) = 1\}$ 称为 A 的核 (kernel); 核不是空集的模糊集称为正规模糊集 (normal fuzzy set).

α-(强) 截集具有下列性质: 对任意 $A, B, C \in F(X)$,

(1) $A_0 = X$, $A_1 = \ker(A)$, $A_0 = \mathrm{supp}(A)$, $A_1 = \varnothing$;

(2) $\forall \alpha \in [0,1]$, $(A \cup B)_\alpha = A_\alpha \cup B_\alpha$, $(A \cup B)_\alpha = A_\alpha \cup B_\alpha$;

(3) $\forall \alpha \in [0,1]$, $(A \cap B)_\alpha = A_\alpha \cap B_\alpha$, $(A \cap B)_\alpha = A_\alpha \cap B_\alpha$;

(4) $\forall \alpha \in [0,1]$, $(A^c)_\alpha = (A^c_{(1-\alpha)})$, $(A^c)_\alpha = (A_{1-\alpha})^c$;

(5) $A = B \iff \forall \alpha \in (0,1], A_\alpha = B_\alpha \iff \forall \alpha \in [0,1), A_\alpha = B_\alpha$;

(6) 分解定理 (decomposition theorem): $A = \bigcup\limits_{\alpha \in [0,1]} \alpha A_\alpha = \bigcup\limits_{\alpha \in [0,1]} \alpha A_\alpha$.

所有这些性质的证明都可以在一般的模糊数学教科书中找到 (可参看 [47]～[50] 等), 这里就不给出详细证明了. 为区别于模糊集, $A \in P(X)$ 时, 也称 A 是一个普通集.

3.2 模糊关系的运算及性质

我们先给出模糊关系的定义.

定义 3.2 A 是一个普通集, $R : A \times A \to [0,1]$ 称为 A 上的一个模糊二元关系, 简称模糊关系 (fuzzy relation).

一般来说, $R(a,b)$ 表示 A 中元素 a 与 b 具有关系 R 的程度. 在模糊决策中, A 通常是备择对象集, $R(a,b)$ 则表示在某种意义下决策者在对 a 与 b 进行比较时, 对备择对象 a 的偏好程度, 此时的模糊关系又经常称为模糊偏好关系 (fuzzy preference relation). 所以我们所说的模糊偏好关系即为备择对象集合上的模糊关系, 与普通情形一样, 偏好关系可以是所谓的弱偏好, 如 "不差于" "至少一样好" 等, 也可以是严格偏好, 如 "好于", 当然也可以是其他类型的偏好.

注 3.1 模糊偏好关系最早是由 Orlovsky 在文献 [51] 中提出来的, 他认为: 决策者经常对备择对象的偏好不是很清楚, 例如, 他也许不是很确定备择对象 x 是否好于备择对象 y. 在这种情况下, 决策者分配一个 $[0,1]$ 中的数以刻画 x 好于 y 的程度可能会更为容易一些. 关于模糊偏好关系含义的详细分析, 读者可参看 Dubois 的文章[52].

由定义可知, 一个 A 上的模糊关系 R 实际上即为 $A \times A$ 上的模糊集, 所以可以用符号表示为 $R \in F(A \times A)$. 另外, 模糊集的一些概念可直接移植到模糊关系上. 例如, 对 $\alpha \in [0,1]$, 我们称截集 $R_\alpha = \{(a,b) | R(a,b) \geqslant \alpha\}$ 为 R 的 α-截关系, 它是 A 上的普通关系. 截关系的性质类似于截集的性质, 这里就不一一列举了.

若 R 是有限集 $A = \{a_1, a_2, \cdots, a_n\}$ 上的模糊关系, 令 $r_{ij} = R(a_i, a_j)$ $(i = 1, 2, \cdots, n)$, 则 R 可以用矩阵表示为

$$R = \begin{pmatrix} r_{11} & r_{12} & \cdots & r_{1n} \\ r_{21} & r_{22} & \cdots & r_{2n} \\ \vdots & \vdots & & \vdots \\ r_{n1} & r_{n2} & \cdots & r_{nn} \end{pmatrix},$$

我们将矩阵视为 R 本身, 即 $R = (r_{ij})_{n \times n}$.

若 R 为 A 上的一个模糊关系, n 为一个非, R 的逆关系 R^{-1}, R 在 n 下的余关系 R_n^c 以及对偶关系 R_n^d 均为 A 上的模糊关系, 分别定义如下:

(1) $\forall a, b \in A$, $R^{-1}(a, b) = R(b, a)$；

(2) $\forall a, b \in A$, $R_n^c(a, b) = n(R(a, b))$. 特别地, 当 n 为标准非时, R_n^c 简记为 R^c；

(3) $\forall a, b \in A$, $R_n^d(a, b) = n(R(b, a))$. 特别地, 当 n 为标准非时, R_n^d 简记为 R^d.

设 R_1 及 R_2 为 A 上的模糊关系, 它们在 t-模 T 下的交 $R_1 \cap_T R_2$ 及 t-余模 S 下的并 $R_1 \cup_S R_2$ 分别定义为

$$\forall a, b \in A, \quad (R_1 \cap_T R_2)(a, b) = T(R_1(a, b), R_2(a, b));$$

$$\forall a, b \in A, \quad (R_1 \cup_S R_2)(a, b) = S(R_1(a, b), R_2(a, b)).$$

$T = \min$ 时, $R_1 \cap_T R_2$ 简记为 $R_1 \cap R_2$. 一般地, 任意多个 A 上的模糊关系 $R_i(i \in I)$ 的交 $\bigcap\limits_{i \in I} R_i$ 定义为

$$\forall a, b \in A, \quad \left(\bigcap_{i \in I} R_i \right)(a, b) = \bigwedge_{i \in I} R_i(a, b).$$

$S = \max$ 时, $R_1 \cup_S R_2$ 简记为 $R_1 \cup R_2$. 一般地, 任意多个 A 上的模糊关系 $R_i(i \in I)$ 的并 $\bigcup\limits_{i \in I} R_i$ 定义为

$$\forall a, b \in A, \quad \left(\bigcup_{i \in I} R_i \right)(a, b) = \bigvee_{i \in I} R_i(a, b).$$

A 上的两个模糊关系 R_1 与 R_2 的包含 $R_1 \subseteq R_2$ 以及相等 $R_1 = R_2$ 分别定义为

$$R_1 \subseteq R_2 \iff \forall a, b \in A, R_1(a, b) \leqslant R_2(a, b);$$
$$R_1 = R_2 \iff \forall a, b \in A, R_1(u, b) = R_2(a, b).$$

显然, $R_1 = R_2 \iff R_1 \subseteq R_2$ 且 $R_2 \subseteq R_1$.

设 R, R_1, R_2 均为 A 上的模糊关系, n 为一个非, T 与 S 分别为 t-模及 t-余模. 容易证明下列简单性质:

(1) $(R^{-1})^{-1} = R$；

(2) n 为强非时, $(R_n^c)_n^c = (R_n^d)_n^d = R$；

(3) $R_n^d = (R^{-1})_n^c = (R_n^c)^{-1}$；

(4) $(R_1 \cap_T R_2)^{-1} = (R_1)^{-1} \cap_T (R_2)^{-1}$, $(R_1 \cup_S R_2)^{-1} = (R_1)^{-1} \cup_S (R_2)^{-1}$；

(5) (T, S, n) 为 De Morgan 三元组时,

$$(R_1 \cup_S R_2)_n^c = (R_1)_n^c \cap_T (R_2)_n^c,$$

$$(R_1 \cap_T R_2)_n^c = (R_1)_n^c \cup_S (R_2)_n^c.$$

此外, A 上的模糊关系中还有合成运算.

定义 3.3 设 R_1, R_2 是 A 上的两个模糊关系, 它们在 t-模 T 下的合成 $\circ_T$ 以及在 t-余模 S 下的合成 $*_S$ 定义为: $\forall a, b \in A$,

$$(R_1 \circ_T R_2)(a, b) = \sup_{c \in A} T(R_1(a, c), R_2(c, b)),$$

$$(R_1 *_S R_2)(a, b) = \inf_{c \in A} S(R_1(a, c), R_2(c, b)).$$

注 3.2 合成 $\circ_T$ 是使用最为广泛的一类模糊合成 (乘积), 合成 $*_S$ 即为文献 [53] 中的对偶 S-合成 (dual S-composition). 除这些合成以外, 还有所谓的超积 (super-product)、次积 (sub-product)、方积 (square product) 等, 至于它们的性质及应用可参看 [41], [50], [54].

$T = \min$ 时, $R_1 \circ_T R_2$ 简记为 $R_1 \circ R_2$; $S = \max$ 时, $R_1 *_S R_2$ 简记为 $R_1 * R_2$.

命题 3.1 设 (T, S, n) 是一个 De Morgan 三元组, 则

(1) $(R_1 *_S R_2)_n^c = (R_1)_n^c \circ_T (R_2)_n^c$, $(R_1 *_S R_2)_n^d = (R_2)_n^d \circ_T (R_1)_n^d$;

(2) $(R_1 \circ_T R_2)_n^c = (R_1)_n^c *_S (R_2)_n^c$, $(R_1 \circ_T R_2)_n^d = (R_2)_n^d *_S (R_1)_n^d$.

证明 (1) 由定义知: $\forall a, b \in A$,

$$\begin{aligned}
(R_1 *_S R_2)_n^c(a, b) &= n(\inf_{c \in A} S(R_1(a, c), R_2(c, b))) \\
&= \sup_{c \in A} n(S(R_1(a, c), R_2(c, b))) \qquad \text{(命题 2.1)} \\
&= \sup_{c \in A} T(n(R_1(a, c)), n(R_2(c, b))) \\
&= ((R_1)_n^c \circ_T (R_2)_n^c)(a, b).
\end{aligned}$$

所以,

$$(R_1 *_S R_2)_n^c = (R_1)_n^c \circ_T (R_2)_n^c.$$

其他等式的证明类似.   □

命题 3.2 合成 $\circ_T$ 及 $*_S$ 具有下列性质:

(1) $(R_1 \circ_T R_2)^{-1} = (R_2)^{-1} \circ_T (R_1)^{-1}$; $(R_1 *_S R_2)^{-1} = (R_2)^{-1} *_S (R_1)^{-1}$.

(2) $R_1 \subseteq R_2 \Longrightarrow R_1 \circ_T R_3 \subseteq R_2 \circ_T R_3$ 且 $R_3 \circ_T R_1 \subseteq R_3 \circ_T R_2$;

$R_1 \subseteq R_2 \Longrightarrow R_1 *_S R_3 \subseteq R_2 *_S R_3$ 且 $R_3 *_S R_1 \subseteq R_3 *_S R_2$.

(3) $R_1 \circ_T (R_2 \cup R_3) = (R_1 \circ_T R_2) \cup (R_1 \circ_T R_3)$;

$R_1 *_S (R_2 \cap R_3) = (R_1 *_S R_2) \cap (R_1 *_S R_3)$.

(4) 若 T 左连续, 则 $(R_1 \circ_T R_2) \circ_T R_3 = R_1 \circ_T (R_2 \circ_T R_3)$;

若 S 右连续, 则 $(R_1 *_S R_2) *_S R_3 = R_1 *_S (R_2 *_S R_3)$.

证明 我们就合成 $\circ_T$ 的情形进行证明, $*_S$ 合成情形下的证明留给读者.

(1) 根据 $\circ_T$ 合成的定义, 我们有

$$(R_1 \circ_T R_2)^{-1}(a,b) = (R_1 \circ_T R_2)(b,a) = \sup_{c \in A} T(R_1(b,c), R_2(c,a))$$

$$= \sup_{c \in A} T(R_2^{-1}(a,c), R_1^{-1}(c,b))$$

$$= ((R_2)^{-1} \circ_T (R_1)^{-1})(a,b).$$

所以, $(R_1 \circ_T R_2)^{-1} = (R_2)^{-1} \circ_T (R_1)^{-1}$.

(2) 证明略.

(3) 我们证明第一个等式. 对任意 $a,b \in A$,

$$(R_1 \circ_T (R_2 \cup R_3))(a,b) = \sup_{c \in A} T(R_1(a,c), (R_2 \cup R_3)(c,b))$$

$$= \sup_{c \in A} T(R_1(a,c), (R_2(c,b) \vee R_3(c,b)))$$

$$= \sup_{c \in A} (T(R_1(a,c), R_2(c,b)) \vee T(R_1(a,c), R_3(c,b)))$$

$$= \sup_{c \in A} T(R_1(a,c), R_2(c,b)) \vee \sup_{c \in A} T(R_1(a,c), R_3(c,b))$$

$$= (R_1 \circ_T R_2)(a,b) \vee (R_1 \circ_T R_3)(a,b)$$

$$= ((R_1 \circ_T R_2) \cup (R_1 \circ_T R_3))(a,b).$$

所以, $R_1 \circ_T (R_2 \cup R_3) = (R_1 \circ_T R_2) \cup (R_1 \circ_T R_3)$.

(4) 根据 T 的左连续性以及引理 2.2 可得

$$((R_1 \circ_T R_2) \circ_T R_3)(a,b) = \sup_{c \in A} T((R_1 \circ_T R_2)(a,c), R_3(c,b))$$

$$= \sup_{c \in A} T(\sup_{d \in A} T(R_1(a,d), R_2(d,c)), R_3(c,b))$$

$$= \sup_{c \in A} \sup_{d \in A} T(T(R_1(a,d), R_2(d,c)), R_3(c,b))$$

$$= \sup_{d \in A} \sup_{c \in A} T(R_1(a,d), T(R_2(d,c), R_3(c,b)))$$

$$= \sup_{d \in A} T(R_1(a,d), \sup_{c \in A} T(R_2(d,c), R_3(c,b)))$$

$$= \sup_{d \in A} T(R_1(a,d), (R_2 \circ_T R_3)(d,b))$$

$$= (R_1 \circ_T (R_2 \circ_T R_3))(a,b),$$

即 $(R_1 \circ_T R_2) \circ_T R_3 = R_1 \circ_T (R_2 \circ_T R_3)$. $\qquad\square$

容易证明: 若 R, R_1 及 R_2 是有限集 $A = \{a_1, a_2, \cdots, a_n\}$ 上的模糊关系且 $R = (r_{ij})_{n \times n}$, $R_1 = (r_{ij}^1)_{n \times n}$, $R_2 = (r_{ij}^2)_{n \times n}$, 则

(1) $R_1 \subseteq R_2$ 当且仅当 $\forall i, j = 1, 2, \cdots, n$, $r_{ij}^1 \leqslant r_{ij}^2$;

(2) $R_1 = R_2$ 当且仅当 $\forall i, j = 1, 2, \cdots, n$, $r_{ij}^1 = r_{ij}^2$;

(3) $R_1 \cup_S R_2 = (S(r_{ij}^1, r_{ij}^2))_{n \times n}$, 其中 S 是一个 t-余模;

(4) $R_1 \cap_T R_2 = (T(r_{ij}^1, r_{ij}^2))_{n \times n}$, 其中 T 是一个 t-模;

(5) $R_n^c = (n(r_{ij}))_{n \times n}$, 其中 n 是一个非;

(6) $R^{-1} = R^T$, 其中 R^T 是 R 的转置;

(7) $R_1 \circ_T R_2 = (t_{ij})_{n \times n}$, 其中 T 是一个 t-模, $t_{ij} = \bigvee\limits_{k=1}^{n} T(r_{ik}^1, r_{kj}^2) (i, j = 1, 2, \cdots, n)$;

(8) $R_1 *_S R_2 = (s_{ij})_{n \times n}$, 其中 S 是一个 t-余模, $s_{ij} = \bigwedge\limits_{k=1}^{n} S(r_{ik}^1, r_{kj}^2) (i, j = 1, 2, \cdots, n)$.

3.3 模糊关系的迹

定义 3.4 [55]   设 T 是一个 t-模, R 是 A 上的模糊关系, R 的左迹 R^l 定义为

$$\forall a, b \in A, \quad R^l(a, b) = \inf_{c \in A} I_T(R(c, a), R(c, b)).$$

右迹 R^r 定义为

$$\forall a, b \in A, \quad R^r(a, b) = \inf_{c \in A} I_T(R(b, c), R(a, c)).$$

注 3.3   由定义易知: $\forall a \in A$, $R^l(a, a) = R^r(a, a) = 1$.

引理 3.1 [14]   设 R 是 A 上的模糊关系, T 左连续, 则对任意 $a, b, c \in A$,

$$T(R^l(a, c), R^l(c, b)) \leqslant R^l(a, b);$$

$$T(R^r(a, c), R^r(c, b)) \leqslant R^r(a, b).$$

证明   由于 T 的左连续性, 故对任意 $a, b, c \in A$,

$$T(R^l(a, c), R^l(c, b)) = T(\inf_{d \in A} I_T(R(d, a), R(d, c)), \inf_{d \in A} I_T(R(d, c), R(d, b)))$$

$$\leqslant \inf_{d \in A} T(I_T(R(d, a), R(d, c)), I_T(R(d, c), R(d, b)))$$

$$\leqslant \inf_{d \in A} I_T(R(d, a), R(d, b)) \quad \text{(引理 2.9(1))}$$

$$= R^l(a, b).$$

另一个不等式的证明是类似的.   □

命题 3.3 设 R 是一个 A 上的模糊关系, n 是一个非, T 是一个 t-模, 则我们有下列结论:

(1) $(R^{-1})^l = (R^r)^{-1}$, $(R^{-1})^r = (R^l)^{-1}$;

(2) 若 I_T 满足 $(CP(n))$, 则 $(R_n^c)^l = (R^l)^{-1}$, $(R_n^c)^r = (R^r)^{-1}$;

(3) 若 I_T 满足 $(CP(n))$, 则 $(R_n^d)^l = R^r$, $(R_n^d)^r = R^l$;

(4) 若 T 左连续, 则 $(R^l)^r = (R^l)^l = R^l$, $(R^r)^l = (R^r)^r = R^r$;

(5) 若 T 是关于 n 的旋转不变的 t-模, 则

$$R^l = (R^{-1} \circ_T R_n^c)_n^c, \quad R^r = (R_n^c \circ_T R^{-1})_n^c.$$

证明 我们对每个条目下的第一个等式给出证明, 另一个等式的证明类似.

(1) 对任意 $a, b \in A$,

$$
\begin{aligned}
(R^{-1})^l(a, b) &= \inf_{c \in A} I_T(R^{-1}(c, a), R^{-1}(c, b)) \\
&= \inf_{c \in A} I_T(R(a, c), R(b, c)) \\
&= R^r(b, a) = (R^r)^{-1}(a, b).
\end{aligned}
$$

所以, $(R^{-1})^l = (R^r)^{-1}$.

(2) 对任意 $a, b \in A$,

$$
\begin{aligned}
(R_n^c)^l(a, b) &= \inf_{c \in A} I_T(R_n^c(c, a), (R_n^c)(c, b)) \\
&= \inf_{c \in A} I_T(n(R(c, a)), n(R(c, b))) \\
&= \inf_{c \in A} I_T(R(c, b), R(c, a)) \qquad ((CP(n))) \\
&= R^l(b, a) = (R^l)^{-1}(a, b).
\end{aligned}
$$

所以, $(R_n^c)^l = (R^l)^{-1}$.

(3) 与 (2) 的证明类似.

(4) 我们证明: $(R^l)^r = R^l$. 事实上, $\forall a, b \in A$,

$$
\begin{aligned}
((R^l)^r)(a, b) &= \inf_{c \in A} I_T(R^l(b, c), R^l(a, c)) \\
&\leqslant I_T(R^l(b, b), R^l(a, b)) \\
&= I_T(1, R^l(a, b)) = R^l(a, b).
\end{aligned}
$$

于是, $(R^l)^r \subseteq R^l$.

另一方面, 由引理 3.1, $\forall a, b, c \in A$,

$$T(R^l(b,c), R^l(a,b)) = T(R^l(a,b), R^l(b,c)) \leqslant R^l(a,c).$$

故由 T 左连续知: $I_T(R^l(b,c), R^l(a,c)) \geqslant R^l(a,b)$. 所以, $\forall a, b \in A$,

$$(R^l)^r(a,b) = \inf_{c \in A} I_T(R^l(b,c), R^l(a,c)) \geqslant R^l(a,b).$$

于是, $(R^l)^r \supseteq R^l$. 从而, $(R^l)^r = R^l$.

(5) 由推论 2.2, n 是一个强非. 由旋转不变性及命题 2.16, T 左连续. 由命题 2.34, I_T 满足 (CP(n)).

于是, $\forall a, b \in A$,

$$
\begin{aligned}
(R^{-1} \circ_T R_n^c)_n^c(a,b) &= n((R^{-1} \circ_T R_n^c)(a,b)) \\
&= n(\sup_{c \in A} T(R^{-1}(a,c), R_n^c(c,b))) \\
&= \inf_{c \in A} n(T(R(c,a), n(R(c,b)))) \quad (\text{命题} 2.1(2)) \\
&= \inf_{c \in A} I_T(R(c,a), R(c,b)) \qquad (\text{命题} 2.33(2)) \\
&= R^l(a,b). \qquad\qquad\qquad\qquad\qquad \square
\end{aligned}
$$

注 3.4　命题 3.3 中的大部分等式最早是由 Fodor[55] 在强 De Morgan 三元组下给出的, 在现在条件下的形式见 [56].

推论 3.1　若 (T, S, n) 是一个 De Morgan 三元组且 T 是关于 n 的旋转不变的 t-模, 则

$$R^l = R_n^d *_S R, \quad R^r = R *_S R_n^d.$$

证明　由命题 3.3(5) 以及命题 3.1 立得. 　　　　　　　　　　　　　　$\square$

命题 3.4 [14]　若 T 是左连续的 t-模, 则

(1) R^l 是满足 $R \circ_T X \subseteq R$ 的 X 中最大者;

(2) R^r 是满足 $X \circ_T R \subseteq R$ 的 X 中最大者;

(3) $R = R \circ_T R^l = R^r \circ_T R$.

证明　(1) 由 T 的左连续性及引理 2.6,

$$
\begin{aligned}
R \circ_T X \subseteq R &\Longleftrightarrow \forall a, b \in A, \sup_{c \in A} T(R(a,c), X(c,b)) \leqslant R(a,b) \\
&\Longleftrightarrow \forall a, b, c \in A, T(R(a,c), X(c,b)) \leqslant R(a,b) \\
&\Longleftrightarrow \forall a, b, c \in A, I_T(R(a,c), R(a,b)) \geqslant X(c,b).
\end{aligned}
$$

由于 $\forall a, b, c \in A$,

$$R^l(c,b) = \inf_{d \in A} I_T(R(d,c), R(d,b)) \leqslant I_T(R(a,c), R(a,b)) \quad \text{且} \quad R^l(c,b) \geqslant X(c,b).$$

故 R^l 满足 $R \circ_T X \subseteq R$ 且在满足该方程的 X 中, R^l 为最大者.

(2) 证明与 (1) 类似.

(3) 对任意 $a, b \in A$,

$$(R \circ_T R^l)(a, b) = \sup_{c \in A} T(R(a, c), R^l(c, b))$$

$$\geqslant T(R(a, b), R^l(b, b)) = R(a, b),$$

即 $R \subseteq R \circ_T R^l$. 由 (1), $R \circ_T R^l \subseteq R$, 故 $R = R \circ_T R^l$.

另一等式的证明是类似的. □

由命题 3.4(1), (3) 易得, R^l 及 R^r 分别是模糊关系方程 $R \circ_T X = R$ 及 $X \circ_T R = R$ 的最大解.

3.4 自反性及非自反性

从本节开始, 我们将介绍模糊关系的一些基本性质, 这些性质在模糊关系的理论及应用中均起着重要作用. 所有这些性质的定义, 我们主要参考 [14].

定义 3.5 设 R 是 A 上的一个模糊关系, 若其满足: $\forall a \in A$, $R(a, a) = 1$, 则称 R 是一个自反 (reflexive) 的模糊关系; 若 R 满足: $\forall a \in A$, $R(a, a) = 0$, 则称 R 是一个非自反 (irreflexive) 的模糊关系.

由注 3.3 可知, A 上的任意模糊关系 R 的左、右迹均为自反的模糊关系. 另外, 由定义立得: R(非) 自反当且仅当 R^{-1}(非) 自反.

命题 3.5 若 n 是一个非零非, 则下列说法等价:

(1) R 自反;

(2) R^{-1} 自反;

(3) R_n^c 非自反;

(4) R_n^d 非自反.

证明 只需证 (1) 与 (3) 等价. 事实上, 若 n 是一个非零非,

$$\forall a \in A, R(a, a) = 1 \iff \forall a \in A, R_n^c(a, a) = n(R(a, a)) = 0.$$

从而, (1) 与 (3) 是等价的. □

命题 3.6 若 n 是一个非填充非, 则下列说法等价:

(1) R 非自反;

(2) R^{-1} 非自反;

(3) R_n^c 自反;

(4) R_n^d 自反.

证明 证明与命题 3.5 的证明类似. □

命题 3.7[14, 55]   对 A 上的任一模糊关系 R, 下列说法等价:

(1) R 自反;

(2) $R^l \subseteq R$;

(3) $R^r \subseteq R$.

证明   若 R 自反, 则 $\forall a, b \in A$,

$$R^l(a, b) = \inf_{c \in A} I_T(R(c, a), R(c, b)) \leqslant I_T(R(a, a), R(a, b)) = I_T(1, R(a, b)) = R(a, b),$$

即 $R^l \subseteq R$.

反过来, 若 $R^l \subseteq R$, 则由注 3.3, $R(a, a) \geqslant R^l(a, a) = 1$. 所以, (1) 与 (2) 是等价的.

(1) 与 (3) 的等价性类似可证.   □

命题 3.8   若 n 是一个非填充非, 则下列说法等价:

(1) R 非自反;

(2) $(R_n^c)^l \subseteq R_n^c$;

(3) $(R_n^c)^r \subseteq R_n^c$;

(4) $(R_n^d)^l \subseteq R_n^d$;

(5) $(R_n^d)^r \subseteq R_n^d$.

证明   由命题 3.6 及命题 3.7 立得.   □

命题 3.9   若 n 是一个非填充非, I_T 满足 (CP(n)), 则下列说法等价:

(1) R 非自反;

(2) $R^l \subseteq R_n^d$;

(3) $R^r \subseteq R_n^d$.

证明   由命题 3.3(3) 及命题 3.8 立得.   □

最后, 我们指出模糊关系的 (非) 自反与其所有 α-截关系 (非) 自反的等价性.

命题 3.10   对 A 上的任意模糊关系 R,

(1) R 自反 $\Longleftrightarrow \forall \alpha \in [0, 1]$, R_α 是普通自反关系;

(2) R 非自反 $\Longleftrightarrow \forall \alpha \in (0, 1]$, R_α 是普通非自反关系.

证明   (1) 若 R 自反, 则 $\forall \alpha \in [0, 1]$, $R(x, x) = 1 \geqslant \alpha$. 所以, $(x, x) \in R_\alpha$, 即 R_α 是普通自反关系.

反之, 假设 $\forall \alpha \in [0, 1]$, R_α 是普通自反关系. 特别地, R_1 是自反的. 所以, $\forall x \in A$, $(x, x) \in R_1$, 即 $R(x, x) = 1$.

(2) 若 R 非自反, 则 $\forall \alpha \in (0, 1]$, $\forall a \in A$, $R(a, a) = 0 < \alpha$, 即 $(a, a) \in (R_\alpha)^c$. 于是, R_α 非自反.

反过来, 假设 $\forall \alpha \in (0, 1]$, R_α 非自反, 则 $\forall a \in A$, $(a, a) \in (R_\alpha)^c$, 即 $R(a, a) < \alpha$, 令 $\alpha \to 0$ 取极限即得 $R(a, a) = 0$, 从而 R 非自反.   □

注 3.5 由命题 3.10 的证明可以看出: R 自反当且仅当 R 的 1-截集 R_1 是普通自反关系.

3.5 对　称　性

定义 3.6 [57] 设 R 是 A 上的一个模糊关系, 若对任意 $a, b \in A$, $R(a, b) = R(b, a)$, 则称 R 是一个 (模糊) 对称关系.

显然, R 是一个对称关系当且仅当 $R = R^{-1}$. 由于在 A 有限时, R^{-1} 所对应的矩阵即为 R 的转置, 所以, R 是对称关系当且仅当 R 所对应的矩阵为对称阵. 另外, 模糊对称性具有下列简单性质:

(1) R 是一个对称的关系当且仅当 R^{-1} 是一个对称关系;

(2) 若 R 是一个对称的关系, 则 R_n^c 是一个对称关系, 其中 n 是任意非;

(3) 若 R_1, R_2 是对称关系, 则 $R_1 \cup_S R_2$ 及 $R_1 \cap_T R_2$ 均是对称关系, 其中 T 与 S 分别是任意 t-模及 t-余模;

(4) 若 R_1, R_2 是一个对称关系, 则 $R_1 \circ_T R_2$ 是对称关系的充要条件是 $R_1 \circ_T R_2 = R_2 \circ_T R_1$, 其中 T 是任意 t-模;

(5) 若 R_1, R_2 是一个对称关系, 则 $R_1 *_S R_2$ 是对称关系的充要条件是 $R_1 *_S R_2 = R_2 *_S R_1$, 其中 S 是任意 t-余模.

命题 3.11 R 是模糊对称关系的充要条件是对任意 $\alpha \in [0, 1]$, R_α 是一个普通对称关系.

证明 设 R 是模糊对称关系且 $(a, b) \in R_\alpha$, 则 $R(b, a) = R(a, b) \geqslant \alpha$. 故 $(b, a) \in R_\alpha$, 即 R_α 是普通对称关系.

反之, 假设 $\forall \alpha \in [0, 1]$, R_α 是普通对称关系. 对任意 $a, b \in A$, 令 $\alpha = R(a, b)$, 则 $(a, b) \in R_\alpha$, 故由 R_α 的对称性知 $(b, a) \in R_\alpha$.

从而, $R(b, a) \geqslant \alpha = R(a, b)$. 类似推理可得 $R(a, b) \geqslant R(b, a)$. 于是, $R(a, b) = R(b, a)$. □

3.6 T-非对称性及 T-反对称性

定义 3.7 T 是一个 t-模, R 是 A 上的一个模糊关系. 若

$$\forall a, b \in A, a \neq b, \quad T(R(a, b), R(b, a)) = 0,$$

则称 R 满足 T-反对称性 (T-antisymmetry); 若

$$\forall a, b \in A, \quad T(R(a, b), R(b, a)) = 0,$$

则称 R 满足 T-非对称性 (T-asymmetry).

例 3.1 当 $T = \min$ 时, T-反对称性及 T-非对称性分别简称为反对称性及非对称性. 所以, 反对称性即为

$$\forall a, b \in A, \quad a \neq b, \quad R(a, b) = 0 \quad \text{或} \quad R(b, a) = 0;$$

非对称性即为

$$\forall a, b \in A, \quad R(a, b) = 0 \quad \text{或} \quad R(b, a) = 0.$$

例 3.2 当 $T = W_\varphi$ 时, T-反对称性即为

$$\forall a, b \in A, \quad a \neq b, \quad \varphi(R(a, b)) + \varphi(R(b, a)) \leqslant 1;$$

T-非对称性即为

$$\forall a, b \in A, \quad \varphi(R(a, b)) + \varphi(R(b, a)) \leqslant 1.$$

由定义立得:

(1) R 是 T-非 (反) 对称的当且仅当 R^{-1} 是 T-非 (反) 对称的;

(2) R 是 T-非对称的当且仅当 $R \cap_T R^{-1} = \varnothing$;

(3) 设两个 t-模 T_1, T_2 满足 $T_1 \leqslant T_2$ 且 R 是 T_2-非 (反) 对称的, 则 R 是 T_1-非 (反) 对称的;

(4) 若 R 是非 (反) 对称的, 则对任意 t-模 T, R 是 T-非 (反) 对称的;

(5) R 非对称当且仅当 R 非自反且反对称.

命题 3.12 [55, 56] 若 T 是左连续 t-模, 则下列陈述等价:

(1) R 是 T-非对称的;

(2) $R \circ_T R \subseteq (R^l)^d_{n_T}$;

(3) $R \circ_T R \subseteq (R^r)^d_{n_T}$;

(4) $R^l \circ_T R \subseteq R^d_{n_T}$;

(5) $R \circ_T R^r \subseteq R^d_{n_T}$.

证明 由 T 的左连续性,

$$R \text{ 是} T\text{- 非对称的}$$

$$\Longleftrightarrow \forall a, b \in A, T(R(a, b), R(b, a)) = 0$$

$$\Longleftrightarrow \forall a, b \in A, T(R(a, b), (R \circ_T R^l)(b, a)) = 0 \qquad \text{(命题 3.4(3))}$$

$$\Longleftrightarrow \forall a, b \in A, T(R(a, b), \sup_{c \in A} T(R(b, c), R^l(c, a))) = 0$$

$$\Longleftrightarrow \forall a, b \in A, \sup_{c \in A} T(R(a, b), T(R(b, c), R^l(c, a))) = 0 \quad \text{(引理 2.2(1))}$$

$$\Longleftrightarrow \forall a, b, c \in A, T(R(a,b), T(R(b,c), R^l(c,a))) = 0$$

$$\Longleftrightarrow \forall a, b, c \in A, T(T(R(a,b), R(b,c)), R^l(c,a)) = 0$$

$$\Longleftrightarrow \forall a, c \in A, \sup_{b \in A} T(T(R(a,b), R(b,c)), R^l(c,a)) = 0$$

$$\Longleftrightarrow \forall a, c \in A, T\left(\sup_{b \in A} T(R(a,b), R(b,c)), R^l(c,a)\right) = 0 \quad \text{(引理 2.2(1))}$$

$$\Longleftrightarrow \forall a, c \in A, T((R \circ_T R)(a,c), (R^l)^{-1}(a,c)) = 0$$

$$\Longleftrightarrow \forall a, c \in A, (R \circ_T R)(a,c) \leqslant (R^l)_{n_T}^d(a,c) \quad \text{(命题 2.21(2))}$$

$$\Longleftrightarrow (R \circ_T R) \subseteq (R^l)_{n_T}^d.$$

所以 (1) 与 (2) 是等价的. 另外,

$$R \text{ 是} T\text{-非对称的}$$

$$\Longleftrightarrow \forall a, b \in A, T(R(a,b), R(b,a)) = 0$$

$$\Longleftrightarrow \forall a, b \in A, T((R \circ_T R^l)(a,b), R(b,a)) = 0 \quad \text{(命题 3.4(3))}$$

$$\Longleftrightarrow \forall a, b \in A, T\left(\sup_{c \in A} T(R(a,c), R^l(c,b)), R(b,a)\right) = 0$$

$$\Longleftrightarrow \forall a, b, c \in A, T(T(R(a,c), R^l(c,b)), R(b,a)) = 0 \quad \text{(引理 2.2(1))}$$

$$\Longleftrightarrow \forall a, b, c \in A, T(R(a,c), T(R^l(c,b), R(b,a))) = 0$$

$$\Longleftrightarrow \forall a, c \in A, T\left(R(a,c), \sup_{b \in A} T(R^l(c,b), R(b,a))\right) = 0 \quad \text{(引理 2.2)}$$

$$\Longleftrightarrow \forall a, c \in A, T(R(a,c), (R^l \circ_T R)(c,a)) = 0$$

$$\Longleftrightarrow \forall a, c \in A, (R^l \circ_T R)(c,a) \leqslant (R_{n_T}^c)(a,c) \quad \text{(命题 2.21(2))}$$

$$\Longleftrightarrow (R^l \circ_T R) \subseteq R_{n_T}^d.$$

所以 (1) 与 (4) 是等价的. 其他等价性证明类似. $\qquad\square$

推论 3.2 若 T 是关于 n 的旋转不变 t-模, 则下列陈述等价:

(1) R 是 T-非对称的;

(2) $R \circ_T R \subseteq (R^l)_n^d$;

(3) $R \circ_T R \subseteq (R^r)_n^d$;

(4) $R^l \circ_T R \subseteq R_n^d$;

(5) $R \circ_T R^r \subseteq R_n^d$.

证明 由命题 3.12 及推论 2.5 立得. $\qquad\square$

命题 3.13 T 是无零因子的 t-模, 则

(1) R 是 T-反对称的 $\Longleftrightarrow$ R 是反对称的;

(2) R 是 T-非对称的 $\Longleftrightarrow$ R 是非对称的.

证明　(1) 若 T 是无零因子的 t-模, 则

$$R \text{ 满足}T\text{-反对称性} \Longleftrightarrow \forall a, b, a \neq b, T(R(a,b), R(b,a)) = 0$$

$$\Longleftrightarrow \forall a, b, a \neq b, R(a,b) = 0 \text{ 或 } R(b,a) = 0$$

$$\Longleftrightarrow R \text{ 满足反对称性}.$$

(2) 证明与 (1) 类似.　　　　　　　　　　　　　　　　　　　　　□

我们知道, 非对称性要强于非自反性. 对一般的 T-非对称性与非自反性之间的关系, 我们有下列结论.

命题 3.14[14]　(对任意 A 上模糊关系 R, R 满足 T-非对称性 $\Longrightarrow R$ 非自反) $\Longleftrightarrow T$ 是无零因子的 t-模.

证明　若 R 满足 T-非对称且 T 为无零因子的 t-模, 由 $T(R(a,a), R(a,a)) = 0$ 知: $R(a,a) = 0$, 即 R 是非自反的.

反之, 若对任意模糊关系 R, R 为 T-非对称时, R 必非自反, 我们将证明: $\forall x \in (0,1), T(x,x) > 0$. 若存在 $x \in (0,1)$, 使得 $T(x,x) = 0$. 任取定一个 $a \in A$, 对任意 $a_1, a_2 \in A$, 定义

$$R(a_1, a_2) = \begin{cases} x, & a_1 = a_2 = a, \\ 0, & \text{其他}, \end{cases}$$

则

$$\forall a_1, a_2 \in A, \quad T(R(a_1, a_2), R(a_2, a_1)) = 0,$$

而 R 是 T-非对称但不是非自反的, 矛盾. 于是, T 无零因子.　　　　□

命题 3.15[14]　设 T 是连续的阿基米德 t-模, 其一个生成元为 f, 则

(1) R 是 T-非对称的 $\Longleftrightarrow \forall a, b, f(R(a,b)) + f(R(b,a)) \geqslant f(0)$;

(2) R 是 T-反对称的 $\Longleftrightarrow f(R(a,b)) + f(R(b,a)) \geqslant f(0)(a \neq b)$.

证明　(1) 由定理 2.4, $T(x,y) = f^{(-1)}(f(x) + f(y))$.

$$R \text{ 是 } T\text{-非对称的} \Longleftrightarrow \forall a, b, T(R(a,b), R(b,a)) = 0$$

$$\Longleftrightarrow \forall a, b, f^{(-1)}(f(R(a,b)) + f(R(b,a))) = 0$$

$$\Longleftrightarrow \forall a, b, f(R(a,b)) + f(R(b,a)) \geqslant f(0).$$

(2) 证明与 (1) 类似.　　　　　　　　　　　　　　　　　　　　　□

命题 3.16　R 是非 (反) 对称的 $\Longleftrightarrow \forall \alpha \in (0,1], R_\alpha$ 是普通的非 (反) 对称关系.

证明 我们证明非对称情形, 反对称情形的证明留给读者.

$$
\begin{aligned}
R\text{非对称} &\iff \forall a,b \in A, \min\{R(a,b), R(b,a)\} = 0 \\
&\iff \forall a,b \in A, (R \cap R^{-1})(a,b) = 0 \\
&\iff R \cap R^{-1} = \varnothing \\
&\iff \forall \alpha \in (0,1], R_\alpha \cap (R^{-1})_\alpha = \varnothing \\
&\iff \forall \alpha \in (0,1], R_\alpha \cap (R_\alpha)^{-1} = \varnothing \\
&\iff \forall \alpha \in (0,1], R_\alpha \text{是普通的非对称关系}. \qquad \square
\end{aligned}
$$

3.7 *S*-完全性及 *S*-强完全性

定义 3.8 设 R 是 A 上的一个模糊关系, S 是一个 t-余模.

(1) 若 $\forall a,b \in A$, $a \neq b$, $S(R(a,b), R(b,a)) = 1$, 则称 R 是 S-完全的 (S-complete).

(2) 若 $\forall a,b \in A$, $S(R(a,b), R(b,a)) = 1$, 则称 R 是 S-强完全的 (strongly S-complete).

例 3.3 当 $S = \max$ 时, S-完全性即为

$$
\forall a,b \in A, \quad a \neq b, \quad R(a,b) = 1 \ \text{或} \ R(b,a) = 1.
$$

S-强完全性即为: $\forall a,b \in A$, $R(a,b) = 1$ 或 $R(b,a) = 1$.

此时, S-完全性及 S-强完全性分别简称为完全性及强完全性.

例 3.4 当 $S = W'_\varphi$ 时, S-完全及 S-强完全分别为

$$
\forall a,b \in A, \quad a \neq b, \quad \varphi(R(a,b)) + \varphi(R(b,a)) \geqslant 1,
$$

以及

$$
\forall a,b \in A, \quad \varphi(R(a,b)) + \varphi(R(b,a)) \geqslant 1.
$$

由定义立得: (1) R 是 S-(强) 完全的当且仅当 R^{-1} 是 S-(强) 完全的;

(2) R 是 S-强完全的当且仅当 $R \cup_S R^{-1} = A \times A$;

(3) 设两个 t-余模 S_1, S_2 满足 $S_1 \leqslant S_2$ 且 R 是 S_1-(强) 完全的, 则 R 是 S_2-(强) 完全的;

(4) 若 R 是 (强) 完全的, 则对任意 t-余模 S, R 是 S-(强) 完全的;

(5) 若 R 强完全当且仅当 R 自反且完全.

命题 3.17 若 (T, S, n) 是一个 De Morgan 三元组, 则

(1) R 为 S-强完全的当且仅当 R_n^c 为 T-非对称的;

(2) R 为 S-完全的当且仅当 R_n^c 为 T-反对称的.

证明　(1) 由已知, $\forall x, y \in [0,1], n(S(x,y)) = T(n(x), n(y))$, 故

$$
\begin{aligned}
R \text{ 为} S\text{-强完全的} &\iff \forall a, b \in A, S(R(a,b), R(b,a)) = 1 \\
&\iff \forall a, b \in A, n^{-1}(T(n(R(a,b)), n(R(b,a)))) = 1 \\
&\iff \forall a, b \in A, T(n(R(a,b)), n(R(b,a))) = 0 \\
&\iff \forall a, b \in A, T(R_n^c(a,b), R_n^c(b,a)) = 0 \\
&\iff R_n^c \text{ 为} T\text{-非对称的.}
\end{aligned}
$$

(2) 证明与 (1) 类似.　　　　　　　　　　　　　　　　　　　　　　　　　$\square$

命题 3.18[56]　设 (T, S, n) 是 De Morgan 三元组, T 是左连续 t-模, 则下列陈述等价:

(1) R 是 S-强完全的;

(2) $(R *_S R)_n^c \subseteq ((R_n^c)^l)_{n_T}^d$;

(3) $(R *_S R)_n^c \subseteq ((R_n^c)^r)_{n_T}^d$;

(4) $(R_n^c)^l \circ_T R_n^c \subseteq (R_n^c)_{n_T}^d$;

(5) $R_n^c \circ_T (R_n^c)^r \subseteq (R_n^c)_{n_T}^d$.

证明　由命题 3.17 知, R 是 S-强完全的 $\iff R_n^c$ 为 T-非对称. 由 T 左连续及命题 3.12 立得 (1), (4), (5) 的等价性. 另外, 由 T 左连续及命题 3.12 可得: R_n^c 的 T-非对称性等价于

$$
R_n^c \circ_T R_n^c \subseteq ((R_n^c)^l)_{n_T}^d.
$$

由命题 3.1,

$$
R_n^c \circ_T R_n^c = (R *_S R)_n^c.
$$

所以, (1) 与 (2) 等价.

(1) 与 (3) 的等价性证明类似.　　　　　　　　　　　　　　　　　　　　　$\square$

命题 3.19[56]　设 (T, S, n) 是 De Morgan 三元组, 若 T 是关于 n 的旋转不变 t-模, 则下列陈述等价:

(1) R 是 S-强完全的;

(2) $R^l \subseteq R *_S R$;

(3) $R^r \subseteq R *_S R$;

(4) $R_n^d \circ_T R^l \subseteq R$;

(5) $R^r \circ_T R_n^d \subseteq R$.

证明　由命题 2.16 及命题 2.34, T 左连续且 I_T 满足 (CP(n)). 由 (CP(n)) 及命题 3.3 可得: $(R_n^c)^l = (R^l)^{-1}$. 另外, 由 T 的左连续性以及 I_T 满足 (CP(n)) 性质,

根据命题 2.32 及命题 2.33 可得: $n_T = n$ 为强非. 于是,

$$((R_n^c)^l)_{n_T}^d = ((R^l)^{-1})_{n_T}^d = (R^l)_{n_T}^c = (R^l)_n^c.$$

由命题 3.18 知,

$$R \text{ 是} S\text{-强完全的} \iff (R *_S R)_n^c \subseteq ((R_n^c)^l)_{n_T}^d$$
$$\iff (R *_S R)_n^c \subseteq (R^l)_n^c$$
$$\iff R^l \subseteq R *_S R.$$

所以, (1) 与 (2) 是等价的.

(1) 与 (3) 的等价性类似可证.

另外, 由命题 3.3 以及命题 3.18 可得

$$R \text{ 是} S\text{-强完全的} \iff (R_n^c)^l \circ_T R_n^c \subseteq (R_n^c)_{n_T}^d$$
$$\iff (R^l)^{-1} \circ_T R_n^c \subseteq (R_n^c)_n^d$$
$$\iff R_n^d \circ_T R^l \subseteq (R_n^c)_n^c$$
$$\iff R_n^d \circ_T R^l \subseteq R,$$

即 (1) 与 (4) 等价.

(1) 与 (5) 的等价性类似证明. □

命题 3.20 设 *S* 是无零因子的 *t*-余模, 则

(1) *R* 是 *S*-强完全的 $\iff$ *R* 是强完全的;

(2) *R* 是 *S* 完全的 $\iff$ *R* 是完全的.

证明 (1) 若 *S* 是无零因子的 *t*-余模, 则

$$R \text{ 为} S\text{-强完全的} \iff \forall a, b \in A, S(R(a,b), R(b,a)) = 1$$
$$\iff \forall a, b \in A, R(a,b) = 1 \text{ 或 } R(b,a) = 1$$
$$\iff \forall a, b \in A, \max\{R(a,b), R(b,a)\} = 1$$
$$\iff R \text{ 是强完全的}.$$

(2) 证明与 (1) 类似的. □

命题 3.21 (对任意模糊关系 *R*, *R* 满足 *S*-强完全性 $\implies$ *R* 是自反的)$\iff$ *S* 是无零因子的 *t*-余模.

证明   若 R 满足 S-强完全性且 S 为无零因子的 t-余模, 由 S-强完全性,

$$\forall a \in A, \quad S(R(a,a), R(a,a)) = 1.$$

由 S 无零因子, $\forall a \in A, R(a,a) = 1$, 即 R 是自反的.

反之, 若对任意模糊关系 R, R 为 S-强完全的必有 R 非自反, 我们将证明: $\forall x \in (0,1), S(x,x) < 1$. 若存在 $x \in (0,1)$, 使得 $S(x,x) = 1$. 任取定 $a \in A$, 对任意 $a_1, a_2 \in A$, 定义

$$R(a_1, a_2) = \left\{ \begin{array}{ll} x, & a_1 = a_2 = a, \\ 1, & \text{其他}, \end{array} \right.$$

则

$$\forall a_1, a_2 \in A, \quad S(R(a_1, a_2), R(a_2, a_1)) = 1,$$

从而 R 是 S-强完全但不是自反的, 与已知矛盾. 于是, S 无零因子. □

命题 3.22   设 S 是连续的阿基米德 t-余模, 其一个生成元为 g, 则

(1) R 是 S-强完全的 $\iff \forall a, b \in A, g(R(a,b)) + g(R(b,a)) \geqslant g(1)$;

(2) R 是 S-完全的 $\iff \forall a, b \in A, a \neq b, g(R(a,b)) + g(R(b,a)) \geqslant g(1)$.

证明   (1) 由于 $S(x,y) = g^{(-1)}(g(x) + g(y))$, 故

$$\begin{aligned} R \text{ 是} S\text{-强完全的} &\iff \forall a, b \in A, S(R(a,b), R(b,a)) = 1 \\ &\iff \forall a, b \in A, g^{(-1)}(g(R(a,b)) + g(R(b,a))) = 1 \\ &\iff \forall a, b \in A, g(R(a,b)) + g(R(b,a)) \geqslant g(1). \end{aligned}$$

(2) 证明与 (1) 类似. □

命题 3.23 R 是完全的当且仅当 $\forall \alpha \in [0,1], R_\alpha$ 是普通的完全关系; R 是强完全的当且仅当 $\forall \alpha \in [0,1], R_\alpha$ 是普通的强完全关系.

证明   我们证明强完全情形, 完全情形的证明留给读者.

$$\begin{aligned} R \text{ 强完全} &\iff \forall a, b \in A, \max\{R(a,b), R(b,a)\} = 1 \\ &\iff \forall a, b \in A, (R \cup R^{-1})(a,b) = 1 \\ &\iff R \cup R^{-1} = A \times A \\ &\Longrightarrow \forall \alpha \in [0,1], R_\alpha \cup (R^{-1})_\alpha = A \times A \\ &\iff \forall \alpha \in [0,1], R_\alpha \cup (R_\alpha)^{-1} = A \times A \\ &\iff \forall \alpha \in [0,1], R_\alpha \text{是普通的强完全关系.} \end{aligned}$$

□

3.8 T-传递性及 S-负传递性

3.8.1 T-传递性

定义 3.9 设 R 是 A 上的模糊关系, T 是一个 t-模. 若对任意 $a, b, c \in A$,

$$R(a, c) \geqslant T(R(a, b), R(b, c)),$$

则称 R 是 T-传递的 (T-transitive).

由引理 3.1 可知, 对 A 上的任一模糊关系 R, 在 T 左连续时, 其左迹 R^l 以及右迹 R^r 均为 A 上的 T-传递的模糊关系.

例 3.5 当 $T = \min$ 时, T-传递性即为

$$\forall a, b, c \in A, \quad R(a, c) \geqslant \min\{R(a, b), R(b, c)\},$$

此时, T-传递性简称为传递性.

例 3.6 $T = W_\varphi$ 时, T-传递性为

$$\forall a, b, c \in A, \quad \varphi(R(a, c)) \geqslant \varphi(R(a, b)) + \varphi(R(b, c)) - 1.$$

T-传递性具有下列性质:

(1) R 的 T-传递性等价于 R^{-1} 的 T-传递性;

(2) T_1 及 T_2 是两个 t-模且 $T_1 \leqslant T_2$, 若 R 是 T_2-传递的, 则 R 是 T_1-传递的;

(3) 若 R 是传递的, 则对任意 t-模 T, R 均是 T-传递的;

(4) R 是 T-传递的当且仅当 $R \circ_T R \subseteq R$;

(5) 若 R 是一个自反、T-传递的模糊关系, 则 $R \circ_T R = R$;

(6) 若 R 是一个非自反、T-传递的模糊关系, 则 R 是 T-非对称的.

这些性质的证明都比较简单, 我们把它们留给读者.

命题 3.24 设 T_1, T_2 均为 t-模且 $T_1 \gg T_2$, R_1, R_2 为 T_2-传递的, 则 $R_1 \cap_{T_1} R_2$ 是 T_2-传递的.

证明 因 R_1, R_2 为 T_2-传递的, 故 $\forall a, b, c \in A$,

$$T_2(R_1(a, c), R_1(c, b)) \leqslant R_1(a, b), \quad T_2(R_2(a, c), R_2(c, b)) \leqslant R_2(a, b).$$

由于 $T_1 \gg T_2$,

$$T_2((R_1 \cap_{T_1} R_2)(a, b), (R_1 \cap_{T_1} R_2)(b, c))$$
$$= T_2(T_1(R_1(a, b), R_2(a, b)), T_1(R_1(b, c), R_2(b, c)))$$
$$\leqslant T_1(T_2(R_1(a, b), R_1(b, c)), T_2(R_2(a, b), R_2(b, c)))$$

$$\leqslant T_1(R_1(a,c), R_2(a,c))$$
$$= (R_1 \cap_{T_1} R_2)(a,c),$$

即 $R_1 \cap_{T_1} R_2$ 是 T_2-传递的. $\qquad\qquad\qquad\qquad\qquad\qquad\qquad\qquad\qquad\square$

推论 3.3　若 R_1, R_2 为 T-传递的, 则 $R_1 \cap_T R_2$ 以及 $R_1 \cap R_2$ 均为 T-传递的.

证明　由 $T \gg T$, $\min \gg T$ 以及命题 3.24 立得. $\qquad\qquad\qquad\qquad\square$

命题 3.25 [14, 55]　若 T 左连续, 则下列陈述等价:

(1) R 为 T-传递的;

(2) $R \subseteq R^l$;

(3) $R \subseteq R^r$.

证明　由于 T 的左连续性,

$$
\begin{aligned}
R\, 为 T\text{-传递的} &\Longleftrightarrow \forall a,b,c \in A, T(R(a,c), R(c,b)) \leqslant R(a,b) \\
&\Longleftrightarrow \forall a,b,c \in A, I_T(R(a,c), R(a,b)) \geqslant R(c,b) \quad (\text{引理2.6}) \\
&\Longleftrightarrow \forall b,c \in A, \inf_{a \in A} I_T(R(a,c), R(a,b)) \geqslant R(c,b) \\
&\Longleftrightarrow \forall b,c \in A, R^l(c,b) \geqslant R(c,b) \\
&\Longleftrightarrow R \subseteq R^l.
\end{aligned}
$$

所以, (1) 与 (2) 是等价的.

(1) 与 (3) 的等价性可类似证明. $\qquad\qquad\qquad\qquad\qquad\qquad\qquad\square$

推论 3.4　T 左连续时, R 是自反、T-传递的模糊关系 $\Longleftrightarrow$ $R = R^l$ $\Longleftrightarrow$ $R = R^r$.

证明　由命题 3.7 以及命题 3.25 立得. $\qquad\qquad\qquad\qquad\qquad\qquad\square$

命题 3.26　设 T 是连续的阿基米德 t-模, 其一个生成元为 f, 则 R 满足 T-传递性 $\Longleftrightarrow \forall a,b,c, f(0) > f(R(a,b)) + f(R(b,c)) \geqslant f(R(a,c))$ 或 $f(R(a,b)) + f(R(b,c)) \geqslant f(0)$.

证明　由定理 2.4, $T(x,y) = f^{(-1)}(f(x) + f(y))$. 所以,

$$
\begin{aligned}
R\, 是 T\text{-传递的} & \\
&\Longleftrightarrow \forall a,b,c, T(R(a,b), R(b,c)) \leqslant R(a,c) \\
&\Longleftrightarrow \forall a,b,c, f^{(-1)}(f(R(a,b)) + f(R(b,c))) \leqslant R(a,c) \\
&\Longleftrightarrow \forall a,b,c, f(0) > f(R(a,b)) + f(R(b,c)) \geqslant f(R(a,c)) \\
&\qquad 或 f(R(a,c)) + f(R(c,b)) \geqslant f(0). \qquad\qquad\qquad\square
\end{aligned}
$$

我们给出 T-传递模糊关系的数值表现[58].

定理 3.1 设 T 是一个左连续 t-模, 则 A 上的模糊关系 R 是 T-传递的当且仅当存在两族从 A 到 $[0,1]$ 的映射 $\{f_\gamma\}$ 及 $\{g_\gamma\}(\gamma \in \Gamma)$ 满足: $\forall \gamma \in \Gamma, f_\gamma \geqslant g_\gamma$ 且对任意 $a,b \in A$,

$$R(a,b) = \inf_{\gamma \in \Gamma} I_T(f_\gamma(a), g_\gamma(b)).$$

证明 若 $\forall a,b \in A$, $R(a,b) = \inf_{\gamma \in \Gamma} I_T(f_\gamma(a), g_\gamma(b))$, 则

$$\begin{aligned} T(R(a,b), R(b,c)) &= T(\inf_{\gamma \in \Gamma} I_T(f_\gamma(a), g_\gamma(b)), \inf_{\gamma \in \Gamma} I_T(f_\gamma(b), g_\gamma(c))) \\ &\leqslant \inf_{\gamma \in \Gamma} T(I_T(f_\gamma(a), g_\gamma(b)), I_T(f_\gamma(b), g_\gamma(c))) \\ &\leqslant \inf_{\gamma \in \Gamma} T(I_T(f_\gamma(a), f_\gamma(b)), I_T(f_\gamma(b), g_\gamma(c))) \\ &\leqslant \inf_{\gamma \in \Gamma} I_T(f_\gamma(a), g_\gamma(c)) = R(a,c). \quad (\text{引理2.9(1)}) \end{aligned}$$

反之, 假设 R 是 T-传递的. 令 $\Gamma = A$, $f_\gamma(a) = R^r(\gamma, a)$ 且 $g_\gamma(a) = R(\gamma, a)$. 由命题 3.25, $R \subseteq R^r$, 故 $\forall \gamma \in \Gamma$, $f_\gamma \geqslant g_\gamma$. 另外, 由命题 3.4(2),

$$\forall a,b,c \in A, \quad T(R^r(c,a), R(a,b)) \leqslant R(c,b).$$

于是, 由引理 2.6,

$$\forall a,b,c \in A, \quad R(a,b) \leqslant I_T(R^r(c,a), R(c,b)).$$

从而, $\forall a,b \in A$, $R(a,b) \leqslant \inf_{\gamma \in A} I_T(f_\gamma(a), g_\gamma(b))$. 另一方面, 由 R^r 的自反性,

$$\begin{aligned} \inf_{\gamma \in A} I_T(f_\gamma(a), g_\gamma(b)) &\leqslant I_T(f_a(a), g_a(b)) \\ &= I_T(R^r(a,a), R(a,b)) = R(a,b). \end{aligned}$$

所以,

$$R(a,b) = \inf_{\gamma \in \Gamma} I_T(f_\gamma(a), g_\gamma(b)). \qquad \square$$

推论 3.5 设 T 是一个左连续 t-模, 则 A 上的模糊关系 R 是自反、T-传递的充分必要条件是存在一族从 A 到 $[0,1]$ 的映射 $\{f_\gamma\}$ $(\gamma \in \Gamma)$ 满足: $\forall a,b \in A$,

$$R(a,b) = \inf_{\gamma \in \Gamma} I_T(f_\gamma(a), f_\gamma(b)).$$

证明 充分性显然, 我们证明必要性.

由 R 的 T-传递性以及定理 3.1, 存在从 A 到 $[0,1]$ 的两族映射 $\{f_\gamma\}$ 及 $\{g_\gamma\}$ 满足: $\forall \gamma \in \Gamma$, $f_\gamma \geqslant g_\gamma$, 且对任意 $a,b \in A$,

$$R(a,b) = \inf_{\gamma \in \Gamma} I_T(f_\gamma(a), g_\gamma(b)).$$

因为 R 是自反的, 故 $\forall a \in A$, $R(a,a) = 1$. 所以,

$$R(a,a) = \inf_{\gamma \in \Gamma} I_T(f_\gamma(a), g_\gamma(a)) = 1.$$

于是, $\forall a \in A$, $\forall \gamma \in \Gamma$,

$$I_T(f_\gamma(a), g_\gamma(a)) = 1.$$

由于 T 左连续, $\forall a \in A$, $\forall \gamma \in \Gamma$, $f_\gamma(a) \leqslant g_\gamma(a)$.

所以, $\forall \gamma \in \Gamma$, $f_\gamma = g_\gamma$, 从而所证的结论成立. □

命题 3.27 R 是传递的当且仅当对任意 $\alpha \in [0,1]$, R_α 是普通的传递关系.

证明 首先, 假设 R 是传递的, 任取 $\alpha \in [0,1]$ 以及 $(a,b) \in R_\alpha$, $(b,c) \in R_\alpha$. 为了证明 R_α 的传递性, 只需证明 $(a,c) \in R_\alpha$.

由 $(a,b) \in R_\alpha$ 及 $(b,c) \in R_\alpha$, $R(a,b) \geqslant \alpha$, $R(b,c) \geqslant \alpha$. 于是, 由 R 的传递性,

$$R(a,c) \geqslant \min\{R(a,b), R(b,c)\} \geqslant \alpha,$$

即 $(a,c) \in R_\alpha$.

反之, 假设 $\forall \alpha \in [0,1]$, R_α 是传递的, 我们证明:

$$\forall a,b,c \in A, \quad R(a,c) \geqslant R(a,b) \wedge R(b,c).$$

令 $\alpha = R(a,b) \wedge R(b,c)$, 则 $(a,b) \in R_\alpha$ 且 $(b,c) \in R_\alpha$. 所以, 由 R_α 的传递性,

$$R(a,c) \geqslant \alpha = R(a,b) \wedge R(b,c),$$

故 R 是传递的. □

3.8.2 S-负传递性

定义 3.10 设 R 是 A 上的模糊关系, S 是一个 t-余模. 若

$$\forall a,b,c \in A, \quad R(a,c) \leqslant S(R(a,b), R(b,c)),$$

则称 R 是 S-负传递的 (negatively S-transitive).

例 3.7 当 $S = \max$ 时, S-负传递性即为

$$\forall a,b,c \in A, \quad R(a,b) \leqslant \max\{R(a,c), R(c,b)\},$$

此时简称为负传递.

例 3.8 当 $S = W'_\varphi$ 时,

$$S\text{-负传递性} \iff \forall a, b, c \in A, \varphi(R(a,b)) \leqslant \varphi(R(a,c)) + \varphi(R(c,b)).$$

容易证明, S-负传递性具有下列性质:

(1) R 的 S-负传递性等价于 R^{-1} 的 S-负传递性;

(2) S_1 及 S_2 是两个 t-余模且 $S_1 \leqslant S_2$, 若 R 是 S_1-负传递的, 则 R 是 S_2-负传递的;

(3) 若 R 是负传递的, 则 R 对任意 t-余模 S 均为 S-负传递的;

(4) R 是 S-负传递的当且仅当 $R \subseteq R *_S R$;

(5) 若 R 是一个非自反的、S-负传递的模糊关系, 则 $R *_S R = R$;

(6) 若 R 是一个自反、S-负传递的模糊关系, 则 R 是 S-强完全的.

命题 3.28 若 R_1, R_2 为 S-负传递的, 则 $R = R_1 \cup_S R_2$ 也是 S-负传递的.

证明 因 R_1, R_2 为 S-负传递的, 故 $\forall a, b, c \in A$,

$$S(R_1(a,c), R_1(c,b)) \geqslant R_1(a,b), \quad S(R_2(a,c), R_2(c,b)) \geqslant R_2(a,b).$$

于是,

$$\begin{aligned}
R(a,b) &= S(R_1(a,b), R_2(a,b)) \\
&\leqslant S(S(R_1(a,c), R_1(c,b)), S(R_2(a,c), R_2(c,b))) \\
&= S(S(R_1(a,c), R_2(a,c)), S(R_1(c,b), R_2(c,b))) \\
&= S(R(a,c), R(c,b)).
\end{aligned}$$

命题 3.29 设 (T, S, n) 是一个 De Morgan 三元组, 则 R 满足 S-负传递性 $\iff R_n^c$ 满足 T-传递性 $\iff R_n^d$ 满足 T-传递性.

证明 由于 (T, S, n) 为 De Morgan 三元组, 故

$$\begin{aligned}
R \text{ 满足} S\text{-负传递性} &\iff \forall a, b, c \in A, R(a,b) \leqslant S(R(a,c), R(c,b)) \\
&\iff \forall a, b, c \in A, n(R(a,b)) \geqslant n(S(R(a,c), R(c,b))) \\
&\iff \forall a, b, c \in A, n(R(a,b)) \geqslant T(n(R(a,c)), n(R(c,b))) \\
&\iff \forall a, b, c \in A, R_n^c(a,b) \geqslant T(R_n^c(a,c), R_n^c(c,b)) \\
&\iff R_n^c \text{ 满足} T\text{-传递性}.
\end{aligned}$$

由于一个模糊关系的 T-传递性与其逆关系的 T-传递性是等价的, 故 R_n^c 满足 T-传递性与 R_n^d 满足 T-传递性等价.

命题 3.30　设 (T, S, n) 是一个 De Morgan 三元组, 若 T 左连续, 则下列陈述等价:

(1) R 为 S-负传递的;

(2) $R_n^c \subseteq (R_n^c)^l$;

(3) $R_n^c \subseteq (R_n^c)^r$.

证明　由命题 3.25 以及命题 3.29 立得.　　　　　　　　　　　　　　□

命题 3.31 [55, 56]　设 (T, S, n) 是一个 De Morgan 三元组, 若 T 是关于 n 的旋转不变 t-模, 则下列陈述等价:

(1) R 为 S-负传递的;

(2) $R_n^d \subseteq R^l$;

(3) $R_n^d \subseteq R^r$.

证明　由命题 2.16 及命题 2.34, T 左连续且 I_T 满足 (CP(n)). 由命题 3.3(2) 以及 I_T 的 (CP(n)) 性质,

$$(R_n^c)^l = (R^l)^{-1}, \quad (R_n^c)^r = (R^r)^{-1}.$$

所以, 由命题 3.30 可得本命题.　　　　　　　　　　　　　　　　　　　□

命题 3.32　设 S 是连续的阿基米德 t-余模, 其一个生成元为 g, 则 R 满足 S-负传递性 $\Longleftrightarrow$ $\forall a, b, c, g(R(a, c)) + g(R(c, b)) \geqslant g(1)$ 或 $g(1) > g(R(a, c)) + g(R(c, b)) \geqslant g(R(a, b))$.

证明　与命题 3.26 的证明类似.　　　　　　　　　　　　　　　　　　□

下面是 S-负传递性的数值表现.

定理 3.2　设 (T, S, n) 是 De Morgan 三元组, 其中 T 是一个左连续 t-模, 则 A 上的模糊关系 R 是 S-负传递的充要条件是存在两族从 A 到 $[0, 1]$ 的映射 $\{f_\gamma\}$ 及 $\{g_\gamma\}(\gamma \in \Gamma)$, 满足: 对任意 $\gamma \in \Gamma, f_\gamma \geqslant g_\gamma$ 且对任意 $a, b \in A$,

$$R(a, b) = \sup_{\gamma \in \Gamma} n^{-1}(I_T(f_\gamma(a), g_\gamma(b))).$$

证明　由定理 3.1 以及命题 3.29 立得.　　　　　　　　　　　　　　□

命题 3.33　R 是负传递的当且仅当 $\forall \alpha \in [0, 1], R_\alpha$ 是负传递的.

证明　首先, 假设 R 是负传递的, 任取 $\alpha \in [0, 1]$ 以及 $(a, b) \in R_\alpha$. 于是, $\forall c \in A$,

$$\max\{R(a, c), R(c, b)\} \geqslant R(a, b) \geqslant \alpha.$$

所以, $R(a, c) \geqslant \alpha$ 或 $R(c, b) \geqslant \alpha$, 即 $(a, c) \in R_\alpha$ 或 $(c, b) \in R_\alpha$. 从而, R_α 是负传递的.

反之, 假设 $\forall \alpha \in [0,1]$, R_α 是负传递的, 我们证明 R 的负传递性:

$$\forall a,b,c \in A, \quad R(a,c) \leqslant R(a,b) \vee R(b,c).$$

否则, $\exists a,b,c \in A$, $R(a,c) > R(a,b) \vee R(b,c)$, 取 α 使其满足:

$$R(a,c) > \alpha > R(a,b) \vee R(b,c).$$

则我们有: $R(a,b) < \alpha$, $R(b,c) < \alpha$, 但是 $R(a,c) > \alpha$. 即

$$(a,b) \in R_\alpha^c, \quad (b,c) \in R_\alpha^c \quad 且 \quad (a,c) \in R_\alpha,$$

与 R_α 的负传递性相矛盾. 故 R 是负传递的. □

3.9 T-S-半传递性及 T-S-Ferrers 性

3.9.1 T-S-半传递性

定义 3.11[14] 设 T, S 分别为 t-模及 t-余模. 若 $\forall a,b,c,d \in A$,

$$T(R(a,d), R(d,b)) \leqslant S(R(a,c), R(c,b)),$$

则称 R 是 T-S-半传递的 (T-S-semitransitive).

例 3.9 当 $T = \min$, $S = \max$ 时, T-S-半传递性即为

$$\forall a,b,c,d \in A, \quad \min\{R(a,d), R(d,b)\} \leqslant \max\{R(a,c), R(c,b)\},$$

此时简称为半传递性.

例 3.10 当 $T = W_\varphi$, $S = W_\varphi'$ 时, T-S-半传递性即为

$$\forall a,b,c,d \in A, \quad \varphi(R(a,d)) + \varphi(R(d,b)) - 1 \leqslant \varphi(R(a,c)) + \varphi(R(c,b)).$$

容易证明, T-S-半传递性具有下列性质:

(1) R 的 T-S-半传递性等价于 R^{-1} 的 T-S-半传递性;

(2) 若 R 是半传递的, 则 R 对任意 t-模 T 及任意的 t-余模 S 均为 T-S-半传递的;

(3) R 是 T-S-半传递的当且仅当 $R \circ_T R \subseteq R *_S R$;

(4) 若 R 是一个自反的 T-S-半传递关系, 则 R 是 S-强完全的;

(5) 若 R 是一个非自反的 T-S-半传递关系, 则 R 是 T-非对称的.

命题 3.34 设 (T, S, n) 是一个 De Morgan 三元组, 则

$$R 为 T\text{-}S\text{-}半传递的 \iff R_n^c 为 T\text{-}S\text{-}半传递的 \iff R_n^d 为 T\text{-}S\text{-}半传递的.$$

证明　由于 (T, S, n) 为 De Morgan 三元组, 故 $\forall a, b, c, d \in A,$

$$T(R(a, d), R(d, b)) \leqslant S(R(a, c), R(c, b))$$

$$\Longleftrightarrow n(T(R(a, d), R(d, b))) \geqslant n(S(R(a, c), R(c, b)))$$

$$\Longleftrightarrow S(n(R(a, d)), n(R(d, b))) \geqslant T(n(R(a, c)), n(R(c, b)))$$

$$\Longleftrightarrow S(R_n^c(a, d), R_n^c(d, b)) \geqslant T(R_n^c(a, c), R_n^c(c, b))$$

$$\Longleftrightarrow R_n^c \text{ 是-}T\text{-}S\text{-半传递的}.$$

由于一个模糊关系的 T-S-半传递性等价于其逆关系的 T-S-半传递性, 故 R_n^c 满足 T-S-半传递性与 R_n^d 满足 T-S-半传递性等价. □

命题 3.35 [56]　若 (T, S, n) 是一个 De Morgan 三元组且 T 是关于 n 的旋转不变 t-模, 则下列陈述等价:

(1) R 满足 T-S-半传递性;

(2) $R \circ_T (R \circ_T R_n^d) \subseteq R$;

(3) $R_n^d \circ_T (R \circ_T R) \subseteq R$;

(4) $R \circ_T R_n^d \subseteq R^l$;

(5) $R_n^d \circ_T R \subseteq R^r$.

证明　由 T 是关于 n 的旋转不变 t-模、命题 2.16 及命题 2.34, T 左连续且 I_T 满足 (CP(n)). 由推论 2.2, n 是一个强非. 于是, 在我们的假设下,

R 满足 T-S-半传递性

$$\Longleftrightarrow \forall a, b, c, d \in A, T(R(a, b), R(b, c)) \leqslant S(R(a, d), R(d, c))$$

$$\Longleftrightarrow \forall a, b, c, d \in A, T(R(a, b), R(b, c)) \leqslant n(T(n(R(a, d)), n(R(d, c))))$$

$$\Longleftrightarrow \forall a, b, c, d \in A, n(T(R(a, b), R(b, c))) \geqslant T(n(R(a, d)), n(R(d, c)))$$

$$\Longleftrightarrow \forall a, b, c, d \in A, I_T(n(R(a, d)), n(T(R(a, b), R(b, c)))) \geqslant n(R(d, c)) \quad \text{(引理 2.6)}$$

$$\Longleftrightarrow \forall a, b, c, d \in A, I_T(T(R(a, b), R(b, c)), R(a, d)) \geqslant n(R(d, c)) \quad \text{((CP(n)))}$$

$$\Longleftrightarrow \forall a, b, c, d \in A, T(T(R(a, b), R(b, c)), R_n^c(d, c)) \leqslant R(a, d) \quad \text{(引理 2.6)}$$

$$\Longleftrightarrow \forall a, c, d \in A, \sup_{b \in A} T(T(R(a, b), R(b, c)), R_n^c(d, c)) \leqslant R(a, d)$$

$$\Longleftrightarrow \forall a, c, d \in A, T((R \circ_T R)(a, c), R_n^d(R(c, d))) \leqslant R(a, d) \quad \text{(引理 2.2(1))}$$

$$\Longleftrightarrow \forall a, d \in A, ((R \circ_T R) \circ_T R_n^d)(a, d) \leqslant R(a, d)$$

$$\Longleftrightarrow \forall a, d \in A, (R \circ_T (R \circ_T R_n^d))(a, d) \leqslant R(a, d) \quad \text{(命题 3.2(4))}$$

$$\Longleftrightarrow R \circ_T (R \circ_T R_n^d) \subseteq R.$$

所以, (1) 与 (2) 是等价的. (1) 与 (3) 是等价的证明类似. 另外, 由前面的证明可知:

$$T(R(a,b), R(b,c)) \leqslant S(R(a,d), R(d,c))$$

$\Longleftrightarrow \forall a,b,c,d \in A, I_T(T(R(a,b), R(b,c)), R(a,d)) \geqslant n(R(d,c))$

$\Longleftrightarrow \forall a,b,c,d \in A, I_T(R(b,c), I_T(R(a,b), R(a,d))) \geqslant n(R(d,c))$ (命题 2.32(2))

$\Longleftrightarrow \forall a,b,c,d \in A, T(R(b,c), n(R(d,c))) \leqslant I_T(R(a,b), R(a,d))$ (引理 2.6)

$\Longleftrightarrow \forall b,c,d \in A, T(R(b,c), n(R(d,c))) \leqslant \inf_{a \in A} I_T(R(a,b), R(a,d))$

$\Longleftrightarrow \forall b,c,d \in A, T(R(b,c), R_n^d(c,d)) \leqslant R^l(b,d)$

$\Longleftrightarrow \forall b,d \in A, (R \circ_T R_n^d)(b,d) \leqslant R^l(b,d)$

$\Longleftrightarrow R \circ_T R_n^d \subseteq R^l.$

于是, 我们证明了 (1) 与 (4) 的等价性, (1) 与 (5) 的等价性类似可证. $\quad\square$

命题 3.36[56]   若 (T,S,n) 是一个 De Morgan 三元组, 且 T 是关于 n 的旋转不变 t-模, 则下列陈述等价:

(1) R 为 T-S-半传递的;

(2) $(R^l)_n^d \subseteq R^r$;

(3) $(R^r)_n^d \subseteq R^l$.

证明   我们证明 (1) 与 (2) 的等价性.

事实上, 在我们的假设下, n 为强非, 且 T 左连续, 故

$\qquad R$ 满足 T-S-半传递性

$\Longleftrightarrow \forall a,b,c,d \in A, T(R(a,d), R(d,b)) \leqslant S(R(a,c), R(c,b))$

$\Longleftrightarrow \forall a,b,c,d \in A, T(R(a,d), R(d,b)) \leqslant I_T(n(R(a,c)), R(c,b))$ (推论 2.4(3))

$\Longleftrightarrow \forall a,b,c,d \in A, T(n(R(a,c)), T(R(a,d), R(d,b))) \leqslant R(c,b)$ (引理 2.6)

$\Longleftrightarrow \forall a,b,c,d \in A, T(T(n(R(a,c)), R(a,d)), R(d,b)) \leqslant R(c,b)$

$\Longleftrightarrow \forall a,b,c,d \in A, T(n(R(a,c)), R(a,d)) \leqslant I_T(R(d,b), R(c,b))$ (引理 2.6)

$\Longleftrightarrow \forall a,b,c,d \in A, n(S(R(a,c), n(R(a,d)))) \leqslant I_T(R(d,b), R(c,b))$

$\Longleftrightarrow \forall a,c,d \in A, n(I_T(R(a,d), R(a,c))) \leqslant \inf_{b \in A} I_T(R(d,b), R(c,b))$ (推论 2.4(3))

$\Longleftrightarrow \forall c,d \in A, \sup_{a \in A}(n(I_T(R(a,d), R(a,c)))) \leqslant R^r(c,d)$

$$\Longleftrightarrow \forall c,d \in A, n(\inf_{a\in A} I_T(R(a,d),R(a,c))) \leqslant R^r(c,d) \qquad\qquad (引理\ 2.2(2))$$

$$\Longleftrightarrow \forall c,d \in A, n(R^l(d,c)) \leqslant R^r(c,d)$$

$$\Longleftrightarrow (R^l)_n^d \subseteq R^r.$$

于是, 我们证明了 (1) 与 (2) 的等价性. (1) 与 (3) 的等价性类似可证.　　□

注 3.6　在命题 3.36 条件下, I_T 满足 (OP) 性质. 故由命题 3.36, R 的 T-S-半传递性等价于:

$$\forall a,b \in A, \quad I_T((R^r)_n^d(a,b), R^l(a,b)) = 1.$$

由推论 2.6, 此即为 $S(R^l(a,b), R^r(b,a)) = 1$. 这是文献 [55] 在强 De Morgan 三元组下的一个结果.

命题 3.37　R 是半传递的 $\Longleftrightarrow \forall \alpha \in [0,1]$, R_α 是半传递的.

证明　设 R 是半传递的且 $(a,d) \in R_\alpha$, $(d,b) \in R_\alpha$, 则 $R(a,d) \geqslant \alpha$ 且 $R(d,b) \geqslant \alpha$. 由 R 的半传递性,

$$\max\{R(a,c), R(c,b)\} \geqslant \min\{R(a,d), R(d,b)\} \geqslant \alpha.$$

从而, $R(a,c) \geqslant \alpha$ 或 $R(c,b) \geqslant \alpha$. 即 $(a,c) \in R_\alpha$ 或 $(c,b) \in R_\alpha$. 所以, R_α 是半传递的.

反之, 假设 $\forall \alpha \in [0,1]$, R_α 是半传递的. 对任意 a, b, c, d, 令 $\alpha = \min\{R(a,d), R(d,b)\}$, 则 $R(a,d) \geqslant \alpha$ 且 $R(d,b) \geqslant \alpha$, 故 $(a,d) \in R_\alpha$, $(d,b) \in R_\alpha$. 由 R_α 的半传递性, $(a,c) \in R_\alpha$ 或 $(c,b) \in R_\alpha$, 即 $R(a,c) \geqslant \alpha$ 或 $R(c,b) \geqslant \alpha$. 于是,

$$\max\{R(a,c), R(c,b)\} \geqslant \alpha = \min\{R(a,d), R(d,b)\},$$

即 R 是半传递的.　　□

3.9.2　T-S-Ferrers 性

据我们所知, 模糊情况下的 Ferrers 关系, 最早见于文献 [59], 用于讨论模糊数的排序. 下面的定义参见 [14].

定义 3.12　设 T, S 分别为 t-模及 t-余模. 若 A 上的关系 R 满足:

$$\forall a,b,c,d \in A, \quad T(R(a,b), R(c,d)) \leqslant S(R(a,d), R(c,b)),$$

则称 R 是 A 上的一个 T-S-Ferrers 关系.

例 3.11　当 $T = \min$, $S = \max$ 时, T-S-Ferrers 关系即为

$$\forall a,b,c,d \in A, \quad \min\{R(a,b), R(c,d)\} \leqslant \max\{R(a,d), R(c,b)\},$$

此时简称为 Ferrers 关系.

例 3.12 当 $T = W_\varphi$, $S = W'_\varphi$ 时, T-S-Ferrers 关系为

$$\forall a, b, c, d \in A, \quad \varphi(R(a,b)) + \varphi(R(c,d)) - 1 \leqslant \varphi(R(a,d)) + \varphi(R(c,b)).$$

容易证明, T-S-Ferrers 关系具有下列性质:

(1) R 的 T-S-Ferrers 性等价于 R^{-1} 的 T-S-Ferrers 性;

(2) 若 R 是一个 Ferrers 关系, 则 R 对任意 t-模 T 及任意的 t-余模 S 均为 T-S-Ferrers 关系;

(3) 若 R 是一个自反的 T-S-Ferrers 关系, 则 R 是 S-强完全的;

(4) 若 R 是一个非自反的 T-S-Ferrers 关系, 则 R 是 T-非对称的.

命题 3.38 若 (T, S, n) 是一个 De Morgan 三元组, 则

R 满足 T-S-Ferrers 性 $\iff$ R_n^c 满足 T-S-Ferrers 性 $\iff$ R_n^d 满足 T-S-Ferrers 性.

证明 由于 (T, S, n) 为 De Morgan 三元组, 故 $\forall a, b, c, d \in A$,

$$T(R(a,b), R(c,d)) \leqslant S(R(a,d), R(c,b))$$
$$\iff n(T(R(a,b), R(c,d))) \geqslant n(S(R(a,d), R(c,b)))$$
$$\iff S(n(R(a,b)), n(R(c,d))) \geqslant T(n(R(a,d)), n(R(c,b)))$$
$$\iff S(R_n^c(a,b), R_n^c(c,d)) \geqslant T(R_n^c(a,d), R_n^c(c,b)),$$

即 R 满足 T-S-Ferrers 性 $\iff$ R_n^c 满足 T-S-Ferrers 性.

另外, 一个模糊关系的 T-S-Ferrers 性等价于其逆关系的 T-S-Ferrers 性, 故另一等价关系是显然的. $\qquad\square$

命题 3.39[56] 若 (T, S, n) 是一个 De Morgan 三元组, 且 T 是关于 n 的旋转不变 t-模, 则下列陈述等价:

(1) R 满足 T-S-Ferrers 性;

(2) $R \circ_T (R_n^d \circ_T R) \subseteq R$;

(3) $R \circ_T R_n^d \subseteq R^r$;

(4) $R_n^d \circ_T R \subseteq R^l$.

证明   在我们的条件下, n 是一个强非, T 左连续, I_T 满足 (CP(n)). 所以,

R 满足 T-S-Ferrers 性

$\Longleftrightarrow \forall a,b,c,d \in A, T(R(a,d), R(c,b)) \leqslant S(R(a,b), R(c,d))$

$\Longleftrightarrow \forall a,b,c,d \in A, T(R(a,d), R(c,b)) \leqslant n(T(n(R(a,b)), n(R(c,d))))$

$\Longleftrightarrow \forall a,b,c,d \in A, n(T(R(a,d), R(c,b))) \geqslant T(n(R(a,b)), n(R(c,d)))$

$\Longleftrightarrow \forall a,b,c,d \in A, I_T(n(R(a,b)), n(T(R(a,d), R(c,b)))) \geqslant n(R(c,d))$ (引理 2.6)

$\Longleftrightarrow \forall a,b,c,d \in A, I_T(T(R(a,d), R(c,b)), R(a,b)) \geqslant n(R(c,d))$ ((CP(n)))

$\Longleftrightarrow \forall a,b,c,d \in A, I_T(R(a,d), I_T(R(c,b), R(a,b))) \geqslant n(R(c,d))$ (命题 2.32(2))

$\Longleftrightarrow \forall a,b,c,d \in A, T(R(a,d), n(R(c,d))) \leqslant I_T(R(c,b), R(a,b))$ (引理 2.6)

$\Longleftrightarrow \forall a,b,c,d \in A, T(R(c,b), T(R(a,d), n(R(c,d)))) \leqslant R(a,b)$ (引理 2.6)

$\Longleftrightarrow \forall a,b,c,d \in A, T(R(a,d), T(R^d(d,c), R(c,b))) \leqslant R(a,b)$

$\Longleftrightarrow \forall a,b \in A, \sup_{c \in A} \sup_{d \in A} T(R(a,d), T(R^d(d,c), R(c,b))) \leqslant R(a,b)$

$\Longleftrightarrow \forall a,b \in A, \sup_{d \in A} T(R(a,d), \sup_{c \in A} T(R^d(d,c), R(c,b))) \leqslant R(a,b)$ (引理 2.2(1))

$\Longleftrightarrow R \circ_T (R_n^d \circ_T R) \subseteq R.$

所以, (1) 与 (2) 是等价的.

另外, 由上面的证明可知,

$\qquad\qquad R$ 满足 T-S-Ferrers 性质

$\qquad\Longleftrightarrow \forall a,b,c,d \in A, T(R(a,d), n(R(c,d))) \leqslant I_T(R(c,b), R(a,b))$

$\qquad\Longleftrightarrow \forall a,c \in A, \sup_{d \in A} T(R(a,d), n(R(c,d))) \leqslant \inf_{b \in A} I_T(R(c,b), R(a,b))$

$\qquad\Longleftrightarrow \forall a,c \in A, (R \circ_T R_n^d)(a,c) \leqslant R^r(a,c)$

$\qquad\Longleftrightarrow R \circ_T R_n^d \subseteq R^r.$

于是, 我们证明了 (1) 与 (3) 的等价性, 而 (1) 与 (4) 的等价性类似可证.   □

命题 3.40   若 (T,S,n) 是一个 De Morgan 三元组, 且 T 是关于 n 的旋转不变 t-模, 则下列陈述等价:

(1) R 是一个 T-S-Ferrers 关系;

(2) $(R^l)_n^d \subseteq R^l$;

(3) $(R^r)_n^d \subseteq R^r$;

(4) R^l 为 S-强完全的;

(5) R^r 为 S-强完全的.

证明 (1)~(3) 的等价性类似于命题 3.36 的证明. 下面证明 (2) 与 (4) 的等价性.

事实上, 在我们的条件下, n 是一个强非, T 左连续. 所以,

$$
\begin{aligned}
R^l \text{ 为 } S\text{-强完全的} \iff & \forall a, b, S(R^l(a, b), R^l(b, a)) = 1 \\
\iff & \forall a, b, I_T(n(R^l(a, b)), R^l(b, a)) = 1 \quad \text{(推论 2.4(3))} \\
\iff & \forall a, b, I_T((R^l)_n^d(b, a), R^l(b, a)) = 1 \\
\iff & \forall a, b, (R^l)_n^d(b, a) \leqslant R^l(b, a) \quad \text{(引理 2.6)} \\
\iff & (R^l)_n^d \subseteq R^l.
\end{aligned}
$$

此即证明了 (2) 与 (4) 的等价性, (3) 与 (5) 的等价性类似可证. □

注 3.7 命题 3.40 见文献 [56], 而该命题中 (1), (4) 及 (5) 在强 De Morgan 下的等价性见 [55].

命题 3.41 R 是一个 Ferrers 关系 $\iff \forall \alpha \in [0, 1]$, R_α 是一个 Ferrers 关系.

证明 该结论与命题 3.37 的证明类似, 略去. □

3.10 模糊关系性质之间的关系

实际上, 前面各节已给出了模糊关系性质之间联系的一些零星结果, 本节系统讨论 T-传递、S-负传递、T-S-半传递以及 T-S-Ferrers 性质之间的关系.

3.10.1 一般结果

命题 3.42[14] 若 R 满足 T-传递以及 S-负传递性, 则 R 满足 T-S-半传递性.

证明 由 T-传递性与 S-负传递性, 我们有: 对 $\forall a, b, c, d \in A$,

$$
T(R(a, b), R(b, c)) \leqslant R(a, c) \leqslant S(R(a, d), R(d, c)).
$$

所以, R 是一个 T-S-半传递的模糊关系. □

命题 3.43[14] 对 A 上任一模糊关系 R, 我们有下列结论:

(1) 若 R 满足非自反及 T-S-半传递性, 则 R 满足 T-传递性;

(2) 若 R 满足非自反及 T-S-Ferrers 性, 则 R 满足 T-传递性;

(3) 若 R 满足自反及 T-S-半传递性, 则 R 满足 S-负传递性;

(4) 若 R 满足自反及 T-S-Ferrers 性, 则 R 满足 S-负传递性.

证明 (1) 若 R 是非自反的 T-S-半传递关系, 则 $\forall a, b, c \in A$,

$$
T(R(a, c), R(c, b)) \leqslant S(R(a, a), R(a, b)) = R(a, b),
$$

即 R 是 T-传递的.

(2) 若 R 是非自反的 T-S-Ferrers 关系, 则 $\forall a, b, c \in A$,

$$T(R(a,c), R(c,b)) \leqslant S(R(a,b), R(c,c)) = R(a,b),$$

即 R 是 T-传递的.

(3) 若 R 是自反的 T-S-半传递关系, 则 $\forall a, b, c \in A$,

$$S(R(a,c), R(c,b)) \geqslant T(R(a,a), R(a,b)) = R(a,b),$$

即 R 是 S-负传递的.

(4) 证明类似于 (2) 的证明.   □

3.10.2 条件 (C) 下的有关结果

本小节的主要结果取自 [30], [60].

命题 3.44 设 R 是 A 上的一个模糊关系, (T, S) 满足条件 (C). 若 R 满足 T-传递性及 S-负传递性, 则 R 满足 T-S-Ferrers 性质.

证明 即证: $\forall a, b, c, d \in A$, $T(R(a,b), R(c,d)) \leqslant S(R(a,d), R(c,b))$.

事实上, 由 S-负传递性、条件 (C) 以及 T-传递性, 我们有: $\forall a, b, c, d \in A$,

$$\begin{aligned}
T(R(a,b), R(c,d)) &\leqslant T(S(R(a,d), R(d,b)), R(c,d)) \\
&\leqslant S(R(a,d), T(R(c,d), R(d,b))) \\
&\leqslant S(R(a,d), R(c,b)).
\end{aligned}$$

即 R 满足 T-S-Ferrers 性质.   □

命题 3.45 设 R 是 A 上的一个模糊关系, (T, S) 满足条件 (C).

(1) 若 R 是 S-完全且 T-传递的, 则 R 是一个 S-负传递的、T-S-半传递的、T-S-Ferrers 关系;

(2) 若 R 是 T-反对称的、S-负传递的, 则 R 是一个 T-传递的、T-S-半传递的、T-S-Ferrers 关系.

证明 (1) 首先证明 S-负传递性, 即

$$\forall a, b, c \in A, \quad R(a,c) \leqslant S(R(a,b), R(b,c)).$$

若 $b = c$, 显然.

若 $b \neq c$, 则由 R 的 S-完全性可知 $S(R(b,c), R(c,b)) = 1$. 根据 T-传递性及条件 (C) 可得

$$\begin{aligned}
S(R(a,b), R(b,c)) &\geqslant S(T(R(a,c), R(c,b)), R(b,c)) \\
&\geqslant T(S(R(b,c), R(c,b)), R(a,c)) = R(a,c),
\end{aligned}$$

即 R 满足 S-负传递性.

T-S-半传递性由命题 3.42 可得, T-S-Ferrers 性质由命题 3.44 可得.

(2) 首先证明 T-传递性, 即

$$\forall a, b, c \in A, \quad T(R(a,b), R(b,c)) \leqslant R(a,c).$$

若 $b = c$, 不等式显然成立.

若 $b \neq c$, 则由 R 的 T-反对称性, $T(R(b,c), R(c,b)) = 0$. 所以, 由 S-负传递性以及条件 $(\mathcal{C})$ 可得

$$
\begin{aligned}
T(R(a,b), R(b,c)) &\leqslant T(S(R(a,c), R(c,b)), R(b,c)) \\
&\leqslant S(R(a,c), T(R(c,b), R(b,c))) \\
&= R(a,c),
\end{aligned}
$$

即 R 满足 T-传递性.

T-S-半传递性由命题 3.42 可得, T-S-Ferrers 性质由命题 3.44 可得. □

推论 3.6 (1) 若 R 是完全、T-传递的关系, 则对任意 t-余模 S, R 是 S-负传递的、T-S-半传递的、T-S-Ferrers 关系;

(2) 若 R 是反对称、S-负传递的关系, 则对任意 t-模 T, R 是 T-传递的、T-S-半传递的、T-S-Ferrers 关系;

(3) 若 R 是 S-完全、传递的关系, 则对任意 t-模 T, R 是 S-负传递的、T-S-半传递的、T-S-Ferrers 关系;

(4) 若 R 是 T-反对称、负传递的关系, 则对任意 t-余模 S, R 是 T-传递的、T-S-半传递的、T-S-Ferrers 关系.

证明 (1) 因为 $(T, \max)$ 满足条件 $(\mathcal{C})$, 所以由命题 3.45 可得: R 是负传递的、T-max-半传递的、T-max-Ferrers 关系, 从而对任意 t-余模, R 均为 S-负传递的、T-S-半传递的、T-S-Ferrers 关系.

(2) 由 $(\min, S)$ 满足条件 $(\mathcal{C})$ 以及命题 3.45 可得.

(3) 的证明类似于 (2); (4) 的证明类似于 (1). □

推论 3.7 设 (T, S) 满足条件 $(\mathcal{C})$.

(1) 若 R 是 S-完全、非自反、T-S-半传递 (T-S-Ferrers) 关系, 则 R 是 T-S-Ferrers (T-S-半传递) 关系;

(2) 若 R 是自反、T-反对称、T-S-半传递 (T-S-Ferrers) 关系, 则 R 是 T-S-Ferrers(T-S-半传递) 关系.

证明 (1) 因为 R 非自反且满足 T-S-半传递性 (T-S-Ferrers 性), 由命题 3.43 可得 R 的 T-传递性. 再由 R 的 S-完全性及命题 3.45, R 是一个 T-S-Ferrers(T-S-半传递) 关系.

(2) 由 R 的自反、T-S-半传递性以及命题 3.43 可得 R 的 S-负传递性, 再由 T-反对称性及命题 3.45 可得该结论.   □

在命题 3.44 以及命题 3.45 中, 我们要求 (T, S) 满足条件 $(\mathcal{C})$, 若该条件不成立, 这两个命题的所有结果均不一定成立. 下面我们仅举一例对其中的两个结果进行说明.

例 3.13　设 $n = N_0$, $\varphi(x) = x^2$, $T(x, y) = \varphi^{-1}(\max\{\varphi(x) + \varphi(y) - 1, 0\})$, $S(x, y) = n(T(n(x), n(y)))$, 则 (T, S, n) 是一个不满足条件 $(\mathcal{C})$ 的 De Morgan 三元组. $A = \{a_1, a_2, a_3\}$ 上的模糊关系 R_1 及 R_2 分别定义为

$$R_1 = \begin{pmatrix} 1 & 0.3 & 0.7 \\ 0.3 & 1 & 0.2 \\ 0.7 & 0.5 & 1 \end{pmatrix}, \quad R_2 = \begin{pmatrix} 0 & 0.6 & 0.4 \\ 0.6 & 0 & 0.9 \\ 0.4 & 0.2 & 0 \end{pmatrix}.$$

则可以验证: R_1 是 S-完全和 T-传递的, 但不是 S-负传递的; R_2 是 T-反对称和 S-负传递的, 但不是 T-传递的.

3.11　一致性、弱传递性及非循环性

本节我们简单介绍一下在模糊选择函数以及模糊量排序中经常用到的一致性、弱传递性及非循环性, 首先我们给出它们的定义.

定义 3.13　设 R 是 A 上的模糊关系.

(1) 若对 $\forall a, b, c \in A$, $R(a, b) \geqslant R(b, a)$ 且 $R(b, c) \geqslant R(c, b)$ 时, 有 $R(a, c) \geqslant R(c, a)$, 则称 R 是一致的 (consistent).

(2) 若对 $\forall a, b, c \in A$, $R(a, b) > R(b, a)$ 且 $R(b, c) > R(c, b)$ 时, 有 $R(a, c) > R(c, a)$, 则称 R 是弱传递的 (weakly transitive).

(3) 若对任意的正整数 m, 不存在 $a_1, a_2, \cdots, a_m \in A$ 使得 $R(a_1, a_2) > R(a_2, a_1)$, $R(a_2, a_3) > R(a_3, a_2)$, $\cdots$, $R(a_{m-1}, a_m) > R(a_m, a_{m-1})$ 且 $R(a_m, a_1) > R(a_1, a_m)$, 则称 R 是非循环的 (acyclic).

由非循环的定义可知, R 是非循环的当且仅当对任意的正整数 m, 若 $a_1, a_2, \cdots, a_m \in A$ 满足:

$$R(a_1, a_2) > R(a_2, a_1), R(a_2, a_3) > R(a_3, a_2), \cdots, R(a_{m-1}, a_m) > R(a_m, a_{m-1}),$$

则 $R(a_m, a_1) \leqslant R(a_1, a_m)$.

注 3.8　文献中对一致性以及弱传递性的名称并不统一[61−63]. 我们采用弱传递性名称主要是考虑到该性质要弱于 min-传递性, 即传递性 (见下面的命题 3.46), 而一致性名称取自文献 [64], 非循环名称取自 [62], [65]. 容易证明: 在普通情况下,

R 的一致性实际上即为 R 的严格部分 P_R 的负传递性, R 弱传递性即为 P_R 的传递性, 因此, 它们可以视为这些概念的模糊化, 而非循环性即为普通情况下 P_R 的非循环的一种模糊推广, 它的其他模糊化形式参见 [66]~[68].

注 3.9 令 $R' = \{(a,b)|R(a,b) \geqslant R(b,a)\}$, $R'' = \{(a,b)|R(a,b) > R(b,a)\}$, 则 R 的一致性即为普通关系 R' 的传递性, R 的弱传递性即为普通关系 R'' 的传递性, R 的非循环性即为 R'' 的非循环性.

接下来我们将讨论这些性质之间的关系.

命题 3.46 若 R 是传递的, 则 R 是弱传递的.

证明 用反证法. 设 $R(a,b) > R(b,a)$, $R(b,c) > R(c,b)$ 但 $R(a,c) \leqslant R(c,a)$. 由传递性, $R(a,c) \geqslant \min\{R(a,b), R(b,c)\}$.

若 $R(a,b) \leqslant R(b,c)$, 则 $R(c,a) \geqslant R(a,c) \geqslant R(a,b)$. 从而,

$$R(b,a) \geqslant \min\{R(b,c), R(c,a)\} \geqslant R(a,b),$$

矛盾.

若 $R(a,b) > R(b,c)$, 则 $R(a,c) \geqslant R(b,c)$, 所以,

$$R(b,c) > R(c,b) \geqslant \min\{R(c,a), R(a,b)\} \geqslant \min\{R(a,c), R(b,c)\} = R(b,c).$$

矛盾. □

命题 3.47 R 是 A 上的一致的模糊关系当且仅当下列条件同时成立:

(1) R 满足弱传递性;

(2) 对任意 $a,b,c \in A$, $R(a,b) = R(b,a)$ 及 $R(b,c) = R(c,b)$ 时, $R(a,c) = R(c,a)$.

证明 设 R 是一致的, 先证 R 是弱传递的.

若 $R(a,b) > R(b,a)$, $R(b,c) > R(c,b)$ 但 $R(a,c) \leqslant R(c,a)$, 则 $R(c,a) \geqslant R(a,c)$, $R(a,b) > R(b,a)$ 且 $R(b,c) > R(c,b)$, 与一致性相违.

另外, 若存在 $a,b,c \in A$, $R(a,b) = R(b,a)$, $R(b,c) = R(c,b)$ 且 $R(a,c) \neq R(c,a)$, 不妨设 $R(a,c) < R(c,a)$, 则 $R(a,b) \geqslant R(b,a)$, $R(b,c) \geqslant R(c,b)$ 且 $R(a,c) < R(c,a)$, 与 R 的一致性矛盾.

现设 (1) 与 (2) 成立, 证明 R 是一致的.

假设 $R(a,b) \geqslant R(b,a)$, $R(b,c) \geqslant R(c,b)$ 但 $R(a,c) < R(c,a)$. 则可能的情况如下:

(i) $R(a,b) > R(b,a)$, $R(b,c) > R(c,b)$, $R(a,c) < R(c,a)$ 与 (1) 矛盾;

(ii) $R(a,b) = R(b,a)$, $R(b,c) > R(c,b)$, $R(a,c) < R(c,a)$ 与 (1) 矛盾;

(iii) $R(a,b) > R(b,a)$, $R(b,c) = R(c,b)$, $R(a,c) < R(c,a)$ 与 (1) 矛盾;

(iv) $R(a,b) = R(b,a)$, $R(b,c) = R(c,b)$, $R(a,c) < R(c,a)$ 与 (2) 矛盾. □

由命题 3.47 可知: 若 R 是 A 上的一致的模糊关系, 则 R 是弱传递的.

推论 3.8 R 是一致的或 R 是传递的 $\Longrightarrow R$ 是弱传递的 $\Longrightarrow R$ 是非循环的.

证明   由命题 3.46 及命题 3.47 可得: 一致性或传递性 $\Longrightarrow$ 弱传递性, 而弱传递性 $\Longrightarrow$ 非循环性是显然的.   □

另外, 类似于命题 3.47 的证明, 可证下列结果.

命题 3.48 R 是 A 上的一致的模糊关系当且仅当对任意 $a,b,c \in A$, $R(a,b) \geqslant R(b,a)$, $R(b,c) \geqslant R(c,b)$ 且至少一者为严格不等式时, $R(a,c) > R(c,a)$.

本节的最后, 我们通过下面的例子说明: 一致性与传递性是两个独立的概念.

例 3.14[69]   设 $A = \{a_1, a_2, a_3\}$, A 上的模糊关系 R_1 及 R_2 分别定义为

$$R_1 = \begin{pmatrix} 1 & 0.5 & 0.7 \\ 0.5 & 1 & 0.5 \\ 0.8 & 0.5 & 1 \end{pmatrix}, \quad R_2 = \begin{pmatrix} 1 & 0.3 & 0.2 \\ 0.8 & 1 & 0.5 \\ 0.9 & 0.7 & 1 \end{pmatrix}.$$

经验证: R_1 是传递的但不是一致的, 而 R_2 是一致的但不是传递的.

3.12   模糊关系性质的闭包及内部

在实际应用中, 往往要求所涉及的模糊关系具有某些性质. 例如, 在聚类分析中, 我们要求所涉及的关系是等价关系, 因而具有自反性、对称性及传递性, 但在实际中获得的数据往往很难满足这些性质, 因而需要对收集到的数据进行处理以使其满足所需要的性质. 当然在处理过程中, 若偏离原数据太远, 则失去实际意义, 用具有某种性质的闭包或内部来代替原关系是理论上可接受的方法之一. 本节我们首先对模糊关系的闭包及内部概念作简单的介绍, 然后对 T-传递闭包及 S-负传递内部进行讨论.

3.12.1   闭包

定义 3.14[70]   设 P 是模糊关系的某个性质, R 是 A 上的一个模糊关系. 若存在 A 上的关系 R' 满足:

(1) $R' \supseteq R$;

(2) R' 具有性质 P;

(3) 对任意 A 上的关系 S, 只要 $R \subseteq S$ 且 S 具有性质 P, 必有 $R' \subseteq S$,

则称 R' 为 R 的 P-闭包 (P-closure).

由定义可知: R 的 P-闭包是包含 R 的、具有性质 P 的最小 (包含意义下) 的模糊关系.

若 R' 及 R'' 均为 R 的 P-闭包, 则由闭包的定义可知: $R' \subseteq R''$ 且 $R'' \subseteq R'$. 因而 $R' = R''$. 所以, 若一个模糊关系的 P-闭包存在, 则其是唯一的. 在其存在时, 我们将 R 的 P-闭包记为 $PC(R)$. 显然, R 具有性质 P 当且仅当 $R = PC(R)$.

注 3.10　一个模糊关系对于某些性质可能不存在闭包. 例如, 我们考虑模糊关系的非对称性. 定义 $A = \{a, b\}$ 上的模糊关系 R 为

$$R = \begin{pmatrix} 0 & 0.3 \\ 0.2 & 0.1 \end{pmatrix}.$$

若 R 的非对称闭包存在, 因为 R 不是非自反的, 所以 R 的非对称闭包不可能非自反, 从而与 R 的非对称闭包的定义矛盾. 所以, R 不存在非对称闭包.

下面我们给出一个 P-闭包存在的充分必要条件.

定理 3.3[70]　对任意 A 上的模糊关系, P-闭包均存在的充要条件为

(1) 全关系 $E = A \times A$ 具有性质 P;

(2) 任意一族非空的具有性质 P 的模糊关系的交也具有性质 P.

证明　首先假设对任意 A 上的模糊关系, P-闭包均存在, 则 $PC(E)$ 存在, 由闭包定义知: $E \subseteq PC(E)$, 所以, $PC(E) = E$(因为 $PC(E) \subseteq E$ 自然成立), 故 E 具有性质 P, 即 (1) 成立.

为证明 (2), 令 S 是任意一族非空的具有性质 P 的模糊关系 $\mathcal{S}$ 的交, 则对任意 $R \in \mathcal{S}$, $S \subseteq R$ 且 R 具有性质 P, 所以, $PC(S) \subseteq R$. 因此, $PC(S) \subseteq S$, 由此可知: $PC(S) = S$, 从而 S 有性质 P.

反之, 假设 (1), (2) 成立. 令 R 是 A 上任一模糊关系, $\mathcal{S}$ 是所有具有性质 P 且包含 R 的模糊关系集. 由 (1), $E \in \mathcal{S}$, 所以, $\mathcal{S} \neq \varnothing$. 由 (2), 它们的交 R' 具有性质 P 且 $R' \supseteq R$.

另外, 对于任意 A 上的关系 S, 若其满足 $R \subseteq S$ 且 S 具有性质 P, 则 $S \in \mathcal{S}$, 所以, $R' \subseteq S$. 因此, R' 是 R 的 P-闭包.　　　　　　　　　　□

注 3.11　由定理 3.3 充分性的证明可以看出: 在满足定理 3.3 条件的情况下, 一个模糊关系 R 的 P-闭包即为所有具有性质 P 且包含 R 的模糊关系的交.

推论 3.9　对任意模糊关系, 自反性以及 T-传递性闭包均存在.

证明　首先, 全关系 $E = A \times A$ 具有自反性. 另外, 对 A 上自反模糊关系 $\{R_i\}(i \in I)$, $\bigcap\limits_{i \in I} R_i$ 显然还是自反的. 所以自反闭包的存在性由定理 3.3 立得.

由于全关系 $E = A \times A$ 具有 T-传递性, 为了证明 T-传递性闭包存在, 我们只需证明任意多个 T-传递的模糊关系的交还是 T-传递的即可.

设 $R_i(i \in I)$ 均具有 T-传递性, 则有

$$T\left(\left(\bigcap_{i \in I} R_i\right)(a,b), \left(\bigcap_{i \in I} R_i\right)(b,c)\right) \leqslant T(R_i(a,b), R_i(b,c)) \leqslant R_i(a,c) \quad (\forall i \in I).$$

从而,

$$T\left(\left(\bigcap_{i \in I} R_i\right)(a,b), \left(\bigcap_{i \in I} R_i\right)(b,c)\right) \leqslant \bigwedge_{i \in I} R_i(a,c) = \left(\bigcap_{i \in I} R_i\right)(a,c),$$

即 $\bigcap_{i \in I} R_i$ 也是 T-传递的.   □

另外, 由定理 3.3 可得: 对非自反性、S-完全性、T-非对称性、S-负传递性、T-S-半传递以及 T-S-Ferrers 性质, 并不是所有模糊关系都存在闭包, 我们将它们的证明留给读者.

为对闭包进行进一步讨论, 我们给出两个模糊关系的海明距离的定义. 设 R_1 及 R_2 均为有限集 A 上的模糊关系, 则它们的海明距离 $d_{\mathrm{H}}(R_1, R_2)$ 定义为

$$d_{\mathrm{H}}(R_1, R_2) = \sum_{a,b \in A} |R_1(a,b) - R_2(a,b)|.$$

命题 3.49   设 R 是有限集上的模糊关系. 在海明距离的意义下, $PC(R)$ 为所有包含 R 的且距离 R 最近的具有性质 P 的模糊关系.

证明   令 $I = \{i | R_i \supseteq R, R_i$ 具有性质 $P\}$, 则 $\forall i \in I$,

$$\begin{aligned}
d_{\mathrm{H}}(R_i, R) &= \sum_{a,b} |R_i(a,b) - R(a,b)| \\
&= \sum_{a,b} (R_i(a,b) - R(a,b)) \\
&\geqslant \sum_{a,b} (\inf_{i \in I} R_i(a,b) - R(a,b)) \\
&= d_{\mathrm{H}}(PC(R), R). \qquad \text{(注 3.11)} \qquad □
\end{aligned}$$

注 3.12   在文献 [14] 中, Fodor 等对 P 为 T-传递性时给出了该结果.

最后, 我们给出 T-传递性闭包的具体计算公式. 引入记号: $R_T^1 = R$, $R_T^2 = R \circ_T R$, $R_T^3 = R_T^2 \circ_T R$, $\cdots$, $R_T^m = R_T^{m-1} \circ_T R$.

引理 3.2   若 T 是一个左连续 t-模, 则对任意正整数 m, k, $R_T^{m+k} = R_T^m \circ_T R_T^k$.

证明   由数学归纳法 (对 $m + k$ 中的 k 使用) 以及命题 3.2(4) 可得该结论. □

命题 3.50 [71]   若 T 是一个左连续 t-模, 则 R 的 T-传递闭包为 $\mathrm{tr}(R) = \bigcup_{m=1}^{\infty} R_T^m$.

证明   显然, $\mathrm{tr}(R) \supseteq R$. 现在我们证明 $\mathrm{tr}(R)$ 是 T-传递的模糊关系. 对任意正整数 m 及 k,

$$\begin{aligned}
R_T^{m+k}(a,b) &= (R_T^m \circ_T R_T^k)(a,b) \\
&= \sup_{c \in A} T(R_T^m(a,c), R_T^k(c,b)) \\
&\geqslant T(R_T^m(a,c), R_T^k(c,b)) \quad (\forall c \in A).
\end{aligned}$$

所以,

$$\operatorname{tr}(R)(a,b) \geqslant \sup_{m,k} R_T^{m+k}(a,b)$$

$$\geqslant \sup_{m,k} T(R_T^m(a,c), R_T^k(c,b)) \quad (\forall c \in A)$$

$$= T(\operatorname{tr}(R)(a,c), \operatorname{tr}(R)(c,b)) \quad (\forall c \in A).$$

即 $\operatorname{tr}(R)$ 是 T-传递的.

另外, 对任意 S, 若 $S \supseteq R$ 且 S 满足 T-传递性, 则由命题 3.2(2) 易得: 对任意的正整数 m, $S \supseteq R_T^m$. 从而,

$$S \supseteq \bigcup_{m=1}^{\infty} R_T^m = \operatorname{tr}(R).$$

综上, $\operatorname{tr}(R)$ 为 R 的 T-传递闭包. $\qquad\square$

3.12.2　内部

定义 3.15 [70]　设 R 是 A 上的模糊关系, P 是模糊关系的某个性质. 若存在 A 上的关系 R' 满足:

(1) $R' \subseteq R$;

(2) R' 具有性质 P;

(3) 对任意 A 上的关系 S, 只要 $S \subseteq R$ 且 S 具有性质 P, 必有 $R' \supseteq S$,

则称 R' 为 R 的 P-内部 (P-interior).

由定义知, R 的 P-内部是包含于 R 的、具有性质 P 的最大 (包含意义下) 的模糊关系.

若 R' 及 R'' 均为 R 的 P-内部, 则由内部的定义可知: $R' \supseteq R''$ 且 $R'' \supseteq R'$, 因而 $R' = R''$. 所以, 若一个模糊关系的 P-内部存在, 则其是唯一的. 在其存在时, 我们将 R 的 P-内部记为 $PI(R)$. 显然, R 具有性质 P 当且仅当 $R = PI(R)$.

注 3.13　一个模糊关系对于某些性质可能不存在内部. 例如: 一般来说, 一个不具有完全性的模糊关系往往没有完全性内部.

下面我们给出一个 P-内部存在的充分必要条件.

定理 3.4 [70]　对任意 A 上的模糊关系, P-内部均存在的充要条件为

(1) 空关系 $\varnothing$ 具有性质 P;

(2) 任意一族非空的具有性质 P 的模糊关系的并也具有性质 P.

证明　首先假设对任意 A 上的模糊关系, P-内部均存在, 则 $PI(\varnothing)$ 存在, 由内部的定义知: $\varnothing \supseteq PI(\varnothing)$, 所以, $PI(\varnothing) = \varnothing$, 故 $\varnothing$ 具有性质 P.

为证明 (2), 令 S 是任意一族非空的具有性质 P 的模糊关系 $\mathcal{S}$ 的并. 对任意 $R \in \mathcal{S}, S \supseteq R$ 且 R 具有性质 P, 所以, $PI(S) \supseteq R$. 因此, $PI(S) \supseteq S$. 由此可知: $PI(S) = S$, 从而 S 具有性质 P.

反之, 假设 (1), (2) 成立. 令 R 是 A 上任一模糊关系, $\mathcal{S}$ 是所有具有性质 P 且包含于 R 的模糊关系集. 由 (1), $\varnothing \in \mathcal{S}$, 所以, $\mathcal{S} \neq \varnothing$. 由 (2), 它们的并 R' 具有性质 P 且 $R' \subseteq R$.

另外, 对于任意 A 上的关系 S, 若其满足 $R \supseteq S$ 且 S 具有性质 P, 则 $S \in \mathcal{S}$, 所以, $R' \supseteq S$. 因此, R' 是 R 的 P-内部. □

注 3.14 由定理 3.4 充分性的证明可以看出, 在定理 3.4(1) 与 (2) 的条件下, 一个模糊关系 R 的 P-内部即为所有具有性质 P 且包含于 R 的模糊关系的并.

由定理 3.4 易得下列推论.

推论 3.10 对任意模糊关系, 非自反性以及 S-负传递性内部均存在; 而自反性、S-完全性、T-非对称性、T-传递性、T-S-半传递性以及 T-S-Ferrers 性不一定存在内部.

命题 3.51 若 R 是有限论域上的模糊关系. 在海明距离的意义下, $PI(R)$ 为所有包含于 R 且离 R 最近的具有性质 P 的模糊关系.

证明 令 $I = \{i | R_i \subseteq R, R_i$ 具有性质 $P\}$, 则 $\forall i \in I$,

$$
\begin{aligned}
d_{\mathrm{H}}(R_i, R) &= \sum_{a,b} |R_i(a,b) - R(a,b)| \\
&= \sum_{a,b} (R(a,b) - R_i(a,b)) \\
&\geqslant \sum_{a,b} \left(R(a,b) - \max_{i \in I} R_i(a,b)\right) \\
&= d_{\mathrm{H}}(PI(R), R).
\end{aligned}
$$
□

在模糊情况下, 若对任意模糊关系 R, R 具有性质 P 当且仅当 R^d 具有性质 P', 则称 P 与 P' 是模糊关系的对偶性质. 容易证明: 自反性与非自反性、(强) 完全性与反 (非) 对称性、传递性与负传递性均为对偶性质. 值得注意是: 半传递性以及 Ferrers 性质的对偶是其自身, 这类性质称之为自对偶性质.

命题 3.52 设 R 是一个模糊关系, P 与 P' 是模糊关系的对偶性质.

(1) 若 $PC(R^c)$ 存在, 则 $P'I(R) = (PC(R^c))^c$;

(2) 若 $PI(R^c)$ 存在, 则 $P'C(R) = (PI(R^c))^c$.

证明 我们证明 (1), (2) 的证明留给读者.

首先, 由于 $PC(R^c) \supseteq R^c$, 故 $(PC(R^c))^c \subseteq (R^c)^c = R$. 由于 P 与 P' 是模糊关系的对偶性质且 $PC(R^c)$ 具有性质 P, 故 $(PC(R^c))^c$ 具有性质 P'. 另外, 对任意 S,

若 $S \subseteq R$, S 具有性质 P', 则 $S^c \supseteq R^c$ 且 S^c 具有性质 P. 所以, $S^c \supseteq PC(R^c)$, 从而, $S \subseteq (PC(R^c))^c$. 于是, 由内部定义即得: $P'I(R) = (PC(R^c))^c$. □

命题 3.53 对任意模糊关系 R, 若 S 是右连续 t-模, 则 R 的 S-负传递内部为 $\bigcap\limits_{m=1}^{\infty} R_S^m$, 其中 R_S^m 递归定义为: $R_S^1 = R$, $R_S^2 = R *_S R$, $\cdots$, $R_S^m = R^{m-1} *_S R$.

证明 令 $T(x,y) = 1 - S(1-x, 1-y)$ $(\forall x, y \in [0,1])$, 即 T, S 为对偶模. 则 T 左连续且 T-传递性与 S-负传递性是对偶性质. 于是, 由命题 3.52 及命题 3.50 知, R 的 S-负传递内部为 $\left(\bigcup\limits_{m=1}^{\infty} (R^c)_T^m\right)^c$. 而由命题 3.1(2) 及归纳法易得: $(R^c)_T^m = (R_S^m)^c$. 于是,

$$\left(\bigcup_{m=1}^{\infty} (R^c)_T^m\right)^c = \left(\bigcup_{m=1}^{\infty} (R_S^m)^c\right)^c = \bigcap_{m=1}^{\infty} ((R_S^m)^c)^c = \bigcap_{m=1}^{\infty} R_S^m. \quad \square$$

注 3.15 由于普通关系是模糊关系的特殊情况, 所以, 本节有关闭包及内部的结果也适合于普通情形. 例如, 一个普通关系 R 的传递闭包为 $\bigcup\limits_{m=1}^{\infty} R^m$.

3.13 模糊关系性质的度量

由前面的讨论可知, 一个模糊关系满足或不满足某个性质是完全确定的, 对于许多性质来说, 要满足它们并不是一件容易的事情, 本节将定义模糊关系满足各种性质的指标以度量一个模糊关系满足这些性质的程度, 然后给出这些度量的基本性质, 并以 3.8 节的结果为基础, 讨论它们之间的联系. 本节所有结果取自文献 [31].

3.13.1 模糊关系性质指标定义及基本性质

定义 3.16 设 R 是一个 A 上的模糊关系, T 是一个 t-模, S 是一个 t-余模, R 的各种指标 (indicators) 定义如下:

(1) 自反性指标: $\mathrm{Ref}(R) = \bigwedge\limits_{a \in A} R(a,a)$;

(2) T-非自反性指标: $T\text{-}\mathrm{Iref}(R) = \bigwedge\limits_{a \in A} n_T(R(a,a))$;

(3) S-完全性指标: $S\text{-}\mathrm{Com}(R) = \bigwedge\limits_{a,b \in A} S(R(a,b), R(b,a))$;

(4) T-非对称性指标: $T\text{-}\mathrm{Asy}(R) = \bigwedge\limits_{a,b \in A} (I_T(R(a,b), n_T(R(b,a))))$;

(5) T-传递性指标: $T\text{-}\mathrm{Tr}(R) = \bigwedge\limits_{a,b,c \in A} (I_T(T(R(a,b), R(b,c)), R(a,c)))$;

(6) T-S-负传递性指标: $T\text{-}S\text{-}\mathrm{Negtr}(R) = \bigwedge\limits_{a,b,c \in A} I_T(R(a,c), S(R(a,b), R(b,c)))$;

(7) T-S-半传递性指标:

$$T\text{-}S\text{-Semitr}(R) = \bigwedge_{a,b,c,d \in A} I_T(T(R(a,b), R(b,c)), S(R(a,d), R(d,c)));$$

(8) T-S-Ferrers 性质指标:

$$T\text{-}S\text{-Ferrers}(R) = \bigwedge_{a,b,c,d \in A} I_T(T(R(a,b), R(c,d)), S(R(a,d), R(c,b))).$$

这些指标旨在度量模糊关系 R 满足这些性质的程度, 例如: 自反性指标 $\text{Ref}(R)$ 度量模糊关系 R 满足自反性的程度; 非自反性指标 T-$\text{Iref}(R)$ 度量模糊关系 R 满足非自反性的程度, 等等.

注 3.16　自反性、T-非自反性、T-非对称性以及 T-传递性指标的定义见 [41], S-完全性指标是文献 [72] 中强完全性 (strong completeness) 指标的一个推广, T-S-负传递性、T-S-半传递性以及 T-S-Ferrers 性质指标见 [31].

注 3.17　有意思的是, 上面的指标只要涉及 T 和 (或)S, 则对 T 单减, 对 S 单增. 具体来说, 当 $T_1 \leqslant T_2$ 时, ① T_1-$\text{Iref}(R) \geqslant T_2$-$\text{Iref}(R)$; ② T_1-$\text{Asy}(R) \geqslant T_2$-$\text{Asy}(R)$; ③ T_1-$\text{Tr}(R) \geqslant T_2$-$\text{Tr}(R)$; ④ T_1-S-$\text{Negtr}(R) \geqslant T_2$-$S$-$\text{Negtr}(R)$; ⑤ T_1-S-$\text{Ferrers}(R) \geqslant T_2$-$S$-$\text{Ferrers}(R)$; ⑥ T_1-S-$\text{Semitr}(R) \geqslant T_2$-$S$-$\text{Semitr}(R)$. 同时当 $S_1 \leqslant S_2$ 时, 我们有: ① T-S_1-$\text{Negtr}(R) \leqslant T$-$S_2$-$\text{Negtr}(R)$; ② T-S_1-$\text{Ferrers}(R) \leqslant T$-$S_2$-$\text{Ferrers}(R)$; ③ T-S_1-$\text{Semitr}(R) \leqslant T$-$S_2$-$\text{Semitr}(R)$. 它们是蕴涵的混合单调性以及注 2.23 的直接结果.

命题 3.54　设 T 与 S 分别是 t-模及 t-余模, 则下列结果成立:

(1) $\text{Ref}(R) = 1$ 当且仅当 R 是自反的;

(2) 当 n_T 是非填充非时, T-$\text{Iref}(R) = 1$ 当且仅当 R 是非自反的;

(3) S-$\text{Com}(R) = 1$ 当且仅当 R 是 S-完全的;

(4) T 左连续时, T-$\text{Asy}(R) = 1$ 当且仅当 R 是 T-非对称的;

(5) T 左连续时, T-$\text{Tr}(R) = 1$ 当且仅当 R 是 T-传递的;

(6) T 左连续时, T-S-$\text{Negtr}(R) = 1$ 当且仅当 R 是 S-负传递的;

(7) T 左连续时, T-S-$\text{Semitr}(R) = 1$ 当且仅当 R 是 T-S-半传递的;

(8) T 左连续时, T-S-$\text{Ferrers}(R) = 1$ 当且仅当 R 是一个 T-S-Ferrers 关系.

证明　我们证明 (4), 其余是显然的. 事实上,

$$T\text{-}\text{Asy}(R) = 1 \iff \bigwedge_{a,b \in A} I_T(R(a,b), n_T(R(b,a))) = 1$$

$$\iff \forall a, b \in A, I_T(R(a,b), n_T(R(b,a))) = 1$$

$$\Longleftrightarrow \forall a,b \in A, R(a,b) \leqslant n_T(R(b,a)) \quad \text{(命题 2.32(3))}$$
$$\Longleftrightarrow \forall a,b \in A, T(R(a,b),R(b,a)) = 0 \quad \text{(命题 2.21(2))}$$
$$\Longleftrightarrow R \text{是 } T\text{-非对称的.} \qquad \qquad \square$$

在下面的讨论中, 若 $T = \min$, $S = \max$, 将省略前缀 T 及 S. 例如: 我们将用 $\text{Tr}(R)$, $\text{Com}(R)$, $\text{Ferrers}(R)$ 以及 $T\text{-Ferrers}(R)$ 分别代替记号 $\min\text{-Tr}(R)$, $\max\text{-Com}(R)$, $\min\text{-}\max\text{-Ferrers}(R)$ 以及 $T\text{-}\max\text{-Ferrers}(R)$ 等.

容易证明: 对任意模糊关系 R, R 与 R^{-1} 对定义 3.16 中定义的所有指标均相等. 例如: $T\text{-Tr}(R) = T\text{-Tr}(R^{-1})$, $T\text{-}S\text{-Ferrers}(R) = T\text{-}S\text{-Ferrers}(R^{-1})$, $S\text{-Com}(R) = S\text{-Com}(R^{-1})$ 等. 下面我们讨论模糊关系及其余关系性质指标之间的联系.

命题 3.55 设 T 是一个 t-模, R 是 A 上的一个模糊关系.

(1) $\text{Ref}(R_{n_T}^c) = T\text{-Iref}(R)$; n_T 是强非时, $\text{Ref}(R) = T\text{-Iref}(R_{n_T}^c)$.

(2) 若 (T, S, n_T) 是一个 De Morgan 三元组, 其中 T 是一个关于 n_T 的旋转不变 t-模, 则

$$S\text{-Com}(R_{n_T}^c) = T\text{-Asy}(R), \quad S\text{-Com}(R) = T\text{-Asy}(R_{n_T}^c).$$

(3) 若 (T, S, n_T) 是一个 De Morgan 三元组且 I_T 满足 $(\text{CP}(n_T))$, 则

$$T\text{-Tr}(R_{n_T}^c) = T\text{-}S\text{-Negtr}(R), \quad T\text{-Tr}(R) = T\text{-}S\text{-Negtr}(R_{n_T}^c).$$

(4) 若 (T, S, n_T) 是一个 De Morgan 三元组且 I_T 满足 $(\text{CP}(n_T))$, 则

$$T\text{-}S\text{-Ferrers}(R_{n_T}^c) = T\text{-}S\text{-Ferrers}(R).$$

(5) 若 (T, S, n_T) 是一个 De Morgan 三元组且 I_T 满足 $(\text{CP}(n_T))$, 则

$$T\text{-}S\text{-Semitr}(R_{n_T}^c) = T\text{-}S\text{-Semitr}(R).$$

证明 (1) $\text{Ref}(R_{n_T}^c) = \bigwedge\limits_{a \in A} R_{n_T}^c(a,a) = T\text{-Iref}(R)$. 当 n_T 为强非时,

$$T\text{-Iref}(R_{n_T}^c) = \bigwedge_{a \in A} n_T(R_{n_T}^c(a,a)) = \bigwedge_{a \in A} R(a,a) = \text{Ref}(R).$$

(2) 仅证 $S\text{-Com}(R_n^c) = T\text{-Asy}(R)$. 由于 T 是一个关于 n_T 的旋转不变 t-模, 故由命题 2.16 以及推论 2.2, T 左连续且 n_T 是强非. 所以,

$$S\text{-Com}(R_{n_T}^c) = \bigwedge_{a,b \in A} S(R_{n_T}^c(a,b), R_{n_T}^c(b,a))$$

$$= \bigwedge_{a,b\in A} S(n_T(R(a,b)), n_T(R(b,a)))$$

$$= \bigwedge_{a,b\in A} I_T(R(a,b), n_T(R(b,a))) \qquad (\text{推论 } 2.4(3))$$

$$= T\text{-Asy}(R).$$

(3) 仅证 $T\text{-Tr}(R_{n_T}^c) = T\text{-}S\text{-Negtr}(R)$.

$$T\text{-Tr}(R_{n_T}^c) = \bigwedge_{a,b,c\in A} I_T(T(R_{n_T}^c(a,b), R_{n_T}^c(b,c)), R_{n_T}^c(a,c))$$

$$= \bigwedge_{a,b,c\in A} I_T(T(n_T(R(a,b)), n_T(R(b,c))), n_T(R(a,c)))$$

$$= \bigwedge_{a,b\in A} I_T(n_T(S(R(a,b), R(b,c))), n_T(R(a,c)))$$

$$= \bigwedge_{a,b\in A} I_T(R(a,c), S(R(a,b), R(b,c))) \qquad ((\text{CP}(n_T)))$$

$$= T\text{-}S\text{-Negtr}(R).$$

(4)

$$T\text{-}S\text{-Ferrers}(R_{n_T}^c) = \bigwedge_{a,b,c,d\in A} I_T(T(R_{n_T}^c(a,b), R_{n_T}^c(c,d)), S(R_{n_T}^c(a,d), R_{n_T}^c(c,b)))$$

$$= \bigwedge_{a,b,c,d\in A} I_T(T(n_T(R(a,b)), n_T(R(c,d))), S(n_T(R(a,d)), n_T(R(c,b))))$$

$$= \bigwedge_{a,b,c,d\in A} I_T(n_T(S(R(a,b), R(c,d))), n_T(T(R(a,d), R(c,b))))$$

$$= \bigwedge_{a,b\in A} I_T(T(R(a,d), R(c,b)), S(R(a,b), R(c,d))) \qquad ((\text{CP}(n_T)))$$

$$= T\text{-}S\text{-Ferrers}(R).$$

(5) 与 (4) 的证明类似. □

在普通或模糊情况下, 强完全性可推得自反性, 非对称性可推得非自反性. 相应的指标有下列结果.

命题 3.56　$\text{Com}(R) \leqslant \text{Ref}(R)$, $\text{Asy}(R) \leqslant \text{Iref}(R)$.

证明　$\text{Com}(R) = \bigwedge_{a,b\in A} \max\{R(a,b), R(b,a)\}$

$$\leqslant \bigwedge_{a\in A} \max\{R(a,a), R(a,a)\}$$

$$= \bigwedge_{a\in A} R(a,a) = \text{Ref}(R),$$

$$\text{Asy}(R) \leqslant \bigwedge_{a\in A} I_{\min}(R(a,a), n_{\min}(R(a,a)))$$

$$= \bigwedge_{a\in A} I_{\min}(R(a,a), I_{\min}(R(a,a), 0))$$

$$= \bigwedge_{a \in A} I_{\min}(\min\{R(a,a), R(a,a)\}, 0) \quad (\text{命题 } 2.32(2))$$

$$= \bigwedge_{a \in A} I_{\min}(R(a,a), 0)$$

$$= \bigwedge_{a \in A} n_{\min}(R(a,a)) = \mathrm{Iref}(R). \qquad \square$$

由推论 3.3 以及命题 3.28 可知, R_1 与 R_2 的 T-传递性 (S-负传递性) 可推得 $R_1 \cap_T R_2(R_1 \cup_S R_2)$ 的 T-传递性 (S-负传递性). 作为推广, 我们有下列两个结论.

命题 3.57 若 T 是左连续 t-模, 则

$$T(T\text{-}\mathrm{Tr}(R_1), T\text{-}\mathrm{Tr}(R_2)) \leqslant T\text{-}\mathrm{Tr}(R_1 \cap_T R_2).$$

证明 只需证明: $\forall a, b, c \in A$,

$$T(T\text{-}\mathrm{Tr}(R_1), T\text{-}\mathrm{Tr}(R_2)) \leqslant I_T(T((R_1 \cap_T R_2)(a,b), (R_1 \cap_T R_2)(b,c)), (R_1 \cap_T R_2)(a,c)),$$

其等价于: 对 $\forall a, b, c \in A$,

$$T(T(T\text{-}\mathrm{Tr}(R_1), T\text{-}\mathrm{Tr}(R_2)), T((R_1 \cap_T R_2)(a,b), (R_1 \cap_T R_2)(b,c))) \leqslant (R_1 \cap_T R_2)(a,c).$$

事实上,

$$T(T(T\text{-}\mathrm{Tr}(R_1), T\text{-}\mathrm{Tr}(R_2)), T((R_1 \cap_T R_2)(a,b), (R_1 \cap_T R_2)(b,c)))$$

$$= T\bigg(T\bigg(\bigwedge_{a,b,c \in A} I_T(T(R_1(a,b), R_1(b,c)), R_1(a,c)),$$

$$\bigwedge_{a,b,c \in A} I_T(T(R_2(a,b), R_2(b,c)), R_2(a,c)) \bigg),$$

$$T(T(R_1(a,b), R_2(a,b)), T(R_1(b,c), R_2(b,c))) \bigg)$$

$$\leqslant T(T(I_T(T(R_1(a,b), R_1(b,c)), R_1(a,c)),$$

$$I_T(T(R_2(a,b), R_2(b,c)), R_2(a,c))), T(T(R_1(a,b), R_2(a,b)),$$

$$T(R_1(b,c), R_2(b,c))))$$

$$= T(T(I_T(T(R_1(a,b), R_1(b,c)), R_1(a,c)), T(R_1(a,b), R_1(b,c))),$$

$$T(I_T(T(R_2(a,b), R_2(b,c)), R_2(a,c)), T(R_2(a,b), R_2(b,c))))$$

$$\leqslant T(R_1(a,c), R_2(a,c)) = (R_1 \cap_T R_2)(a,c). \qquad \square$$

命题 3.58 设 T 左连续且条件 $(\mathcal{C})$ 成立, 则

$$T(T\text{-}S\text{-}\mathrm{Negtr}(R_1), T\text{-}S\text{-}\mathrm{Negtr}(R_2)) \leqslant T\text{-}S\text{-}\mathrm{Negtr}(R_1 \cup_S R_2).$$

证明　只需证: $\forall a, b, c \in A$,

$$T(T\text{-}S\text{-Negtr}(R_1), T\text{-}S\text{-Negtr}(R_2))$$
$$\leqslant I_T((R_1 \cup_S R_2)(a,c), S((R_1 \cup_S R_2)(a,b), (R_1 \cup_S R_2)(b,c))),$$

其等价于: $\forall a, b, c \in A$,

$$T(T(T\text{-}S\text{-Negtr}(R_1), T\text{-}S\text{-Negtr}(R_2)), (R_1 \cup_S R_2)(a,c))$$
$$\leqslant S((R_1 \cup_S R_2)(a,b), (R_1 \cup_S R_2)(b,c)).$$

事实上,

$$T(T(T\text{-}S\text{-Negtr}(R_1), T\text{-}S\text{-Negtr}(R_2)), (R_1 \cup_S R_2)(a,c))$$
$$= T\Bigg(T\bigg(\bigwedge_{a,b,c \in A} I_T(R_1(a,c), S(R_1(a,b), R_1(b,c))),$$
$$\bigwedge_{a,b,c \in A} I_T(R_2(a,c), S(R_2(a,b), R_2(b,c)))\bigg), S(R_1(a,c), R_2(a,c))\Bigg)$$
$$\leqslant T(T(I_T(R_1(a,c), S(R_1(a,b), R_1(b,c))), I_T(R_2(a,c),$$
$$S(R_2(a,b), R_2(b,c)))), S(R_1(a,c), R_2(a,c)))$$
$$= T(I_T(R_1(a,c), S(R_1(a,b), R_1(b,c))), T(I_T(R_2(a,c),$$
$$S(R_2(a,b), R_2(b,c))), S(R_1(a,c), R_2(a,c))))$$
$$\leqslant T(I_T(R_1(a,c), S(R_1(a,b), R_1(b,c))), S(R_1(a,c), T(R_2(a,c),$$
$$I_T(R_2(a,c), S(R_2(a,b), R_2(b,c)))))) \qquad (\text{条件 } (\mathcal{C}))$$
$$\leqslant T(I_T(R_1(a,c), S(R_1(a,b), R_1(b,c))), S(R_1(a,c),$$
$$S(R_2(a,b), R_2(b,c)))) \qquad (\text{命题 } 2.32(1))$$
$$\leqslant S(T(I_T(R_1(a,c), S(R_1(a,b), R_1(b,c))), R_1(a,c)),$$
$$S(R_2(a,b), R_2(b,c))) \qquad (\text{条件 } (\mathcal{C}))$$
$$\leqslant S(S(R_1(a,b), R_1(b,c)), S(R_2(a,b), R_2(b,c))) \qquad (\text{命题} 2.32(1))$$
$$= S(S(R_1(a,b), R_2(a,b)), S(R_1(b,c), R_2(b,c)))$$
$$= S((R_1 \cup_S R_2)(a,b), (R_1 \cup_S R_2)(b,c)). \qquad \Box$$

下面的例子说明, 命题 3.58 中的条件 $(\mathcal{C})$ 不可去.

例 3.15　设 T 及 S 是 Schweizer-Sklar t-模及 t-余模 (参见 [20]), 其定义为: $\forall x, y \in [0,1]$,

$$T(x,y) = \sqrt{\max\{x^2 + y^2 - 1, 0\}}, \quad S(x,y) = 1 - \sqrt{\max\{(1-x)^2 + (1-y)^2 - 1, 0\}}.$$

$$R_1 = \begin{pmatrix} 0.2 & 0.1 & 0.4 \\ 0.5 & 0.1 & 0.8 \\ 0.2 & 0.2 & 0.1 \end{pmatrix}, \qquad R_2 = \begin{pmatrix} 0.2 & 0.1 & 0.4 \\ 0.5 & 0.1 & 0.8 \\ 0.1 & 0.4 & 0.1 \end{pmatrix}.$$

则 (T, S) 不满足条件 $(\mathcal{C})$,

$$R_1 \cup_S R_2 = \begin{pmatrix} 1 - \sqrt{0.28} & 1 - \sqrt{0.62} & 1 \\ 1 & 1 - \sqrt{0.62} & 1 \\ 1 - \sqrt{0.45} & 1 & 1 - \sqrt{0.62} \end{pmatrix}.$$

此时,

$$T\text{-}S\text{-Negtr}(R_1) = 1, \quad T\text{-}S\text{-Negtr}(R_2) = \sqrt{2.46 - 2\sqrt{0.62}},$$

$$T\text{-}S\text{-Negtr}(R_1 \cup_S R_2) = 1 - \sqrt{0.07}.$$

所以,

$$T(T\text{-}S\text{-Negtr}(R_1), T\text{-}S\text{-Negtr}(R_2)) > T\text{-}S\text{-Negtr}(R_1 \cup_S R_2).$$

3.13.2 模糊关系性质指标之间的关系

我们首先在一般情况下讨论各指标之间关系, 然后在条件 $(\mathcal{C})$ 下讨论它们的关系. 最后, 在指标中的 t-模及 t-余模为特殊 t-模及 t-余模情况下给出一些结果.

命题 3.59 若 T 是左连续 t-模, 则 $T(T\text{-Tr}(R), T\text{-}S\text{-Negtr}(R)) \leqslant T\text{-}S\text{-Semitr}(R)$.

证明 只需证: $\forall a, b, c, d \in A$,

$$T(T\text{-Tr}(R), T\text{-}S\text{-Negtr}(R)) \leqslant I_T(T(R(a,b), R(b,c)), S(R(a,d), R(d,c))),$$

其等价于: $\forall a, b, c, d \in A$,

$$T(T(T\text{-Tr}(R), T\text{-}S\text{-Negtr}(R)), T(R(a,b), R(b,c))) \leqslant S(R(a,d), R(d,c)).$$

事实上, 由 t-模的对称性、结合律及命题 2.32(1) 可得

$$T(T(T\text{-Tr}(R), T\text{-}S\text{-Negtr}(R)), T(R(a,b), R(b,c)))$$
$$\leqslant T(T(I_T(T(R(a,b), R(b,c)), R(a,c)), I_T(R(a,c),$$
$$S(R(a,d), R(d,c)))), T(R(a,b), R(b,c)))$$
$$= T(T(T(R(a,b), R(b,c)), I_T(T(R(a,b), R(b,c)), R(a,c))),$$
$$I_T(R(a,c), S(R(a,d), R(d,c))))$$
$$\leqslant T(R(a,c), I_T(R(a,c), S(R(a,d), R(d,c))))$$
$$\leqslant S(R(a,d), R(d,c)). \qquad \square$$

命题 3.60 若 T 是左连续 t-模, 则

(1) $T(\mathrm{Ref}(R), T\text{-}S\text{-Semitr}(R)) \leqslant T\text{-}S\text{-Negtr}(R)$;

(2) $T(\mathrm{Ref}(R), T\text{-}S\text{-Ferrers}(R)) \leqslant T\text{-}S\text{-Negtr}(R)$.

证明 仅证 $T(\mathrm{Ref}(R), T\text{-}S\text{-Ferrers}(R)) \leqslant T\text{-}S\text{-Negtr}(R)$, 即证

$$\forall a, b, c \in A, \quad T(\mathrm{Ref}(R), T\text{-}S\text{-Ferrers}(R)) \leqslant I_T(R(a,c), S(R(a,b), R(b,c))),$$

其等价于

$$\forall a, b, c \in A, \quad T(T(\mathrm{Ref}(R), T\text{-}S\text{-Ferrers}(R)), R(a,c)) \leqslant S(R(a,b), R(b,c)).$$

事实上,

$$T(T(\mathrm{Ref}(R), T\text{-}S\text{-Ferrers}(R)), R(a,c))$$
$$\leqslant T(T(R(b,b), R(a,c)), I_T(T(R(b,b), R(a,c)), S(R(b,c), R(a,b))))$$
$$\leqslant S(R(a,b), R(b,c)). \qquad \square$$

由命题 3.43(1), (2), 非自反性及 T-S-半传递 (或 T-S-Ferrers 性质) 可导出 T-传递性. 下列例子表明: $T(T\text{-}\mathrm{Iref}(R), T\text{-}S\text{-Semitr}(R)) \leqslant T\text{-}\mathrm{Tr}(R)$ 一般不成立.

例 3.16 设 T 与 S 分别是 Schweizer-Sklar t-模及 t-余模 (见例 3.15), 则

$$I_T(x,y) = \begin{cases} \sqrt{1 - x^2 + y^2}, & x \geqslant y, \\ 1, & x < y, \end{cases} \quad \text{且} \quad n_T(x) = \sqrt{1 - x^2}.$$

模糊关系 R 定义为

$$R = \begin{pmatrix} 0.2 & 0.5 & 0.4 \\ 0.5 & 0.2 & 0.8 \\ 0.2 & 0.9 & 0.2 \end{pmatrix}.$$

经计算,

$$T\text{-}\mathrm{Iref}(R) = \sqrt{0.96}, \quad T\text{-}\mathrm{Tr}(R) = \sqrt{0.59}, \quad T\text{-}S\text{-Semitr}(R) = \sqrt{1.83 - 2\sqrt{0.28}}.$$

所以,

$$T(T\text{-}\mathrm{Iref}(R), T\text{-}S\text{-Semitr}(R)) = \sqrt{1.79 - 2\sqrt{0.28}} > T\text{-}\mathrm{Tr}(R).$$

注 3.18 在一些特殊情况下, $T(T\text{-}\mathrm{Iref}(R), T\text{-}S\text{-Semitr}(R)) \leqslant T\text{-}\mathrm{Tr}(R)$ 仍然成立, 详见命题 3.66 及命题 3.67.

下面我们讨论条件 $(\mathcal{C})$ 下的一些结果.

命题 3.61 T 左连续且条件 $(\mathcal{C})$ 成立, 则

$$T(T\text{-}\mathrm{Tr}(R), T\text{-}S\text{-}\mathrm{Negtr}(R)) \leqslant T\text{-}S\text{-}\mathrm{Ferrers}(R).$$

证明 只需证

$$\forall a,b,c,d \in A, \quad T(T\text{-}\mathrm{Tr}(R), T\text{-}S\text{-}\mathrm{Negtr}(R)) \leqslant I_T(T(R(a,b), R(c,d)),$$
$$S(R(a,d), R(c,b))),$$

其等价于

$$\forall a,b,c,d \in A, \quad T(T(T\text{-}\mathrm{Tr}(R), T\text{-}S\text{-}\mathrm{Negtr}(R)), T(R(a,b), R(c,d)))$$
$$\leqslant S(R(a,d), R(c,b)).$$

事实上,

$$T(T(T\text{-}\mathrm{Tr}(R), T\text{-}S\text{-}\mathrm{Negtr}(R)), T(R(a,b), R(c,d)))$$
$$\leqslant T(T(T\text{-}\mathrm{Tr}(R), I_T(R(a,b), S(R(a,d), R(d,b)))), T(R(a,b), R(c,d)))$$
$$= T(T\text{-}\mathrm{Tr}(R), T(I_T(R(a,b), S(R(a,d), R(d,b))), T(R(a,b), R(c,d))))$$
$$= T(T\text{-}\mathrm{Tr}(R), T(T(R(a,b), I_T(R(a,b), S(R(a,d), R(d,b)))), R(c,d)))$$
$$\leqslant T(T\text{-}\mathrm{Tr}(R), T(S(R(a,d), R(d,b)), R(c,d))) \qquad \text{(命题 2.32(1))}$$
$$\leqslant T(T\text{-}\mathrm{Tr}(R), S(R(a,d), T(R(d,b), R(c,d)))) \qquad \text{(条件 } (\mathcal{C}))$$
$$\leqslant S(R(a,d), T(T(R(d,b), R(c,d)), T-\mathrm{Tr}(R))) \qquad \text{(条件 } (\mathcal{C}))$$
$$\leqslant S(R(a,d), T(T(R(d,b), R(c,d)), I_T(T(R(d,b), R(c,d)), R(c,b))))$$
$$\leqslant S(R(a,d), R(c,b)). \qquad \text{(命题 2.32(1))} \qquad \square$$

命题 3.62 T 左连续且条件 $(\mathcal{C})$ 成立, 则

$$T(T\text{-}\mathrm{Tr}(R), S\text{-}\mathrm{Com}(R)) \leqslant T\text{-}S\text{-}\mathrm{Negtr}(R).$$

证明 只需证

$$\forall a,b,c \in A, \quad T(T\text{-}\mathrm{Tr}(R), S\text{-}\mathrm{Com}(R)) \leqslant I_T(R(a,c), S(R(a,b), R(b,c))),$$

其等价于

$$\forall a,b,c \in A, \quad T(T(T\text{-}\mathrm{Tr}(R), S\text{-}\mathrm{Com}(R)), R(a,c)) \leqslant S(R(a,b), R(b,c)).$$

事实上,

$$T(T(T\text{-}\mathrm{Tr}(R), S\text{-}\mathrm{Com}(R)), R(a,c))$$
$$\leqslant T(T(T\text{-}\mathrm{Tr}(R), S(R(a,b), R(b,a))), R(a,c))$$

$$=T(T\text{-}\mathrm{Tr}(R), T(S(R(a,b), R(b,a)), R(a,c)))$$

$$\leqslant T(T\text{-}\mathrm{Tr}(R), S(R(a,b), T(R(b,a), R(a,c)))) \qquad (\text{条件 } (\mathcal{C}))$$

$$\leqslant T(I_T(T(R(b,a), R(a,c)), R(b,c)), S(R(a,b), T(R(b,a), R(a,c))))$$

$$=T(S(R(a,b), T(R(b,a), R(a,c))), I_T(T(R(b,a), R(a,c)), R(b,c)))$$

$$\leqslant S(R(a,b), T(T(R(b,a), R(a,c)), I_T(T(R(b,a), R(a,c)), R(b,c)))) \qquad (\text{条件 } (\mathcal{C}))$$

$$\leqslant S(R(a,b), R(b,c)). \qquad (\text{命题 } 2.32(1))$$

□

命题 3.63　T 左连续且条件 $(\mathcal{C})$ 成立, 则

$$T(T\text{-}\mathrm{Asy}(R), T\text{-}S\text{-}\mathrm{Negtr}(R)) \leqslant T\text{-}\mathrm{Tr}(R).$$

证明　只需证:

$$\forall a,b,c \in A, \quad T(T\text{-}\mathrm{Asy}(R), T\text{-}S\text{-}\mathrm{Negtr}(R)) \leqslant I_T(T(R(a,b), R(b,c)), R(a,c)),$$

其等价于:

$$\forall a,b,c \in A, \quad T(T(T\text{-}\mathrm{Asy}(R), T\text{-}S\text{-}\mathrm{Negtr}(R)), T(R(a,b), R(b,c))) \leqslant R(a,c).$$

事实上,

$$T(T(T\text{-}\mathrm{Asy}(R), T\text{-}S\text{-}\mathrm{Negtr}(R)), T(R(a,b), R(b,c)))$$

$$\leqslant T(T(I_T(R(b,c), n_T(R(c,b))), I_T(R(a,b), S(R(a,c), R(c,b)))), T(R(a,b), R(b,c)))$$

$$=T(T(R(a,b), I_T(R(a,b), S(R(a,c), R(c,b)))), T(R(b,c), I_T(R(b,c), n_T(R(c,b)))))$$

$$\leqslant T(S(R(a,c), R(c,b)), n_T(R(c,b))) \qquad (\text{命题 } 2.32(1))$$

$$\leqslant S(R(a,c), T(R(c,b), n_T(R(c,b)))) \qquad (\text{条件 } (\mathcal{C}))$$

$$=S(R(a,c), 0) \qquad (\text{命题 } 2.21(2))$$

$$=R(a,c). \qquad \qquad □$$

　　由命题 3.45(2) 知, 若 R 是 T-反对称的、S-负传递的且 (T,S) 满足条件 $(\mathcal{C})$, 则 R 是 T-S-半传递的. 下面的例子说明: 即使 (T,S) 满足条件 $(\mathcal{C})$,

$$T(T\text{-}\mathrm{Asy}(R), T\text{-}S\text{-}\mathrm{Negtr}(R)) \leqslant T\text{-}S\text{-}\mathrm{Semitr}(R)$$

一般也不成立.

例 3.17 设 $T = W, S = W', n = N_0, (T, S, n)$ 是一个强 De Morgan 三元组, 从而满足条件 $(\mathcal{C})$.

$$R = \begin{pmatrix} 0.5 & 0.2 & 0.9 & 0.6 \\ 0.9 & 0.6 & 0.5 & 0.1 \\ 0.2 & 0.6 & 0.5 & 0.4 \\ 0.5 & 0.5 & 0.1 & 0.6 \end{pmatrix}.$$

此时, $T\text{-Asy}(R) = 0.8$, $S\text{-Negtr}(R) = 0.7$. 所以, $T(T\text{-Asy}(R), T\text{-}S\text{-Negtr}(R)) = 0.5$. 但是,

$$T\text{-}S\text{-Semitr}(R) = 0.4 < T(T\text{-Asy}(R), T\text{-}S\text{-Negtr}(R)).$$

最后, 我们给出性质指标中的 t-模及 t-余模为特殊 t-模及 t-余模时的几个结果.

命题 3.64 设 T 左连续, 则对任意的 t-余模 S,

(1) $T(\text{Com}(R), T\text{-Tr}(R)) \leqslant T\text{-}S\text{-Ferrers}(R)$;

(2) $T(\text{Com}(R), T\text{-Tr}(R)) \leqslant T\text{-}S\text{-Semitr}(R)$;

(3) $T(\text{Com}(R), T\text{-Tr}(R)) \leqslant T\text{-}S\text{-Negtr}(R)$.

证明 仅证 $T(\text{Com}(R), T\text{-Tr}(R)) \leqslant T\text{-}S\text{-Ferrers}(R)$, 其余证明留给读者. 只需证明

$$\forall a, b, c, d \in A, \quad T(\text{Com}(R), T\text{-Tr}(R)) \leqslant I_T(T(R(a,b), R(c,d)), S(R(a,d), R(c,b))),$$

其等价于

$$\forall a, b, c, d \in A, \quad T(T(\text{Com}(R), T\text{-Tr}(R)), T(R(a,b), R(c,d))) \leqslant S(R(a,d), R(c,b)).$$

事实上,

$$T(T(\text{Com}(R), T\text{-Tr}(R)), T(R(a,b), R(c,d)))$$

$$= T(T(\text{Com}(R), T(R(a,b), R(c,d))), T\text{-Tr}(R))$$

$$\leqslant T(T(R(a,c) \vee R(c,a), T(R(a,b), R(c,d))), T\text{-Tr}(R))$$

$$= T(T(R(a,c), T(R(a,b), R(c,d))) \vee T(R(c,a), T(R(a,b), R(c,d))), T\text{-Tr}(R))$$

$$\leqslant T(T(R(a,c), R(c,d)) \vee T(R(c,a), R(a,b)), T\text{-Tr}(R))$$

$$= T(T(R(a,c), R(c,d)), T\text{-Tr}(R)) \vee T(T(R(c,a), R(a,b)), T\text{-Tr}(R))$$

$$\leqslant T(T(R(a,c), R(c,d)), I_T(T(R(a,c), R(c,d)), R(a,d)))$$

$$\quad \vee T(T(R(c,a), R(a,b)), I_T(T(R(c,a), R(a,b)), R(c,b)))$$

$$\leqslant R(a,d) \vee R(c,b) \qquad (\text{命题 } 2.32(1))$$

$$\leqslant S(R(a,d), R(c,b)).$$

$\square$

命题 3.65 设 T 左连续, 则对任意的 t-余模 S,

(1) $T(\mathrm{Asy}(R), T\text{-}S\text{-}\mathrm{Negtr}(R)) \leqslant T\text{-}S\text{-}\mathrm{Ferrers}(R)$;

(2) $T(\mathrm{Asy}(R), T\text{-}S\text{-}\mathrm{Negtr}(R)) \leqslant T\text{-}S\text{-}\mathrm{Semitr}(R)$;

(3) $T(\mathrm{Asy}(R), T\text{-}S\text{-}\mathrm{Negtr}(R)) \leqslant T\text{-}\mathrm{Tr}(R)$.

证明 仅证 $T(\mathrm{Asy}(R), T\text{-}S\text{-}\mathrm{Negtr}(R)) \leqslant T\text{-}S\text{-}\mathrm{Ferrers}(R)$, 其等价于: $\forall a, b, c, d \in A$,

$$T(\mathrm{Asy}(R), T\text{-}S\text{-}\mathrm{Negtr}(R)) \leqslant I_T(T(R(a,b), R(c,d)), S(R(a,d), R(c,b))). \qquad (3.1)$$

情形 1 若存在 $a', b' \in A$ 满足 $R(a', b') \neq 0$ 且 $R(b', a') \neq 0$, 考虑到 $I_{\min}$ 的自然非 $n_{\min}$ 为直觉非, $n_{\min}(R(a', b')) = n_{\min}(R(b', a')) = 0$. 于是,

$$\mathrm{Asy}(R) = \bigwedge_{a,b \in A} I_{\min}(R(a,b), n_{\min}(R(b,a)))$$
$$\leqslant I_{\min}(R(a', b'), n_{\min}(R(b', a'))) = n_{\min}(R(a', b')) = 0.$$

所以, (3.1) 成立.

情形 2 若 $\forall a, b \in A$, $R(a,b) = 0$ 或 $R(b,a) = 0$, 则对任意 $a, b \in A$,

$$I_{\min}(R(a,b), n_{\min}(R(b,a))) = 1.$$

$$T(\mathrm{Asy}(R), T\text{-}S\text{-}\mathrm{Negtr}(R)) = T\left(\bigwedge_{a,b \in A} I_{\min}(R(a,b), n_{\min}(R(b,a))), T\text{-}S\text{-}\mathrm{Negtr}(R)\right)$$
$$= T(1, T\text{-}S\text{-}\mathrm{Negtr}(R)) = T\text{-}S\text{-}\mathrm{Negtr}(R).$$

故为了证明 (3.1), 只需证

$$T\text{-}S\text{-}\mathrm{Negtr}(R) \leqslant I_T(T(R(a,b), R(c,d)), S(R(a,d), R(c,b))),$$

即证

$$T(T\text{-}S\text{-}\mathrm{Negtr}(R), T(R(a,b), R(c,d))) \leqslant S(R(a,d), R(c,b)). \qquad (3.2)$$

由假设知, $R(b,d) = 0$ 或 $R(d,b) = 0$.

若 $R(b,d) = 0$,

$$T(T\text{-}S\text{-Negtr}(R), T(R(a,b), R(c,d)))$$

$$\leqslant T(T\text{-}S\text{-Negtr}(R), R(a,b) \wedge R(c,d))$$

$$= T(T\text{-}S\text{-Negtr}(R), R(a,b)) \wedge T(T\text{-}S\text{-Negtr}(R), R(c,d))$$

$$\leqslant T(I_T(R(a,b), S(R(a,d), R(d,b))), R(a,b)) \wedge T(I_T(R(c,d),$$

$$S(R(c,b), R(b,d))), R(c,d))$$

$$\leqslant S(R(a,d), R(d,b)) \wedge S(R(c,b), R(b,d)) \qquad (\text{命题 } 2.32(1))$$

$$\leqslant S(R(c,b), R(b,d))$$

$$= S(R(c,b), 0) = R(c,b)$$

$$\leqslant S(R(a,d), R(c,b)).$$

故 (3.2) 成立. 所以, (3.1) 成立.

若 $R(d,b) = 0$, 证明类似. $\qquad \square$

由例 3.16 可知, 不等式 $T(T\text{-Iref}(R), T\text{-}S\text{-Semitr}(R)) \leqslant T\text{-Tr}(R)$ 一般不成立. 但是, 如果 S 为 max 或 (T,S) 满足一定的条件, 结论仍然成立.

命题 3.66 设 T 左连续, 则

(1) $T(T\text{-Iref}(R), T\text{-Semitr}(R)) \leqslant T\text{-Tr}(R)$;

(2) $T(T\text{-Iref}(R), T\text{-Ferrers}(R)) \leqslant T\text{-Tr}(R)$.

证明 仅证 $T(T\text{-Iref}(R), T\text{-Semitr}(R)) \leqslant T\text{-Tr}(R)$, 其等价于

$$\forall a,b,c, \quad T(T\text{-Iref}(R), T\text{-Semitr}(R)) \leqslant I_T(T(R(a,b), R(b,c)), R(a,c)),$$

即证

$$T(T(T\text{-Iref}(R), T\text{-Semitr}(R)), T(R(a,b), R(b,c))) \leqslant R(a,c).$$

事实上,

$$T(T(T\text{-Iref}(R), T\text{-Semitr}(R)), T(R(a,b), R(b,c)))$$

$$= T(T(T\text{-Semitr}(R), T(R(a,b), R(b,c))), T\text{-Iref}(R))$$

$$\leqslant T(T(I_T(T(R(a,b), R(b,c)), (R(a,a) \vee R(a,c))), T(R(a,b), R(b,c))), T\text{-Iref}(R))$$

$$\leqslant T(R(a,a) \vee R(a,c), T\text{-Iref}(R)) \qquad (\text{命题 } 2.32(1))$$

$$= T(R(a,a), T\text{-Iref}(R)) \vee T(R(a,c), T\text{-Iref}(R))$$

$$\leqslant T(R(a,a), n_T(R(a,a))) \vee T(R(a,c), T\text{-Iref}(R))$$

$$= 0 \vee T(R(a,c), T\text{-Iref}(R)) \qquad (\text{命题 } 2.21(1))$$

$$\leqslant R(a,c).$$

不等式 $T(T\text{-Iref}(R), T\text{-Ferrers}(R)) \leqslant T\text{-Tr}(R)$ 的证明是类似的.   □

命题 3.67 若 (T, S, n) 一个 De Morgan 三元组, T 是关于 n 的旋转不变 t-模, 则

(1) $T(T\text{-Iref}(R), T\text{-}S\text{-Ferrers}(R)) \leqslant T\text{-Tr}(R)$;

(2) $T(T\text{-Iref}(R), T\text{-}S\text{-Semitr}(R)) \leqslant T\text{-Tr}(R)$.

证明 在我们的条件下, T 左连续, I_T 满足 (CP(n)) 且 $n = n_T$ 为强非. 由命题 3.55(1), (4),

$$T(T\text{-Iref}(R), T\text{-}S\text{-Ferrers}(R)) = T(\text{Ref}(R_n^c), T\text{-}S\text{-Ferrers}(R_n^c)).$$

由命题 3.60(2),

$$T(\text{Ref}(R_n^c), T\text{-}S\text{-Ferrers}(R_n^c)) \leqslant S\text{-Negtr}(R_n^c) = T\text{-Tr}(R),$$

即

$$T(T\text{-Iref}(R), T\text{-}S\text{-Ferrers}(R)) \leqslant T\text{-Tr}(R).$$

类似地, 由命题 3.55(1), (5),

$$T(T\text{-Iref}(R), T\text{-}S\text{-Semitr}(R)) = T(\text{Ref}(R_n^c), T\text{-}S\text{-Semitr}(R_n^c)).$$

由命题 3.60(1),

$$T(T\text{-Iref}(R), T\text{-}S\text{-Semitr}(R)) \leqslant S\text{-Negtr}(R_n^c) = T\text{-Tr}(R).$$ □

3.13.3 模糊关系性质指标的迹的刻画

本小节讨论用模糊关系的迹描述模糊关系的性质指标. 设 R_1 及 R_2 是 A 上的模糊关系, T 是一个 t-模, R_2 包含 R_1 的程度 (在 T 下) 定义为

$$T\text{-Inc}(R_1, R_2) = \bigwedge_{a, b \in A} I_T(R_1(a, b), R_2(a, b)).$$

注 3.19 上述包含程度的定义见 [41], 该定义实际基于两个模糊集的包含程度的定义[73−75].

包含程度具有下列性质:

(1) $T\text{-Inc}(R_1, R_2) = T\text{-Inc}((R_1)^{-1}, (R_2)^{-1})$;

(2) 若 I_T 满足 (CP(n))(n 是一个非), $T\text{-Inc}((R_1)_n^c, (R_2)_n^c) = T\text{-Inc}(R_2, R_1)$.

下面我们即给出用模糊关系的迹刻画模糊关系的性质指标的相关结果, 这些结果取自文献 [76].

命题 3.68 设 T 是一个左连续 t-模,

$$\text{Ref}(R) = T\text{-Inc}(R^l, R) = T\text{-Inc}(R^r, R).$$

证明 因 R^l 自反,

$$T\text{-Inc}(R^l, R) = \bigwedge_{a,b \in A} I_T(R^l(a,b), R(a,b))$$

$$\leqslant \bigwedge_{a \in A} I_T(R^l(a,a), R(a,a))$$

$$= \bigwedge_{a \in A} I_T(1, R(a,a))$$

$$= \bigwedge_{a \in A} R(a,a) = \text{Ref}(R),$$

即 $T\text{-Inc}(R^l, R) \leqslant \text{Ref}(R)$.

现证反过来的不等式 $\text{Ref}(R) \leqslant T\text{-Inc}(R^l, R)$, 其等价于:

$$\forall a, b \in A, \quad \text{Ref}(R) \leqslant I_T(R^l(a,b), R(a,b)).$$

由 T 左连续及引理 2.6, 只需证: $\forall a, b \in A, T(\text{Ref}(R), R^l(a,b)) \leqslant R(a,b)$.

事实上, $\forall a, b \in A$,

$$T(\text{Ref}(R), R^l(a,b)) = T\left(\bigwedge_{a' \in A} R(a',a'), \bigwedge_{c \in A} I_T(R(c,a), R(c,b)) \right)$$

$$\leqslant T(R(a,a), I_T(R(a,a), R(a,b)))$$

$$\leqslant R(a,b). \quad (\text{命题 } 2.32(1))$$

故 $\text{Ref}(R) = T\text{-Inc}(R^l, R)$.

等式 $\text{Ref}(R) = T\text{-Inc}(R^r, R)$ 的证明是类似的. □

应该指出的是: 若 T 不是左连续的, 则 $\text{Ref}(R) = T\text{-Inc}(R^l, R)$ 一般不成立, 下面的例子说明了这一点.

例 3.18 设 $A = \{a, b\}$, A 上的关系 R 定义为

$$R = \begin{pmatrix} 0.7 & 0.3 \\ 0.3 & 0.7 \end{pmatrix}.$$

现考虑下列 t-模[20]:

$$T(x, y) = \begin{cases} 0, & (x,y) \in (0,1)^2 \setminus [0.5, 1)^2, \\ \min\{x, y\}, & \text{其他}. \end{cases}$$

则

$$
I_T(x,y) = \begin{cases} 1, & x \leqslant y \ \text{或}\ (x,y) \in [0,0.5)^2, \\ 0.5, & x \in [0.5,1)\ \text{且}\ y \in [0,0.5), \\ y, & \text{其他}. \end{cases}
$$

在该例中, $\mathrm{Ref}(R) = 0.7$. 另外,

$$
R^l(a,a) = R^l(b,b) = 1, \quad R^l(a,b) = R^l(b,a) = 0.5.
$$

所以 $T\text{-Inc}(R^l, R) = 0.5$, 故 $\mathrm{Ref}(R) \neq T\text{-Inc}(R^l, R)$.

命题 3.69　若 T 是一个左连续 t-模, n_T 是一个强非, 则

$$
T\text{-Iref}(R) = T\text{-Inc}(R^l, R^d_{n_T}) = T\text{-Inc}(R^r, R^d_{n_T}).
$$

证明　由命题 3.55(1), $T\text{-Iref}(R) = \mathrm{Ref}(R^c_{n_T})$. 因为 n_T 是一个强非, 由推论 2.4(1), I_T 满足 $(\mathrm{CP}(n_T))$. 由命题 3.68 及命题 3.3(2),

$$
\mathrm{Ref}(R^c_{n_T}) = T\text{-Inc}((R^c_{n_T})^l, R^c_{n_T}) = T\text{-Inc}((R^l)^{-1}, R^c_{n_T}) = T\text{-Inc}(R^l, R^d_{n_T}).
$$

另一个等式的证明类似. □

命题 3.70　若 T 是一个左连续 t-模, n_T 是一个强非, 则

(1) $T\text{-Asy}(R) = T\text{-Inc}(R \circ_T R, (R^l)^d_{n_T})$;

(2) $T\text{-Asy}(R) = T\text{-Inc}(R \circ_T R, (R^r)^d_{n_T})$;

(3) $T\text{-Asy}(R) = T\text{-Inc}(R^l \circ_T R, R^d_{n_T})$;

(4) $T\text{-Asy}(R) = T\text{-Inc}(R \circ_T R^r, R^d_{n_T})$.

证明　因为 T 左连续, n_T 是强非, 故由推论 2.4(1) 知 I_T 满足 $(\mathrm{CP}(n_T))$. 于是

$$
\begin{aligned}
&T\text{-Inc}(R \circ_T R, (R^l)^d_{n_T}) \\
&= \bigwedge_{a,b \in A} I_T((R \circ_T R)(a,b), (R^l)^d_{n_T}(a,b)) \\
&= \bigwedge_{a,b \in A} I_T\left(\bigvee_{c \in A}(T(R(a,c),R(c,b))), (R^l)^d_{n_T}(a,b)\right) \\
&= \bigwedge_{a,b \in A}\bigwedge_{c \in A} I_T(T(R(a,c),R(c,b)), (R^l)^d_{n_T}(a,b)) && (\text{引理 } 2.2(2)) \\
&= \bigwedge_{a,b \in A}\bigwedge_{c \in A} I_T(n_T((R^l)^d_{n_T}(a,b)), n_T(T(R(a,c),R(c,b)))) && ((\mathrm{CP}(n_T))) \\
&= \bigwedge_{a,b \in A}\bigwedge_{c \in A} I_T((R^l)^{-1}(a,b), n_T(T(R(c,b),R(a,c)))) \\
&= \bigwedge_{a,b \in A}\bigwedge_{c \in A} I_T(R^l(b,a), I_T(R(c,b), n_T(R(a,c)))) && (\text{推论 } 2.4(2))
\end{aligned}
$$

$$= \bigwedge_{a,b \in A} \bigwedge_{c \in A} I_T(T(R^l(b,a), R(c,b)), n_T(R(a,c))) \qquad \text{(命题 2.32(2))}$$

$$= \bigwedge_{a,c \in A} \bigwedge_{b \in A} I_T(T(R(c,b), R^l(b,a)), n_T(R(a,c)))$$

$$= \bigwedge_{a,c \in A} I_T\left(\bigvee_{b \in A} T(R(c,b), R^l(b,a)), n_T(R(a,c))\right) \qquad \text{(引理 2.2(2))}$$

$$= \bigwedge_{a,c \in A} I_T((R \circ_T R^l)(c,a), n_T(R(a,c)))$$

$$= \bigwedge_{a,c \in A} I_T(R(c,a), n_T(R(a,c))) \qquad \text{(命题 3.4(3))}$$

$$= T\text{-Asy}(R).$$

故 (1) 成立. 另外,

$$T\text{-Inc}(R^l \circ_T R, R^d_{n_T})$$

$$= \bigwedge_{a,b \in A} I_T((R^l \circ_T R)(a,b), R^d_{n_T}(a,b))$$

$$= \bigwedge_{a,b \in A} I_T\left(\bigvee_{c \in A} (T(R^l(a,c), R(c,b)), R^d_{n_T}(a,b))\right)$$

$$= \bigwedge_{a,b \in A} \bigwedge_{c \in A} I_T(T(R^l(a,c), R(c,b)), R^d_{n_T}(a,b)) \qquad \text{(引理 2.2(2))}$$

$$= \bigwedge_{a,b \in A} \bigwedge_{c \in A} I_T(n_T(R^d_{n_T}(a,b)), n_T(T(R^l(a,c), R(c,b)))) \qquad ((\text{CP}(n_T)))$$

$$= \bigwedge_{a,b \in A} \bigwedge_{c \in A} I_T(R^{-1}(a,b), I_T(R^l(a,c), n_T(R(c,b)))) \qquad \text{(命题 2.33(2))}$$

$$= \bigwedge_{a,b \in A} \bigwedge_{c \in A} I_T(R(b,a), I_T(R^l(a,c), n_T(R(c,b))))$$

$$= \bigwedge_{a,b \in A} \bigwedge_{c \in A} I_T(T(R(b,a), R^l(a,c)), n_T(R(c,b))) \qquad \text{(命题 2.32(2))}$$

$$= \bigwedge_{b,c \in A} \bigwedge_{a \in A} I_T(T(R(b,a), R^l(a,c)), n_T(R(c,b)))$$

$$= \bigwedge_{b,c \in A} I_T\left(\bigvee_{a \in A} T(R(b,a), R^l(a,c)), n_T(R(c,b))\right) \qquad \text{(引理 2.2(2))}$$

$$= \bigwedge_{b,c \in A} I_T((R \circ_T R^l)(b,c), n_T(R(c,b)))$$

$$= \bigwedge_{b,c \in A} I_T(R(b,c), n_T(R(c,b))) \qquad \text{(命题 3.4(3))}$$

$$= T\text{-Asy}(R).$$

所以, (3) 成立. (2) 与 (4) 的证明分别类似于 (1) 与 (3) 的证明. □

命题 3.69 及命题 3.70 中所使用的条件为 T 左连续且 n_T 为强非, 由推论 2.4(1), I_T 满足 $(\text{CP}(n_T))$, 再由定理 2.15, 这两个条件实际为旋转不变性.

命题 3.71   设 (T, S, n_T) 是一个 De Morgan 三元组, 其中 T 左连续, 则

(1) $S\text{-Com}(R) = T\text{-Inc}(R^l, R *_S R)$;

(2) $S\text{-Com}(R) = T\text{-Inc}(R^r, R *_S R)$;

(3) $S\text{-Com}(R) = T\text{-Inc}(R^d_{n_T} \circ_T R^l, R)$;

(4) $S\text{-Com}(R) = T\text{-Inc}(R^r \circ_T R^d_{n_T}, R)$.

证明   考虑到在 De Morgan 三元组 (T, S, n_T) 中的 n_T 是严格非, 因而是连续的, 由 T 左连续及命题 2.32(3) 知: I_T 满足 (EP) 及 (OP), 故由命题 2.28(2), n_T 是一个强非. 所以, 由命题 2.33(1), I_T 满足 $(\text{CP}(n_T))$. 从而由命题 2.35 知: T 关于 n_T 旋转不变.

(1) 由于 T 左连续,

$$
\begin{aligned}
S\text{-Com}(R) &= T\text{-Asy}(R^c_{n_T}) & \text{(命题 3.55(2))} \\
&= T\text{-Inc}(R^c_{n_T} \circ_T R^c_{n_T}, ((R^c_{n_T})^l)^d_{n_T}) & \text{(命题 3.70(1))} \\
&= T\text{-Inc}((R *_S R)^c_{n_T}, ((R^l)^{-1})^d_{n_T}) & \text{(命题 3.1 及命题 3.3(2))} \\
&= T\text{-Inc}(R^l, R *_S R).
\end{aligned}
$$

故 (1) 成立.

其余等式的证明类似.   □

命题 3.72   若 T 是一个左连续 t-模, 则

$$T\text{-Tr}(R) = T\text{-Inc}(R, R^l) = T\text{-Inc}(R, R^r).$$

证明   由 T 的左连续性及命题 2.32(4), $I_T(x, y)$ 对 y 右连续. 于是, 我们有

$$
\begin{aligned}
T\text{-Inc}(R, R^l) &= \bigwedge_{a,b \in A} I_T(R(a, b), R^l(a, b)) \\
&= \bigwedge_{a,b \in A} I_T\left(R(a, b), \bigwedge_{c \in A} I_T(R(c, a), R(c, b))\right) \\
&= \bigwedge_{a,b,c \in A} I_T(R(a, b), I_T(R(c, a), R(c, b))) & \text{(引理 2.2(1))} \\
&= \bigwedge_{a,b,c \in A} I_T(T(R(a, b), R(c, a)), R(c, b)) & \text{(命题 2.32(2))} \\
&= \bigwedge_{a,b,c \in A} I_T(T(R(c, a), R(a, b)), R(c, b)) \\
&= T\text{-Tr}(R),
\end{aligned}
$$

等式 $T\text{-Tr}(R) = T\text{-Inc}(R, R^r)$ 的证明是类似的.   □

命题 3.73   设 (T, S, n_T) 是一个 De Morgan 三元组, 其中 T 是一个左连续 t-模, 则

$$T\text{-}S\text{-Negtr}(R) = T\text{-Inc}(R^d_{n_T}, R^l) = T\text{-Inc}(R^d_{n_T}, R^r).$$

证明   类似命题 3.71 的证明可得: n_T 是一个强非、I_T 满足 $(\text{CP}(n_T))$. 所以

$$T\text{-}S\text{-Negtr}(R) = T\text{-Tr}(R^c_{n_T}) \qquad\qquad \text{(命题 3.55(3))}$$

$$= T\text{-Inc}(R_{n_T}^c, (R_{n_T}^c)^l) \qquad (命题\ 3.72)$$

$$= T\text{-Inc}(R_{n_T}^c, (R^l)^{-1}) \qquad (命题\ 3.3(4))$$

$$= T\text{-Inc}(R_{n_T}^d, R^l),$$

等式 $T\text{-}S\text{-Negtr}(R) = T\text{-Inc}(R_{n_T}^d, R^r)$ 的证明类似. $\qquad \square$

命题 3.74 设 (T, S, n_T) 是一个 De Morgan 三元组, 其中 T 左连续, 则

(1) $T\text{-}S\text{-Semitr}(R) = T\text{-Inc}(R \circ_T R_{n_T}^d, R^l)$;

(2) $T\text{-}S\text{-Semitr}(R) = T\text{-Inc}(R_{n_T}^d \circ_T R, R^r)$.

证明 (1) 在我们假设下, n_T 是一个强非, 故

$$T\text{-Inc}(R \circ_T R_{n_T}^d, R^l)$$

$$= \bigwedge_{a,b \in A} I_T((R \circ_T R_{n_T}^d)(a,b), R^l(a,b))$$

$$= \bigwedge_{a,b \in A} I_T \left(\bigvee_{c \in A} T(R(a,c), R_{n_T}^d(c,b)), \bigwedge_{d \in A} I_T(R(d,a), R(d,b)) \right)$$

$$= \bigwedge_{a,b,c,d \in A} I_T(T(R(a,c), R_{n_T}^d(c,b)), I_T(R(d,a), R(d,b))) \qquad (引理\ 2.2)$$

$$= \bigwedge_{a,b,c,d \in A} I_T(R(a,c), I_T(R_{n_T}^d(c,b), I_T(R(d,a), R(d,b)))) \qquad (命题\ 2.32(2))$$

$$= \bigwedge_{a,b,c,d \in A} I_T(R(a,c), I_T(T(R_{n_T}^d(c,b), R(d,a)), R(d,b))) \qquad (命题\ 2.32(2))$$

$$= \bigwedge_{a,b,c,d \in A} I_T(R(a,c), I_T(T(R(d,a), R_{n_T}^d(c,b)), R(d,b))) \qquad (命题\ 2.32(2))$$

$$= \bigwedge_{a,b,c,d \in A} I_T(R(a,c), I_T(R(d,a), I_T(R_{n_T}^d(c,b), R(d,b)))) \qquad (命题\ 2.32(2))$$

$$= \bigwedge_{a,b,c,d \in A} I_T(T(R(a,c), R(d,a)), I_T(n_T(R(b,c)), R(d,b))) \qquad (命题\ 2.32(2))$$

$$= \bigwedge_{a,b,c,d \in A} I_T(T(R(a,c), R(d,a)), n_T(T(n_T(R(b,c)), n_T(R(d,b))))) \qquad (命题\ 2.33(2))$$

$$= \bigwedge_{a,b,c,d \in A} I_T(T(R(d,a), R(a,c)), S(R(b,c), R(d,b)))$$

$$= \bigwedge_{a,b,c,d \in A} I_T(T(R(d,a), R(a,c)), S(R(d,b), R(b,c))).$$

故 $T\text{-}S\text{-Semitr}(R) = T\text{-Inc}(R \circ_T R_{n_T}^d, R^l)$.

(2) 证明与 (1) 的证明类似. $\qquad \square$

命题 3.75 设 (T, S, n_T) 是一个 De Morgan 三元组, 其中 T 左连续, 则

(1) $T\text{-}S\text{-Semitr}(R) = T\text{-Inc}((R^l)_{n_T}^d, R^r)$;

(2) $T\text{-}S\text{-Semitr}(R) = T\text{-Inc}((R^r)_{n_T}^d, R^l)$;

(3) $T\text{-}S\text{-Semitr}(R) = \bigwedge_{a,b \in A} S(R^l(a,b), R^r(b,a)) = \bigwedge_{a,b \in A} S(R^r(a,b), R^l(b,a))$.

证明　在我们假设下, n_T 是强非且 I_T 满足 $(\mathrm{CP}(n_T))$.

(1) 我们有

$$T\text{-Inc}((R^l)_{n_T}^d, R^r)$$

$$= \bigwedge_{a,b \in A} I_T((R^l)_{n_T}^d(a,b), R^r(a,b))$$

$$= \bigwedge_{a,b \in A} I_T(n_T(R^r(a,b)), R^l(b,a)) \qquad\qquad ((\mathrm{CP}(n_T)))$$

$$= \bigwedge_{a,b \in A} I_T\left(\bigvee_{c \in A} n_T(I_T(R(b,c), R(a,c))), \bigwedge_{d \in A} I_T(R(d,b), R(d,a))\right)$$

$$= \bigwedge_{a,b,c,d \in A} I_T(n_T(I_T(R(b,c), R(a,c)), I_T(R(d,b), R(d,a)))) \qquad (\text{引理 } 2.2)$$

$$= \bigwedge_{a,b,c,d \in A} I_T(T(R(b,c), n_T(R(a,c))), I_T(R(d,b), R(d,a))) \qquad (\text{命题 } 2.33(2))$$

$$= \bigwedge_{a,b,c,d \in A} I_T(R(b,c), I_T(n_T(R(a,c)), I_T(R(d,b), R(d,a)))) \qquad (\text{命题 } 2.32(2))$$

$$= \bigwedge_{a,b,c,d \in A} I_T(R(b,c), I_T(R(d,b), I_T(n_T(R(a,c)), R(d,a)))) \qquad (\text{命题 } 2.32(2))$$

$$= \bigwedge_{a,b,c,d \in A} I_T(T(R(b,c), R(d,b)), I_T(n_T(R(a,c)), R(d,a))) \qquad (\text{命题 } 2.9(2))$$

$$= \bigwedge_{a,b,c,d \in A} I_T(T(R(d,b), R(b,c)), n_T(T(n_T(R(a,c)), n_T(R(d,a))))) \ (\text{命题 } 2.33(2))$$

$$= \bigwedge_{a,b,c,d \in A} I_T(T(R(d,b), R(b,c)), S(R(a,c), R(d,a)))$$

$$= \bigwedge_{a,b,c,d \in A} I_T(T(R(d,b), R(b,c)), S(R(d,a), R(a,c)))$$

$$= T\text{-}S\text{-Semitr}(R).$$

故 (1) 成立.

(2) 的证明与 (1) 的证明类似.

(3) 事实上,

$$T\text{-}S\text{-Semitr}(R) = T\text{-Inc}((R^l)_{n_T}^d, R^r)$$

$$= \bigwedge_{a,b \in A} I_T((R^l)_{n_T}^d(a,b), R^r(a,b))$$

$$= \bigwedge_{a,b \in A} I_T(n_T(R^r(a,b)), R^l(b,a)) \qquad\qquad ((\mathrm{CP}(n_T)))$$

$$= \bigwedge_{a,b \in A} n_T(T(n_T(R^r(a,b)), n_T(R^l(b,a)))) \qquad (\text{命题 } 2.33(2))$$

$$= \bigwedge_{a,b \in A} S(R^r(a,b), R^l(b,a)).$$

另一个等式的证明类似.　　　　　　　　　　　　　　　　　　　　　□

第4章 模糊偏好结构

4.1 模糊偏好结构的定义回顾

我们知道, 构成普通偏好结构的三个要素是严格偏好关系、无区别关系以及不可比关系, 它们可以同时通过一个具有自反性的大偏好关系来得到. 在这个意义上, 可以认为, 模糊偏好结构的讨论从 Orlovsky 通过一个具有自反性的模糊偏好关系来定义模糊严格偏好关系、模糊无区别关系时就已经开始了[51]. 随后, Ovchinnikov[77], Roubens[78] 等给出了模糊严格偏好的不同定义, 最早同时定义模糊严格偏好关系、模糊无区别关系以及模糊不可比关系的是 Roubens 及 Vincke[79], 当然这些文献都是给出了模糊偏好结构三个要素的具体定义. 1992 年, Ovchinnikov 等[80] 从偏好关系 R 出发, 开始了更为一般的研究, 它们将模糊严格偏好关系 P、模糊无区别关系 I 及模糊不可比关系 J 均视为大偏好 R 的函数, 然后根据构模 P, I 及 J 的要求对这些函数施加相应的条件, 在这些条件下, 给出了函数的具体形式. 几乎同时, Fodor 也采用该方法来定义各种偏好关系, 他将之称为公理化方法[81]. 为定义 P, I, J, 他给出的具体公理如下 (R 是 A 上的任一模糊偏好关系, (T, S, n) 是一个 De Morgan 三元组).

(1) 不相关备择对象的独立性 (independence of irrelevant alternatives):

对任意 $a, b \in A$, $P(a, b)$, $I(a, b)$ 以及 $J(a, b)$ 仅与 $R(a, b)$ 及 $R(b, a)$ 有关, 即存在 $[0, 1]$ 上的二元函数 p, i, j 使得

$$P(a, b) = p(R(a, b), R(b, a)), \quad I(a, b) = i(R(a, b), R(b, a)),$$
$$J(a, b) = j(R(a, b), R(b, a));$$

(2) 正向联系 (positive association): $p(x, n(y))$, $I(x, y)$, $j(n(x), n(y))$ 对 x, y 均单调增;

(3) P 是非对称的关系, I 与 J 是对称关系.

后来, 也许是发现 P 的非对称性是一个很强的条件, 在文献 [14] 中, Fodor 等又去掉了该条件. 这种公理化方法是最为一般的定义 P, I, J 的方法, 所以, 很难得到进一步结果. 于是, Fodor 又施加了一些另外的条件, 比如大偏好的保持性 (preserving large preference): $P \cup_S I = R$ 等, 从而得到了一些具体的解.

注 4.1 已知一个自反的模糊大偏好关系 R, 定义模糊偏好结构时的一个最自然的想法是: 令 $P = R \cap_T R_n^d$, $I = R \cap_T R^{-1}$, $J = R_n^c \cap_T R_n^d$ 且 $R = P \cup_S I$. 但遗

憾的是, Fodor[14] 证明了结论: 在 (T, S, n) 是一个连续 De Morgan 三元组情况下, 上面的四个等式对任意自反关系 R 均成立是不可能的.

上面的方法实际上是从大偏好出发去构造一个偏好结构的三个要素 P, I 及 J. 另外一个方法就是直接对普通偏好结构的概念进行模糊化, 下面的定义即属于此类.

定义 4.1[82]　设 (T, S, n) 是一个 De Morgan 三元组, 若 A 上模糊关系 P, I, J 满足下列条件:

(1) I 是自反、对称的;

(2) J 是非自反、对称的;

(3) P 是 T-非对称的;

(4) $P \cap_T I = P \cap_T J = I \cap_T J = \varnothing$;

(5) $P \cup_S P^{-1} \cup_S I \cup_S J = A \times A$,

则称 (P, I, J) 是一个 A 上的 (T, S, n)-模糊偏好结构.

在一个 (T, S, n)-模糊偏好结构 (P, I, J) 中, P, I, J 分别称为 (模糊) 严格偏好关系、(模糊) 无区别关系以及 (模糊) 不可比关系.

例 4.1　设 $A = \{a, b, c, d\}$. A 上的模糊关系 P, I, J 定义为

$$P = \begin{pmatrix} 0 & 0.5 & 0.4 & 0 \\ 0 & 0 & 0.4 & 0.5 \\ 0 & 0.1 & 0 & 0.7 \\ 0.8 & 0.2 & 0 & 0 \end{pmatrix}, \quad I = \begin{pmatrix} 1 & 0.2 & 0 & 0 \\ 0.2 & 1 & 0.4 & 0.3 \\ 0 & 0.4 & 1 & 0.1 \\ 0 & 0.3 & 0.1 & 1 \end{pmatrix}, \quad J = \begin{pmatrix} 0 & 0.3 & 0.6 & 0.2 \\ 0.3 & 0 & 0.1 & 0 \\ 0.6 & 0.1 & 0 & 0.2 \\ 0.2 & 0 & 0.2 & 0 \end{pmatrix},$$

则容易验证, (P, I, J) 是一个 A 上的 (W, W', N_0)-模糊偏好结构.

像普通偏好结构一样, 模糊偏好结构也可以通过一个自反的模糊关系来获得, 下面的例子说明了这一点.

例 4.2　设 R 是 A 上一个自反的模糊关系, φ 是 $[0, 1]$ 上的一个自同构, 令

$$P_1 = R \cap_{\pi_\varphi} R_{N_\varphi}^d, \quad I_1 = R \cap_{\pi_\varphi} R^{-1}, \quad J_1 = R_{N_\varphi}^c \cap_{\pi_\varphi} R_{N_\varphi}^d,$$

$$P_2 = R \cap_{W_\varphi} R_{N_\varphi}^d, \quad I_2 = R \cap R^{-1}, \quad J_2 = R_{N_\varphi}^c \cap R_{N_\varphi}^d,$$

$$P_3 = R \cap R_{N_\varphi}^d, \quad I_3 = R \cap_{W_\varphi} R^{-1}, \quad J_3 = R_{N_\varphi}^c \cap_{W_\varphi} R_{N_\varphi}^d,$$

则 (P_i, I_i, J_i) $(i = 1, 2, 3)$ 均为 A 上的 $(W_\varphi, W_\varphi', N_\varphi)$-模糊偏好结构.

尽管定义中并没有对所涉及的 De Morgan 三元组给出限定条件, 但下面结果告诉我们: 当 t-模为无零因子的 t-模时, 不能得到真正的模糊偏好结构.

命题 4.1　设 $M = (T, S, n)$ 是一个 De Morgan 三元组且 T 无零因子. 若 (P, I, J) 是一个 A 上的 M-模糊偏好结构, 则 P, I, J 均是 A 上的普通关系.

证明　仅证明 P 是普通关系, 其余证明是类似的.

设存在 $a, b \in A$, 使得 $P(a, b) \in (0, 1)$. 由 P 的 T-非对称性可得

$$T(P(a, b), P(b, a)) = 0.$$

由于 T 无零因子且 $P(a, b) > 0$, 故 $P(b, a) = 0$.

类似地, 由 $P \cap_T I = P \cap_T J = \varnothing$ 知, $I(a, b) = J(a, b) = 0$.

由 $P \cup_S P^{-1} \cup_S I \cup_S J = A \times A$, $S(P(a, b), P(b, a), I(a, b), J(a, b)) = 1$. 所以, $P(a, b) = 1$, 矛盾. $\qquad\square$

因此, 在讨论模糊偏好结构时, 我们通常只考虑有零因子的 t-模, 特别是有零因子的连续 t-模.

命题 4.2 设 $M = (T, S, n)$ 是一个连续的 De Morgan 三元组, 其中 T 是一个连续的、有零因子的非阿基米德 t-模, 则存在 $c \in (0, 1)$ 使得 P, I, J 只能取 $[0, c)$ 中的值.

该结论的证明见 [82], 此处略去.

由命题 4.2 可知, 若在偏好结构中采用连续的、有零因子的非阿基米德 t-模, 则 P, I, J 的取值受到一定的限制. 换句话说, 决策者不能按照自己的想法去对模糊严格偏好关系、模糊无区别关系以及模糊不可比关系进行任意赋值. 于是在模糊偏好结构所涉及的模糊逻辑联结算子时, 采用连续的、有零因子的阿基米德 t-模是较为理想的选择. 而由定理 2.6 可知, 此时的 t-模即为 Łukasiewicz t-模的 φ-变换. 于是, 自然地有下列定义.

定义 4.2 设 φ 是 $[0, 1]$ 上的一个自同构. 若 A 上二元关系 P, I, J 满足下列条件:

(1) I 是自反、对称的;

(2) J 是非自反、对称的;

(3) P 是 W_φ-非对称的;

(4) $P \cap_{W_\varphi} I = P \cap_{W_\varphi} J = I \cap_{W_\varphi} J = \varnothing$;

(5) $P \cup_{W'_\varphi} P^{-1} \cup_{W'_\varphi} I \cup_{W'_\varphi} J = A \times A$,

则称 (P, I, J) 是一个 A 上的 φ-模糊偏好结构.

例如, 在例 4.1 中的模糊偏好结构即为一个 φ-模糊偏好结构, 其中 $\varphi(x) = x$.

4.2 可加的 φ-模糊偏好结构

本节将讨论一类特殊的 φ-模糊偏好结构, 即所谓的可加的 φ-模糊偏好结构, 这类偏好结构主要是对定义 4.2 中的完全性条件 (5) 进行修改. 所以, 我们首先对普通情况下的完全性条件的各种模糊化形式作简单的讨论.

4.2.1　φ-模糊偏好结构中的完全性条件

在普通情况下, 容易证明, 偏好结构中 $P \cup I \cup J$ 的完全性有下列等价形式:

(1) $P \cup P^{-1} \cup I \cup J = A \times A$(或对偶形式: $P^c \cap P^d \cap I^c \cap J^c = \varnothing$);

(2) $P \cup P^{-1} \cup I = J^c$(或对偶形式: $P^c \cap P^d \cap I^c = J$);

(3) $P \cup P^{-1} \cup J = I^c$(或对偶形式: $P^c \cap P^d \cap J^c = I$);

(4) $P \cup I \cup J = P^d$(或对偶形式: $P^c \cap I^c \cap J^c = P^{-1}$);

(5) $P^{-1} \cup I \cup J = P^c$(或对偶形式: $P^d \cap I^c \cap J^c = P$);

(6) $P \cup P^{-1} = I^c \cap J^c$(或对偶形式: $I \cup J = P^c \cap P^d$);

(7) $P \cup I = J^c \cap P^d$(或对偶形式: $P^{-1} \cup J = P^c \cap I^c$);

(8) $P \cup J = I^c \cap P^d$(或对偶形式: $P^{-1} \cup I = P^c \cap J^c$).

在模糊情况下, 并不是上面所有的完全性表述都是等价的, 事实上, 我们有下列结论[83, 84].

命题 4.3　设 P, I, J 均为 A 上模糊关系且满足:

$$P \cap_{W_\varphi} P^{-1} = P \cap_{W_\varphi} I = P \cap_{W_\varphi} J = I \cap_{W_\varphi} J = \varnothing.$$

考虑下列陈述:

(1) $P \cup_{W_\varphi'} P^{-1} \cup_{W_\varphi'} I \cup_{W_\varphi'} J = A \times A$(或对偶形式: $P^c_{N_\varphi} \cap_{W_\varphi} P^d_{N_\varphi} \cap_{W_\varphi} I^c_{N_\varphi} \cap_{W_\varphi} J^c_{N_\varphi} = \varnothing$);

(2) $P \cup_{W_\varphi'} P^{-1} \cup_{W_\varphi'} I = J^c_{N_\varphi}$(或对偶形式: $P^c_{N_\varphi} \cap_{W_\varphi} P^d_{N_\varphi} \cap_{W_\varphi} I^c_{N_\varphi} = J$);

(3) $P \cup_{W_\varphi'} P^{-1} \cup_{W_\varphi'} J = I^c_{N_\varphi}$(或对偶形式: $P^c_{N_\varphi} \cap_{W_\varphi} P^d_{N_\varphi} \cap_{W_\varphi} J^c_{N_\varphi} = I$);

(4) $P \cup_{W_\varphi'} I \cup_{W_\varphi'} J = P^d_{N_\varphi}$(或对偶形式: $P^c_{N_\varphi} \cap_{W_\varphi} I^c_{N_\varphi} \cap_{W_\varphi} J^c_{N_\varphi} = P^{-1}$);

(5) $P^{-1} \cup_{W_\varphi'} I \cup_{W_\varphi'} J = P^c_{N_\varphi}$(或对偶形式: $P^d_{N_\varphi} \cap_{W_\varphi} I^c_{N_\varphi} \cap_{W_\varphi} J^c_{N_\varphi} = P$);

(6) $P \cup_{W_\varphi'} P^{-1} = I^c_{N_\varphi} \cap_{W_\varphi} J^c_{N_\varphi}$(或对偶形式: $I \cup_{W_\varphi'} J = P^c_{N_\varphi} \cap_{W_\varphi} P^d_{N_\varphi}$);

(7) $P \cup_{W_\varphi'} I = J^c_{N_\varphi} \cap_{W_\varphi} P^d_{N_\varphi}$(或对偶形式: $P^{-1} \cup_{W_\varphi'} J = P^c_{N_\varphi} \cap_{W_\varphi} I^c_{N_\varphi}$);

(8) $P \cup_{W_\varphi'} J = I^c_{N_\varphi} \cap_{W_\varphi} P^d_{N_\varphi}$(或对偶形式: $P^{-1} \cup_{W_\varphi'} I = P^c_{N_\varphi} \cap_{W_\varphi} J^c_{N_\varphi}$);

(9) $\forall a, b \in A, \varphi(P(a,b)) + \varphi(P(b,a)) + \varphi(I(a,b)) + \varphi(J(a,b)) \geqslant 1$;

(10) $\forall a, b \in A, \varphi(P(a,b)) + \varphi(P(b,a)) + \varphi(I(a,b)) + \varphi(J(a,b)) = 1$,

则 (1) $\iff$ (2) $\iff$ (3) $\iff$ (4) $\iff$ (5) $\iff$ (9); (6) $\iff$ (7) $\iff$ (8) $\iff$ (10).

证明　我们仅证明 (1) $\iff$ (9) 以及 (6) $\iff$ (10), 其余证明留给读者.

对任意 $a, b \in A$,

$$(P \cup_{W_\varphi'} P^{-1})(a, b) = \varphi^{-1}(\min\{\varphi(P(a,b)) + \varphi(P(b,a)), 1\}).$$

由于 $P \cap_{W_\varphi} P^{-1} = \varnothing$, 故 $\varphi(P(a,b)) + \varphi(P(b,a)) \leqslant 1$. 于是,

$$(P \cup_{W_\varphi'} P^{-1})(a, b) = \varphi^{-1}(\varphi(P(a,b)) + \varphi(P(b,a))).$$

由 $I \cap_{W_\varphi} J = \varnothing$ 类似可得

$$(I \cup_{W'_\varphi} J)(a,b) = \varphi^{-1}(\varphi(I(a,b)) + \varphi(J(a,b))).$$

所以,

$$P \cup_{W'_\varphi} P^{-1} \cup_{W'_\varphi} I \cup_{W'_\varphi} J = A \times A$$

$$\Longleftrightarrow \forall a,b \in A, (P \cup_{W'_\varphi} P^{-1} \cup_{W'_\varphi} I \cup_{W'_\varphi} J)(a,b) = 1$$

$$\Longleftrightarrow \forall a,b \in A, (P \cup_{W'_\varphi} P^{-1})(a,b) \cup_{W'_\varphi} (I \cup_{W'_\varphi} J)(a,b) = 1$$

$$\Longleftrightarrow \forall a,b \in A, \varphi^{-1}(\min\{\varphi(P(a,b)) + \varphi(P(b,a)) + \varphi(I(a,b)) + \varphi(J(a,b)), 1\}) = 1$$

$$\Longleftrightarrow \forall a,b \in A, \varphi(P(a,b)) + \varphi(P(b,a)) + \varphi(I(a,b)) + \varphi(J(a,b)) \geqslant 1.$$

从而, 我们证明了 (1) $\Longleftrightarrow$ (9).

由 $I \cap_{W_\varphi} J = \varnothing$ 知, $\forall a,b \in A, \varphi(I(a,b)) + \varphi(J(b,a)) \leqslant 1$. 于是,

$$P \cup_{W'_\varphi} P^{-1} = I^c_{N_\varphi} \cap_{W_\varphi} J^c_{N_\varphi}$$

$$\Longleftrightarrow \forall a,b \in A, (P \cup_{W'_\varphi} P^{-1})(a,b) = (I^c_{N_\varphi} \cap_{W_\varphi} J^c_{N_\varphi})(a,b)$$

$$\Longleftrightarrow \forall a,b \in A, \varphi^{-1}(\min\{\varphi(P(a,b)) + \varphi(P(b,a)), 1\})$$

$$= \varphi^{-1}(\max\{1 - \varphi(I(a,b)) + 1 - \varphi(J(b,a)) - 1, 0\})$$

$$\Longleftrightarrow \forall a,b \in A, \varphi(P(a,b)) + \varphi(P(b,a)) = 1 - \varphi(I(a,b)) - \varphi(J(b,a))$$

$$\Longleftrightarrow \forall a,b \in A, \varphi(P(a,b)) + \varphi(P(b,a)) + \varphi(I(a,b)) + \varphi(J(a,b)) = 1.$$

从而证明了 (6) 与 (10) 的等价性. □

4.2.2 可加的 φ-模糊偏好结构概念

现在将定义 4.2 中的完全性条件进行加强即得下列可加的 φ-模糊偏好结构定义.

定义 4.3 设 φ 是 $[0,1]$ 上的一个自同构. 若 A 上二元关系 P, I, J 满足下列条件:

(1) I 是自反、对称的;

(2) J 是非自反、对称的;

(3) P 是 W_φ-非对称的;

(4) $P \cap_{W_\varphi} I = P \cap_{W_\varphi} J = I \cap_{W_\varphi} J = \varnothing$;

(5) $P \cup_{W'_\varphi} P^{-1} = I^c_{N_\varphi} \cap_{W_\varphi} J^c_{N_\varphi}$,

则称 (P, I, J) 是一个 A 上可加的 φ-模糊偏好结构. $R = P \cup_{W'_\varphi} I$ 称为该偏好结

构的大偏好或弱偏好.

由定义立得: $I \subseteq R, P \subseteq R$ 且 R 是自反的.

注 4.2　定义 4.3 最早见于文献 [85], [86]. 可加的 φ-模糊偏好结构是目前被学者们广为接受的一类偏好结构, 一些文献中出现的定义在本质上与该定义是相同的[83, 87, 88], 同时, 该框架结构也是一些文献讨论各种序结构的基础[89–91]. 所以, 以后我们的全部讨论都是建立在可加的 φ-模糊偏好结构基础上的.

下面的结果给出了可加的 φ-模糊偏好结构的等价描述, 同时也解释了 "可加的" 一词.

命题 4.4[83]　(P, I, J) 是一个 A 上可加的 φ-模糊偏好结构当且仅当

(1) I 是自反、对称的;

(2) $\forall a, b \in A, \varphi(P(a,b)) + \varphi(P(b,a)) + \varphi(I(a,b)) + \varphi(J(a,b)) = 1$.

另外, 大偏好 R 即为: $\forall a, b \in A, R(a,b) = \varphi^{-1}(\varphi(P(a,b)) + \varphi(I(a,b)))$.

证明　若 (P, I, J) 是一个 A 上可加的 φ-模糊偏好结构, 则由定义知, I 是自反、对称的, 而 (2) 由命题 4.3 的 (6) 与 (10) 的等价性立得.

反之, 假设 (1), (2) 成立, 则由 (2) 及 I 的对称性易得 J 的对称性. 由 I 的自反性及 (2) 可得 J 的非自反性. 同时, $\forall a, b \in A$,

$$\varphi(P(a,b)) + \varphi(P(b,a)) \leqslant 1;$$
$$\varphi(P(a,b)) + \varphi(I(a,b)) \leqslant 1;$$
$$\varphi(P(a,b)) + \varphi(J(a,b)) \leqslant 1;$$
$$\varphi(I(a,b)) + \varphi(J(a,b)) \leqslant 1.$$

从而可得 P 的 W_φ-非对称性以及 $P \cap_{W_\varphi} I = P \cap_{W_\varphi} J = I \cap_{W_\varphi} J = \varnothing$.

另外, 由 $\varphi(P(a,b)) + \varphi(P(b,a)) + \varphi(I(a,b)) + \varphi(J(a,b)) = 1$ 及命题 4.3 的 (6) 与 (10) 的等价性可得

$$P \cup_{W'_\varphi} P^{-1} = I^c_{N_\varphi} \cap_{W_\varphi} J^c_{N_\varphi}.$$

于是, (P, I, J) 是一个 A 上可加的 φ-模糊偏好结构.

另外, $\forall a, b \in A$,

$$\begin{aligned} R(a,b) &= (P \cup_{W'_\varphi} I)(a,b) \\ &= \varphi^{-1}(\min\{\varphi(P(a,b)) + \varphi(I(a,b)), 1\}) \\ &= \varphi^{-1}(\varphi(P(a,b)) + \varphi(I(a,b))). \end{aligned}$$　□

由命题 4.4 知, 在一个可加的 φ-模糊偏好结构中, P 是非自反的.

命题 4.5　设 (P, I, J) 是一个 A 上可加的 φ-模糊偏好结构, 则

(1) $I \subseteq P_{N_\varphi}^c$ 且 $I \subseteq P_{N_\varphi}^d$;

(2) $P \cup_{W_\varphi'} J = R_{N_\varphi}^d$;

(3) R 强完全当且仅当 $P = R_{N_\varphi}^d$, $I = R \cap R^{-1}$ 以及 $J = \varnothing$.

证明　(1) 由 $P \cap_{W_\varphi} I = \varnothing$ 得

$$\forall a, b, \quad \varphi(P(a,b)) + \varphi(I(a,b)) \leqslant 1.$$

于是, $I(a,b) \leqslant \varphi^{-1}(1 - \varphi(P(a,b))) = P_{N_\varphi}^c(a,b)$, 即 $I \subseteq P_{N_\varphi}^c$. 从而, $I = I^{-1} \subseteq P_{N_\varphi}^d$.

(2) 由命题 4.4 可知, $\forall a, b$, $1 - \varphi(R(b,a)) = \varphi(P(a,b)) + \varphi(J(a,b))$. 此即为

$$P \cup_{W_\varphi'} J = R_{N_\varphi}^d.$$

(3) 任取 $a, b \in A$, 若 $R(a,b) = 1$, 则由命题 4.4 知, $P(b,a) = J(a,b) = 0$. 由 (2) 立得 $P(a,b) = R_{N_\varphi}^d(a,b)$. 另外, 由 I 的对称性以及 $R(b,a) = \varphi^{-1}(\varphi(P(b,a)) + \varphi(I(b,a)))$ 可得

$$I(a,b) = I(b,a) = R(b,a) = \min\{R(a,b), R(b,a)\}.$$

若 $R(b,a) = 1$, 则由命题 4.4 可得 $J(a,b) = 0$ 且 $P(a,b) = 0 = R_{N_\varphi}^d(a,b)$. 此时,

$$I(a,b) = \varphi^{-1}(\varphi(R(a,b)) - \varphi(P(a,b))) = R(a,b) = \min\{R(a,b), R(b,a)\}.$$

所以, $\forall a, b \in A$, $J(a,b) = 0$, $I(a,b) = \min\{R(a,b), R(b,a)\}$ 且 $P(a,b) = R_{N_\varphi}^d(a,b)$, 即 $P = R_{N_\varphi}^d$, $I = R \cap R^{-1}$ 且 $J = \varnothing$.

反之, 由 $I = R \cap R^{-1}$, $\forall a, b \in A$, $I(a,b) = R(a,b)$ 或 $I(a,b) = R(b,a)$.

若 $I(a,b) = R(a,b)$, 则 $P(a,b) = 0$, 由 $P = R_{N_\varphi}^d$ 知, $R(b,a) = 1$.

若 $I(a,b) = R(b,a)$, 类似可得 $R(a,b) = 1$. 所以, R 是强完全的. □

由命题 4.5(2) 的证明过程可立得下列推论.

推论 4.1　对一个可加的 φ-模糊偏好结构, 若 R 强完全, 则 P 是非对称的.

下面我们简要介绍一下可加的 φ-模糊偏好结构的截结构.

设 (P, I, J) 是一个 A 上可加的 φ-模糊偏好结构, 其大偏好关系为 R. 对任意 $\alpha \in [0, 1]$, 令

$$P^\alpha = R_\alpha \cap (R_\alpha)^d, \quad I^\alpha = R_\alpha \cap (R_\alpha)^{-1}, \quad J^\alpha = (R_\alpha)^c \cap (R_\alpha)^d.$$

则由于 R 自反可得 R_α 的自反性, $(P^\alpha, I^\alpha, J^\alpha)$ 是一个普通的偏好结构, 其大偏好为 R_α. 称 $(P^\alpha, I^\alpha, J^\alpha)$ 为 (P, I, J) 的 α-截结构[92].

注 4.3　对一个 A 上可加的 φ-模糊偏好结构 (P, I, J), $(P_\alpha, I_\alpha, J_\alpha)$ $(\alpha \in [0, 1])$ 一般来说不一定是一个普通偏好结构. 例如, 在例 4.1 中, 令 $\alpha = 0.2$, 则由于 $(b, d) \in P_\alpha$ 且 $(d, b) \in P_\alpha$, 故 P_α 不是非对称的, 从而 $(P_\alpha, I_\alpha, J_\alpha)$ 不是一个普通偏好结构.

4.3　无不可比关系的可加的 φ-模糊偏好结构

本节我们主要讨论在 $J = \varnothing$ 情况下, 可加的 φ-模糊偏好结构的相关性质. 为方便起见, 以后将 $J = \varnothing$ 时的可加的 φ-模糊偏好结构记为 (P, I).

命题 4.6　对 A 上一个可加的 φ-模糊偏好结构 (P, I, J), 下列陈述等价:

(1) $J = \varnothing$;

(2) $P = R_{N_\varphi}^d$;

(3) $P \cup_{W_\varphi'} P^{-1} = I_{N_\varphi}^c$.

证明　我们证明 (1) 分别与 (2), (3) 等价.

首先证明 (1) 与 (2) 等价. $J = \varnothing$ 时, 由命题 4.5(2) 即得 $P = R_{N_\varphi}^d$.

反之, 假设 $P = R_{N_\varphi}^d$. 此时, 命题 4.5(2) 即为

$$\forall a, b \in A, \quad W_\varphi'(P(a, b), J(a, b)) = P(a, b).$$

由于 $\varphi(P(a, b)) + \varphi(J(a, b)) \leqslant 1$, 故

$$\varphi(P(a, b)) + \varphi(J(a, b)) = \varphi(P(a, b)),$$

从而 $\forall a, b \in A, J(a, b) = 0$, 即 $J = \varnothing$.

然后证明 (1) 与 (3) 等价. 由于 $\varphi(P(a, b)) + \varphi(P(b, a)) \leqslant 1$ 以及 $\varphi(P(a, b)) + \varphi(P(b, a)) + \varphi(I(a, b)) + \varphi(J(a, b)) = 1$, 故我们有

$$P \cup_{W_\varphi'} P^{-1} = I_{N_\varphi}^c$$
$$\Longleftrightarrow \forall a, b \in A, W_\varphi'(P(a, b), P(b, a)) = N_\varphi(I(a, b))$$
$$\Longleftrightarrow \forall a, b \in A, \min\{\varphi(P(a, b)) + \varphi(P(b, a)), 1\} = 1 - \varphi(I(a, b))$$
$$\Longleftrightarrow \forall a, b \in A, \varphi(P(a, b)) + \varphi(P(b, a)) + \varphi(I(a, b)) = 1$$
$$\Longleftrightarrow \forall a, b \in A, J(a, b) = 0$$
$$\Longleftrightarrow J = \varnothing. \qquad \square$$

命题 4.7　$J = \varnothing$ 当且仅当 R 是 W_φ'-强完全的且 $I = R \cap_{W_\varphi} R^{-1}$.

证明 $J = \varnothing$ 时, 由命题 4.4 可得

$$\forall a, b \in A, \quad \varphi(P(a,b)) + \varphi(P(b,a)) + \varphi(I(a,b)) = 1.$$

于是,

$$\varphi(R(a,b)) + \varphi(R(b,a)) = \varphi(P(a,b)) + \varphi(P(b,a)) + \varphi(I(a,b)) + \varphi(I(b,a)) \geqslant 1,$$

即 R 是 W'_φ-强完全的.

另外, 由命题 4.6, $P = R^d_{N_\varphi}$,

$$\forall a, b \in A, \quad \varphi(R(a,b)) = \varphi(P(a,b)) + \varphi(I(a,b)) = 1 - \varphi(R(b,a)) + \varphi(I(a,b)).$$

由于 R 是 W'_φ-强完全的, 故

$$\varphi(R(a,b)) + \varphi(R(b,a)) \geqslant 1.$$

所以,

$$I(a,b) = \varphi^{-1}(\max\{\varphi(R(a,b)) + \varphi(R(b,a)) - 1, 0\}),$$

即 $I = R \cap_{W_\varphi} R^{-1}$.

反过来, 假设 R 是 W'_φ-强完全的且 $I = R \cap_{W_\varphi} R^{-1}$.

由 $I = R \cap_{W_\varphi} R^{-1}$ 可得

$$\forall a, b \in A, \quad \varphi(I(a,b)) = \max\{\varphi(R(a,b)) + \varphi(R(b,a)) - 1, 0\}.$$

由 R 的 W'_φ-强完全性, $\varphi(R(a,b)) + \varphi(R(b,a)) \geqslant 1$. 故

$$\forall a, b \in A, \quad \varphi(I(a,b)) = \varphi(R(a,b)) + \varphi(R(b,a)) - 1.$$

由命题 4.4 可得

$$\varphi(R(a,b)) + \varphi(P(b,a)) + \varphi(J(a,b)) = 1.$$

于是, $\forall a, b \in A, J(a,b) = 0$, 即 $J = \varnothing$. □

引理 4.1 [93] 设 (P, I) 是 A 上一个可加的 φ-模糊偏好结构, T 是一个无零因子的 t-模, 若 $P \circ_T I \subseteq P$ 或 $I \circ_T P \subseteq P$, 则

(1) $\forall a, b \in A, I(a,b) = 0$ 或 $P(a,b) = P(b,a) = 0$;

(2) I 是一个普通关系.

证明 我们在 $P \circ_T I \subseteq P$ 条件下给出证明, $I \circ_T P \subseteq P$ 条件下的证明是类似的.

(1) 由 $P \circ_T I \subseteq P$ 以及 P 非自反, 对任意 $a, b \in A$,

$$T(P(a, b), I(b, a)) \leqslant P(a, a) = 0,$$

$$T(P(b, a), I(a, b)) \leqslant P(b, b) = 0.$$

由于 I 对称, 当 $I(a, b) \neq 0$ 时, $I(b, a) \neq 0$. 因为 T 是一个无零因子的 t-模, 此时 $P(a, b) = P(b, a) = 0$. 所以, $I(a, b) = 0$ 或 $P(a, b) = P(b, a) = 0$.

(2) 由于 $J = \varnothing$, 根据命题 4.4, 对任意 $a, b \in A$,

$$\varphi(P(a, b)) + \varphi(P(b, a)) + \varphi(I(a, b)) = 1.$$

由 (1), $I(a, b) = 0$ 或 $P(a, b) = P(b, a) = 0$, 于是 $I(a, b) = 0$ 或 $I(a, b) = 1$, 从而 I 是普通关系. □

在引理 4.1 条件下, 虽然 I 是一个普通关系, 但 P 却不一定是一个普通关系, 下面的例子说明了这一点.

例 4.3 设 $P = \begin{pmatrix} 0 & 0 & 0.5 \\ 0 & 0 & 0.5 \\ 0.5 & 0.5 & 0 \end{pmatrix}, I = \begin{pmatrix} 1 & 1 & 0 \\ 1 & 1 & 0 \\ 0 & 0 & 1 \end{pmatrix}, J = \varnothing.$

令 $\varphi(x) = x$, $T = \min$ 为无零因子的 t-模, 则容易验证 (P, I, J) 是一个可加的 φ-模糊偏好结构. 此时, $P \circ_T I = I \circ_T P = P$. 显然, P 不是一个普通关系.

命题 4.8[93] 设 (P, I) 是 A 上一个可加的 φ-模糊偏好结构, T 是一个无零因子的 t-模, 则

$$P \circ_T I \subseteq P \iff I \circ_T P \subseteq P.$$

证明 假设 $P \circ_T I \subseteq P$, 我们证明 $I \circ_T P \subseteq P$, 即证:

$$\forall a, b, c \in A, \quad T(I(a, b), P(b, c)) \leqslant P(a, c).$$

若 $I(a, b) = 0$ 或 $P(b, c) = 0$, 则不等式显然成立. 所以, 我们假设 $I(a, b) \neq 0$ 且 $P(b, c) \neq 0$.

由引理 4.1 及 $I(a, b) \neq 0$ 知, $P(a, b) = P(b, a) = 0$ 且 $I(a, b) = 1$. 于是由 $P \circ_T I \subseteq P$ 可得

$$P(c, a) = T(P(c, a), I(a, b)) \leqslant P(c, b) \quad \text{且} \quad T(P(b, c), I(c, a)) \leqslant P(b, a) = 0.$$

因为 T 无零因子且 $P(b, c) \neq 0$, 故 $I(c, a) = 0$.

由命题 4.4 及 $J = \varnothing$,

$$\varphi(P(a,c)) + \varphi(P(c,a)) = 1.$$

另外, 由 $P(b,c) \neq 0$ 以及引理 4.1(1), $I(b,c) = 0$. 从而由命题 4.4 及 $J = \varnothing$,

$$\varphi(P(b,c)) + \varphi(P(c,b)) = 1.$$

于是由 $P(c,a) \leqslant P(c,b)$ 立得 $P(b,c) \leqslant P(a,c)$. 所以, $T(I(a,b), P(b,c)) = P(b,c) \leqslant P(a,c)$.

$I \circ_T P \subseteq P \Longrightarrow P \circ_T I \subseteq P$ 类似可证.   □

命题 4.9[93]   设 (P,I) 是 A 上一个可加的 φ-模糊偏好结构, T 是一个无零因子的 t-模. 若 $P \circ_T I \subseteq P$ 或 $I \circ_T P \subseteq P$, 则 I 是传递的.

证明   我们假设 $P \circ_T I \subseteq P$, 证明 I 是传递的, 即 $\forall a, b, c \in A$, $I(a,b) \wedge I(b,c) \leqslant I(a,c)$. 当 $I(a,b) = 0$ 或 $I(b,c) = 0$ 时, 不等式显然成立, 故以下假设 $I(a,b) \neq 0$ 且 $I(b,c) \neq 0$. 由引理 4.1(2), $I(a,b) = I(b,c) = 1$. 由引理 4.1(1), $P(a,b) = P(c,b) = 0$. 于是, 由 $P \circ_T I \subseteq P$ 及 I 的对称性,

$$P(a,c) = T(P(a,c), I(b,c)) = T(P(a,c), I(c,b)) \leqslant P(a,b) = 0,$$

$$P(c,a) = T(P(c,a), I(a,b)) \leqslant P(c,b) = 0.$$

于是, $P(a,c) = P(c,a) = 0$. 由命题 4.4 及 $J = \varnothing$,

$$\varphi(P(a,c)) + \varphi(P(c,a)) + \varphi(I(a,c)) = 1,$$

故 $I(a,c) = 1$, 从而 $I(a,b) \wedge I(b,c) \leqslant I(a,c)$. 于是, 我们在 $P \circ_T I \subseteq P$ 情况下证明了 I 的传递性. 在 $I \circ_T P \subseteq P$ 情况下的证明是类似的.   □

在命题 4.8 中, 取 $T = \min$ 立得下列结果.

推论 4.2   设 (P,I) 是 A 上一个可加的 φ-模糊偏好结构. 若 $P \circ I \subseteq P$ 或 $I \circ P \subseteq P$, 则 I 是传递的.

在命题 4.8 以及命题 4.9 中, 我们要求 T 是无零因子, 若无此要求, 则这两个命题中的结果不一定成立. 下面的例子仅对命题 4.8 中去掉无零因子的情况给出反例.

例 4.4   设 $P = \begin{pmatrix} 0 & 0 & 0 \\ 0.4 & 0 & 0.5 \\ 0.3 & 0 & 0 \end{pmatrix}, I = \begin{pmatrix} 1 & 0.6 & 0.7 \\ 0.6 & 1 & 0.5 \\ 0.7 & 0.5 & 1 \end{pmatrix}, J = \varnothing.$

令 $\varphi(x) = x$, 则容易验证 (P, I, J) 是一个可加的 φ-模糊偏好结构. 取 $T = W$, 则有

$$
P \circ_T I = \begin{pmatrix} 0 & 0 & 0 \\ 0.4 & 0 & 0.5 \\ 0.3 & 0 & 0 \end{pmatrix}, \quad I \circ_T P = \begin{pmatrix} 0 & 0 & 0.1 \\ 0.4 & 0 & 0.5 \\ 0.3 & 0 & 0 \end{pmatrix}.
$$

所以, $P \circ_T I \subseteq P$, 而 $I \circ_T P \subseteq P$ 不成立.

4.4　几个特例

4.4.1　P 非对称

定理 4.1　设 (P, I, J) 是一个可加的 φ-模糊偏好结构. 若 P 非对称, 则

$$
P = R \cap_{W_\varphi} R^d_{N_\varphi}, \quad I = R \cap R^{-1}, \quad J = R^c_{N_\varphi} \cap R^d_{N_\varphi}.
$$

证明　由 P 的非对称性, 任取 $a, b \in A$, $P(a, b) = 0$ 或 $P(b, a) = 0$. $P(a, b) = 0$ 时, $I(a, b) = R(a, b)$,

$$
R(b, a) = \varphi^{-1}(\varphi(I(a, b)) + \varphi(P(b, a))) \geqslant R(a, b).
$$

于是,

$$
(R \cap_{W_\varphi} R^d_{N_\varphi})(a, b) = W_\varphi(R(a, b), \varphi^{-1}(1 - \varphi(R(b, a)))) = 0 = P(a, b), \tag{4.1}
$$

$$
I(a, b) = R(a, b) \wedge R(b, a) = (R \cap R^{-1})(a, b). \tag{4.2}
$$

另外, $\varphi(P(b, a)) = \varphi(R(b, a)) - \varphi(I(b, a)) = \varphi(R(b, a)) - \varphi(I(a, b))$. 所以,

$$
\varphi(J(a, b)) = 1 - \varphi(P(b, a)) - \varphi(I(a, b)) = 1 - \varphi(R(b, a)).
$$

由于 $R(b, a) \geqslant R(a, b)$, 故

$$
J(a, b) = \varphi^{-1}(1 - \varphi(R(b, a))) = (R^c_{N_\varphi} \cap R^d_{N_\varphi})(a, b). \tag{4.3}
$$

$P(b, a) = 0$ 时, 类似可证 (4.1)—(4.3). 所以,

$$
P = R \cap_{W_\varphi} R^d_{N_\varphi}, \quad I = R \cap R^{-1}, \quad J = R^c_{N_\varphi} \cap R^d_{N_\varphi}. \qquad \square
$$

推论 4.3　在 P 非对称条件下, $J = \varnothing \iff R$ 强完全.

证明 由定理 4.1,

$$
\begin{aligned}
J = \varnothing &\iff R_{N_\varphi}^c \cap R_{N_\varphi}^d = \varnothing \\
&\iff \forall a, b \in A, R_{N_\varphi}^c(a, b) = 0 \text{ 或 } R_{N_\varphi}^d(a, b) = 0 \\
&\iff \forall a, b \in A, N_\varphi(R(a, b)) = 0 \text{ 或 } N_\varphi(R(b, a)) = 0 \\
&\iff \forall a, b \in A, R(a, b) = 1 \text{ 或 } R(b, a) = 1 \\
&\iff R \text{ 强完全}. \qquad \square
\end{aligned}
$$

注 4.4 P 非对称且 $J = \varnothing$ 时的模糊偏好结构即为文献 [94] 所讨论的结构.

命题 4.10 设 T 是关于 N_φ 的旋转不变 t-模, $J = \varnothing$ 且 P 非对称, 则由 $P \circ_T I \subseteq P$ 或 $I \circ_T P \subseteq P$ 可得 I 的 T-传递性.

证明 我们证明 $P \circ_T I \subseteq P$ 的情形. 只需证: $\forall a, b, c \in A, T(I(a, c), I(c, b)) \leqslant I(a, b)$. 由于 P 是非对称的, $P(a, b) = 0$ 或 $P(b, a) = 0$.

如果 $P(a, b) = 0$, 则 $I(a, b) = R(a, b)$. 由于 $J = \varnothing$, $R = P_{N_\varphi}^d$, 故 $I(a, b) = N_\varphi(P(b, a))$. 另外, 由 $\varphi(P(b, c)) + \varphi(I(b, c)) \leqslant 1$ 可得: $P(b, c) \leqslant N_\varphi(I(b, c)) = N_\varphi(I(c, b))$. 所以, 由 $P \circ_T I \subseteq P$,

$$
T(I(a, c), P(b, a)) = T(P(b, a), I(a, c)) \leqslant P(b, c) \leqslant N_\varphi(I(c, b)).
$$

由于 T 是关于 N_φ 的旋转不变 t-模,

$$
T(I(a, c), I(c, b)) \leqslant N_\varphi(P(b, a)) = I(a, b).
$$

如果 $P(b, a) = 0$, 证明是类似的. $\qquad \square$

定理 4.2 若 P 非对称, 则

(1) R 满足一致性 $\iff P$ 满足一致性;

(2) R 满足弱传递性 $\iff P$ 满足弱传递性;

(3) R 非循环 $\iff P$ 非循环.

证明 我们证明 (1), 其余自证. 由定理 4.1 知, $P = R \cap_{W_\varphi} R_{N_\varphi}^d$. 于是, 由 P 的非对称性, $\forall a, b \in A$,

$$
P(a, b) \geqslant P(b, a) \iff P(b, a) = 0 \iff (R \cap_{W_\varphi} R_{N_\varphi}^d)(b, a) = 0 \iff R(a, b) \geqslant R(b, a).
$$

所以, R 满足一致性 $\iff P$ 满足一致性. $\qquad \square$

4.4.2 π_φ-模糊偏好结构

本节我们讨论满足下列条件的可加的 φ-模糊偏好结构: 存在 t-模 T 使得对

任意 A 上的模糊关系 R 均有

$$P = R \cap_T R_{N_\varphi}^d, \quad I = R \cap_T R^{-1}, \quad J = R_{N_\varphi}^c \cap_T R_{N_\varphi}^d. \tag{4.4}$$

引理 4.2 [95]　　设 $T : [0,1]^2 \to [0,1]$, 若 $T(x,y)$ 对 y 单增且满足结合律, 则函数方程

$$\forall x, y \in [0,1], \quad T(x,y) + T(x, 1-y) = x$$

的解为 $T(x,y) = xy$.

证明　　由 $T(x,y) + T(x, 1-y) = x$ 得: $T(0,y) = 0$, $T\left(x, \dfrac{1}{2}\right) = \dfrac{1}{2}x$. 由结合律得

$$T(x,0) = T\left(x, T\left(0, \frac{1}{2}\right)\right) = T\left(T(x,0), \frac{1}{2}\right) = \frac{1}{2}T(x,0) \Longrightarrow T(x,0) = 0.$$

下证只要 $y_i \in \{0,1\}$, 则有

$$T\left(x, \sum_{i=1}^{n} \frac{y_i}{2^i}\right) = \sum_{i=1}^{n} x \frac{y_i}{2^i}.$$

当 $n = 1$ 时, $T\left(x, \dfrac{y_1}{2}\right) = \dfrac{1}{2}xy_1$, 显然. 现设其对 n 成立, 考虑 $n+1$, 即证

$$T\left(x, \sum_{i=1}^{n+1} \frac{y_i}{2^i}\right) = \sum_{i=1}^{n+1} x \frac{y_i}{2^i}.$$

若 $y_{n+1} = 0$, 由归纳假设即得结论, 现设 $y_{n+1} = 1$.

若 $y_1 = 0$,

$$\begin{aligned}
T\left(x, \sum_{i=1}^{n+1} \frac{y_i}{2^i}\right) &= T\left(x, \frac{1}{2}\sum_{i=2}^{n+1} \frac{y_i}{2^{i-1}}\right) = T\left(x, T\left(\sum_{i=2}^{n+1} \frac{y_i}{2^{i-1}}, \frac{1}{2}\right)\right) \\
&= T\left(T\left(x, \sum_{i=2}^{n+1} \frac{y_i}{2^{i-1}}\right), \frac{1}{2}\right) \\
&= T\left(x \sum_{i=2}^{n+1} \frac{y_i}{2^{i-1}}, \frac{1}{2}\right) \quad (\text{归纳假设}) \\
&= \frac{1}{2}x \sum_{i=2}^{n+1} \frac{y_i}{2^{i-1}} = x \sum_{i=1}^{n+1} \frac{y_i}{2^i}.
\end{aligned}$$

若 $y_1 = 1$,

$$T\left(x, \sum_{i=1}^{n+1}\frac{y_i}{2^i}\right) = T\left(x, \frac{1}{2}+\sum_{i=2}^{n+1}\frac{y_i}{2^i}\right) = x - T\left(x, \frac{1}{2}-\sum_{i=2}^{n+1}\frac{y_i}{2^i}\right)$$

$$= x - T\left(x, \sum_{i=2}^{n}\frac{1-y_i}{2^i}+\frac{1}{2^{n+1}}\right)$$

$$= x - T\left(x, \frac{1}{2}\left(\sum_{i=2}^{n}\frac{1-y_i}{2^{i-1}}+\frac{1}{2^n}\right)\right)$$

$$= x - T\left(x, T\left(\sum_{i=2}^{n}\frac{1-y_i}{2^{i-1}}+\frac{1}{2^n}, \frac{1}{2}\right)\right)$$

$$= x - T\left(T\left(x, \sum_{i=2}^{n}\frac{1-y_i}{2^{i-1}}+\frac{1}{2^n}\right), \frac{1}{2}\right)$$

$$= x - T\left(x\left(\sum_{i=2}^{n}\frac{1-y_i}{2^{i-1}}+\frac{1}{2^n}\right), \frac{1}{2}\right)$$

$$= x - \frac{1}{2}x\left(\sum_{i=2}^{n}\frac{1-y_i}{2^{i-1}}+\frac{1}{2^n}\right) = x\sum_{i=1}^{n+1}\frac{y_i}{2^i}.$$

至此, 我们证明了对所有 $[0,1]$ 上的二进制数 (binary number)q, $T(x,q) = xq$. 而这类有理数在 $[0,1]$ 中稠密, 由 T 对 y 单增可得

$$\forall x, y \in [0,1], \quad T(x,y) = xy. \qquad \square$$

定理 4.3 若 (4.4) 成立, 则 $T = \pi_\varphi$.

证明 由 $\forall a,b \in A$, $\varphi(R(a,b)) = \varphi(P(a,b)) + \varphi(I(a,b))$ 及 (4.4) 可得

$$\varphi(R(a,b)) = \varphi(T(R(a,b), \varphi^{-1}(1-\varphi(R(b,a))))) + \varphi(T(R(a,b), R(b,a))). \qquad (4.5)$$

由于 R 是任意关系, 所以 (4.5) 等价于: $\forall x,y \in [0,1]$

$$\varphi(x) = \varphi(T(x, \varphi^{-1}(1-\varphi(y)))) + \varphi(T(x,y)).$$

令 $G(x,y) = \varphi(T(\varphi^{-1}(x), \varphi^{-1}(y)))$, 则 G 是一个 t-模且

$$G(\varphi(x), 1-\varphi(y)) + G(\varphi(x), \varphi(y)) = \varphi(x).$$

由于 $\varphi(x)$ 及 $\varphi(y)$ 也是 $[0,1]$ 中的任意值, 所以上式等价于

$$\forall x,y \in [0,1], \quad G(x, 1-y) + G(x,y) = x.$$

于是, 由引理 4.2, $G(x,y) = xy$, 即 $\varphi(T(\varphi^{-1}(x), \varphi^{-1}(y))) = xy$, 从而,

$$\forall x,y \in [0,1], \quad T(x,y) = \varphi^{-1}(\varphi(x)\varphi(y)),$$

即 $T = \pi_\varphi$. □

上述定理表明: 满足 (4.4) 的偏好结构只能是

$$P = R \cap_{\pi_\varphi} R_{N_\varphi}^d, \quad I = R \cap_{\pi_\varphi} R^{-1}, \quad J = R_{N_\varphi}^c \cap_{\pi_\varphi} R_{N_\varphi}^d.$$

我们称此时的模糊偏好结构为 π_φ-模糊偏好结构, 该结构在文献 [96] 中有较为详细的讨论.

命题 4.11　对 π_φ-模糊偏好结构, $J = \varnothing$ 当且仅当 R 强完全.

证明　由 $J = R_{N_\varphi}^c \cap_{\pi_\varphi} R_{N_\varphi}^d$ 立得. □

命题 4.12　对 π_φ-模糊偏好结构, 若 R 是 $\pi_\varphi(W_\varphi)$-传递的, 则 I 是 $\pi_\varphi(W_\varphi)$-传递的.

证明　因为 $I = R \cap_{\pi_\varphi} R^{-1}$ 且 $\pi_\varphi \gg \pi_\varphi$ ($\pi_\varphi \gg W_\varphi$), 所以, 由命题 3.24 以及 R^{-1} 是 $\pi_\varphi(W_\varphi)$-传递的即得结论. □

4.4.3　满足条件 $P \cup_{W'_\varphi} P^{-1} \cup_{W'_\varphi} I = R \cup_{W'_\varphi} R^{-1}$ 的偏好结构

定理 4.4　若一个可加的 φ-模糊偏好结构 (P, I, J) 满足: $P \cup_{W'_\varphi} P^{-1} \cup_{W'_\varphi} I = R \cup_{W'_\varphi} R^{-1}$, 则

$$P = R \cap R_{N_\varphi}^d, \quad I = R \cap_{W_\varphi} R^{-1}, \quad J = R_{N_\varphi}^c \cap_{W_\varphi} R_{N_\varphi}^d.$$

证明　由 $P \cup_{W'_\varphi} P^{-1} \cup_{W'_\varphi} I = R \cup_{W'_\varphi} R^{-1}$ 可得: $\forall a, b \in A$,

$$\min\{\varphi(P(a,b)) + \varphi(I(a,b)) + \varphi(P(b,a)), 1\} = \min\{\varphi(R(a,b)) + \varphi(R(b,a)), 1\}.$$

由于 $\varphi(P(a,b)) + \varphi(I(a,b)) + \varphi(P(b,a)) \leqslant 1$ 且 $\varphi(P(a,b)) + \varphi(I(a,b)) = \varphi(R(a,b))$, 故

$$\varphi(R(a,b)) + \varphi(P(b,a)) = \min\{\varphi(R(a,b)) + \varphi(R(b,a)), 1\}. \tag{4.6}$$

如果 $\varphi(R(a,b)) + \varphi(R(b,a)) \geqslant 1$, 则 $\varphi(R(a,b)) + \varphi(P(b,a)) = 1$. 此时, $J(a,b) = 0$.

$$\varphi(W_\varphi(R_{N_\varphi}^c(a,b), R_{N_\varphi}^d(a,b)))$$
$$= \max\{1 - \varphi(R(a,b)) + 1 - \varphi(R(b,a)) - 1, 0\}$$
$$= 0 = J(a,b),$$

即 $J(a,b) = (R_{N_\varphi}^c \cap_{W_\varphi} R_{N_\varphi}^d)(a,b)$.

$$\varphi(W_\varphi(R(a,b), R(b,a))) = \max\{\varphi(R(a,b)) + \varphi(R(b,a)) - 1, 0\}$$
$$= \varphi(R(b,a)) - \varphi(P(b,a))$$
$$= \varphi(I(a,b)),$$

即 $I(a,b) = (R \cap_{W_\varphi} R^{-1})(a,b)$.

另外, 由 $\varphi(R(a,b)) + \varphi(P(b,a)) = 1$ 以及 $\varphi(R(a,b)) \geqslant 1 - \varphi(R(b,a))$ 可得

$$\varphi(P(a,b)) = 1 - \varphi(R(b,a)) = \min\{\varphi(R(a,b)), 1 - \varphi(R(b,a))\},$$

即 $P(a,b) = (R \cap R^d_{N_\varphi})(a,b)$.

如果 $\varphi(R(a,b)) + \varphi(R(b,a)) < 1$, 则由 (4.6), $R(b,a) = P(b,a)$, 从而 $I(a,b) = 0$. 于是 $\varphi(P(a,b)) + \varphi(P(b,a)) < 1$ 所以,

$$\varphi(P(a,b)) = \min\{\varphi(P(a,b)), 1 - \varphi(P(b,a))\} = \min\{\varphi(R(a,b)), 1 - \varphi(R(b,a))\},$$

即 $P(a,b) = (R \cap R^d_{N_\varphi})(a,b)$.

$$\begin{aligned}\varphi(W_\varphi(R(a,b), R(b,a))) &= \max\{\varphi(R(a,b)) + \varphi(R(b,a)) - 1, 0\} \\ &= \max\{\varphi(P(a,b)) + \varphi(P(b,a)) - 1, 0\} \\ &= 0 = \varphi(I(a,b)),\end{aligned}$$

即 $I(a,b) = (R \cap_{W_\varphi} R^{-1})(a,b)$. 另外,

$$\begin{aligned}\varphi(W_\varphi(R^c_{N_\varphi}(a,b), R^d_{N_\varphi}(a,b))) &= \max\{1 - \varphi(R(a,b)) + 1 - \varphi(R(b,a)) - 1, 0\} \\ &= \max\{1 - \varphi(P(a,b)) - \varphi(P(b,a)), 0\} \\ &= 1 - \varphi(P(a,b)) - \varphi(P(b,a)) \\ &= \varphi(J(a,b)).\end{aligned}$$

即 $J(a,b) = (R^c_{N_\varphi} \cap_{W_\varphi} R^d_{N_\varphi})(a,b)$.

综上即得: $P = R \cap R^d_{N_\varphi}$, $I = R \cap_{W_\varphi} R^{-1}$, $J = R^c_{N_\varphi} \cap_{W_\varphi} R^d_{N_\varphi}$. □

注 4.5 由定理 4.4 可知, 文献 [97] 所讨论的模糊偏好结构即为该结构.

命题 4.13 设 $P \cup_{W'_\varphi} P^{-1} \cup_{W'_\varphi} I = R \cup_{W'_\varphi} R^{-1}$ 成立, T 是一个关于 N_φ 的旋转不变 t-模, R 是 T-传递的, 则

(1) P 是 T-传递的;

(2) $W_\varphi \gg T$ 时, I 是 T-传递的.

证明 (1) 即证 $\forall a, b, c \in A$,

$$T(P(a,b), P(b,c)) \leqslant P(a,c) = \min\{R(a,c), R^d_{N_\varphi}(a,c)\}.$$

由于 $P(a,b) \leqslant N_\varphi(R(b,a))$, $P(b,c) \leqslant R(b,c)$, 故由 R 的 T-传递性知

$$T(P(a,b), P(b,c)) \leqslant T(R(a,b), R(b,c)) \leqslant R(a,c).$$

故只需证明:

$$T(P(a,b), P(b,c)) \leqslant R^d_{N_\varphi}(a,c) = R^c_{N_\varphi}(c,a) = N_\varphi(R(c,a)).$$

分以下四种情况讨论:

(i) $R(a,b) \leqslant N_\varphi(R(b,a))$ 且 $R(b,c) \leqslant N_\varphi(R(c,b))$. 此时,

$$P(a,b) = R(a,b), \quad P(b,c) = R(b,c).$$

由 R 的 T-传递性,

$$T(R(b,c), R(c,a)) \leqslant R(b,a).$$

由 T 的旋转不变性,

$$T(P(a,b), P(b,c)) = T(R(a,b), R(b,c)) \leqslant T(N_\varphi(R(b,a)), R(b,c)) \leqslant N_\varphi(R(c,a)).$$

(ii) $R(a,b) \leqslant N_\varphi(R(b,a))$ 且 $N_\varphi(R(c,b)) \leqslant R(b,c)$. 此时,

$$P(a,b) = R(a,b), \quad P(b,c) = N_\varphi(R(c,b)).$$

由 R 的 T-传递性,

$$T(R(c,a), R(a,b)) \leqslant R(c,b).$$

由 T 的旋转不变性,

$$T(P(a,b), P(b,c)) = T(R(a,b), N_\varphi(R(c,b))) \leqslant N_\varphi(R(c,a)).$$

(iii) $N_\varphi(R(b,a)) \leqslant R(a,b)$ 且 $R(b,c) \leqslant N_\varphi(R(c,b))$. 此时, 证明与 (2) 类似.

(iv) $N_\varphi(R(b,a)) \leqslant R(a,b)$ 且 $N_\varphi(R(c,b)) \leqslant R(b,c)$. 此时,

$$P(a,b) = N_\varphi(R(b,a)), \quad P(b,c) = N_\varphi(R(c,b)).$$

由 R 的 T-传递性,

$$T(R(c,a), R(a,b)) \leqslant R(c,b).$$

由 T 的旋转不变性,

$$T(P(a,b), P(b,c)) \leqslant T(R(a,b), P(b,c)) = T(R(a,b), N_\varphi(R(c,b))) \leqslant N_\varphi(R(c,a)).$$

(2) 由于 $I = R \cap_{W_\varphi} R^{-1}$, 故其 W_φ-传递性由命题 3.24 立得. □

注 4.6　在文献 [87] 中, 在 $T = W_\varphi$ 下, 给出了同样的结果.

4.5 常见模糊偏好结构

4.5.1 (T, φ)-模糊弱序结构

定义 4.4 设 (P, I, J) 是一个可加的 φ-模糊偏好结构, 若 $J = \varnothing$, 且 R 满足 T-传递性, 则称 (P, I, J) $((P, I))$ 为一个 (T, φ)-模糊弱序结构.

引理 4.3 若 $J = \varnothing$ 且 T 是一个关于 N_φ 的旋转不变的 t-模, 则下列陈述等价:

(1) (P, I) 为一个 (T, φ)-模糊弱序结构;

(2) $P \circ_T R \subseteq P$;

(3) $R \circ_T P \subseteq P$.

证明 由 $J = \varnothing$ 及命题 4.6(2), $P = R_{N_\varphi}^d$. 于是, 由 T 的旋转不变性,

$$(P, I) \text{ 为一个 } (T, \varphi)\text{-模糊弱序结构}$$
$$\Longleftrightarrow R \text{ 是 } T\text{-传递的}$$
$$\Longleftrightarrow \forall a, b, c, \ T(R(a, b), R(b, c)) \leqslant R(a, c)$$
$$\Longleftrightarrow \forall a, b, c, \ T(R(a, b), N_\varphi(R(a, c))) \leqslant N_\varphi(R(b, c))$$
$$\Longleftrightarrow \forall a, b, c, \ T(R(a, b), P(c, a)) \leqslant P(c, b)$$
$$\Longleftrightarrow P \circ_T R \subseteq P.$$

即 (1) 与 (2) 是等价的, (1) 与 (3) 的等价性类似可证. □

命题 4.14 若 (P, I) 为一个 (T, φ)-模糊弱序结构且 T 是一个关于 N_φ 的旋转不变的 t-模, 则

(1) P 是 T-传递的;

(2) $P \circ_T I \subseteq P$ 且 $I \circ_T P \subseteq P$.

证明 由引理 4.3、$P \subseteq R$ 以及 $I \subseteq R$ 立得. □

若没有 T 的旋转不变性这一条件, 则命题 4.14 中的 (1) 与 (2) 均不一定成立, 下面的例子说明了这一点.

例 4.5 设 $A = \{a, b, c\}$, $\varphi(x) = x$, $T = \min$,

$$P = \begin{pmatrix} 0 & 0.7 & 0.7 \\ 0.1 & 0 & 0.3 \\ 0.2 & 0.3 & 0 \end{pmatrix}, \quad I = \begin{pmatrix} 1 & 0.2 & 0.1 \\ 0.2 & 1 & 0.4 \\ 0.1 & 0.4 & 1 \end{pmatrix}.$$

则 $J = \varnothing, (P, I)$ 是一个可加的 φ-模糊偏好结构且

$$R = \begin{pmatrix} 1 & 0.9 & 0.8 \\ 0.3 & 1 & 0.7 \\ 0.3 & 0.7 & 1 \end{pmatrix}.$$

此时, $R \circ_T R = R$, 从而 R 是 T-传递的. 所以, (P, I) 是一个 (T, φ)-模糊弱序结构. 但由于

$$T(P(a, b), P(b, a)) = 0.1 > 0 = P(a, a),$$

故 P 不是 T 传递的. 另外,

$$(P \circ_T I)(a, a) = 0.2 > P(a, a), \quad (I \circ_T P)(a, a) = 0.1 > P(a, a),$$

故 $P \circ_T I \subseteq P$ 且 $I \circ_T P \subseteq P$ 均不成立.

命题 4.15　设 (P, I) 是一个 (T, φ)-模糊弱序结构, 且 $W_\varphi \gg T$, 则 I 是 T-传递的.

证明　$J = \varnothing$ 时, 由命题 4.7, $I = R \cap_{W_\varphi} R^{-1}$. 从而由 $W_\varphi \gg T$ 及命题 3.24 即得结论. □

若没有 $W_\varphi \gg T$ 这一条件, 则命题 4.15 不一定成立, 例 4.5 即可说明这一点. 在该例中, 由于 $I(c, b) \wedge I(b, a) = 0.2 > 0.1 = I(c, a)$, I 不是 T-传递的.

推论 4.4　若 (P, I) 是一个 (W_φ, φ)-模糊弱序结构, 则

(1) P 是 W_φ-传递的;

(2) I 是 W_φ-传递的;

(3) $P \circ_{W_\varphi} I \subseteq P$ 且 $I \circ_{W_\varphi} P \subseteq P$.

证明　由命题 4.14 及命题 4.15 立得. □

定理 4.5[93]　设 T 是一个 t-模, R 是一个强完全的模糊关系, T_1 是一个无零因子的 t-模, T_2 是关于 N_φ 的旋转不变 t-模且 $T \geqslant T_2$, 则 (P, I) 是一个 (T, φ)-模糊弱序结构当且仅当下列条件同时成立:

(1) $P \circ_{T_1} P \subseteq P$;

(2) $I \circ_T I \subseteq I$;

(3) $I \circ_{T_2} P \subseteq P$;

(4) $P \circ_{T_2} I \subseteq P$.

证明　首先我们假设 (P, I) 是一个 (T, φ)-模糊弱序结构, 则 R 是 T-传递的. 由 R 的强完全性及推论 3.6(1), R 是负传递的. 另外, 由 R 的强完全性及命题 4.5(3), $J = \varnothing$. 由命题 4.6, $P = R_{N_\varphi}^d$, 从而由 R 的负传递性及命题 3.29 可得 P 的 T_1-传递性, 即 (1) 成立.

由命题 4.5(3), $I = R \cap R^{-1}$, 故由 R 的 T-传递性立得 I 的 T-传递性, 从而 (2) 成立.

由 R 的 T-传递性及 $T \geqslant T_2$ 知 R 是 T_2-传递的. 而 T_2 是关于 N_φ 的旋转不变 t-模, 故由命题 4.14 知,

$$I \circ_{T_2} P \subseteq P, \quad P \circ_{T_2} I \subseteq P,$$

所以 (3) 及 (4) 成立.

反过来, 假设 (1)—(4) 成立, 我们证明 R 的 T-传递性:

$$\forall a, b, c \in A, \quad T(R(a,b), R(b,c)) \leqslant R(a,c).$$

若 $R(a,c) = 1$, 上述不等式显然成立. 故我们假设 $R(a,c) < 1$, 此时 $R(c,a) = 1$, $P(a,c) = 0$.

(i) $P(a,b) = P(b,c) = 0$. 此时, $R(b,a) = R(c,b) = 1$, 故 $I(a,b) = R(a,b)$, $I(b,c) = R(b,c)$. 所以, 由 I 的 T-传递性,

$$T(R(a,b), R(b,c)) = T(I(a,b), I(b,c)) \leqslant I(a,c) \leqslant R(a,c).$$

(ii) $P(a,b) = 0$, $P(b,c) > 0$. 此时, $P(c,b) = 0$, $I(a,b) = R(a,b)$, $R(b,c) = 1$. 由 $P \circ_{T_2} I \subseteq P$,

$$T_2(P(c,a), I(a,b)) \leqslant P(c,b).$$

由 T_2 的旋转不变性以及命题 4.5(3),

$$T_2(I(a,b), R(b,c)) \leqslant R(a,c),$$

即 $R(a,b) \leqslant R(a,c)$. 所以, $T(R(a,b), R(b,c)) \leqslant R(a,b) \leqslant R(a,c)$.

(iii) $P(a,b) > 0$, $P(b,c) = 0$. 此时, $I(b,c) = R(b,c)$, $R(a,b) = 1$. 由 $I \circ_{T_2} P \subseteq P$,

$$T_2(I(b,c), P(c,a)) \leqslant P(b,a).$$

由 T_2 的旋转不变性以及命题 4.5(3),

$$I(b,c) = T_2(I(b,c), R(a,b)) \leqslant R(a,c),$$

于是, $R(b,c) = I(b,c) \leqslant R(a,c)$. 所以,

$$T(R(a,b), R(b,c)) \leqslant T(R(a,b), 1) = R(a,b) \leqslant R(a,c).$$

(iv) $P(a,b) > 0$, $P(b,c) > 0$. 此时由 (1) 立得 $P(a,c) > 0$, 与 $P(a,c) = 0$ 矛盾.

□

注 4.7   从定理 4.5 的证明过程可以看出来, 条件 $T \geqslant T_2$ 只用于证明

$$R \circ_T R \subseteq R \Longrightarrow I \circ_{T_2} P \subseteq P \text{ 且 } P \circ_{T_2} I \subseteq P.$$

注 4.8   文献 [94] 在 $T_1 = \min$ 以及 $T_2 = W_\varphi$ 这一特殊情况下证明了定理 4.5.

定理 4.6 R 是一个强完全的模糊关系, T 是关于 N_φ 的旋转不变 t-模, T' 是一个无零因子的 t-模, 则 (P, I) 是一个 (T, φ)-模糊弱序结构的充分必要条件是下列条件同时成立:

(1) $P \circ_{T'} P \subseteq P$;

(2) $P \circ_T I \subseteq P$;

(3) $I \circ_T P \subseteq P$.

证明   必要性由定理 4.5 立得, 充分性由命题 4.10 以及定理 4.5 可得.   □

引理 4.4   设 (P, I) 是一个可加的 φ-模糊偏好结构, T 是一个无零因子的 t-模. 若 P 是 T-传递的, 则 P 是非对称的且 R 是强完全的.

证明   由 P 的 T-传递性, $\forall a, b \in A, T(P(a,b), P(b,a)) \leqslant P(a,a) = 0$, 由于 T 无零因子, 故 $P(a,b) = 0$ 或 $P(b,a) = 0$, 从而 P 是非对称的. 由 $J = \varnothing$ 及命题 4.6, $R = P_{N_\varphi}^d$. 由命题 3.17, R 是强完全的.   □

命题 4.16   设 (P, I) 是可加的 φ-模糊偏好结构, T 是关于 N_φ 的旋转不变 t-模, T' 是一个无零因子的 t-模. 若 $P \circ_{T'} P \subseteq P$, $P \circ_T I \subseteq P$ 且 $I \circ_T P \subseteq P$, 则 R 是 T 传递的, 即 (P, I) 是一个 (T, φ)-模糊弱序结构.

证明   由引理 4.4、T' 无零因子及 $P \circ_{T'} P \subseteq P$ 知 R 的强完全性, 再利用定理 4.6 即得我们的结果.   □

最后讨论 $T = \min$ 时的 (T, φ)-模糊弱序结构.

此时, 我们简称为 φ-模糊弱序结构.

命题 4.17 [98]   设 (P, I) 是一个可加的 φ-模糊偏好结构. 若 P 与 I 都是传递的, 则 R 也是传递的, 即 (P, I) 是 φ-模糊弱序结构.

证明   我们证明:

$$\forall a, b, c \in A, \quad R(a,c) \geqslant R(a,b) \wedge R(b,c). \tag{4.7}$$

若 $R(a,c) = 1$, 上述不等式显然成立. 故我们假设 $R(a,c) < 1$. 此时, 由引理 4.4, $R(c,a) = 1$. 从而, $P(a,c) = 0, I(a,c) = R(a,c)$.

一方面, 由 P 的传递性, $P(a,b) \wedge P(b,c) \leqslant P(a,c) = 0$. 不失一般性, 假设 $P(a,b) = 0$, 则 $I(a,b) = R(a,b)$.

另一方面, 由 I 的传递性, $I(a,b) \wedge I(b,c) \leqslant I(a,c)$.

若 $I(a,c) \geqslant I(a,b)$, 由于 $I(a,c) = R(a,c), I(a,b) = R(a,b)$. 所以, (4.7) 成立.

若 $I(a,c) < I(a,b)$, 则 $I(a,b) \wedge I(b,c) = I(b,c)$, 于是, $I(a,b) > I(a,c) \geqslant I(b,c)$. 所以,

$$I(b,c) \geqslant I(b,a) \wedge I(a,c) = I(a,c).$$

从而有 $I(a,c) = I(b,c)$.

根据 R 的强完全性, 考虑两种情况.

(1) 若 $R(c,b) = 1$, 则 $P(b,c) = 0$, $R(b,c) = I(b,c)$. 从而,

$$R(b,c) = I(b,c) = I(a,c) = R(a,c).$$

所以, (4.7) 成立.

(2) 若 $R(b,c) = 1$, 则 $P(c,b) = 0$, $I(b,c) = \varphi^{-1}(1 - \varphi(P(b,c)))$, $I(a,b) = R(a,b) = \varphi^{-1}(1 - \varphi(P(b,a)))$. 于是, 由 $I(a,b) > I(b,c)$ 及 P 的传递性立得

$$P(b,c) > P(b,a) \geqslant P(b,c) \wedge P(c,a).$$

从而 $P(b,a) \geqslant P(c,a)$, 于是 $R(a,c) \geqslant R(a,b)$. 所以, (4.7) 成立. □

定理 4.7 设 (P,I,J) 是一个可加的 φ-模糊偏好结构且 R 强完全, 则下列陈述等价:

(1) (P,I,J) 是一个 φ-模糊弱序结构;

(2) R 是传递的;

(3) P 与 I 是传递的;

(4) 对任意 $\alpha \in [0,1]$, $(P^\alpha, I^\alpha, J^\alpha)$ 是一个弱序结构.

证明 (1) 与 (2) 的等价性由定义即得.

(2) 与 (3) 的等价性由定理 4.5 及命题 4.17 可得. 下面我们证明 (2) 与 (4) 的等价性.

首先我们假设 R 是传递的, 则由命题 3.27, 对任意 $\alpha \in [0,1]$, $(P^\alpha, I^\alpha, J^\alpha)$ 的大偏好 R_α 传递. 由 R 强完全及命题 3.23, R_α 是强完全的, 从而 $J^\alpha = \varnothing$, 故 $(P^\alpha, I^\alpha, J^\alpha)$ 是一个弱序结构.

反过来, 对任意 $\alpha \in [0,1]$, $(P^\alpha, I^\alpha, J^\alpha)$ 是一个弱序结构, 则 $(P^\alpha, I^\alpha, J^\alpha)$ 的大偏好 R_α 传递. 由命题 3.27, R 是传递的. □

4.5.2 (T,S,φ)-模糊全区间序结构

定义 4.5 设 (P,I,J) 是一个可加的 φ-模糊偏好结构, 若 $J = \varnothing$ 且 P 是一个 T-S-Ferrers 关系, 则称 $(P,I,J)((P,I))$ 是一个 (T,S,φ)-模糊全区间序结构.

注 4.9 文献中, 对全区间序有不同的模糊化方法, 其他模糊全区间序结构的定义读者可参看文献 [92], [99], [100].

命题 4.18 若 (P, I) 是一个 (T, S, φ)-模糊全区间序结构, 则

(1) P 是 T-非对称的;

(2) P 满足 T-传递性.

证明 (1) 由 P 非自反且满足 T-S-Ferrers 性, 故 P 是 T-非对称的.

(2) 因为 P 非自反且满足 T-S-Ferrers 性, 故由命题 3.43(2), P 满足 T-传递性. □

推论 4.5 若 (P, I) 是一个 (T, S, φ)-模糊全区间序结构, 且 (T, S, N_φ) 是一个 De Morgan 三元组, 则 R 是 S-强完全的.

证明 由 $J = \varnothing$ 及命题 4.6, $R = P_{N_\varphi}^d$. 由命题 4.18, P 是 T-非对称的. 由命题 3.17 以及 (T, S, N_φ) 是一个 De Morgan 三元组, $P_{N_\varphi}^c$ 是 S-强完全的, 从而 R 是 S-强完全的. □

定理 4.8[89] 设 (T, S, N_φ) 是一个 De Morgan 三元组, T 是一个关于 N_φ 的旋转不变的 t-模, $J = \varnothing$, 则下列陈述等价:

(1) (P, I) 是一个 (T, S, φ)-模糊全区间序结构;

(2) P 满足 T-S-Ferrers 性质;

(3) R 满足 T-S-Ferrers 性质;

(4) $P \circ_T P_{N_\varphi}^d \circ_T P \subseteq P$(或 $P \circ_T R \circ_T P \subseteq P$);

(5) $R \circ_T R_{N_\varphi}^d \circ_T R \subseteq R$(或 $R \circ_T P \circ_T R \subseteq R$).

证明 由定义 4.5 知 (1) 与 (2) 等价; 由 $J = \varnothing$ 时, $P = R_{N_\varphi}^d$, 从而由命题 3.38 可得 (2) 与 (3) 等价; 由命题 3.39 可得 (2) 与 (4)、(3) 与 (5) 分别等价. □

注 4.10 对 $(W_\varphi, W_\varphi', \varphi)$-模糊全区间序结构的讨论, 读者可参看 [92].

命题 4.19[89] 设 (T, S, N_φ) 是一个 De Morgan 三元组, 且 T 是一个关于 N_φ 的旋转不变的 t-模. 若 (P, I) 是一个 (T, S, φ)-模糊全区间序结构, 则 $P \circ_T I \circ_T P \subseteq P$.

证明 由定理 4.8(4) 及 $I \subseteq R$,

$$P \circ_T I \circ_T P \subseteq P \circ_T R \circ_T P \subseteq P.$$ □

我们知道, 在普通情况下 (P, I) 是全区间序结构与 $P \circ I \circ P \subseteq P$ 是等价的, 但在模糊情况下, 命题 4.19 的逆不真.

例 4.6 设 $A = \{a, b, c, d\}$, $\varphi(x) = x$, $T = W_\varphi = W$, $S = W_\varphi' = W'$,

$$P = \begin{pmatrix} 0 & 0 & 0.6 & 0.2 \\ 0.8 & 0 & 0.6 & 0 \\ 0 & 0 & 0 & 0.4 \\ 0 & 0.2 & 0 & 0 \end{pmatrix}, \quad I = \begin{pmatrix} 1 & 0.2 & 0.4 & 0.8 \\ 0.2 & 1 & 0.4 & 0.8 \\ 0.4 & 0.4 & 1 & 0.6 \\ 0.8 & 0.8 & 0.6 & 1 \end{pmatrix}.$$

则 (P, I) 是一个可加的 φ-模糊偏好结构. 此时,

$$
P \circ_T I \circ_T P = P \circ_W I \circ_W P = \begin{pmatrix} 0 & 0 & 0 & 0 \\ 0 & 0 & 0.4 & 0 \\ 0 & 0 & 0 & 0 \\ 0 & 0 & 0 & 0 \end{pmatrix} \subseteq P,
$$

但 $W(P(b, a), P(c, d)) = 0.2$, $W'(P(b, d), P(c, a)) = 0$, 故

$$
T(P(b, a), P(c, d)) = W(P(b, a), P(c, d)) > W'(P(b, d), P(c, a)) = S(P(b, d), P(c, a)).
$$

从而, (P, I) 不是一个 (T, S, φ)-模糊全区间序结构.

另外, 若 T 不是一个关于 N_φ 的旋转不变的 t-模, 命题 4.19 也不一定成立, 下面的例子说明了这一点.

例 4.7　设 $A = \{a, b, c, d\}$, $J = \varnothing$, $\varphi(x) = x$, $T = \min$, $S = \max$.

$$
P = \begin{pmatrix} 0 & 1 & 0 & 0 \\ 0 & 0 & 0 & 0 \\ 0 & 0 & 0 & 0 \\ 0.8 & 0.8 & 0 & 0 \end{pmatrix}, \quad I = \begin{pmatrix} 1 & 0 & 1 & 0.2 \\ 0 & 1 & 1 & 0.2 \\ 1 & 1 & 1 & 1 \\ 0.2 & 0.2 & 1 & 1 \end{pmatrix}.
$$

则 (P, I) 是一个 (T, S, φ)-模糊全区间序结构. 但是, $(P \circ_T I \circ_T P)(a, a) = 0.2$, $P(a, a) = 0$, 故 $P \circ_T I \circ_T P \not\subseteq P$.

最后, 我们简单地讨论一下 $(\min, \max, \varphi)$-模糊全区间序结构, 与以前的约定一致, 将其简称为 φ-模糊全区间序结构.

命题 4.20　若 (P, I) 是一个 φ-模糊全区间序结构, 则 P 非对称且 R 强完全.

证明　由命题 4.18(1) 及推论 4.5 即得. $\qquad\qquad\square$

命题 4.21[92]　(P, I, J) 是一个 φ-模糊全区间序结构当且仅当对任意 $\alpha \in [0, 1]$, $(P^\alpha, I^\alpha, J^\alpha)$ 均为普通的全区间序结构.

证明　首先设 (P, I, J) 是一个 φ-模糊全区间序结构, 由命题 4.20, P 是非对称的. 由推论 4.3,

$$
J = \varnothing \iff R \text{ 强完全}
$$
$$
\iff R \cup R^{-1} = A \times A
$$
$$
\iff \forall \alpha \in [0, 1], (R_\alpha)^c \cap (R_\alpha)^d = \varnothing
$$
$$
\iff \forall \alpha \in [0, 1], J^\alpha = \varnothing.
$$

另外, 由 $J = \varnothing$ 及命题 4.6(2), $P = R^d_{N_\varphi}$. 由 P 的 Ferrers 性、$(\min, \max, N_\varphi)$ 是一个 De Morgan 三元组以及命题 3.38, R 是一个 Ferrers 关系. 由命题 3.41, $(P^\alpha, I^\alpha,$

$J^\alpha)$ 的大偏好 R_α 对任意 $\alpha \in [0,1]$ 是普通的 Ferrers 关系. 所以, $(P^\alpha, I^\alpha, J^\alpha)$ 对任意 $\alpha \in [0,1]$ 均为普通的全区间序结构.

反之, 我们假设 $(P^\alpha, I^\alpha, J^\alpha)$ 对任意 $\alpha \in [0,1]$ 均为普通的全区间序结构. 则对任意 $\alpha \in [0,1]$, $J^\alpha = \varnothing$, 利用前面推理可得 R 强完全, 从而由命题 4.5(3), $J = \varnothing$. 由命题 4.6(2), $P = R_{N_\varphi}^d$.

另外, 由于 R_α 对任意 α 是一个 Ferrers 关系, 由命题 3.41, R 是一个 Ferrers 关系, 从而由 $(\min, \max, N_\varphi)$ 是一个 De Morgan 三元组及命题 3.38, P 是一个 Ferrers 关系, 故 (P, I, J) 是一个 φ-模糊全区间序结构. $\square$

4.5.3 (T, S, φ)-模糊全半序结构

定义 4.6   设 (P, I, J) 是一个可加的 φ-模糊偏好结构, 若 $J = \varnothing$ 且 P 是一个 T-S-半传递的 T-S-Ferrers 关系, 则称 $(P, I, J)((P, I))$ 是一个 (T, S, φ)-模糊全半序结构.

注 4.11   对全半序其他模糊化形式, 读者可参看 [90], [101].

由定义立得: 一个 (T, S, φ)-模糊全半序结构是一个 (T, S, φ)-模糊全区间序结构.

定理 4.9   设 (T, S, N_φ) 是一个 De Morgan 三元组, 且 T 是一个关于 N_φ 的旋转不变的 t-模, $J = \varnothing$, 则下列陈述等价:

(1) (P, I) 是一个 (T, S, φ)-模糊全半序结构;

(2) P 是 T-S-半传递的 T-S-Ferrers 关系;

(3) R 是 T-S-半传递的 T-S-Ferrers 关系;

(4) $P \circ_T P_{N_\varphi}^d \circ_T P \subseteq P$ (或 $P \circ_T R \circ_T P \subseteq P$) 且 $P_{N_\varphi}^d \circ_T P \circ_T P \subseteq P$ (或 $R \circ_T P \circ_T P \subseteq P$);

(5) $P \circ_T P_{N_\varphi}^d \circ_T P \subseteq P$ (或 $P \circ_T R \circ_T P \subseteq P$) 且 $P \circ_T P \circ_T P_{N_\varphi}^d \subseteq P$ (或 $P \circ_T P \circ_T R \subseteq P$);

(6) $R \circ_T R_{N_\varphi}^d \circ_T R \subseteq R$ (或 $R \circ_T P \circ_T R \subseteq R$) 且 $R_{N_\varphi}^d \circ_T R \circ_T R \subseteq R$ (或 $P \circ_T R \circ_T R \subseteq R$);

(7) $R \circ_T R_{N_\varphi}^d \circ_T R \subseteq R$ (或 $R \circ_T P \circ_T R \subseteq R$) 且 $R \circ_T R \circ_T R_{N_\varphi}^d \subseteq R$ (或 $R \circ_T R \circ_T P \subseteq R$).

证明   由定义 4.6 知 (1) 与 (2) 等价; 由 $J = \varnothing$ 时, $P = R_{N_\varphi}^d$, 从而由命题 3.38 以及命题 3.34 可得 (2) 与 (3) 等价; 由命题 3.39 以及命题 3.35 知 (2) 与 (4)、(2) 与 (5)、(3) 与 (6)、(3) 与 (7) 分别等价. $\square$

命题 4.22   设 (T, S, N_φ) 是一个 De Morgan 三元组, 且 T 是一个关于 N_φ 的旋转不变的 t-模. 若 (P, I) 是一个 (T, S, φ)-模糊全半序结构, 则 $(P \circ_T P) \cap_T (I \circ_T I) = \varnothing$.

证明   由 (P, I) 是一个 (T, S, φ)-模糊全半序结构, 则 P 满足 T-S-半传递性,

故对任意 a, b, c, d,

$$T(P(a,b), P(b,c)) \leqslant S(P(a,d), P(d,c)).$$

由于 T 关于 N_φ 旋转不变,

$$T(T(P(a,b), P(b,c)), N_\varphi(S(P(a,d), P(d,c)))) = 0.$$

因为 (T, S, N_φ) 是一个 De Morgan 三元组,

$$T(T(P(a,b), P(b,c)), T(N_\varphi(P(a,d)), N_\varphi(P(d,c)))) = 0.$$

由命题 4.6(2), $I(a,d) = I(d,a) \leqslant R(d,a) = N_\varphi(P(a,d))$, 类似可得 $I(d,c) \leqslant N_\varphi(P(d,c))$. 所以,

$$T(T(P(a,b), P(b,c)), T(I(a,d), I(d,c)))$$
$$\leqslant T(T(P(a,b), P(b,c)), T(N_\varphi(P(a,d)), N_\varphi(P(d,c)))) = 0,$$

即 $(P \circ_T P) \cap_T (I \circ_T I) = \varnothing$. $\qquad\qquad\qquad\qquad\qquad\qquad\qquad\qquad \square$

在普通情况下, 若 P 是 Ferrers 关系, 且 $P^2 \cap I^2 = \varnothing$, 则 (P, I) 是一个全半序结构. 在模糊情况下, 该结果不真, 下面的例子说明了这一点.

例 4.8 设 $A = \{a, b, c, d\}$, $J = \varnothing$, $\varphi(x) = x$, $T = W$, $S = W'$. P 及 I 定义为

$$P = \begin{pmatrix} 0 & 0 & 0.6 & 0.2 \\ 0.8 & 0 & 0.6 & 0.2 \\ 0.2 & 0 & 0 & 0.4 \\ 0 & 0.2 & 0 & 0 \end{pmatrix}, \quad I = \begin{pmatrix} 1 & 0.2 & 0.2 & 0.8 \\ 0.2 & 1 & 0.4 & 0.6 \\ 0.2 & 0.4 & 1 & 0.6 \\ 0.8 & 0.6 & 0.6 & 1 \end{pmatrix}.$$

容易验证: $(P \circ_T P) \cap_T (I \circ_T I) = \varnothing$. 此时,

$$R = \begin{pmatrix} 1 & 0.2 & 0.8 & 1 \\ 1 & 1 & 1 & 0.8 \\ 0.4 & 0.4 & 1 & 1 \\ 0.8 & 0.8 & 0.6 & 1 \end{pmatrix}, \quad P \circ_T R \circ_T P \subseteq P = P \circ_W R \circ_W P = \begin{pmatrix} 0 & 0 & 0 & 0 \\ 0 & 0 & 0.4 & 0 \\ 0 & 0 & 0 & 0 \\ 0 & 0 & 0 & 0 \end{pmatrix} \subseteq P,$$

所以, 由命题 3.39, P 满足 T-S-Ferrers 性质. 另外,

$$(P \circ_T P \circ_T R)(b, d) = 0.4 > 0.2 = P(b, d),$$

即 $P \circ_T P \circ_T R \not\subseteq P$. 由命题 3.35, P 不满足 T-S-半传递性质.

命题 4.23　设 (P, I) 是一个可加的 φ-模糊偏好结构, 若 T 无零因子, P 满足 T-传递性且 $(P \circ_T P) \cap_T (I \circ_T I) = \varnothing$, 则对任意的 t-余模 S, P 满足 T-S-半传递性.

证明　需证:

$$\forall a, b, c, d, \quad T(P(a, b), P(b, c)) \leqslant S(P(a, d), P(d, c)). \tag{4.8}$$

若 $P(a, b) = 0$ 或 $P(b, c) = 0$, 则 (4.8) 式显然. 现设 $P(a, b) > 0$ 且 $P(b, c) > 0$.

由 T 无零因子且 $(P \circ_T P) \cap_T (I \circ_T I) = \varnothing$, $(P \circ_T P)(a, c) = 0$ 或 $(I \circ_T I)(a, c) = 0$, 而由 P 的 T-传递性及 T 是无零因子,

$$(P \circ_T P)(a, c) \geqslant T(P(a, b), P(b, c)) > 0,$$

故只能 $(I \circ_T I)(a, c) = 0$. 从而, $T(I(a, d), I(d, c)) = 0$, 由 T 是无零因子, $I(a, d) = 0$ 或 $I(d, c) = 0$.

(1) 若 $I(a, d) = 0$, 类似命题 4.20 的证明可得: P 非对称且 R 强完全, 于是我们有: $R(a, d) = 1$ 或 $R(d, a) = 1$. 所以, $P(a, d) = 1$ 或 $P(d, a) = 1$.

(i) 若 $P(a, d) = 1$, 则 (4.8) 式显然.

(ii) 若 $P(d, a) = 1$, 由 P 非对称, $P(a, d) = 0$. 由 P 的传递性,

$$S(P(a, d), P(d, c)) = P(d, c) \geqslant T(P(d, a), P(a, c)) = P(a, c) \geqslant T(P(a, b), P(b, c)),$$

即 (4.8) 式成立.

(2) 若 $I(d, c) = 0$, 由 R 强完全, 故 $R(d, c) = 1$ 或 $R(c, d) = 1$. 所以, $P(d, c) = 1$ 或 $P(c, d) = 1$.

(i) 若 $P(d, c) = 1$, 则 (4.8) 式显然.

(ii) 若 $P(c, d) = 1$, 由 P 非对称, $P(d, c) = 0$. 由 P 的传递性,

$$S(P(a, d), P(d, c)) = P(a, d) \geqslant T(P(a, c), P(c, d)) = P(a, c) \geqslant T(P(a, b), P(b, c)),$$

即 (4.8) 式成立. □

注 4.12　命题 4.23 在本质上与文献 [90] 中命题 5.5 类似.

由命题 4.18 及命题 4.23 立得下列结论.

定理 4.10　设 (P, I) 是一个 (T, S, φ)-模糊全区间序结构, 若 T 无零因子且 $(P \circ_T P) \cap_T (I \circ_T I) = \varnothing$, 则 (P, I) 是一个 (T, S, φ)-模糊全半序结构.

由命题 4.22 可知, 对旋转不变 t-模 T, 一个 (T, S, φ)-模糊全半序结构 (P, I) 满足 $(P \circ_T P) \cap_T (I \circ_T I) = \varnothing$. 但在无零因子的情况下, (T, S, φ)-模糊全半序结构 (P, I) 不一定满足 $(P \circ_T P) \cap_T (I \circ_T I) = \varnothing$, 下面的例子说明了这一点.

例 4.9 设 $A = \{a, b, c, d\}$, $J = \varnothing$, $\varphi(x) = x$, $T = \min$, $S = \max$. P 及 I 定义为

$$P = \begin{pmatrix} 0 & 0.5 & 0.5 & 0.5 \\ 0 & 0 & 0.5 & 0.5 \\ 0 & 0 & 0 & 0.5 \\ 0 & 0 & 0 & 0 \end{pmatrix}, \quad I = \begin{pmatrix} 1 & 0.5 & 0.5 & 0.5 \\ 0.5 & 1 & 0.5 & 0.5 \\ 0.5 & 0.5 & 1 & 0.5 \\ 0.5 & 0.5 & 0.5 & 1 \end{pmatrix}.$$

经验证, (P, I) 是一个 (T, S, φ)-模糊全半序结构, 但 $((P \circ_T P) \cap_T (I \circ_T I))(a, c) = 0.5$, 即 $(P \circ_T P) \cap_T (I \circ_T I) \neq \varnothing$.

类似命题 4.21 的证明, 可得下列结果.

命题 4.24 (P, I, J) 是一个 $(\min, \max, \varphi)$-模糊全半序结构当且仅当对任意 $\alpha \in [0, 1]$, $(P^\alpha, I^\alpha, J^\alpha)$ 为普通的全半序结构.

在结束本章之前, 我们希望指出: 与普通偏好结构的相关理论 (定义、结果等) 相比, 模糊偏好结构要复杂很多, 这主要是由模糊逻辑联结的丰富性造成的. 有关模糊偏好结构的综述性文章, 读者可参看文献 [102].

第 5 章　基于模糊偏好关系的模糊数的排序

5.1　问题及背景

我们知道, 加权平均是多属性以及多准则决策分析中很常用的一种决策方法, 该方法的一种表现形式可以描述如下: 设 $A_1, A_2, \cdots, A_n$ 是 n 个备择对象, $C_1, C_2, \cdots, C_m$ 是 m 个属性, 其对应的权重分别为 $w_1, w_2, \cdots, w_m$. 若备择对象 A_i 根据属性 C_j 估值为 r_{ij}, 则 A_i 的综合估值可以用加权平均方法计算为

$$r_i = \sum_{j=1}^{m} w_j r_{ij} \quad (i = 1, 2, \cdots, n).$$

从而 $A_1, A_2, \cdots, A_n$ 的最终排序可以根据实数 $r_1, r_2, \cdots, r_n$ 的大小进行确定. 但是, 在实际问题中, 对备择对象或权重进行精确估值往往很难做到. 当客观信息缺少, 而我们不得不进行主观估计的时候尤其如此. 此时, 我们给出 "大约是 0.7" 的估值要比就是 0.7 的估值可能更为合理. 但传统数学理论面对这种不精确数据却无能为力, 而模糊理论的产生为处理这类问题提供了强有力的工具. 首先, 不精确数据可以用所谓的模糊数进行构模, 也就是说, r_{ij} 以及 w_j $(i = 1, 2, \cdots, n;$ $j = 1, 2, \cdots, m)$ 可以用模糊数 $\tilde{r}_{ij}$ 以及 $\tilde{w}_j$ 来代替. 相应地, A_i 的综合估值计算为

$$\tilde{r}_i = \sum_{j=1}^{m} \tilde{w}_j \tilde{r}_{ij} \quad (i = 1, 2, \cdots, n).$$

其次, 模糊数的加权和可以根据 L. A. Zadeh 的扩展原理进行计算. 此时, $\tilde{r}_1, \tilde{r}_2, \cdots, \tilde{r}_n$ 仍为模糊数, 我们可以通过对 $\tilde{r}_1, \tilde{r}_2, \cdots, \tilde{r}_n$ 进行比较以确定备择对象的优劣. 但遗憾的是, 不像实数的大小有自然序, 模糊数没有这种自然序, 我们必须设计出一些排序方法去比较 $\tilde{r}_1, \tilde{r}_2, \cdots, \tilde{r}_n$ 以确定备择对象 $A_1, A_2, \cdots, A_n$ 的优劣, 这就是所谓的模糊数的排序问题. 除上述问题以外, 在模糊决策树[103, 104]、模糊层次分析法[105, 106] 以及模糊线性规划[107, 108] 的理论研究中都要涉及该问题, 实际上若要利用不精确数据进行构模, 同时又要对备择对象的性能进行比较时, 模糊数的排序问题往往都是难以避免的.

本章重点讨论基于模糊关系的模糊数的排序问题, 为此, 我们先对扩展原理及模糊数的相关概念作一个简单介绍. 本章中假设所涉及的闭区间的两个端点可以相等.

5.2 扩 展 原 理

本节我们将定义一个及多个模糊集的像.

5.2.1 一元扩展原理

设 X 以及 Y 为普通集合, f: $X \to Y$, 则 f 可诱导一个从 $F(X)$ 到 $F(Y)$ 的新映射 (仍记为 f): $\forall A \in F(X)$, $f(A) \in F(Y)$ 定义为

$$\forall y \in Y, \quad f(A)(y) = \begin{cases} \bigvee_{f(x)=y} A(x), & \text{若存在 } x, \text{ 使得 } f(x) = y, \\ 0, & \text{否则.} \end{cases} \tag{5.1}$$

新映射可视为原映射 f 的扩展, 上述扩展方法也就相应地称为一元扩展原理. 容易证明, 当 A 为普通集合时, $f(A)$ 即为普通集合的像. 在模糊情况下, 扩展原理实际上给出了 X 中元素在受到模糊集 A 的约束下, 给像集中的元素赋予隶属度的一种方式. 由于该原理是 L. A. Zadeh 提出来的[109], 故常称之为 Zadeh 扩展原理 (Zadeh's extension principle).

注 5.1　如果我们约定空集的上确界为零, 则 (5.1) 可以简单地写为

$$f(A)(y) = \bigvee_{f(x)=y} A(x).$$

例 5.1　设 $X = \{a, b, c, d, e, f\}, Y = \{u, v, w\}$. $f : X \to Y$ 定义为

$$f(x) = \begin{cases} u, & x = a, d, e, f, \\ v, & x = b, c. \end{cases}$$

如果 $A = 0.1/a + 0.4/b + 1/c + 0.6/d$, 则 $f(A) = 0.6/u + 1/v$.

下面我们给出一元扩展原理的一些性质.

命题 5.1[49, 50]　设 $f : X \to Y$, $A, B, A_i \in F(X)$ $(i \in I)$, 其中 I 是任意指标集.

(1) 若 $A \subseteq B$, 则 $f(A) \subseteq f(B)$;

(2) $f(\bigcup_{i \in I} A_i) = \bigcup_{i \in I} f(A_i)$, $f(\bigcap_{i \in I} A_i) \subseteq \bigcap_{i \in I} f(A_i)$;

(3) $f(A_\alpha) \subseteq (f(A))_\alpha$ $(\alpha \in (0, 1])$, $(f(A))_{\underset{\cdot}{\alpha}} = f(A_{\underset{\cdot}{\alpha}})$ $(\alpha \in [0, 1))$;

(4) $f(A) = \bigcup_{\alpha \in [0,1]} \alpha f(A_\alpha) = \bigcup_{\alpha \in [0,1]} \alpha f(A_{\underset{\cdot}{\alpha}})$.

证明　(1) 显然.

(2) 任取 $y \in Y$,

$$\left(f\left(\bigcup_{i \in I} A_i\right)\right)(y) = \bigvee_{f(x)=y}\left(\bigcup_{i \in I} A_i\right)(x) = \bigvee_{f(x)=y}\bigvee_{i \in I} A_i(x)$$

$$= \bigvee_{i \in I}\bigvee_{f(x)=y} A_i(x) = \bigvee_{i \in I}(f(A_i))(y)$$

$$= \left(\bigcup_{i \in I} f(A_i)\right)(y).$$

所以, $f(\bigcup_{i \in I} A_i) = \bigcup_{i \in I} f(A_i)$.

$f(\bigcap_{i \in I} A_i) \subseteq \bigcap_{i \in I} f(A_i)$ 的证明留给读者.

(3) 任取 $y \in Y$, $\alpha \in [0,1)$,

$$y \in (f(A))_{\dot\alpha} \Longleftrightarrow (f(A))(y) > \alpha \Longleftrightarrow \bigvee_{f(x)=y} A(x) > \alpha$$

$$\Longleftrightarrow \exists x \in X, f(x) = y, A(x) > \alpha \Longleftrightarrow \exists x \in A_{\dot\alpha}, f(x) = y$$

$$\Longleftrightarrow y \in f(A_{\dot\alpha}).$$

所以, $(f(A))_{\dot\alpha} = f(A_{\dot\alpha})(\alpha \in [0,1))$.

$f(A_\alpha) \subseteq (f(A))_\alpha$ $(\alpha \in (0,1])$ 的证明类似.

(4) 由模糊集的分解定理及 (3),

$$f(A) = \bigcup_{\alpha \in [0,1]} \alpha(f(A))_{\dot\alpha} = \bigcup_{\alpha \in [0,1]} \alpha f(A_{\dot\alpha}).$$

另外, 任取 $y \in Y$,

$$\left(\bigcup_{\alpha \in [0,1]} \alpha f(A_\alpha)\right)(y) = \bigvee_{\alpha \in [0,1]}(\alpha \wedge (f(A_\alpha))(y)) = \bigvee_{\alpha \in [0,1]}\left(\alpha \wedge \bigvee_{f(x)=y} A_\alpha(x)\right)$$

$$= \bigvee_{\alpha \in [0,1]}\bigvee_{f(x)=y}(\alpha \wedge A_\alpha(x)) = \bigvee_{f(x)=y}\bigvee_{\alpha \in [0,1]}(\alpha \wedge A_\alpha(x))$$

$$= \bigvee_{f(x)=y} A(x) = (f(A))(y).$$

所以, $f(A) = \bigcup_{\alpha \in [0,1]} \alpha f(A_\alpha)$. □

5.2.2 多元扩展原理

前面我们介绍了一个模糊集的像的求法, 本节所给出的多元扩展原理实际上是要定义多个模糊集的像, 我们先从多个普通集合的像说起. 设 $f: X_1 \times X_2 \times \cdots \times$

$X_n \to Y$ 且 $A_i \subseteq X_i$ $(i = 1, 2, \cdots, n)$. $A_1, A_2, \cdots, A_n$ 的像 $f(A_1, A_2, \cdots, A_n)$ 定义为 $f(A_1 \times A_2 \times \cdots \times A_n)$, 即将 $A_1 \times A_2 \times \cdots \times A_n$ 视为单个集合时, 其在 f 下的像. 于是,

$$f(A_1, A_2, \cdots, A_n) = f(A_1 \times A_2 \times \cdots \times A_n) = \{f(x_1, x_2, \cdots, x_n) | x_i \in A_i, i = 1, 2, \cdots, n\}.$$

利用上面所给出的多个普通集像的概念, 我们可以定义实数集的子集的代数运算. 例如, 为了定义两个闭区间 $[a, b]$ 与 $[c, d]$ 的和 $[a, b] + [c, d]$, 令 $f(x_1, x_2) = x_1 + x_2$, 然后将 $[a, b] + [c, d]$ 定义为 $f([a, b], [c, d])$, 即

$$[a, b] + [c, d] = f([a, b], [c, d]) = \{f(x_1, x_2) | x_1 \in [a, b], x_2 \in [c, d]\}$$
$$= \{x_1 + x_2 | x_1 \in [a, b], x_2 \in [c, d]\} = [a + c, b + d].$$

类似可得两个闭区间的差、积、商、取大以及取小分别为

$[a, b] - [c, d] = [a - d, b - c];$

$[a, b] \times [c, d] = [\min\{ac, ad, bc, bd\}, \max\{ac, ad, bc, bd\}];$

$[a, b]/[c, d] = [\min\{a/c, a/d, b/c, b/d\}, \max\{a/c, a/d, b/c, b/d\}]$ $(0 \notin [c, d]);$

$[a, b] \vee [c, d] = [a \vee c, b \vee d];$

$[a, b] \wedge [c, d] = [a \wedge c, b \wedge d].$

在模糊情况下, 定义多个模糊集的像的思想方法也是如此, 即通过卡氏积将一元扩展原理进行推广, 为此先给出模糊集的卡氏积的概念.

设 $X_1, X_2, \cdots, X_n$ 为普通集合, $A_i \in F(X_i)$ $(i = 1, 2, \cdots, n)$, 它们的卡氏积 $A_1 \times A_2 \times \cdots \times A_n$ 为 $X_1 \times X_2 \times \cdots \times X_n$ 上的模糊集, 定义为

$\forall (x_1, x_2, \cdots, x_n) \in X_1 \times X_2 \times \cdots \times X_n,$

$$(A_1 \times A_2 \times \cdots \times A_n)(x_1, x_2, \cdots, x_n) = \min\{A_1(x_1), A_2(x_2), \cdots, A_n(x_n)\} = \bigwedge_{i=1}^{n} A_i(x_i).$$

设 $X_1, X_2, \cdots, X_n$ 以及 Y 均为普通集合, $f \colon X_1 \times X_2 \times \cdots \times X_n \to Y$, 则 f 可诱导一个从 $F(X_1) \times F(X_2) \times \cdots \times F(X_n)$ 到 $F(Y)$ 的新映射 (仍记为 f), 其根据一元扩展原理定义 $f(A_1, A_2, \cdots, A_n)(\forall A_i \in F(X_i)(i = 1, 2, \cdots, n))$ 为 $f(A_1 \times A_2 \times \cdots \times A_n)$. 因此, $f(A_1, A_2, \cdots, A_n)$ 是 Y 上的模糊集, 且 $\forall y \in Y,$

$$f(A_1, A_2, \cdots, A_n)(y) = f(A_1 \times A_2 \times \cdots \times A_n)(y)$$
$$= \bigvee_{f(x_1, x_2, \cdots, x_n) = y} (A_1 \times A_2 \times \cdots \times A_n)(x_1, x_2, \cdots, x_n)$$
$$= \bigvee_{f(x_1, x_2, \cdots, x_n) = y} \bigwedge_{i=1}^{n} A_i(x_i).$$

上述表达式实际上给出了 n 个模糊集的像的计算公式, 称之为多元扩展原理. 多元扩展时的性质与一元扩展的性质类似, 这里不再赘述.

5.3　模　糊　数

我们知道, 实数集是最为重要的一类集合, 它具有非常良好的代数性质, 也是决策中对备择对象进行量化的基础集合. 将要讨论的模糊量即为实数集的模糊化, 而模糊数则是这种模糊化的规范形式.

5.3.1　凸模糊量

我们先给出模糊量及相关概念.

定义 5.1[110]　实数 $\mathbb{R}$ 上的模糊集 A $(A \in F(\mathbb{R}))$ 称为一个模糊量; 若模糊量 A 满足 $\mathrm{supp}(A) \subseteq [0, +\infty)$, 则称 A 是一个非负模糊量, 记为 $A \geqslant 0$; 若模糊量 A 满足 $\mathrm{supp}(A) \subseteq (0, +\infty)$, 则称 A 是一个正模糊量, 记为 $A > 0$.

由定义, $\mathbb{R}$ 的任意普通子集也是模糊量, 当一个实数 a 被当作单点集 $\{a\}$ 看待时也是模糊量的一种特殊情况. 模糊量的运算可以通过扩展原理来定义, 下面我们给出两个例子说明这一点.

设 $f(x) = |x|$, 则 f 即为 $\mathbb{R}$ 到 $\mathbb{R}$ 的映射. 对 $A \in F(\mathbb{R})$, $|A|$ 可以定义为 $f(A)$, 而 $f(A)$ 由一元扩展原理来定义. 所以, $|A|$ 仍为模糊量, 且 $\forall y \in \mathbb{R}$,

$$|A|(y) = f(A)(y) = \bigvee_{f(x)=y} A(x) = \bigvee_{|x|=y} A(x) = \begin{cases} A(y) \vee A(-y), & y \geqslant 0, \\ 0, & y < 0. \end{cases}$$

类似地, 利用二元扩展原理, 我们也可以定义模糊量的代数运算.

令 $f(x, y) = x + y$, 对 $A_1, A_2 \in F(\mathbb{R})$, 定义 $A_1 + A_2$ 为 $f(A_1, A_2)$, 则 $A_1 + A_2$ 仍是模糊量且 $\forall y \in \mathbb{R}$,

$$\begin{aligned} (A_1 + A_2)(y) &= \bigvee_{f(x,z)=y} (A_1(x) \wedge A_2(z)) \\ &= \bigvee_{x_1 + x_2 = y} (A_1(x) \wedge A_2(z)) \\ &= \bigvee_{x_1 \in \mathbb{R}} (A_1(x) \wedge A_2(y - x)). \end{aligned}$$

当然, 可以定义两个模糊量 A_1 与 A_2 的差 $A_1 - A_2$、积 $A_1 A_2$、商 A_1/A_2、取大 $A_1 \vee A_2$、取小 $A_1 \wedge A_2$ 等, 我们只将计算公式列在下面.

设 A_1, A_2 为模糊量, 则 $\forall y \in \mathbb{R}$,

(1) $(A_1 + A_2)(y) = \bigvee\limits_{x \in \mathbb{R}} (A_1(x) \wedge A_2(y - x));$

(2) $(A_1 - A_2)(y) = \bigvee\limits_{x \in \mathbb{R}} (A_1(x) \wedge A_2(x - y));$

(3) $(A_1 A_2)(y) = \bigvee\limits_{xz=y} (A_1(x) \wedge A_2(z));$

(4) $(A_1/A_2)(y) = \bigvee\limits_{x/z=y} (A_1(x) \wedge A_2(z))(0 \notin \mathrm{supp}(A_2));$

(5) $(A_1 \vee A_2)(y) = \bigvee\limits_{x \vee z=y} (A_1(x) \wedge A_2(z));$

(6) $(A_1 \wedge A_2)(y) = \bigvee\limits_{x \wedge z=y} (A_1(x) \wedge A_2(z)).$

当然, 利用扩展原理还可将一些运算, 如加法、乘法、取大以及取小推广到任意有限个模糊量的情形. 例如, n 个模糊量 $A_1, A_2, \cdots, A_n$ 的取大 $A_1 \vee A_1 \vee \cdots \vee A_n$ 可通过 n 元扩展原理定义为

$$\forall y \in \mathbb{R}, \quad (A_1 \vee A_2 \vee \cdots \vee A_n)(y) = \bigvee\limits_{x_1 \vee x_2 \vee \cdots \vee x_n=y} (A_1(x_1) \wedge A_2(x_2) \wedge \cdots \wedge A_n(x_n)).$$

容易证明, 模糊量的运算成立一些简单的性质, 如 $A_1 + A_2 = A_2 + A_1$, $A_1 A_2 = A_2 A_1$, $A_1 \vee A_2 = A_2 \vee A_1$, $A_1 \wedge A_2 = A_2 \wedge A_1$, $A_1 + (A_2 + A_3) = (A_1 + A_2) + A_3$, $A_1(A_2 A_3) = (A_1 A_2)A_3$ 等, 但与实数的性质相比差之甚远, 为改进其运算性能, 我们将对模糊量作各种各样的限制.

定义 5.2 设 A 是一个模糊量, 若

$$\forall x, x_1, x_2 \in \mathbb{R}, \quad x_1 \leqslant x \leqslant x_2 \Longrightarrow A(x) \geqslant A(x_1) \wedge A(x_2),$$

则称 A 是一个凸模糊量.

注 5.2 因为 $x = x_1$ 或 $x = x_2$ 时, $A(x) \geqslant A(x_1) \wedge A(x_2)$ 自然成立, 故上面定义中的条件亦可改写为

$$\forall x, x_1, x_2 \in \mathbb{R}, \quad x_1 < x < x_2 \Longrightarrow A(x) \geqslant A(x_1) \wedge A(x_2).$$

命题 5.2 A 是一个凸模糊量当且仅当 $\forall \lambda \in [0,1]$, $A_\lambda \neq \varnothing$ 时是一个区间.

证明 $\Longrightarrow$. 假设 A 是一个凸模糊量. 若 $x_1, x_2 \in A_\lambda$ 且 $\alpha \in [0,1]$, 则 $A(x_1) \geqslant \lambda$ 且 $A(x_2) \geqslant \lambda$. 由 A 的凸性可知

$$A(\alpha x_1 + (1 - \alpha)x_2) \geqslant A(x_1) \wedge A(x_2) \geqslant \lambda,$$

即 $\alpha x_1 + (1 - \alpha)x_2 \in A_\lambda$, 从而 A_λ 是一个区间.

$\Longleftarrow$. 假设对任意 $\lambda \in [0,1]$, $A_\lambda \neq \varnothing$ 时是一个区间. 任取 $x_1, x_2 \in \mathbb{R}$, 令 $\lambda = A(x_1) \wedge A(x_2)$. 因为 $A(x_1) \geqslant \lambda$ 且 $A(x_2) \geqslant \lambda$, 我们有 $x_1 \in A_\lambda$ 且 $x_2 \in A_\lambda$,

由充分性假设, A_λ 是一个区间. 所以, 对任意 $\alpha \in [0,1]$, $\alpha x_1 + (1-\alpha)x_2 \in A_\lambda$. 于是,

$$A(\alpha x_1 + (1-\alpha)x_2) \geqslant \lambda = A(x_1) \wedge A(x_2),$$

即 A 是一个凸模糊量. □

定理 5.1[48]　　模糊量 A 是凸的充分必要条件是下列陈述至少有一个成立:

(1) A 单调增;

(2) A 单调减;

(3) 存在 $x_0 \in \mathbb{R}$ 满足 A 在 $(-\infty, x_0)$ 上单调增, 在 $(x_0, +\infty)$ 上单调减且

$$\forall x_1 \in (-\infty, x_0), x_2 \in (x_0, +\infty) \Longrightarrow A(x_0) \geqslant A(x_1) \wedge A(x_2).$$

证明　　$\Longleftarrow$. 令 $x_1 < x < x_2$.

若 (1) 成立, 则 $A(x) \geqslant A(x_1) \geqslant A(x_1) \wedge A(x_2)$.

若 (2) 成立, 则 $A(x) \geqslant A(x_2) \geqslant A(x_1) \wedge A(x_2)$.

所以, 无论 A 单调增或单调减, A 总是凸的. 下面我们证明: 当 (3) 成立时, 我们仍有 $A(x) \geqslant A(x_1) \wedge A(x_2)$.

若 $x_1 \geqslant x_0$ 或 $x_2 \leqslant x_0$, 证明分别类似于 (1) 或 (2) 成立时的情况.

若 $x_1 < x_0 < x_2$, 考虑三种情形: ① $x < x_0$; ② $x > x_0$; ③ $x = x_0$.

情形①成立时, $A(x) \geqslant A(x_1) \geqslant A(x_1) \wedge A(x_2)$;

情形②成立时, $A(x) \geqslant A(x_2) \geqslant A(x_1) \wedge A(x_2)$;

情形③成立时, $A(x) \geqslant A(x_1) \wedge A(x_2)$ 即为已知条件.

总之, A 为凸模糊量.

$\Longrightarrow$. 假设 A 是一个凸模糊量, 记 $z_0 = \mathrm{hgt}(A)$.

情形 1　　z_0 可达, 即存在 x_0 使得 $A(x_0) = z_0$. 当 $x_1 < x_2 < x_0$ 时,

$$A(x_2) \geqslant A(x_1) \wedge A(x_0) = A(x_1),$$

即 A 在 $(-\infty, x_0)$ 上单调增. 类似可证 A 在 $(x_0, +\infty)$ 上单调减. 由 A 的凸性,

$$\forall x_1 \in (-\infty, x_0), x_2 \in (x_0, +\infty) \Longrightarrow A(x_0) \geqslant A(x_1) \wedge A(x_2).$$

所以, (3) 成立.

情形 2　　z_0 不可达, 则 $\forall x \in \mathbb{R}, A(x) < z_0$. 此时, 存在严格增加的序列 $\{A(x_n)\}$, 使得当 $n \to +\infty$ 时, $A(x_n) \to z_0$.

若 $\{x_n\}$ 有一个聚点 x_0, 则我们可假设子列 $x_{n_k} \to x_0(k \to +\infty)$. 任给 x_1, x_2, $x_1 < x_2 < x_0$, 存在 k 满足 $A(x_{n_k}) > A(x_1)$ 且 $x_1 < x_2 < x_{n_k}$. 于是, 由 A 的凸性,

$$A(x_2) \geqslant A(x_{n_k}) \wedge A(x_1) = A(x_1),$$

即 A 在 $(-\infty, x_0)$ 上单调增. 类似的讨论可得 A 在 $(x_0, +\infty)$ 上单调减. 而 $A(x_0) \geqslant A(x_1) \wedge A(x_2)$ $(\forall x_1 \in (-\infty, x_0), x_2 \in (x_0, +\infty))$ 仍由 A 的凸性得到. 所以, (3) 成立.

如果 $\{x_n\}$ 无聚点, 则存在子列 $\{x_{n_k}\}$ 满足当 $k \to +\infty$ 时, $x_{n_k} \to +\infty$ 或 $x_{n_k} \to -\infty$. 在 $x_{n_k} \to +\infty$ 情况下, 对于 $x_1 < x_2$, 存在 k 充分大, 使得 $x_1 < x_2 < x_{n_k}$ 且 $A(x_{n_k}) > A(x_1)$. 根据 A 的凸性可得 $A(x_2) \geqslant A(x_1)$, 即 A 在 $\mathbb{R}$ 上单调增, 从而 (1) 成立. 在 $x_{n_k} \to -\infty$ 情况下, 类似可证 A 单调减, 从而 (2) 成立. □

上述定理表明: 凸模糊量的隶属函数是单峰函数.

5.3.2 模糊数的概念

定义 5.3 若一个模糊量 A 满足: $\forall \alpha \in (0, 1]$, A_α 是一个闭区间, 则称 A 是一个模糊数.

注 5.3 对于模糊数, 文献中有各种各样的定义方法, 其他定义方法, 读者可参看 [47]—[49], [110], [111].

由定义可知: 对一个模糊数 A, A_1 是一个闭区间, 从而 $A_1 \neq \varnothing$, 即 A 正规. 另外, 由命题 5.2 可知, 一个模糊数是一个凸模糊量. 下面我们给出模糊数的一个充要条件.

定理 5.2 [112] $A \in F(\mathbb{R})$ 是一个模糊数当且仅当存在 $a, b \in \mathbb{R}$, 满足:

$$A(x) = \begin{cases} 1, & x \in [a, b], \\ L(x), & x < a, \\ R(x), & x > b, \end{cases}$$

其中 L 是一个 $(-\infty, a)$ 上的单调增加的右连续函数, 且当 $x \to -\infty$ 时, $L(x) \to 0$; R 是一个 $(b, +\infty)$ 上的单调减少的左连续函数, 且当 $x \to +\infty$ 时, $R(x) \to 0$.

证明 $\Longrightarrow$. 若 A 是一个模糊数, 则 A_1 是一个闭区间. 假设 $A_1 = [a, b]$.

显然, 当 $x \in [a, b]$ 时, $A(x) = 1$.

当 $x < a$ 时, 令 $L(x) = A(x)$.

首先由 A 的凸性, $-\infty < x_1 < x_2 < a$ 时, $A(x_2) \geqslant A(x_1) \wedge A(a) = A(x_1)$, 即 $L(x_2) \geqslant L(x_1)$. 所以, L 在 $(-\infty, a)$ 上是单调增加的.

其次, 我们用反证法证明 L 在 $(-\infty, a)$ 上是右连续的.

假设 L 在某个 $x_0 < a$ 处不是右连续的, 则 $\exists x_n, x_n \to x_0$ 且 $x_n > x_0$ 使 $\lim\limits_{n \to +\infty} L(x_n) \neq L(x_0)$. 因为 L 单调增加, $\lim\limits_{n \to +\infty} L(x_n) > L(x_0)$. 不失一般性, 假设 $\{x_n\}$ 单调减少且 $x_n < a$. 记 $\lim\limits_{n \to +\infty} L(x_n) = \alpha$. 由 $A(x_0) = L(x_0) < \alpha$ 知 $x_0 \notin A_\alpha$. 但是, $A(x_n) = L(x_n) \geqslant \alpha$, 故 $x_n \in A_\alpha$, 与 A_α 为闭区间矛盾.

最后我们证明 $\lim\limits_{x\to-\infty} L(x) = 0$.

否则, $\lim\limits_{x\to-\infty} L(x) = \beta > 0$, 从而 $\forall x < a$, $A(x) = L(x) \geqslant \beta$. 也就是说, $x \in A_\beta$ 对任意 $x < a$ 成立, 所以, A_β 是一个无界集, 与模糊数的定义矛盾.

当 $x > b$ 时, 令 $R(x) = A(x)$. 类似可证: R 是一个单调减少的左连续函数, 且当 $x \to +\infty$ 时, $R(x) \to 0$.

$\Longleftarrow$. 令 $\alpha \in (0,1]$, 记

$$a_\alpha = \inf\{x|x < a, L(x) \geqslant \alpha\} \quad \text{且} \quad b_\alpha = \sup\{x|x > a, R(x) \geqslant \alpha\}.$$

由于 $a_\alpha \leqslant a$ 且 $\lim\limits_{x\to-\infty} L(x) = 0$, 故 a_α 是一个有限数. 类似地, b_α 也是一个有限数. 为了证明 A 是一个模糊数, 只需证明 $A_\alpha = [a_\alpha, b_\alpha]$.

若 $x \notin [a_\alpha, b_\alpha]$, 则 $x < a_\alpha$ 或 $x > b_\alpha$.

当 $x < a_\alpha$ 时, $x \notin \{x|x < a, L(x) \geqslant \alpha\}$. 而 $x < a_\alpha \leqslant a$, 故 $A(x) = L(x) < \alpha$, 即 $x \notin A_\alpha$. 类似可证: 当 $x > b_\alpha$ 时, $x \notin A_\alpha$. 所以, $A_\alpha \subseteq [a_\alpha, b_\alpha]$.

反之, 设 $x \in [a_\alpha, b_\alpha] = [a_\alpha, a) \cup [a, b] \cup (b, b_\alpha]$, 考虑下列几种情况.

情形 1　$x \in [a, b]$. 此时, $A(x) = 1$. 显然, $x \in A_\alpha$.

情形 2　$x \in (a_\alpha, a)$. 此时, $a > x > a_\alpha = \inf\{x|x < a, L(x) \geqslant \alpha\}$. 于是存在 x_0 满足 $x_0 < x$ 且 $L(x_0) \geqslant \alpha$. 所以, $L(x) \geqslant L(x_0) \geqslant \alpha$, 即 $A(x) \geqslant \alpha$, 或等价地, $x \in A_\alpha$.

情形 3　$x \in (b, b_\alpha)$, 证明与情形 2 类似.

情形 4　$x = a_\alpha < a$. 此时, 由 L 的右连续性以及情形 2 的证明可得

$$A(x) = A(a_\alpha) = L(a_\alpha) = \lim_{x\to a_\alpha^+} L(x) \geqslant \alpha.$$

情形 5　$x = b_\alpha > b$, 证明类似情形 4.

综上, $[a_\alpha, b_\alpha] \subseteq A_\alpha$. 所以, $[a_\alpha, b_\alpha] = A_\alpha$.　　　　　　□

以后我们称 L 及 R 分别为模糊数 A 的左、右分布.

现在我们列举一些常用的模糊数.

(1) 实数 r 视为单点集 $\{r\}$ 时, 其隶属函数为 $A = 1/r$, 显然它是一个模糊数, 其中 $a = b = r$, 左、右分布 $L(x) = R(x) \equiv 0$. 所以, 实数是模糊数的一种特殊情况.

(2) 闭区间 $A = [a, b]$ 是一个模糊数 A, 其隶属函数

$$A(x) = \begin{cases} 1, & x \in [a, b], \\ 0, & \text{其他}. \end{cases}$$

左、右分布 $L(x) = R(x) \equiv 0$. 所以, 闭区间也是模糊数的一种特殊情况.

(3) 若 $A(x) = \begin{cases} \dfrac{x-a}{b-a}, & x \in [a,b], \\ \dfrac{x-c}{b-c}, & x \in (b,c], \\ 0, & \text{其他}. \end{cases}$ 则 A 是一个模糊数, 该模糊数称为三角

形模糊数, 记为 (a,b,c).

(4) 若 $A(x) = \begin{cases} \dfrac{x-a}{b-a}, & x \in [a,b], \\ 1, & x \in (b,c], \\ \dfrac{x-d}{c-d}, & x \in (c,d], \\ 0, & \text{其他}. \end{cases}$ 则 A 是一个模糊数, 该模糊数称为梯形模

糊数, 记为 (a,b,c,d). 三角形模糊数 (a,b,c) 可以视为特殊的梯形模糊数 (a,b,b,c).

注 5.4 模糊数在实际中主要用来构模所谓的不精确 (模糊、不完全) 数据, 而三角形及梯形模糊数是最为常用的两类模糊数. 例如, 三角形模糊数 $(1,2,3)$ 可以用来构模模糊数据 "大约是 2", 而梯形模糊数 $(1,2,3,4)$ 可以用来构模模糊数据 "近似在 2 到 3 之间", 从而为这类数据的构模提供了数学工具.

5.3.3 模糊数的代数运算性质

在代数运算方面, 与模糊量相比, 模糊数具有良好的性质, 现在就来介绍这些性质.

命题 5.3[112] 若 f 是连续的一元实函数, A 是一个模糊数, 则 $\forall \alpha \in (0,1]$, $(f(A))_\alpha = f(A_\alpha)$.

证明 由命题 5.1(3), $f(A_\alpha) \subseteq (f(A))_\alpha$. 故只需证明 $(f(A))_\alpha \subseteq f(A_\alpha)$.

任取 $y \in (f(A))_\alpha$, 则 $(f(A))(y) \geqslant \alpha$, 即

$$\beta = \bigvee_{f(x)=y} A(x) \geqslant \alpha > 0.$$

记 $\alpha_n = \beta - 1/n$, 假设 $\alpha_{n_0} > 0$, 则存在序列 $\{x_n\}$ 满足 $f(x_n) = y$ 且 $A(x_n) > \alpha_n$. 当 $n > n_0$ 时,

$$x_n \in A_{\alpha_n} \subseteq A_{\alpha_{n_0}}.$$

所以, $\{x_n\}$ 是有界序列. 取其一收敛子列 $\{x_{n_k}\}$, 设其极限为 x_0. 由 $A(x_{n_k}) > \alpha_{n_k} = \beta - 1/n_k$ 可得: 对任意固定的 N, 当 k 充分大时, $A(x_{n_k}) > \beta - 1/N$, 即 $x_{n_k} \in A_{\alpha_N}$. 因为 A_{α_N} 是闭区间, $x_0 \in A_{\alpha_N}$, 即 $A(x_0) \geqslant \alpha_N$. 由 N 的任意性可得 $A(x_0) \geqslant \beta \geqslant \alpha$, 故 $x_0 \in A_\alpha$. 根据 f 的连续性以及 $f(x_{n_k}) = y$, 我们有 $f(x_0) = y$. 于是,

$$y = f(x_0) \in f(A_\alpha).$$

所以, $(f(A))_\alpha \subseteq f(A_\alpha)$ 成立. □

类似可得下列结论.

命题 5.4 [112]　　若 f 是 n 元连续的实函数且 $A_1, A_2, \cdots, A_n$ 是模糊数, 则 $\forall \alpha \in (0, 1]$,
$$(f(A_1, A_2, \cdots, A_n))_\alpha = f((A_1)_\alpha, (A_2)_\alpha, \cdots, (A_n)_\alpha).$$

由命题 5.4, 我们可以导出模糊数的一些与 α-截集有关的性质.

命题 5.5　设 A, B 是模糊数且 $A_\alpha = [a_\alpha^-, a_\alpha^+]$ 及 $B_\alpha = [b_\alpha^-, b_\alpha^+]$ $(\alpha \in (0, 1])$, 则

(1) $(A + B)_\alpha = [a_\alpha^- + b_\alpha^-, a_\alpha^+ + b_\alpha^+]$;

(2) $(A - B)_\alpha = [a_\alpha^- - b_\alpha^+, a_\alpha^+ - b_\alpha^-]$;

(3) $(AB)_\alpha = [\min\{a_\alpha^- b_\alpha^-, a_\alpha^- b_\alpha^+, a_\alpha^+ b_\alpha^-, a_\alpha^+ b_\alpha^+\}, \max\{a_\alpha^- b_\alpha^-, a_\alpha^- b_\alpha^+, a_\alpha^+ b_\alpha^-, a_\alpha^+ b_\alpha^+\}]$;

(4) 当 $0 \notin \mathrm{supp}(B)$ 时,
$$(A/B)_\alpha = [\min\{a_\alpha^-/b_\alpha^-, a_\alpha^-/b_\alpha^+, a_\alpha^+/b_\alpha^-, a_\alpha^+/b_\alpha^+\},$$
$$\max\{a_\alpha^-/b_\alpha^-, a_\alpha^-/b_\alpha^+, a_\alpha^+/b_\alpha^-, a_\alpha^+/b_\alpha^+\}];$$

(5) $(A \vee B)_\alpha = [a_\alpha^- \vee b_\alpha^-, a_\alpha^+ \vee b_\alpha^+]$;

(6) $(A \wedge B)_\alpha = [a_\alpha^- \wedge b_\alpha^-, a_\alpha^+ \wedge b_\alpha^+]$.

证明　这些性质均可通过命题 5.4 来证明, 我们给出 (1) 的证明作为例子.

(1) 令 $f(x, y) = x + y$, 则 f 是二元连续函数, 于是由命题 5.4 可得
$$(A + B)_\alpha = (f(A, B))_\alpha = f(A_\alpha, B_\alpha)$$
$$= A_\alpha + B_\alpha = [a_\alpha^-, a_\alpha^+] + [b_\alpha^-, b_\alpha^+]$$
$$= [a_\alpha^- + b_\alpha^-, a_\alpha^+ + b_\alpha^+].$$ □

由命题 5.5 可知, 两个模糊数的和、差、积、商 (0 不作为分母的模糊数的支集中)、取大、取小还是模糊数.

命题 5.6　设 A, B 是模糊数, 则

(1) $A \wedge (A \vee B) = A$, $A \vee (A \wedge B) = A$;

(2) $A \wedge (B \vee C) = (A \wedge B) \vee (A \wedge C)$, $A \vee (B \wedge C) = (A \vee B) \wedge (A \vee C)$;

(3) $(A \vee B) + (A \wedge B) = A + B$;

(4) $A \vee B = A \iff A \wedge B = B$.

证明　我们仅证 (3), 其余的证明类似.

令 $A_\alpha = [a_\alpha^-, a_\alpha^+]$, $B_\alpha = [b_\alpha^-, b_\alpha^+]$ $(\alpha \in (0, 1])$, 则
$$[(A \vee B) + (A \wedge B)]_\alpha = (A \vee B)_\alpha + (A \wedge B)_\alpha$$
$$= [a_\alpha^- \vee b_\alpha^-, a_\alpha^+ \vee b_\alpha^+] + [a_\alpha^- \wedge b_\alpha^-, a_\alpha^+ \wedge b_\alpha^+]$$
$$= [a_\alpha^- \vee b_\alpha^- + a_\alpha^- \wedge b_\alpha^-, a_\alpha^+ \vee b_\alpha^+ + a_\alpha^+ \wedge b_\alpha^+]$$
$$= [a_\alpha^- + b_\alpha^-, a_\alpha^+ + b_\alpha^+] = (A + B)_\alpha,$$

故 (3) 成立. □

对于梯形模糊数, 可给出一些代数运算的计算公式.

命题 5.7 设 $A = (a_1, b_1, c_1, d_1)$, $B = (a_2, b_2, c_2, d_2)$, 则

(1) $A + B = (a_1 + a_2, b_1 + b_2, c_1 + c_2, d_1 + d_2)$;

(2) $A - B = (a_1 - d_2, b_1 - c_2, c_1 - b_2, d_1 - a_2)$;

(3) 若 $A \geqslant 0$, $B \geqslant 0$, 则 AB 的隶属函数为

$$C(x) = \begin{cases} 0, & x \leqslant a_1 a_2, \\ f_1(x), & a_1 a_2 < x \leqslant b_1 b_2, \\ 1, & b_1 b_2 < x \leqslant c_1 c_2, \\ f_2(x), & c_1 c_2 < x \leqslant d_1 d_2, \\ 0, & x > d_1 d_2, \end{cases}$$

其中

$$f_1(x) = \frac{-L_2 + \sqrt{L_2^2 + 4L_1(x - W)}}{2L_1},$$

$$f_2(x) = \frac{-U_2 - \sqrt{U_2^2 - 4U_1(Z - x)}}{2U_1},$$

$$L_1 = (b_1 - a_1)(b_2 - a_2), \quad L_2 = a_1(b_2 - a_2) + a_2(b_1 - a_1), \quad W = a_1 a_2,$$

$$U_1 = (d_1 - c_1)(d_2 - c_2), \quad U_2 = d_2(d_1 - c_1) + d_1(c_2 - d_2), \quad Z = d_1 d_2;$$

(4) 若 $A \geqslant 0$, $B > 0$, 则 A/B 的隶属函数为

$$C(x) = \begin{cases} 0, & x \leqslant a_1/d_2, \\ \dfrac{x d_2 - a_1}{(b_1 - a_1) + (d_2 - c_2)x}, & a_1/d_2 < x \leqslant b_1/c_2, \\ 1, & b_1/c_2 < x \leqslant c_1/b_2, \\ \dfrac{d_1 - a_2 x}{(c_1 - d_1) + (b_2 - a_2)x}, & c_1/b_2 < x \leqslant d_1/a_2, \\ 0, & x > d_1/a_2; \end{cases}$$

(5) $A \vee B$ 的隶属函数为

$$C(x) = \begin{cases} 0, & x \leqslant a_1 \vee a_2, \\ \dfrac{x - a_1}{b_1 - a_1} \wedge \dfrac{x - a_2}{b_2 - a_2}, & a_1 \vee a_2 < x \leqslant b_1 \vee b_2, \\ 1, & b_1 \vee b_2 < x \leqslant c_1 \vee c_2, \\ \dfrac{d_1 - x}{d_1 - c_1} \vee \dfrac{d_2 - x}{d_2 - c_2}, & c_1 \vee c_2 < x \leqslant d_1 \vee d_2, \\ 0, & x > d_1 \vee d_2; \end{cases}$$

(6) $A \wedge B$ 的隶属函数为

$$
C(x) = \begin{cases}
0, & x \leqslant a_1 \wedge a_2, \\[2mm]
\dfrac{x - a_1}{b_1 - a_1} \vee \dfrac{x - a_2}{b_2 - a_2}, & a_1 \wedge a_2 < x \leqslant b_1 \wedge b_2, \\[2mm]
1, & b_1 \wedge b_2 < x \leqslant c_1 \wedge c_2, \\[2mm]
\dfrac{d_1 - x}{d_1 - c_1} \wedge \dfrac{d_2 - x}{d_2 - c_2}, & c_1 \wedge c_2 < x \leqslant d_1 \wedge d_2, \\[2mm]
0, & x > d_1 \wedge d_2.
\end{cases}
$$

证明　这些计算公式的证明方法都是类似的, 我们仅证 (1) 及 (3).

(1) 由于 $\forall \alpha \in (0, 1]$,

$$
A_\alpha = [a_1 + (b_1 - a_1)\alpha, d_1 + (c_1 - d_1)\alpha],
$$
$$
B_\alpha = [a_2 + (b_2 - a_2)\alpha, d_2 + (c_2 - d_2)\alpha].
$$

令 $C = (a_1 + a_2, b_1 + b_2, c_1 + c_2, d_1 + d_2)$, 则

$$
C_\alpha = [(a_1 + a_2) + (b_1 + b_2 - a_1 - a_2)\alpha, (d_1 + d_2) + (c_1 + c_2 - d_1 - d_2)\alpha],
$$

故 $C_\alpha = A_\alpha + B_\alpha = (A + B)_\alpha$, 从而 $A + B = C = (a_1 + a_2, b_1 + b_2, c_1 + c_2, d_1 + d_2)$.

(3) 只需证明: $\forall \alpha \in (0, 1]$, $(AB)_\alpha = C_\alpha$.

由于 $A \geqslant 0$, $B \geqslant 0$,

$$
(AB)_\alpha = [(a_1 + (b_1 - a_1)\alpha)(a_2 + (b_2 - a_2)), (d_1 + (c_1 - d_1)\alpha)(d_2 + (c_2 - d_2)\alpha)]
$$
$$
= [L_1\alpha^2 + L_2\alpha + W, U_1\alpha^2 + U_2\alpha + Z].
$$

由 $f_1(x) \geqslant \alpha$ 可得 $x \geqslant L_1\alpha^2 + L_2\alpha + W$.

由 $f_2(x) \geqslant \alpha$ 可得 $x \geqslant U_1\alpha^2 + U_2\alpha + Z$.

于是

$$
C_\alpha = [L_1\alpha^2 + L_2\alpha + W, U_1\alpha^2 + U_2\alpha + Z] = (AB)_\alpha. \qquad \square
$$

由命题 5.7 可知, 梯形模糊数除加法与减法外, 对常见的一些其他运算并不封闭.

例 5.2　令 $A = (0, 1, 2)$, $B = (2, 3, 4)$, 则 $A \geqslant 0$ 且 $B \geqslant 0$, $a_1 = 0$, $b_1 = c_1 = 1$, $d_1 = 2$, $a_2 = 2$, $b_2 = c_2 = 3$, $d_2 = 4$. 按命题 5.7(3) 中的计算公式可得

$$
f_1(x) = \sqrt{1 + x} - 1, \quad f_2(x) = 3 - \sqrt{1 + x}.
$$

于是,

$$(AB)(x) = \begin{cases} \sqrt{1+x} - 1, & 0 \leqslant x \leqslant 3, \\ 3 - \sqrt{1+x}, & 3 < x \leqslant 8, \\ 0, & \text{其他}. \end{cases}$$

5.4 模糊量排序概述

由于模糊量不像实数那样具有自然序, 所以, 许多研究者从各种不同的角度对模糊量进行比较以确定它们的序关系, 当然, 不同的比较方法最后所确立的序关系自然也就不尽相同. 从文献中存在的模糊量的排序方法来看, 每个排序方法都与一个或多个排序指标有关, 所以对排序问题的研究, 归根结底是对所涉及的排序指标的研究, 现在我们就来大体上看一下这些排序指标.

设 $\mathcal{A} = \{A_1, A_2, \cdots, A_n\}$ 是待排序的模糊量集合. 粗略地说, 排序指标可分为三类. 第一类指标构造一个映射 $F : \mathcal{A} \to \mathbb{R}$, 将每个 $A_i(i = 1, 2, \cdots, n)$ 转化为一个实数 $F(A_i)$, 然后根据 $F(A_1), F(A_2), \cdots, F(A_n)$ 的大小对 $A_1, A_2, \cdots, A_n$ 进行排序, 在这类排序方法中, 排序指标 $F(A_i)$ 仅与模糊量 A_i 有关, 我们称 F 为排序函数. 第二类排序方法首先基于 $A_1, A_2, \cdots, A_n$ 定义一个或多个参考集, 然后将每个 A_i 与这些参考集进行比较以形成排序指标, 由于参考集往往与所有的 $A_i(i = 1, 2, \cdots, n)$ 有关, 所以这类排序方法的排序指标经常与所有待排序的模糊量有关. 逐对比较 (pairwise comparison) 是决策中最常用的比较方法之一, 在对模糊量进行排序时也广泛使用该方法, 从而形成了最大的一类排序指标集. 该方法构造 $\mathcal{A}$ 上的模糊偏好关系 R, 通过 $R(A_i, A_j)$ 以实现 A_i 与 A_j 的比较. 此时, 每个排序指标 $R(A_i, A_j)$ 仅与两个模糊量 A_i 及 A_j 有关. 为了考虑决策者的风险态度, 许多作者在构造排序指标时引入风险参数来调整排序方法以适合于不同类型的决策者.

下面我们将介绍每个类型中的一些典型指标. 为避免方法的适用范围的讨论, 若无特别说明, 本节我们假设涉及的模糊量为模糊数. 对模糊数 A, B 以及某个确定的排序方法而言, 我们用 $A \succ B$ 及 $A \sim B$ 分别表示 "A 比 B 排序较高" 以及 "A 和 B 排同样的序", 而记号 $A \succsim B$ 表示 $A \succ B$ 或 $A \sim B$.

5.4.1 利用排序函数构造排序指标

首先利用该方法进行排序的是 Adamo[103] 及 Yager[113]. Adamo 固定 $\alpha \in (0, 1]$, 简单地用模糊数的 α-截集区间的右端点作为排序指标, 右端点的值越大, 排序越高. 显然该排序方法依赖 α 的选择, 实际上忽略了模糊数的左分布. Yager 在文献[113] 提出的排序方法也是基于模糊数的截集. 不同的是 Yager 同时考虑所有不同的截集且兼顾模糊数的左、右分布. 具体来说, 设 A 是模糊数, 其 α-截集为 $A_\alpha = [a_\alpha, b_\alpha]$,

Yager 给出下列排序指标

$$Y(A) = \frac{1}{2} \int_0^1 (a_\alpha + b_\alpha) d\alpha.$$

$Y(A)$ 将 α-截集的左右端点同等看待, $Y(A)$ 越大, 排序越高. 为反映决策者的风险态度, Liou 和 Wang[114] 对两个端点区别对待, 他们所提出的排序指标本质上可写成下列形式:

$$LW^\lambda(A) = \int_0^1 ((1 - \lambda)a_\alpha + \lambda b_\alpha) d\alpha,$$

其中 $\lambda \in [0,1]$ 表示决策者的风险态度, λ 越大, 说明决策者越趋于风险型.

当 $\lambda = 0$ 时, $LW^0(A) = \int_0^1 a_\alpha d\alpha$. 此时, 决策者完全不考虑右分布.

当 $\lambda = 1$ 时, $LW^1(A) = \int_0^1 b_\alpha d\alpha$. 此时, 决策者完全不考虑左分布.

当 $\lambda = 0.5$ 时, $LW^{0.5}(A) = \int_0^1 (a_\alpha + b_\alpha) d\alpha = Y(A)$.

注 5.5　尽管 LW^λ 指标是一个含参数 λ 的比较一般的指标, 但该指标实际上是 Campos 及 Munoz 在文献 [115] 中提出的排序指标的特殊情况.

利用 α-截集对模糊数进行排序的一个优点是: 在实际应用中, 由于模糊数的代数运算由扩展原理定义, 计算起来非常复杂, 往往很难求得最终的隶属函数. 而模糊数的截集是闭区间, 代数运算比较方便, 因此, 在排序时我们可以只求截集, 不求隶属函数.

除了利用 α-截集构造排序函数以外, 文献中还有其他一些构造排序函数的方法, 其中最受关注的是用重心的横坐标作为排序指标[116],

$$C(A) = \frac{\displaystyle\int_{\mathrm{supp}(A)} x A(x) dx}{\displaystyle\int_{\mathrm{supp}(A)} A(x) dx},$$

较大值对应较高的排序.

例 5.3　设 $A = (1, 2, 3)$, $B = (0, 2, 4)$, 则 $A_\alpha = [1+\alpha, 3-\alpha]$ 且 $B_\alpha = [2\alpha, 4-2\alpha]$. 所以, $AD^\alpha(A) = 3 - \alpha$ 且 $AD^\alpha(B) = 4 - 2\alpha$. 利用 Adamo 的方法, 对任意 $\alpha \in (0,1)$, $B \succ A$. 另外, $LW^\lambda(A) = \lambda + 1.5$, $Y^\lambda(B) = 2\lambda + 1$. 所以, 利用 $LW^{0.5}$, LW^0 以及 LW^1, 分别得到 $A \sim B$, $A \succ B$ 及 $B \succ A$ 排序结果, 可供不同类型的决策者进行选择. 最后, 若选择重心排序法, 则有 $C(A) = C(B) = 2$, 从而 $A \sim B$.

5.4.2 利用参考集构造排序指标

在这类排序方法中, 经常基于所有要排序的模糊数构造一个或多个参考集, 通过比较每个模糊数与参考集的某种接近程度 (或远离程度) 来得到排序指标. 不同的作者有不同的定义参考集的方法, 一个自然的想法是利用扩展原理所定义的模糊最大集或模糊最小集作为参考集. 假设 $A_1, A_2, \cdots, A_n$ 是 n 个待排序的模糊数, 我们知道, 根据扩展原理可以定义最大模糊数 $A_1 \vee A_2 \vee \cdots \vee A_n$. 但与实数不同的是, $A_1 \vee A_2 \vee \cdots \vee A_n$ 一般来说不是 $A_1, A_2, \cdots, A_n$ 其中之一. 所以, 在模糊数排序时, 最大模糊数可用作参考集来构造排序指标.

例如, 文献 Kerre[117] 首先计算 $A_i (i = 1, 2, \cdots, n)$ 与 $A_1 \vee A_2 \vee \cdots \vee A_n$ 的海明距离

$$K(A_i) = \int_S |A_i(x) - (A_1 \vee A_2 \vee \cdots \vee A_n)(x)| dx,$$

其中 $S = \bigcup_{i=1}^{n} \text{supp}(A_i)$, 最终的序关系规定为

$$A_i \succ A_j \iff K(A_i) < K(A_j);$$

$$A_i \sim A_j \iff K(A_i) = K(A_j).$$

显然, $K(A_i)$ 是通过海明距离衡量 A_i 与模糊最大 (参考集) 的接近性得到排序指标.

除了模糊最大集以外, 文献中还出现了其他类型的参考集. 例如, Chen 在文献 [118] 中自己定义了模糊最大集 (fuzzy maximizing set) $A_{\max}^k$ 以及模糊最小集 (fuzzy minimizing set) $A_{\min}^k$

$$A_{\max}^k(x) = \left(\frac{x - x_{\min}}{x_{\max} - x_{\min}} \right)^k \quad (x \in [x_{\min}, x_{\max}]),$$

$$A_{\min}^k(x) = \left(\frac{x_{\max} - x}{x_{\max} - x_{\min}} \right)^k \quad (x \in [x_{\min}, x_{\max}]),$$

其中 $x_{\max} = \sup \bigcup_{i=1}^{n} \text{supp}(A_i)$, $x_{\min} = \inf \bigcup_{i=1}^{n} \text{supp}(A_i)$, k 为正实数.

然后, 通过比较 A_i 与 $A_{\min}^k$ 及 $A_{\max}^k$ 分别定义所谓的 A_i 的左、右效用 (utility) $L^k(A_i)$ 及 $R^k(A_i)$ 为

$$L^k(A_i) = \sup \min\{A_{\min}^k(x), A_i(x)\},$$

$$R^k(A_i) = \sup \min\{A_{\max}^k(x), A_i(x)\}.$$

最后, 定义排序指标 $T^k(A_i)$ 为综合 $L^k(A_i)$ 及 $R^k(A_i)$ 后的总效用

$$T^k(A_i) = \frac{1}{2}(R^k(A_i) + 1 - L^k(A_i)).$$

$T^k(A_i)$ 越大, 排序越高.

例 5.4　设 $A = (0.2, 0.3, 1)$, $B = (0, 0.5, 0.8)$, 则 $K(A) = \dfrac{1}{12}$, $K(B) = 0.1$. 所以, 由 Kerre 的方法可得 $A \succ B$.

另外, $T^1(A) = \dfrac{155}{374} = 0.41$, $T^1(B) = \dfrac{37}{78} = 0.47$. 所以, 由 Chen 的方法 $(k = 1)$ 可得 $B \succ A$.

注 5.6　除了上面提及的方法以外, Jain[119](第一个采用该类方法排序的作者)、Kim 和 Park[120] 的方法也可归为此类.

5.4.3　利用模糊偏好关系作为排序指标

除了上面介绍的方法以外, 决策中逐对比较的方法也常用于模糊数排序, 形成了最大一类排序方法[121]. 设 $\mathcal{A} = \{A_1, A_2, \cdots, A_n\}$ 是待排序的模糊数集, R 是 $\mathcal{A}$ 上的一个模糊偏好关系, 通过 $R(A_i, A_j)$ 以实现 A_i 与 A_j 的比较.

例如, 在文献 [122] 中, Dubois 及 Prade 提出了四个模糊关系, 从不同的角度比较 A_i 与 $A_j (i, j = 1, 2, \cdots, n)$, 其中一个模糊关系为

$$R(A_i, A_j) = \sup_{x_i \geqslant x_j} \min\{A_i(x_i), A_j(x_j)\}.$$

为方便讨论, 我们将 $R(A_i, A_j)$ 解释为 A_i 不差于 A_j 的程度, 但它只是提供 A_i 与 A_j 两者的比较信息, 如何根据这些信息确定 $A_1, A_2, \cdots, A_n$ 最终的序关系则是另一个需要解决的问题. 为了处理这个问题, 我们先给出下列引理.

引理 5.1　设 R 是有限集 X 上的模糊关系, $B \in P(X)$, 定义

$$R(B) = \{a | a \in B, \forall b \in B, R(a, b) \geqslant R(b, a)\},$$

则 R 在 X 上非循环当且仅当对任意 $B \in P(X)$, $R(B) \neq \varnothing$.

证明　首先假设对任意 $B \in P(X)$, $R(B) \neq \varnothing$. 我们用反证法证明 R 在 X 上是非循环的.

假设存在 $a_1, a_2, \cdots, a_m \in X$, 满足

$$R(a_1, a_2) > R(a_2, a_1), R(a_2, a_3) > R(a_3, a_2), \cdots, R(a_{m-1}, a_m) > R(a_m, a_{m-1}),$$

且 $R(a_m, a_1) > R(a_1, a_m)$. 令 $B = \{a_1, a_2, \cdots, a_m\}$, 则 $R(B) = \varnothing$, 与假设矛盾.

反过来, 假设 R 非循环. 我们证明对任意的 $B \in P(X)$, $R(B) \neq \varnothing$. 否则的话, 存在 $B \in P(X)$, 使得 $R(B) = \varnothing$. 任取 $a_1 \in B$, 由于 $a_1 \notin R(B)$, 故存在 $a_2 \in B$ 使得 $R(a_2, a_1) > R(a_1, a_2)$. 类似地, 由于 $a_2 \notin R(B)$, 存在 $a_3 \in B$ 满足 $R(a_3, a_2) > R(a_2, a_3)$. 如此继续, 则对任意正整数 n, 存在 $a_n \in B$, 满足 $R(a_{n+1}, a_n) > R(a_n, a_{n+1})$. 由于 X 是有限的, 故当 $n \geqslant |X|$ 时, 必有 $a_i \in B$ $(1 \leqslant i \leqslant n)$ 使得 $a_i = a_{n+1}$. 此时,

$$R(a_{i+1}, a_i) > R(a_i, a_{i+1}), \cdots, R(a_n, a_{n-1}) > R(a_{n-1}, a_n),$$

且 $R(a_{n+1}, a_n) > R(a_n, a_{n+1})$, 即

$$R(a_n, a_{n-1}) > R(a_{n-1}, a_n), \cdots, R(a_{i+1}, a_i) > R(a_i, a_{i+1}),$$

且 $R(a_i, a_n) > R(a_n, a_i)$, 与 R 的非循环性相矛盾. □

注 5.7 引理 5.1 的基本思想来源于文献 [123].

由引理 5.1, 若 R 是模糊数集 $\mathcal{A} = \{A_1, A_2, \cdots, A_n\}$ 上非循环的模糊关系, 则我们可以用下列方法确定 $A_1, A_2, \cdots, A_n$ 的最终序关系[69].

首先, 构造 $H_1 = \{A_i \in \mathcal{A} | \forall A_j \in \mathcal{A}, R(A_i, A_j) \geqslant R(A_j, A_i)\}$. 由引理 5.1, $H_1 \neq \varnothing$. 若 $\mathcal{A}_1 = \mathcal{A} \setminus H_1 \neq \varnothing$, 构造 $H_2 = \{A_i \in \mathcal{A}_1 | \forall A_j \in \mathcal{A}_1, R(A_i, A_j) \geqslant R(A_j, A_i)\}$. 若 $\mathcal{A}_2 = \mathcal{A}_1 \setminus H_2 \neq \varnothing$, 类似地构造 H_3. 如此下去可得 $H_4, H_5, \cdots, H_m$, 一直到 $\mathcal{A}_m = \mathcal{A}_{m-1} \setminus H_m = \varnothing$. 然后规定序关系 $\succ, \sim$ 如下

$$A_i \succ A_j \iff \exists s, t, s < t \text{ 使得 } A_i \in H_s, A_j \in H_t;$$

$$A_i \sim A_j \iff \exists s, \text{ 使得 } A_i, A_j \in H_s.$$

命题 5.8 若 R 满足非循环性, 则上面定义的关系 $\succ$ 及 $\sim$ 具有下列性质:

(1) $\sim$ 是自反、对称且传递的;

(2) $\succ$ 是非对称及传递的;

(3) 对 $\mathcal{A}$ 中任意的 A_i 及 A_j, 下列关系正好有一者成立:

$$A_i \succ A_j, \quad A_j \succ A_i, \quad A_i \sim A_j;$$

(4) $R(A_i, A_j) > R(A_j, A_i) \implies A_i \succ A_j$;

(5) 若 R 是一致的, 则 $A_i \succ A_j \implies R(A_i, A_j) > R(A_j, A_i)$.

证明 (1) 到 (4) 是显然的, 我们证明 (5).

设 $A_i \succ A_j$, 则 $R(A_i, A_j) \geqslant R(A_j, A_i)$. 若 $R(A_i, A_j) = R(A_j, A_i)$, 则存在 $A_k \in \mathcal{A}$ 满足 $R(A_i, A_k) \geqslant R(A_k, A_i)$ 且 $R(A_j, A_k) < R(A_k, A_j)$. 否则的话, $\forall A_k \in \mathcal{A}$,

$R(A_i, A_k) \geqslant R(A_k, A_i)$ 时, $R(A_j, A_k) \geqslant R(A_k, A_j)$. 所以, $A_j \succsim A_i$. 考虑到 $R(A_i, A_j)$ $= R(A_j, A_i)$, 与 R 的一致性相矛盾. $\square$

所以, 若 R 满足非循环性, 我们就可以利用上面的方法通过 R 去确定 A_1, $A_2, \cdots, A_n$ 的最终序关系.

注 5.8 非循环性是相对较弱模糊关系性质, 由文献 [124], [125] 可知: 众多用于排序的模糊关系在模糊数情况下均满足该性质.

注 5.9 由命题 5.8(1), (2) 可知: R 非循环时, $\succsim$ 是一个全序. 另外, 由命题 5.8(4), (5) 可知: 若 R 满足一致性, 则 $A_i \succsim A_j \iff R(A_i, A_j) \geqslant R(A_j, A_i)$. 即可以直接比较 $R(A_i, A_j)$ 与 $R(A_j, A_i)$ 的大小以确定 A_i 与 A_j 的序关系.

例 5.5 设 $A = \{A_1, A_2, A_3, A_4, A_5, A_6\}$,

$$R = \begin{pmatrix} 1 & 0.5 & 0.3 & 0.1 & 0.5 & 0 \\ 0.5 & 1 & 0.7 & 0.1 & 0.6 & 0.2 \\ 0.4 & 0.9 & 1 & 0.2 & 0.4 & 0.4 \\ 0.9 & 0.9 & 0.7 & 1 & 0.4 & 1 \\ 0.5 & 0.9 & 0.9 & 0.6 & 1 & 0.6 \\ 0.9 & 0.4 & 0.8 & 1 & 0.6 & 1 \end{pmatrix}.$$

容易验证: R 是一个弱传递的模糊关系, 从而是非循环的 (推论 3.8).

由于 $R(A_6, A_i) \geqslant R(A_i, A_6)$ 且 $R(A_5, A_i) \geqslant R(A_i, A_5)$ $(i = 1, 2, \cdots, 6)$, 故 $H_1 = \{A_5, A_6\}$.

类似可得: $H_2 = \{A_4\}$, $H_3 = \{A_3\}$, $H_4 = \{A_1, A_2\}$.

最终的排序是 $A_5 \sim A_6 \succ A_4 \succ A_3 \succ A_1 \sim A_2$.

5.5 模糊量排序中几个重要的模糊偏好关系

本节我们介绍模糊量排序中几个具有良好性质的模糊偏好关系, 它们的定义见 [122], [126], [127], 现对它们进行系统的讨论. 本节的内容主要取自 [121].

5.5.1 Baas-Kwakernaak 模糊偏好关系

Baas 及 Kwakernaak[126] 利用下列模糊关系作为比较模糊量 A, B 的指标:

$$R_{\mathrm{BK}}(A, B) = \sup_{x \geqslant y} \min\{A(x), B(y)\}.$$

命题 5.9 若 A, B 是模糊数且 $\ker(A) = [a^-, a^+]$, $\ker(B) = [b^-, b^+]$, 则

$$R_{\mathrm{BK}}(A, B) = \begin{cases} 1, & a^+ \geqslant b^-, \\ \mathrm{hgt}(A \cap B), & \text{否则}. \end{cases}$$

证明 若 $a^+ \geqslant b^-$, 令 $x = a^+$, $y = b^-$, 则 $\min\{A(x), B(y)\} = 1$. 于是, $R_{\mathrm{BK}}(A, B) = 1$.

所以我们主要考虑 $a^+ < b^-$ 的情况.

当 $x < a^+$, $x \geqslant y$ 时, 此时 A, B 均单调增, 故 $\min\{A(x), B(y)\} \leqslant \min\{A(a^+), B(a^+)\}$.

当 $y > b^-$, $x \geqslant y$ 时, 此时 A, B 均单调减, 故 $\min\{A(x), B(y)\} \leqslant \min\{A(b^-), B(b^-)\}$.

类似可得:

当 $x > a^+$, $y \leqslant a^+$ 时, $\min\{A(x), B(y)\} \leqslant \min\{A(a^+), B(a^+)\}$;

当 $x > b^-$, $y \leqslant b^-$ 时, $\min\{A(x), B(y)\} \leqslant \min\{A(b^-), B(b^-)\}$.

于是,

$$
\begin{aligned}
R_{\mathrm{BK}}(A, B) &= \sup_{x \geqslant y} \min\{A(x), B(y)\} \\
&= \sup_{b^- \geqslant x \geqslant y \geqslant a^+} \min\{A(x), B(y)\}.
\end{aligned}
$$

由于 B 在 $[a^+, b^-]$ 上单调增, 故 $x \geqslant y$ 时, $B(y) \leqslant B(x)$. 于是,

$$
R_{\mathrm{BK}}(A, B) \leqslant \sup_{b^- \geqslant x \geqslant a^+} \min\{A(x), B(x)\} \leqslant \sup_{x \in \mathbb{R}} \min\{A(x), B(x)\} = \mathrm{hgt}(A \cap B).
$$

而 $R_{\mathrm{BK}}(A, B) \geqslant \mathrm{hgt}(A \cap B)$ 是显然的.   □

由命题 5.9 可知, A, B 的核的位置决定模糊关系 $R_{\mathrm{BK}}(A, B)$ 值的大小. 一个模糊数的核常解释为所谓的"最可能值"的范围. 所以, Baas-Kwakernaak 指标被认为是一个排序的自然指标[128], 并被众多研究排序的作者所采用[122, 129], 该关系的一个推广形式见 [59].

命题 5.10 设 A, B 是模糊数且 $\ker(A) = [a^-, a^+]$, $\ker(B) = [b^-, b^+]$, 则

$$
R_{\mathrm{BK}}(A, B) = R_{\mathrm{BK}}(B, A) = 1 \iff [a^-, a^+] \cap [b^-, b^+] \neq \varnothing.
$$

证明 若 $[a^-, a^+] \cap [b^-, b^+] \neq \varnothing$, 则由命题 5.9 得 $R_{\mathrm{BK}}(A, B) = R_{\mathrm{BK}}(B, A) = 1$.

现假设 $R_{\mathrm{BK}}(A, B) = R_{\mathrm{BK}}(B, A) = 1$, 我们证明 $[a^-, a^+] \cap [b^-, b^+] \neq \varnothing$. 否则的话, $[a^-, a^+] \cap [b^-, b^+] = \varnothing$, 则不妨设 $a^+ < b^-$, 于是由命题 5.9, $R_{\mathrm{BK}}(A, B) = \mathrm{hgt}(A \cap B)$. 由命题 5.9 的证明可知,

$$
R_{\mathrm{BK}}(A, B) = \sup_{a^+ \leqslant x \leqslant b^-} \min\{A(x), B(x)\}.
$$

记 $a_1 = a^+$, $b_1 = b^-$, 则

$$R_{\mathrm{BK}}(A,B) = \sup_{x \in [a_1,b_1]} \{A(x), B(x)\}$$

$$= \max\{\sup_{x \in [a_1,\frac{1}{2}(a_1+b_1)]} \min\{A(x), B(x)\}, \sup_{x \in [\frac{1}{2}(a_1+b_1),b_1)} \min\{A(x), B(x)\}\}.$$

若 $R_{\mathrm{BK}}(A,B) = \sup\limits_{x \in [a_1,\frac{1}{2}(a_1+b_1)]} \min\{A(x), B(x)\}$, 记 $a_2 = a_1$, $b_2 = \dfrac{1}{2}(a_1 + b_1)$. 否则的话,

$$R_{\mathrm{BK}}(A,B) = \sup_{x \in [\frac{1}{2}(a_1+b_1),b_1)} \min\{A(x), B(x)\},$$

此时记 $a_2 = \dfrac{1}{2}(a_1 + b_1)$, $b_2 = b_1$. 不论哪种情况, 我们均有

$$R_{\mathrm{BK}}(A,B) = \sup_{x \in [a_2,b_2]} \min\{A(x), B(x)\},$$

且 $b_2 - a_2 = \dfrac{1}{2}(b_1 - a_1)$. 依此类推, 对任意整数 $n \geqslant 2$, 有

$$R_{\mathrm{BK}}(A,B) = \sup_{x \in [a_n,b_n]} \min\{A(x), B(x)\},$$

且 $b_n - a_n = \dfrac{1}{2^{n-1}}(b_1 - a_1)$.

于是我们得到闭区间套 $[a_n, b_n]$ 且 $\lim\limits_{n \to \infty}(b_n - a_n) = 0$. 由闭区间套定理, 存在 $x_0 \in [a_n, b_n]$ $(n = 1, 2, \cdots)$, 使得

$$\lim_{n \to \infty} a_n = \lim_{n \to \infty} b_n = x_0.$$

由于对任意 n, $[a_n, b_n] \subseteq [a^+, b^-]$, 故当 $x \in [a_n, b_n]$ 时, A 单调减、B 单调增且 A 左连续、B 右连续. 所以,

$$A(x) \wedge B(x) \leqslant A(a_n) \wedge B(b_n),$$

取极限即得 $A(x) \wedge B(x) \leqslant A(x_0) \wedge B(x_0)$. 于是,

$$R_{\mathrm{BK}}(A,B) = \sup_{x \in [a_n,b_n]} \min\{A(x), B(x)\} = A(x_0) \wedge B(x_0).$$

故 $A(x_0) = B(x_0) = 1$, 即 $x_0 \in [a^-, a^+] \cap [b^-, b^+]$, 与 $[a^-, a^+] \cap [b^-, b^+] = \varnothing$ 矛盾.

□

命题 5.11 (1) 若 R_{BK} 是正规模糊量集合上的模糊关系, 则 R_{BK} 满足强完全性;

(2) 若 R_{BK} 是模糊数集合上的模糊关系, 则 R_{BK} 满足弱传递性.

证明 (1) 由于 A, B 均为正规模糊量, 则存在 a, b 使得 $A(a) = B(b) = 1$.

若 $a \geqslant b$, $R_{\mathrm{BK}}(A, B) = \sup\limits_{x \geqslant y} \min\{A(x), B(y)\} \geqslant \min\{A(a), B(b)\} = 1$;

若 $a < b$, 类似可得 $R_{\mathrm{BK}}(B, A) = 1$. 所以, R_{BK} 满足强完全性.

(2) 设 $R_{\mathrm{BK}}(A, B) > R_{\mathrm{BK}}(B, A)$, $R_{\mathrm{BK}}(B, C) > R_{BK}(C, B)$, 且

$$\ker(A) = [a^-, a^+], \quad \ker(B) = [b^-, b^+], \quad \ker(C) = [c^-, c^+].$$

由命题 5.10, $b^+ < a^-$, $c^+ < b^-$. 于是, $c^+ < a^-$. 所以 $[a^-, a^+] \cap [c^-, c^+] = \varnothing$.
此时, $R_{\mathrm{BK}}(A, C) > R_{\mathrm{BK}}(C, A)$, 即 R_{BK} 满足弱传递性. □

命题 5.12 (1) 任意模糊量集合上的模糊关系 R_{BK} 均满足 Ferrers 性质[59];

(2) 正规模糊量集合上的模糊关系 R_{BK} 满足负传递性.

证明 (1) 设 A, B, C, D 是任意模糊量, 我们证明

$$\min\{R_{\mathrm{BK}}(A, B), R_{\mathrm{BK}}(C, D)\} \leqslant \max\{R_{\mathrm{BK}}(A, D), R_{\mathrm{BK}}(C, B)\}. \tag{5.2}$$

即

$$\min\left\{ \bigvee_{x \geqslant y} (A(x) \wedge B(y)), \bigvee_{z \geqslant w} (C(z) \wedge D(w)) \right\}$$
$$\leqslant \max\left\{ \bigvee_{u \geqslant v} (A(u) \wedge D(v)), \bigvee_{p \geqslant q} (C(p) \wedge B(q)) \right\}.$$

只需证明: 对任意 $x \geqslant y$ 及 $z \geqslant w$, 存在 $u \geqslant v$ 及 $p \geqslant q$, 使得

$$(A(x) \wedge B(y)) \wedge (C(z) \wedge D(w)) \leqslant (A(u) \wedge D(v)) \vee (C(p) \wedge B(q)).$$

事实上, 若 $x \geqslant w$, 取 $u = x$, $v = w$, 则 $u \geqslant v$ 且对任意 p, q, 我们有

$$(A(x) \wedge B(y)) \wedge (C(z) \wedge D(w)) \leqslant A(x) \wedge D(w) = A(u) \wedge D(v)$$
$$\leqslant (A(u) \wedge D(v)) \vee (C(p) \wedge B(q)).$$

若 $x < w$, 取 $p = z$, $q = y$, 则 $p \geqslant q$ 且对任意 u, v, 我们有

$$(A(x) \wedge B(y)) \wedge (C(z) \wedge D(w)) \leqslant C(z) \wedge B(y) = C(p) \wedge B(q)$$
$$\leqslant (A(u) \wedge D(v)) \vee (C(p) \wedge B(q)).$$

故不等式 (5.2) 成立.

(2) 由 (1)、命题 5.11(1) 及命题 3.43(4) 立得.   □

最后, 我们指出: R_{BK} 一般不满足一致性、传递性及半传递性, 下面的例子说明了这一点.

例 5.6   设 $A = (1, 2, 4, 5)$, $B = (1, 2, 3)$, $C = (2, 3, 4)$, $D = (3, 4, 5)$, 则

(1) $R_{\mathrm{BK}}(B, A) = R_{\mathrm{BK}}(A, B) = 1$, $R_{\mathrm{BK}}(A, C) = R_{\mathrm{BK}}(C, A) = 1$, 但是,

$$R_{\mathrm{BK}}(B, C) = 0.5 \neq 1 = R_{\mathrm{BK}}(C, B),$$

即 R_{BK} 不满足一致性.

(2) $R_{\mathrm{BK}}(B, C) = R_{\mathrm{BK}}(C, D) = 0.5$, $R_{\mathrm{BK}}(B, D) = 0$, 故

$$R_{\mathrm{BK}}(B, C) \wedge R_{\mathrm{BK}}(C, D) > R_{\mathrm{BK}}(B, D),$$

即 R_{BK} 不满足传递性.

(3) $R_{\mathrm{BK}}(B, A) = R_{\mathrm{BK}}(A, D) = 1$, $R_{\mathrm{BK}}(B, C) = R_{\mathrm{BK}}(C, D) = 0.5$, 故

$$R_{\mathrm{BK}}(B, A) \wedge R_{\mathrm{BK}}(A, D) > R_{\mathrm{BK}}(B, C) \vee R_{\mathrm{BK}}(C, D),$$

即 R_{BK} 不满足半传递性.

5.5.2   Nakamura 模糊偏好关系

为讨论 Nakamura 模糊偏好关系, 我们先引入两个记号. 设 A 是一个模糊量, $\overline{A}$ 以及 $\underline{A}$ 分别定义为: $\forall x \in \mathbb{R}$,

$$\overline{A}(x) = \sup_{y \geqslant x} A(y), \qquad \underline{A}(x) = \sup_{y \leqslant x} A(y).$$

显然, $\overline{A}$ 在 $\mathbb{R}$ 上单调减, $\underline{A}$ 在 $\mathbb{R}$ 上单调增. 若 A 是模糊数, 且 $\ker(A) = [a^-, a^+]$, 则显然有

$$\overline{A}(x) = \begin{cases} 1, & x \leqslant a^+, \\ A(x), & \text{其他,} \end{cases}$$

$$\underline{A}(x) = \begin{cases} 1, & x \geqslant a^-, \\ A(x), & \text{其他.} \end{cases}$$

另外, 若模糊数 A 的 α-截集为 $[a_\alpha^-, a_\alpha^+]$, 则 $(\underline{A})_\alpha = [a_\alpha^-, +\infty)$, $(\overline{A})_\alpha = (-\infty, a_\alpha^+]$.

设 A, B 是两个模糊量, $\lambda \in [0,1]$. 令

$$\Delta(A,B) = \lambda[d_{\mathrm{H}}(\underline{A}, \underline{A} \wedge \underline{B}) + d_{\mathrm{H}}(\underline{B}, \underline{A} \wedge \underline{B})] + (1-\lambda)[d_{\mathrm{H}}(\underline{A}, \overline{A} \wedge \overline{B}) + d_{\mathrm{H}}(\overline{B}, \overline{A} \wedge \overline{B})],$$

$$R_{N\lambda}(A,B) = \begin{cases} \dfrac{1}{\Delta(A,B)}[\lambda d_{\mathrm{H}}(\underline{A}, \underline{A} \wedge \underline{B}) + (1-\lambda)d_{\mathrm{H}}(\overline{A}, \overline{A} \wedge \overline{B})], & \Delta(A,B) \neq 0, \\ 0.5, & \text{其他,} \end{cases}$$

其中 d_{H} 表示海明距离.

在 $R_{N\lambda}(A,B)$ 的表达式中, $\lambda \in [0,1]$ 反映决策者的风险态度. 由定义立得: 对任意模糊量 A, B,

$$R_{N\lambda}(A,B) + R_{N\lambda}(B,A) = 1,$$

即 $R_{N\lambda}$ 在任意模糊量集合上满足所谓的互反性 (reciprocity).

注 5.10 众多学者[63, 127, 130, 131] 在本质上利用了该模糊关系或其特殊情况进行了模糊数的排序.

引理 5.2 设 A, B 是模糊数, 则 $\forall x \in \mathbb{R}$,

(1) $(\underline{A} \vee \underline{B})(x) = \underline{A}(x) \wedge \underline{B}(x)$;

(2) $(\underline{A} \wedge \underline{B})(x) = \underline{A}(x) \vee \underline{B}(x)$;

(3) $(\overline{A} \wedge \overline{B})(x) = \overline{A}(x) \wedge \overline{B}(x)$;

(4) $(\overline{A} \vee \overline{B})(x) = \overline{A}(x) \vee \overline{B}(x)$.

证明 (1) $\forall x \in \mathbb{R}$,

$$\begin{aligned} (\underline{A} \vee \underline{B})(x) &= \sup_{x=y \vee z} (\underline{A}(y) \wedge \underline{B}(z)) \\ &= \max\{\sup_{z \leqslant x}(\underline{A}(x) \wedge \underline{B}(z)), \sup_{y \leqslant x}(\underline{A}(y) \wedge \underline{B}(x))\} \\ &= \max\{\underline{A}(x) \wedge \sup_{z \leqslant x} \underline{B}(z), \underline{B}(x) \wedge \sup_{y \leqslant x} \underline{A}(y)\}. \end{aligned}$$

由于 $\underline{A}$ 及 $\underline{B}$ 单调增, 故 $\sup\limits_{z \leqslant x} \underline{B}(z) = \underline{B}(x)$, $\sup\limits_{y \leqslant x} \underline{A}(y) = \underline{A}(x)$, 所以, $(\underline{A} \vee \underline{B})(x) = \underline{A}(x) \wedge \underline{B}(x)$.

(2) $\forall x \in \mathbb{R}$,

$$\begin{aligned} (\underline{A} \wedge \underline{B})(x) &= \sup_{x=y \wedge z} (\underline{A}(y) \wedge \underline{B}(z)) \\ &= \max\{\sup_{z \geqslant x}(\underline{A}(x) \wedge \underline{B}(z)), \sup_{y \geqslant x}(\underline{A}(y) \wedge \underline{B}(x))\} \\ &= \max\{\underline{A}(x) \wedge \sup_{z \geqslant x} \underline{B}(z), \underline{B}(x) \wedge \sup_{y \geqslant x} \underline{A}(y)\}. \end{aligned}$$

由于 A, B 为模糊数, $\sup\limits_{z \geqslant x} \underline{B}(z) = 1$, $\sup\limits_{y \geqslant x} \underline{A}(y) = 1$, 故 $(\underline{A} \wedge \underline{B})(x) = \underline{A}(x) \vee \underline{B}(x)$.

(3), (4) 的证明类似 (1), (2) 的证明.　　　　　　　　　　　　　　□

推论 5.1　若 A, B 是模糊数, $A_\alpha = [a_\alpha^-, a_\alpha^+]$, $B_\alpha = [b_\alpha^-, b_\alpha^+]$, 则

(1) $\underline{A} \vee \underline{B} = \underline{A \cap B}$, $\underline{A} \wedge \underline{B} = \underline{A \cup B}$, $\overline{A} \wedge \overline{B} = \overline{A \cap B}$, $\overline{A} \vee \overline{B} = \overline{A \cup B}$;

(2) $(\underline{A} \wedge \underline{B})_\alpha = [a_\alpha^- \wedge b_\alpha^-, +\infty)$, $\quad (\overline{A} \vee \overline{B})_\alpha = (-\infty, a_\alpha^+ \vee b_\alpha^+]$,

$\quad (\underline{A} \vee \underline{B})_\alpha = [a_\alpha^- \vee b_\alpha^-, +\infty)$, $\quad (\overline{A} \wedge \overline{B})_\alpha = (-\infty, a_\alpha^+ \wedge b_\alpha^+]$.

证明　(1) 由引理 5.2 立得.

(2) 由 (1) 及截集性质可得

$$(\underline{A} \wedge \underline{B})_\alpha = (\underline{A \cup B})_\alpha = \underline{A}_\alpha \cup \underline{B}_\alpha = [a_\alpha^-, +\infty) \cup [b_\alpha^-, +\infty) = [a_\alpha^- \wedge b_\alpha^-, +\infty).$$

$$(\overline{A} \wedge \overline{B})_\alpha = (\overline{A \cup B})_\alpha = \overline{A}_\alpha \cup \overline{B}_\alpha = (-\infty, a_\alpha^+] \cup (-\infty, b_\alpha^+] = (-\infty, a_\alpha^- \vee b_\alpha^-].$$

其余两个等式的证明类似.　　　　　　　　　　　　　　　　　□

引理 5.3　设 A, B 是模糊数, 则

(1) $d_{\mathrm{H}}(\underline{A}, \underline{A} \wedge \underline{B}) = d_{\mathrm{H}}(\underline{B}, \underline{A} \vee \underline{B})$;

(2) $d_{\mathrm{H}}(\overline{A}, \overline{A} \wedge \overline{B}) = d_{\mathrm{H}}(\overline{B}, \overline{A} \vee \overline{B})$.

证明　(1) 由引理 5.2(1), (2),

$$
\begin{aligned}
d_{\mathrm{H}}(\underline{A}, \underline{A} \wedge \underline{B}) &= \int_{\mathbb{R}} |\underline{A}(x) - (\underline{A} \wedge \underline{B})(x)| dx \\
&= \int_{\mathbb{R}} |\underline{A}(x) - (\underline{A}(x) \vee \underline{B}(x))| dx \\
&= \int_{\mathbb{R}} |\underline{B}(x) - (\underline{A}(x) \wedge \underline{B}(x))| dx \\
&= \int_{\mathbb{R}} |\underline{B}(x) - (\underline{A} \vee \underline{B})(x)| dx \\
&= d_{\mathrm{H}}(\underline{B}, \underline{A} \vee \underline{B}).
\end{aligned}
$$

(2) 证明与 (1) 类似.　　　　　　　　　　　　　　　　　　□

命题 5.13　设 A, B 是模糊数, 则

(1) $d_{\mathrm{H}}(\underline{A}, \underline{A} \wedge \underline{B}) + d_{\mathrm{H}}(\underline{A}, \underline{A} \vee \underline{B}) = d_{\mathrm{H}}(\underline{A}, \underline{B})$;

(2) $d_{\mathrm{H}}(\overline{A}, \overline{A} \wedge \overline{B}) + d_{\mathrm{H}}(\overline{A}, \overline{A} \vee \overline{B}) = d_{\mathrm{H}}(\overline{A}, \overline{B})$.

证明　(1) 由引理 5.2(1), (2),

$$d_H(\underline{A}, \underline{A} \wedge \underline{B}) + d_H(\underline{A}, \underline{A} \vee \underline{B})$$

$$= \int_{\mathbb{R}} ((\underline{A}(x) \vee \underline{B}(x)) - \underline{A}(x))dx + \int_{\mathbb{R}} (\underline{A}(x) - (\underline{A}(x) \wedge \underline{B}(x)))dx$$

$$= \int_{\mathbb{R}} ((\underline{A}(x) \vee \underline{B}(x)) - (\underline{A}(x) \wedge \underline{B}(x)))dx$$

$$= \int_{\mathbb{R}} |\underline{A}(x) - \underline{B}(x)|dx$$

$$= d_H(\underline{A}, \underline{B}).$$

(2) 证明与 (1) 类似. □

注 5.11 由引理 5.3 及命题 5.13 可知, 在 A, B 为模糊数情况下,

$$\Delta(A, B) = \lambda[d_H(\underline{A}, \underline{A} \wedge \underline{B}) + d_H(\underline{B}, \underline{A} \wedge \underline{B})] + (1 - \lambda)[d_H(\overline{A}, \overline{A} \wedge \overline{B}) + d_H(\overline{B}, \overline{A} \wedge \overline{B})]$$

$$= \lambda[d_H(\underline{A}, \underline{A} \wedge \underline{B}) + d_H(\underline{A}, \underline{A} \vee \underline{B})] + (1 - \lambda)[d_H(\overline{A}, \overline{A} \wedge \overline{B}) + d_H(\overline{A}, \overline{A} \vee \overline{B})]$$

$$= \lambda d_H(\underline{A}, \underline{B}) + (1 - \lambda)d_H(\overline{A}, \overline{B}).$$

命题 5.14 设 A 是任一模糊数集, 则

(1) $R_{N\lambda}$ 在 A 上满足下列受限的传递性 (restricted transitivity)[127]:
$\forall A, B, C \in \mathcal{A}, R_{N\lambda}(A, B) \geqslant R_{N\lambda}(B, A), R_{N\lambda}(B, C) \geqslant R_{N\lambda}(C, B)$ 时,

$$R_{N\lambda}(A, C) \geqslant R_{N\lambda}(A, B) \wedge R_{N\lambda}(B, C);$$

(2) $R_{N\lambda}$ 在 A 上满足一致性.

证明 (1) 由 $R_{N\lambda}$ 的互反性, $R_{N\lambda}(A, B) \geqslant R_{N\lambda}(B, A)$ 且 $R_{N\lambda}(B, C) \geqslant R_{N\lambda}(C, B)$, 即为 $R_{N\lambda}(A, B) \geqslant 0.5$ 且 $R_{N\lambda}(B, C) \geqslant 0.5$. 令 $M = R_{N\lambda}(A, B) \wedge R_{N\lambda}(B, C)$, 则 $M \geqslant 0.5$. 由引理 5.2(2),

$$d_H(\underline{A}, \underline{A} \wedge \underline{B}) = \int_{\mathbb{R}} (\underline{A}(x) \vee \underline{B}(x) - \underline{A}(x))dx$$

$$= \int_{\mathbb{R}} \left(\frac{1}{2}(\underline{A}(x) + \underline{B}(x) + |\underline{A}(x) - \underline{B}(x)|) - \underline{A}(x)\right) dx$$

$$= \frac{1}{2} \int_{\mathbb{R}} (\underline{B}(x) - \underline{A}(x) + |\underline{A}(x) - \underline{B}(x)|)dx.$$

类似可得

$$d_H(\overline{A}, \overline{A} \wedge \overline{B}) = \frac{1}{2} \int_{\mathbb{R}} (\overline{A}(x) - \overline{B}(x) + |\overline{A}(x) - \overline{B}(x)|)dx.$$

由 $R_{N\lambda}(A,B) \geqslant M$ 可得

$$\lambda \int_{\mathbb{R}} (\underline{B}(x) - \underline{A}(x))dx + (1-\lambda)\int_{\mathbb{R}} (\overline{A}(x) - \overline{B}(x))dx$$

$$\geqslant \lambda(2M-1)\int_{\mathbb{R}} |\underline{A}(x) - \underline{B}(x)|dx + (1-\lambda)(2M-1)\int_{\mathbb{R}} |\overline{A}(x) - \overline{B}(x)|dx.$$

由 $R_{N\lambda}(B,C) \geqslant M$ 可得

$$\lambda \int_{\mathbb{R}} (\underline{C}(x) - \underline{B}(x))dx + (1-\lambda)\int_{\mathbb{R}} (\overline{B}(x) - \overline{C}(x))dx$$

$$\geqslant \lambda(2M-1)\int_{\mathbb{R}} |\underline{B}(x) - \underline{C}(x)|dx + (1-\lambda)(2M-1)\int_{\mathbb{R}} |\overline{B}(x) - \overline{C}(x)|dx.$$

两式相加并利用条件 $M \geqslant 0.5$ 得

$$\lambda \int_{\mathbb{R}} (\underline{C}(x) - \underline{A}(x))dx + (1-\lambda)\int_{\mathbb{R}} (\overline{A}(x) - \overline{C}(x))dx$$

$$\geqslant \lambda(2M-1)\int_{\mathbb{R}} (|\underline{A}(x) - \underline{B}(x)| + |\underline{B}(x) - \underline{C}(x)|)dx$$

$$+ (1-\lambda)(2M-1)\int_{\mathbb{R}} (|\overline{A}(x) - \overline{B}(x)| + |\overline{B}(x) - \overline{C}(x)|)dx$$

$$\geqslant \lambda(2M-1)\int_{\mathbb{R}} |\underline{A}(x) - \underline{C}(x)|dx + (1-\lambda)(2M-1)\int_{\mathbb{R}} |\overline{A}(x) - \overline{C}(x)|dx,$$

此即为 $R_{N\lambda}(A,C) \geqslant M = R_{N\lambda}(A,B) \wedge R_{N\lambda}(B,C)$.

(2) 由 $R_{N\lambda}(A,B) \geqslant R_{N\lambda}(B,A)$, $R_{N\lambda}(B,C) \geqslant R_{N\lambda}(C,B)$ 及互反性可得

$$R_{N\lambda}(A,B) \geqslant 0.5, \quad R_{N\lambda}(B,C) \geqslant 0.5.$$

于是由 (1),

$$R_{N\lambda}(A,C) \geqslant R_{N\lambda}(A,B) \wedge R_{N\lambda}(B,C) \geqslant 0.5,$$

此即为 $R_{N\lambda}(A,C) \geqslant R_{N\lambda}(C,A)$, 故 $R_{N\lambda}$ 满足一致性. □

下面的例子说明: 一般来说, $R_{N\lambda}$ 不一定满足传递性.

例 5.7　令 $A = (0.5, 1, 1.5)$, $B = (0, 2, 4)$, $C = (2.5, 3, 3.5)$, 则 $R_{N\lambda}(A,B) = R_{N\lambda}(B,C) = \dfrac{1}{12}$, $R_{N\lambda}(A,C) = 0$. 从而 $R_{N\lambda}(A,C) < R_{N\lambda}(A,B) \wedge R_{N\lambda}(B,C)$, 即传递性不成立.

5.5.3　Dubois-Prade 模糊偏好关系

Dubois 与 Prade 提出了四个模糊偏好关系, 以构造排序的所谓的完全性指标[122], 实际上, 其中的一个与前面所介绍的 R_{BK} 相同, 另一个与 R_{BK} 有很强的关联性. 所以, 下面我们着重讨论其余两个. 设 A, B 是两个模糊量, 定义:

$$R_{\mathrm{DP1}}(A,B) = \sup_x \inf_{y \geqslant x} \min\{A(x), 1 - B(y)\},$$

$$R_{\mathrm{DP2}}(A, B) = \inf_{x} \sup_{x \leqslant y} \max\{1 - A(x), B(y)\}.$$

引理 5.4 若 A, B 是模糊数且 $\ker(A) = [a^-, a^+]$, $\ker(B) = [b^-, b^+]$, 则

$$R_{\mathrm{DP1}}(A, B) = \sup_{x > b^+} \min\{A(x), 1 - B(x)\},$$

$$R_{\mathrm{DP2}}(A, B) = \inf_{x < b^-} \max\{1 - A(x), B(x)\}.$$

证明

$$R_{\mathrm{DP1}}(A, B) = \max\{\sup_{x \leqslant b^+} \inf_{y \geqslant x} \min\{A(x), 1 - B(y)\}, \sup_{x > b^+} \inf_{y \geqslant x} \min\{A(x), 1 - B(y)\}\}.$$

当 $x \leqslant b^+$ 时, $\inf\limits_{y \geqslant x} \min\{A(x), 1 - B(y)\} \leqslant \min\{A(x), 1 - B(b^+)\} = 0$.

所以, $\sup\limits_{x \leqslant b^+} \inf\limits_{y \geqslant x} \min\{A(x), 1 - B(y)\} = 0$. 从而,

$$
\begin{aligned}
R_{\mathrm{DP1}}(A, B) &= \sup_{x > b^+} \inf_{y \geqslant x} \min\{A(x), 1 - B(y)\} \\
&= \sup_{x > b^+} \min\{A(x), \inf_{y \geqslant x}(1 - B(y))\} \\
&= \sup_{x > b^+} \min\{A(x), 1 - B(x)\}.
\end{aligned}
$$

另一个等式的证明类似. □

引理 5.5 对任意连续模糊数 A, B,

(1) $R_{\mathrm{DP1}}(A, B) + R_{\mathrm{DP1}}(B, A) = 1$;

(2) $R_{\mathrm{DP2}}(A, B) + R_{\mathrm{DP2}}(B, A) = 1$.

证明 (1) 设 $\ker(A) = [a^-, a^+]$, $\ker(B) = [b^-, b^+]$, 且不妨设 $a^+ \leqslant b^+$. 令 $f(x) = A(x) - (1 - B(x))$, 则 $f(b^+) = A(b^+) \geqslant 0$ 且 $\lim\limits_{x \to +\infty} f(x) = -1$, 故由 $f(x)$ 的连续性, 存在 $x_0 \geqslant b^+$, $f(x_0) = 0$, 即 $A(x_0) = 1 - B(x_0)$.

当 $b^+ < x \leqslant x_0$ 时, 由于 B 单调减,

$$\min\{A(x), 1 - B(x)\} \leqslant 1 - B(x) \leqslant 1 - B(x_0) = A(x_0).$$

当 $x > x_0$ 时, 由于 A 单调减,

$$\min\{A(x), 1 - B(x)\} \leqslant A(x) = A(x_0).$$

由引理 5.4,

$$R_{\mathrm{DP1}}(A, B) = \sup_{x > b^+} \min\{A(x), 1 - B(x)\} = A(x_0).$$

当 $a^+ < x \leqslant x_0$ 时, 由于 A 单调减,

$$\max\{A(x), 1 - B(x)\} \geqslant A(x) \geqslant A(x_0).$$

当 $x > x_0$ 时, 由于 B 单调减,

$$\max\{A(x), 1 - B(x)\} \geqslant 1 - B(x) \geqslant 1 - B(x_0) = A(x_0).$$

由引理 5.4,

$$\begin{aligned}
1 - R_{\mathrm{DP1}}(B, A) &= 1 - \sup_{x > a^+} \min\{B(x), 1 - A(x)\} \\
&= \inf_{x > a^+} \max\{A(x), 1 - B(x)\} = A(x_0).
\end{aligned}$$

故 $R_{\mathrm{DP1}}(A, B) + R_{\mathrm{DP1}}(B, A) = 1$.

(2) 证明与 (1) 类似. □

命题 5.15　对连续的模糊数 A_1, A_2 及 A_3, 我们有下列结论:

(1) 若 $R_{\mathrm{DP1}}(A_1, A_2) > 0.5$ 且 $R_{\mathrm{DP1}}(A_2, A_3) > 0.5$, 则 $R_{\mathrm{DP1}}(A_1, A_3) > 0.5$;

(2) 若 $R_{\mathrm{DP2}}(A_1, A_2) > 0.5$ 且 $R_{\mathrm{DP2}}(A_2, A_3) > 0.5$, 则 $R_{\mathrm{DP2}}(A_1, A_3) > 0.5$.

证明　(1) 用反证法. 假设 $R_{\mathrm{DP1}}(A_1, A_2) > 0.5$, $R_{\mathrm{DP1}}(A_2, A_3) > 0.5$ 且 $R_{\mathrm{DP1}}(A_1, A_3) \leqslant 0.5$. 令 $\ker(A_i) = [a_i^-, a_i^+](i = 1, 2, 3)$. 于是,

$$\sup_{x > a_2^+} \min\{A_1(x), 1 - A_2(x)\} > 0.5, \quad \sup_{x > a_3^+} \min\{A_2(x), 1 - A_3(x)\} > 0.5,$$

且 $\sup\limits_{x > a_3^+} \min\{A_1(x), 1 - A_3(x)\} \leqslant 0.5$. 所以,

$$\exists x_0 > a_2^+, \quad \min\{A_1(x_0), 1 - A_2(x_0)\} > 0.5. \tag{5.3}$$

$$\exists x_1 > a_3^+, \quad \min\{A_2(x_1), 1 - A_3(x_1)\} > 0.5. \tag{5.4}$$

$$\forall x > a_3^+, \quad \min\{A_1(x), 1 - A_3(x)\} \leqslant 0.5. \tag{5.5}$$

考虑下列两种情况:

(i) 若 $a_3^+ \leqslant a_2^+$, 则 $x_0 > a_2^+ \geqslant a_3^+$. 由 (5.5),

$$\min\{1 - A_3(x_0), A_1(x_0)\} \leqslant 0.5.$$

由 (5.3), $A_1(x_0) > 0.5$, 故 $A_3(x_0) \geqslant 0.5$. 由 (5.4), $A_3(x_1) < 0.5$ 且 $x_1 > a_3^+$, 所以 $x_0 < x_1$. 于是 $x_1 > x_0 > a_2^+$, 从而 $A_2(x_0) \geqslant A_2(x_1)$. 但是, 由 (5.4) 知 $A_2(x_1) > 0.5$. 而由 (5.3), $A_2(x_0) < 0.5$, 矛盾.

(ii) 若 $a_3^+ > a_2^+$, 则 $x_1 > a_3^+ > a_2^+$. 由 $A_2(x_0) < 0.5$ 及 $A_2(x_1) > 0.5$, 我们有 $x_0 > x_1 > a_3^+$. 所以 $A_3(x_0) \leqslant A_3(x_1)$, 从而由 (5.4),

$$1 - A_3(x_0) \geqslant 1 - A_3(x_1) > 0.5.$$

由 (5.3), $A_1(x_0) > 0.5$, 所以 $\min\{A_1(x_0), 1 - A_3(x_0)\} > 0.5$, 与 (5.5) 矛盾.

于是 (1) 成立.

(2) 类似可证. □

由引理 5.5 及命题 5.15 立得下列结果.

命题 5.16 R_{DP1} 以及 R_{DP2} 在任意连续的模糊数集合上是弱传递的.

一般来说, 即使在连续的模糊数集合上 R_{DP1} 及 R_{DP2} 均不满足一致性及传递性, 下面的例子就 R_{DP1} 说明了这一点.

例 5.8 设 $A_1 = (0.1, 0.2, 0.5)$, $A_2 = (0.2, 0.3, 0.6)$, A_3 定义为

$$A_3(x) = \begin{cases} 0, & x \leqslant 0, \\ 10x, & 0 < x \leqslant 0.1, \\ 1.25 - 2.5x, & 0.1 < x \leqslant 0.3, \\ 0.5, & 0.3 < x \leqslant 0.5, \\ 1.75 - 2.5x, & 0.5 < x \leqslant 0.7, \\ 0, & x > 0.7. \end{cases}$$

此时, $R_{\mathrm{DP1}}(A_1, A_3) = R_{\mathrm{DP1}}(A_3, A_1) = R_{\mathrm{DP1}}(A_2, A_3) = R_{\mathrm{DP1}}(A_3, A_2) = 0.5$, $R_{\mathrm{DP1}}(A_1, A_2) = 0.1$, $R_{\mathrm{DP1}}(A_2, A_1) = 0.9$. 由于 $R_{\mathrm{DP1}}(A_1, A_2) < R_{\mathrm{DP1}}(A_2, A_1)$, 故 R_{DP1} 不满足一致性. 由于 $R_{\mathrm{DP1}}(A_1, A_2) < \min\{R_{\mathrm{DP1}}(A_1, A_3), R_{\mathrm{DP1}}(A_3, A_2)\}$, 故 R_{DP1} 不满足传递性.

5.6 基于模糊偏好关系排序指标的合理性

一个模糊数可以视为一个对每个实数赋予了程度的实数集, 对它们的排序自然需要考虑实数本身的序关系以及所赋予的程度的大小这两个方面, 用不同的方式将两者统一起来即可得到不同的排序方法. 所以, 每个排序指标都是从某个角度去实现这种统一, 从而具有相应的局限性. 正如 Freeling[132] 指出的那样, "将整个分析简化为单个数, 我们正在失去大量信息, 而这些信息正是我们在计算过程中所刻意保存的". 为避免使用单个指标的片面性, Dubois 与 Prade[122] 提出了四个指标 (所谓的完全指标) 去说明所讨论的模糊数的相对位置. 当然, 四个指标往往导出不同的序关系, 最终的选择还是留给了决策者. 所以, Yuan[131] 争辩说: "这有点失去了排序方法的本意, 因为排序就是要为决策者导出一个结果." 所以, 排序的理念本

身就存在争议. 另外, 涉及具体的模糊数排序时, 不同的排序方法经常会导出不同甚至相反的序关系, 方法的提出者往往根据自己的理解或直觉来解释自己的排序结果, 从而否定别的方法. 本节, 我们从实数的序关系以及排序所具有的决策性质两个方面, 建立一些合理性性质以判断一个排序方法所建立的序关系的合理性. 同时, 检验 5.5 节讨论的几个重要的模糊偏好关系所导出的序关系的合理性.

5.6.1　排序的合理性性质

设 $\mathcal{A}$ 是一个排序方法所适用的全体模糊数的集合, S 是 $\mathcal{A}$ 的任一子集. 我们将实数自然序所具有的性质与排序所应具有的决策性质结合起来, 提出下列排序合理性性质[133], 其中 "$\sim$" "$\succ$" 以及 "$\succsim$" 是一个排序方法所确定的 "无区别关系" "严格偏好关系" 以及 "大偏好关系".

A1 关系 $\succsim$ 在 S 上是一个强完全、反对称的传递关系 (全序).

A2 若 $A, B \in S$, $\inf \operatorname{supp}(A) > \sup \operatorname{supp}(B)$, 则在 S 上 $A \succsim B$.

A3 设 S_1 及 S_2 是 $\mathcal{A}$ 的两个任意子集, $A, B \in S_1 \cap S_2$, 则在 S_1 上 $A \succsim B$ 当且仅当在 S_2 上 $A \succsim B$.

A4 设 $A, B, A + C, B + C \in S$. 若在 $\{A, B\}$ 上 $A \succsim B$, 则在 $\{A + C, B + C\}$ 上 $A + C \succsim B + C$.

A5 设 $A, B, C, AC, BC \in S$ 且 $C \geqslant 0$. 若在 $\{A, B\}$ 上 $A \succsim B$, 则在 $\{AC, BC\}$ 上 $AC \succsim BC$.

A1 明确了排序所获得的序关系为全序.

A2 表明: 若两个模糊数的支集不交, 则支集在右边的模糊数排序较高.

A3 表明: A 与 B 的序关系与其他模糊数无关, 该性质即为决策中不相关备择对象的独立性.

A4 及 A5 分别表示序关系 $\succsim$ 对加法及非负模糊数的乘法具有相容性.

显然, 除 A3 外, 其他性质均为实数序关系性质的推广.

5.6.2　基于模糊偏好关系导出的序关系的合理性性质

下面我们将给出基于模糊偏好所确立的序关系的合理性, 主要结果取自 [121]. 为统一起见, 将按照 6.4.3 小节中所提出的程序来确定基于一个偏好关系的最终序关系, 我们集中于讨论 R_{BK}, $R_{N\lambda}$, R_{DP1} 以及 R_{DP2} 所确立的序关系的合理性性质. 注意到命题 5.11、命题 5.14 以及命题 5.16, 为保证弱传递性 (因而非循环性), 我们在讨论 R_{BK} 及 $R_{N\lambda}$ 时, 假设所涉及的模糊量为模糊数, 在讨论 R_{DP1} 以及 R_{DP2} 时, 假设所涉及的模糊量为连续模糊数. 由注 5.9 可知, 这些关系导出全序, 即它们所确定的序关系均满足 A1. 另外, 我们有下面的一般结果.

命题 5.17 (1) 若 R 满足一致性, 则 R 所确定的序关系满足 A3;

(2) 若 R 满足弱传递性但不满足一致性, 则 R 所确定的序关系不满足 A3.

证明 (1) 若 R 满足一致性, 则由注 5.9, $A \succsim B \iff R(A,B) \geqslant R(B,A)$, 即 A, B 的序关系仅与 $R(A,B)$ 及 $R(B,A)$ 的值有关, 与任何其他模糊量无关, 故 A3 成立.

(2) 若 R 满足弱传递性但不满足一致性时, 由命题 3.47, 存在模糊量 A, B, C, $R(A,B) = R(B,A)$, $R(B,C) = R(C,B)$ 且 $R(A,C) > R(C,A)$. 此时, 在 $\{B,C\}$ 上 $C \sim B$. 而在 $\{A,B,C\}$ 上 $B \succ C$, 即 $C \succsim B$ 不成立. 所以, A3 不满足. $\qquad\square$

下面我们讨论各模糊偏好关系满足其他排序合理性性质的情况. 首先, 对 R_{BK}, 有下列结果.

命题 5.18 若所涉及的模糊量是模糊数, 则 $R_{N\lambda}$ 所确定的序关系满足除 A3 外的其他所有排序合理性性质.

证明 我们先证明 R_{BK} 满足 A2.

若 $\inf \operatorname{supp}(A) > \sup \operatorname{supp}(B)$, 则 $R_{\text{BK}}(A,B) = 1$ 且 $R_{\text{BK}}(B,A) = 0$, 所以由命题 5.8(4), $A \succ B$.

其次, 我们证明 R_{BK} 满足 A4.

假设 $\ker(A_i) = [a_i^-, a_i^+]$ $(i = 1, 2, 3)$. 若在 $\{A_1, A_2\}$ 上 $A_1 \succsim A_2$, 则 $a_1^+ \geqslant a_2^-$, 所以 $a_1^+ + a_3^+ \geqslant a_2^- + a_3^+ \geqslant a_2^- + a_3^-$. 从而, 在 $\{A_1 + A_3, A_2 + A_3\}$ 上 $A_1 + A_3 \succsim A_2 + A_3$.

最后, 我们证明 R_{BK} 满足 A5.

假设在 $\{A_1, A_2\}$ 上, $A_1 \succsim A_2$, 则 $a_1^+ \geqslant a_2^-$, 所以 $a_1^+ a_3^+ \geqslant a_2^- a_3^+ \geqslant a_2^- a_3^-$. 故 $R_{\text{BK}}(A_1 A_3, A_2 A_3) \geqslant R_{\text{BK}}(A_2 A_3, A_1 A_3)$, 所以, 在 $\{A_1 A_3, A_2 A_3\}$ 上 $A_1 A_3 \succsim A_2 A_3$.

由命题 5.11 及例 5.6, R_{BK} 满足弱传递性但不满足一致性, 故由命题 5.17(2), R 所确定的序关系不满足 A3. $\qquad\square$

其次, 我们讨论 $R_{N\lambda}$ 所确定的序关系满足合理性性质的情况.

引理 5.6 对任意两个模糊量 A, B 及实数 x,

$$|A(x) - B(x)| = \int_0^1 |A_\alpha(x) - B_\alpha(x)| d\alpha.$$

证明 若 $A(x) \leqslant B(x)$,

$$\int_0^1 |A_\alpha(x) - B_\alpha(x)| d\alpha = \int_0^{A(x)} |A_\alpha(x) - B_\alpha(x)| d\alpha + \int_{A(x)}^{B(x)} |A_\alpha(x) - B_\alpha(x)| d\alpha$$

$$+ \int_{B(x)}^1 |A_\alpha(x) - B_\alpha(x)| d\alpha$$

$$= \int_{A(x)}^{B(x)} d\alpha = B(x) - A(x).$$

若 $A(x) > B(x)$, 证明类似.　　　　　　　　　　　　　　　　　　□

引理 5.7　对任意两个模糊数 A, B,

$$d_{\mathrm{H}}(A, B) = \int_0^1 d_{\mathrm{H}}(A_\alpha, B_\alpha)d\alpha.$$

证明　由引理 5.6,

$$
\begin{aligned}
d_{\mathrm{H}}(A, B) &= \int_{-\infty}^{+\infty} |A(x) - B(x)|dx \\
&= \int_{-\infty}^{+\infty} \int_0^1 |A_\alpha(x) - B_\alpha(x)|d\alpha dx \\
&= \int_0^1 \int_{-\infty}^{+\infty} |A_\alpha(x) - B_\alpha(x)|dx d\alpha \\
&= \int_0^1 d_{\mathrm{H}}(A_\alpha, B_\alpha)d\alpha.
\end{aligned}
$$

　　　　　　　　　　　　　　　　　　　　　　　　　　　□

引理 5.8　设两个模糊数 A, B 的 α-截集分别为 $A_\alpha = [a_\alpha^-, a_\alpha^+]$ 及 $B_\alpha = [b_\alpha^-, b_\alpha^+]$, 则

(1) $d_{\mathrm{H}}(\underline{A}, \underline{A} \wedge \underline{B}) = \int_0^1 (a_\alpha^- - \min\{a_\alpha^-, b_\alpha^-\})d\alpha$;

(2) $d_{\mathrm{H}}(\overline{A}, \overline{A} \wedge \overline{B}) = \int_0^1 (a_\alpha^+ - \min\{a_\alpha^+, b_\alpha^+\})d\alpha$;

(3) $d_{\mathrm{H}}(\underline{A}, \underline{A} \vee \underline{B}) = \int_0^1 (\max\{a_\alpha^-, b_\alpha^-\} - a_\alpha^-)d\alpha$;

(4) $d_{\mathrm{H}}(\overline{A}, \overline{A} \wedge \overline{B}) = \int_0^1 (\max\{a_\alpha^+, b_\alpha^+\} - a_\alpha^+)d\alpha$.

证明　(1) 由引理 5.7、推论 5.1 可得

$$
\begin{aligned}
d_{\mathrm{H}}(\underline{A}, \underline{A} \wedge \underline{B}) &= \int_0^1 d_{\mathrm{H}}(\underline{A}_\alpha, (\underline{A} \wedge \underline{B})_\alpha)d\alpha \\
&= \int_0^1 d_{\mathrm{H}}(\underline{A}_\alpha, (\underline{A} \cup \underline{B})_\alpha)d\alpha \\
&= \int_0^1 \int_{-\infty}^{+\infty} |\underline{A}_\alpha(x) - (\underline{A} \cup \underline{B})_\alpha(x)|dx d\alpha \\
&= \int_0^1 \int_{-\infty}^{+\infty} |[a_\alpha^-, +\infty)(x) - [\min\{a_\alpha^-, b_\alpha^-\}, +\infty)(x)|dx d\alpha \\
&= \int_0^1 (a_\alpha^- - \min\{a_\alpha^-, b_\alpha^-\})d\alpha.
\end{aligned}
$$

其余等式的证明类似.　　　　　　　　　　　　　　　　　　□

命题 5.19 若所涉及的模糊量是模糊数, 则 $R_{N\lambda}$ 所确定的序关系满足除 A5 外的其他所有排序合理性性质.

证明 $R_{N\lambda}$ 满足 A1 由注 5.9 立得. 首先, 我们证明 $R_{N\lambda}$ 满足 A2.

若 $\inf \text{supp}(A) > \sup \text{supp}(B)$, 则 $\underline{A} \wedge \underline{B} = \underline{B}$, $\overline{A} \wedge \overline{B} = \overline{B}$. 所以, $R_{N\lambda}(A, B) = 1$, $R_{N\lambda}(B, A) = 0$. 由命题 5.8(4), $A \succsim B$.

由命题 5.14(2), $R_{N\lambda}$ 满足一致性, 故由命题 5.17(1), $R_{N\lambda}$ 所确定的序关系满足 A3.

为证 A4 成立, 假设 A_1, A_2, A_3 为模糊数且 $(A_i)_\alpha = [a_{i\alpha}^-, a_{i\alpha}^+]$. 令

$$R(A_1, A_2) = \lambda d_{\text{H}}(\underline{A}, \underline{A}_1 \wedge \underline{A}_2) + (1 - \lambda) d_{\text{H}}(\overline{A}_1, \overline{A}_1 \wedge \overline{A}_2).$$

则由引理 5.8,

$$R(A_1, A_2) - R(A_2, A_1)$$

$$= \lambda \int_0^1 (a_{1\alpha}^- - a_{2\alpha}^-) d\alpha + (1 - \lambda) \int_0^1 (a_{1\alpha}^+ - a_{2\alpha}^+) d\alpha$$

$$= \lambda \int_0^1 ((a_{1\alpha}^- + a_{3\alpha}^-) - (a_{2\alpha}^- + a_{3\alpha}^-)) d\alpha + (1 - \lambda) \int_0^1 ((a_{1\alpha}^+ + a_{3\alpha}^+) - (a_{2\alpha}^+ + a_{3\alpha}^+)) d\alpha$$

$$= R(A_1 + A_3, A_2 + A_3).$$

所以,

$$A_1 \succsim A_2 \iff R_{N\lambda}(A_1, A_2) \geqslant R_{N\lambda}(A_2, A_1) \iff R(A_1, A_2) \geqslant R(A_2, A_1)$$

$$\iff R(A_1 + A_3, A_2 + A_3) \geqslant R(A_2 + A_3, A_1 + A_3)$$

$$\iff R_{N\lambda}(A_1 + A_3, A_2 + A_3) \geqslant R_{N\lambda}(A_2 + A_3, A_1 + A_3)$$

$$\iff A_1 + A_3 \succsim A_2 + A_3.$$

从而满足 A4. $\qquad\square$

一般来说, $R_{N\lambda}$ 所确定的序关系不满足 A5, 可以用下面的例子来说明这一点.

例 5.9 令 $A_1 = (0, 0.31, 0.4)$, $A_2 = (0.1, 0.2, 0.5)$, $A_3 = (0.3, 0.4, 0.8)$, 取 $\lambda = 0.5$, 则利用 $R_{N\lambda}$ 可得 $A_1 \succ A_2$. 但是 $A_2 A_3 \succ A_1 A_3$.

最后, 我们讨论 R_{DP1} 以及 R_{DP2} 所确定的序关系满足排序合理性性质的情况.

命题 5.20 R_{DP1} 以及 R_{DP2} 在连续模糊数集上所确定的序关系满足 A2.

证明 假设 $\inf \text{supp}(A) > \sup \text{supp}(B)$, 则 $R_{\text{DP1}}(B, A) = 0$. 取 $x_0 \in \text{supp}(B)$, 由 $\inf \text{supp}(A) > \sup \text{supp}(B)$ 知, 当 $y \leqslant x_0$ 时, $A(y) = 0$, 故

$$\sup_{y \leqslant x_0} \min\{B(x_0), 1 - A(y)\} = B(x_0) > 0.$$

所以, 由 R_{DP1} 的定义知 $R_{DP1}(A, B) > 0 = R_{DP1}(B, A)$. 由命题 5.8, $A \succ B$. 故 R_{DP1} 满足 A2. R_{DP2} 在连续模糊数集上所确定的序关系满足 A2 的证明类似.　□

由命题 5.16 以及例 5.8, R_{DP1} 以及 R_{DP2} 满足弱传递性但不满足一致性, 由命题 5.17, 它们所确定的序关系不满足 A3.

引理 5.9　设 A, B 是模糊数, $\alpha \in (0, 1]$, 则

(1) $\inf(\underline{A}_\alpha) = \inf(A_\alpha), \sup(\overline{A}_\alpha) = \sup(A_\alpha)$;

(2) $\inf(\underline{A})_\alpha = \inf(A)_\alpha, \sup(\overline{A})_\alpha = \sup(A)_\alpha$;

(3) $\inf((\underline{A + B})_\alpha) = \inf(\underline{A}_\alpha) + \inf(\underline{B}_\alpha), \sup((\overline{A + B})_\alpha) = \sup(\overline{A}_\alpha) + \sup(\overline{B}_\alpha)$.

证明　由 $\underline{A}$ 及 $\overline{A}$ 的定义, (1) 与 (2) 是显然的. 下面我们证明 $\inf(\underline{A + B})_\alpha = \inf(\underline{A}_\alpha) + \inf(\underline{B}_\alpha)$. 设 $\ker(A) = [a^-, a^+], \ker(B) = [b^-, b^+]$. 当 $x > a^- + b^-$ 时,

$$(\underline{A + B})(x) = (\underline{A} + \underline{B})(x) = 1.$$

故只需证明: 当 $x \leqslant a^- + b^-$ 时, $(\underline{A + B})(x) = (\underline{A} + \underline{B})(x)$. 由定义,

$$(\underline{A} + \underline{B})(x) = \sup_{y+z=x} \min\{\underline{A}(y), \underline{B}(z)\}.$$

假设 $x \leqslant a^- + b^-$ 且 $y + z = x$, 则当 $y > a^-$ 时,

$$\underline{A}(y) \leqslant 1 = \underline{A}(a^-) \quad \text{且} \quad \underline{B}(z) \leqslant \underline{B}(x - a^-).$$

从而,

$$\min\{\underline{A}(y), \underline{B}(z)\} \leqslant \min\{\underline{A}(a^-), \underline{B}(x - a^-)\}.$$

类似可得, 当 $z > b^-$ 时,

$$\min\{\underline{A}(y), \underline{B}(z)\} \leqslant \min\{\underline{A}(x - b^-), \underline{B}(x - a^-)\}.$$

所以,

$$(\underline{A} + \underline{B})(x) = \sup_{\substack{y+z=x \\ y \leqslant a^-, z \leqslant b^-}} \min\{\underline{A}(y), \underline{B}(z)\} = \sup_{\substack{y+z=x \\ y \leqslant a^-, z \leqslant b^-}} \min\{A(y), B(z)\}.$$

当 $x \leqslant a^- + b^-$ 时, 类似推理可得

$$(\underline{A + B})(x) = \sup_{\substack{y+z=x \\ y \leqslant a^-, z \leqslant b^-}} \min\{\underline{A}(y), \underline{B}(z)\} = \sup_{\substack{y+z=x \\ y \leqslant a^-, z \leqslant b^-}} \min\{A(y), B(z)\},$$

于是, 当 $x \leqslant a^- + b^-$ 时, $(\underline{A + B})(x) = (\underline{A} + \underline{B})(x)$. 所以,

$$(\underline{A + B})_\alpha = (\underline{A} + \underline{B})_\alpha = \underline{A}_\alpha + \underline{B}_\alpha.$$

从而 $\inf(\underline{A + B}_\alpha) = \inf(\underline{A}_\alpha + \underline{B}_\alpha) = \inf(\underline{A}_\alpha) + \inf(\underline{B}_\alpha)$.

另一个等式的证明类似.　□

注 5.12 我们实际上证明了: 对任意模糊数 A, B, $\underline{A+B} = \underline{A} + \underline{B}$, $\overline{A+B} = \overline{A} + \overline{B}$.

命题 5.21 R_{DP1} 在连续模糊数集上所确定的序关系满足 A4.

证明 假设在 $\{A, B\}$ 上 $A \succsim B$, 则 $R_{\mathrm{DP1}}(B, A) \leqslant R_{\mathrm{DP1}}(A, B)$. 由引理 5.5, $R_{\mathrm{DP1}}(B, A) \leqslant 0.5$. 我们用反证法证明: 在 $\{A+C, B+C\}$ 上 $A + C \succsim B + C$.

假设 $B + C \succ A + C$, 则 $R_{\mathrm{DP1}}(A+C, B+C) < 0.5$. 由定义, $R_{\mathrm{DP1}}(B, A) \leqslant 0.5$ 及 $R_{\mathrm{DP1}}(A+C, B+C) < 0.5$ 可得: 对任意实数 x,

$$\min\{B(x), 1 - \overline{A}(x)\} \leqslant 0.5 \quad \text{且} \quad \min\{(A+C)(x), 1 - (\overline{B+C})(x)\} < 0.5,$$

即

$$\forall x \in \mathbb{R}, \quad (B \cap (\overline{A}^c))(x) \leqslant 0.5, \quad ((A+C) \cap (\overline{B+C})^c)(x) < 0.5.$$

换句话说, $[(B \cap (\overline{A}^c))^c]_{0.5} = \mathbb{R}$ 且 $(((A+C) \cap (\overline{B+C})^c)^c)_{0.5} = \mathbb{R}$. 所以,

$$(B^c)_{0.5} \cup (\overline{A})_{0.5} = \mathbb{R}, \quad (A+C)^c_{0.5} \cup (\overline{B+C})_{0.5} = \mathbb{R},$$

此即为

$$(B_{0.5})^c \cup (\overline{A})_{0.5} = \mathbb{R}, \quad [(A+C)_{0.5}]^c \cup (\overline{B+C})_{0.5} = \mathbb{R}.$$

所以, $B_{0.5} \subseteq (\overline{A})_{0.5}$, $(A+C)_{0.5} \subseteq (\overline{B+C})_{0.5}$. 于是, 由引理 5.9,

$$\sup B_{0.5} \leqslant \sup(\overline{A})_{0.5} = \sup(A_{0.5}) \quad \text{且} \quad \sup(A_{0.5}) + \sup(C_{0.5}) < \sup(B_{0.5}) + \sup(C_{0.5}),$$

故 $\sup(C_{0.5}) < \sup(C_{0.5})$, 这是不可能的. □

命题 5.22 在连续模糊数集上, R_{DP2} 满足 A4.

证明 设 A, B, C 是连续模糊数, 只需证明 $R_{\mathrm{DP2}}(A, B) \geqslant 0.5$ 时, $R_{\mathrm{DP2}}(A+C, B+C) \geqslant 0.5$. 否则的话, 假设 $R_{\mathrm{DP2}}(A+C, B+C) < 0.5$, 则 $R_{\mathrm{DP2}}(B+C, A+C) > 0.5$. 由 $R_{\mathrm{DP2}}(A, B) \geqslant 0.5$ 可得 $(A^c \cup \overline{B})_{0.5} = \mathbb{R}$, 即 $(A_{0.5})^c \cup (\overline{B})_{0.5} = \mathbb{R}$, 亦即 $A_{0.5} \subseteq (\overline{B})_{0.5}$. 于是,

$$\inf(B_{0.5}) = \inf((\overline{B})_{0.5}) \leqslant \inf(A_{0.5}). \tag{5.6}$$

类似地, 由 $R_{\mathrm{DP2}}(B+C, A+C) > 0.5$ 可得

$$\inf(B_{0.5}) + \inf(C_{0.5}) > \inf(A_{0.5}) + \inf(C_{0.5}).$$

注意到 $\inf(C_{0.5}) \leqslant \inf(C_{0.5})$, 故 $\inf(B_{0.5}) > \inf(A_{0.5})$, 与 (5.6) 矛盾. □

命题 5.23　在连续模糊数集上, R_{DP1} 及 R_{DP2} 满足 A5.

证明　我们给出 R_{DP1} 满足 A5 的证明, R_{DP2} 满足 A5 的证明类似.

设 A, B, C 是连续模糊数, 假设 $C \geqslant 0$ 且在 $\{A, B\}$ 上 $A \succsim B$. 若在 $\{AC, BC\}$ 上 $BC \succ AC$. 应用命题 5.21 证明中同样的推理可得

$$B_{0.5} \subseteq (\overline{A})_{0.5}, \quad (AC)_{0.5} \subseteq (\overline{BC})_{0.5}.$$

从而 $\sup(B_{0.5}) \leqslant \sup(\overline{A}_{0.5}) = \sup(A_{0.5})$. 同时,

$$\sup(A_{0.5})\sup(C_{0.5}) < \sup(B_{0.5})\sup(C_{0.5}) \leqslant \sup(B_{0.5})\sup(C_{0.5}),$$

矛盾. □

从上面的讨论可以看出: 若所涉及的模糊量是连续模糊数, 则 R_{DP1} 及 R_{DP2} 所确定的序关系满足除 A3 外的其他所有排序合理性性质. 我们把所有结果进行总结, 列在表 5.1 中 (设所排序的集合为模糊数, R_{DP1} 及 R_{DP2} 针对连续模糊数).

表 5.1　R_{BK}, $R_{N\lambda}$, R_{DP1} 及 R_{DP2} 满足排序合理性性质情况

	R_{BK}	$R_{N\lambda}$	R_{DP1}	R_{DP2}
A1	Y	Y	Y	Y
A2	Y	Y	Y	Y
A3	N	Y	N	N
A4	Y	Y	Y	Y
A5	Y	N	Y	Y

注: "Y" 代表满足, "N" 代表不满足

上述方法试图从数学及决策的角度规范序关系的合理性, 但如何确定合理性性质集合还是一个远远没有解决的问题. 另外, 本书的讨论主要集中于排序指标为模糊偏好关系的情形. 至于其他类型排序指标及其合理性以及排序指标之间的联系等研究, 读者参看文献 [125]. 模糊量排序的综述性文献, 读者可参看文献 [134]—[136].

第6章　模糊选择函数

6.1　问题及背景

选择函数最早作为经济学术语由 Uzawa[137] 及 Arrow[138] 提出, 它用于描述一个消费者面临众多可选择的商品时, 在权衡它们的收入及价格后的消费行为. 而消费行为实际上也是一种决策行为, 即面对一些备择对象时, 决策者需从中选择一个或多个备择对象.

理性化问题是选择函数理论研究中最重要的问题之一, 它研究是否存在一个具有良好性质的偏好关系, 使得选择函数通过该关系来描述. 如果这样的关系存在, 则称该选择函数被该偏好关系理性化. 它是衡量一个消费者或决策者是否理性的理论标准. 为了讨论选择函数的合理性, 一些经济学家各自从不同角度提出了一些合理性条件, 比较著名的合理性条件有: 强、弱显示偏好公理; 强、弱一致性公理等显示偏好类合理性条件; 条件 $\alpha, \beta, \gamma, \delta$ 等收缩扩张类合理性条件. 在此基础上, 一些合理性条件之间的关系也得到了较为系统的研究, 例如: Arrow 本质上给出了弱显示偏好公理、强显示偏好公理以及条件 α 之间的关系[138]; Sen 研究了弱显示偏好公理、强显示偏好公理、弱一致性公理和强一致性公理之间的关系[139].

已知一个选择函数可以导出各种各样的偏好关系, 如显示偏好关系、生成偏好关系、严格显示偏好关系等, 它们实际上从不同的角度反映了消费者或者决策者对备择对象的偏好. 反过来, 已知一个偏好关系 Q, 可以有多种方式定义选择集. 例如: Sen[9] 利用关系 Q, 构造了极大元集与最好元集的概念, 并对两者之间的关系、它们的非空性以及所确定的选择函数的性质进行了讨论.

随着决策科学的发展, 所讨论的决策系统的复杂性也随之增加, 精确的数据往往很难获取, 同时决策过程又离不开人的主观因素的参与, 因此, 模糊选择函数应运而生. 1978 年, Orlovsky[51] 为了描述一个备择对象好于另一个备择对象的程度, 首次将模糊偏好关系引入到模糊决策中. 同时, 他提出了基于模糊偏好关系的非模糊选择函数, 即所谓的 Orlovsky 选择函数. 1989 年, Roubens[78] 将 Orlovsky 选择函数进行了推广, 提出了一般的基于模糊偏好关系的选择函数的概念. 随后, Banerjee[61] 和 Georgescu[140] 分别给出了定义域是普通集、值域是模糊集以及定义域、值域均为模糊集的模糊选择函数的一般概念, 选择函数相关理论随之被模糊化.

本章以 Banerjee 所定义模糊选择函数为基础, 讨论其导出偏好、合理性条件等内容. 为此, 我们首先介绍普通选择函数的一些基本概念及相关理论.

6.2　选　择　函　数

本节我们将给出选择函数的相关概念以及一些重要的合理性条件, 并对这些合理性条件之间的关系以及基于偏好关系的选择函数进行研究.

6.2.1　选择函数的相关概念

我们先来介绍选择函数这一基本概念. 在本节以后用 A 表示一个备择对象集, $\mathcal{B}$ 表示 $P(A)$ 的非空子集.

定义 6.1 [137−139]　　如果 $C : \mathcal{B} \to P(A)$ 满足: 对任意 $B \in \mathcal{B}$, $B \neq \varnothing$ 时, $C(B) \subseteq B$ 且 $C(B) \neq \varnothing$, 则称 C 是 $\mathcal{B}$ 上的一个 (普通) 选择函数 (choice function). 若 $B \in \mathcal{B}$, 则称 B 为一个可选集 (available set), 称 $C(B)$ 为一个选择集 (choice set).

选择函数的概念起源于经济学, 经济学中的消费者 (consumer)[141] 在本质上即为选择函数. 在消费理论中, $\mathcal{B}$ 表示考虑消费者收入与商品价格后所得的预算集 (budget set), 一般为一个凸多面体 (convex polyhedra)[139]; $C(B)$ 则反映消费者面对商品集 B 时的消费行为. 在决策中, $C(B)$ 可以理解为面对备择对象集合 B 时, 决策者的选择行为.

为讨论方便, 本章假设: $\mathcal{B}$ 包含 A 的所有有限的非空子集且不包含空集.

已知一个 $\mathcal{B}$ 上的选择函数, 可以导出各种各样的偏好 (关系), 下面是常见的三种.

(1) 显示偏好 (revealed preference):

$$R = \{(a,b) | \exists B \in \mathcal{B}, a \in C(B) 且 b \in B\}.$$

(2) 生成偏好 (generated preference):

$$\bar{R} = \{(a,b) | a \in C(\{a,b\})\}.$$

(3) 严格显示偏好 (strict revealed preference):

$$\tilde{P} = \{(a,b) | \exists B \in \mathcal{B}, a \in C(B) 且 b \in B \setminus C(B)\}.$$

对任一个 A 上的关系 Q, 令

$$P_Q = Q \cap Q^d, \quad I_Q = Q \cap Q^{-1}.$$

显然, P_Q 非对称, 因而非自反; I_Q 是对称的.

另外, 我们记 $\tilde{R} = \tilde{P}^d = \{(a,b) | b\tilde{P}^c a\}$.

注 6.1 选择函数导出的各种偏好（关系）从不同角度反映了决策者的偏好. Samuelson[142] 在 1938 年提出了显示偏好 R, 它表示若在包含 a, b 的可选集里选择了 a, 则 a 显示地好于 b. 1959 年, Arrow[138] 提出了生成偏好 $\bar{R}$ 以及严格显示偏好 $\tilde{P}$. 其中, 生成偏好 $\bar{R}$ 的实际意义是: 若在元素集 $\{a, b\}$ 里选择 a, 那么 a 显示地好于 b; 而严格显示偏好 $\tilde{P}$ 表示: 如果存在一个可选集, 在该集合中选择 a 而没有选择 b, 那么 a 就严格显示地好于 b.

注 6.2 广义上来看, 由选择函数所导出的偏好关系均可称为显示偏好关系, 但为区别起见, 我们对不同的偏好关系采用了不同的说法. 当然文献中对同一概念可能使用其他说法. 例如, Arrow[138] 称 $\bar{R}$ 为 C 的生成关系 (relation generated by C), 而 Herzberger[143] 称此关系为基关系 (base relation).

注 6.3 1983 年, Suzumura[144] 提出了偏好关系 R_*:

$$R_* = \{(a, b) | \forall B \in \mathcal{B}, a \notin B \text{ 或} a \in C(B) \text{ 或} b \notin C(B)\}.$$

容易证明 $R_* = \tilde{R}$.

例 6.1 令 $A = \{a_1, a_2, a_3\}$, $\mathcal{B} = P(A) \setminus \{\varnothing\}$, C 定义为

$$C(\{a_1\}) = \{a_1\}, \quad C(\{a_2\}) = \{a_2\}, \quad C(\{a_3\}) = \{a_3\}, \quad C(\{a_1, a_2\}) = \{a_1\},$$
$$C(\{a_2, a_3\}) = \{a_2\}, \quad C(\{a_1, a_3\}) = \{a_3\}, \quad C(\{a_1, a_2, a_3\}) = \{a_1, a_2\}.$$

我们有

$$R = \{(a_1, a_1), (a_2, a_2), (a_3, a_3), (a_1, a_2), (a_1, a_3), (a_2, a_1), (a_2, a_3), (a_3, a_1)\},$$
$$\bar{R} = \{(a_1, a_1), (a_2, a_2), (a_3, a_3), (a_1, a_2), (a_2, a_3), (a_3, a_1)\},$$
$$\tilde{P} = \{(a_1, a_2), (a_1, a_3), (a_2, a_3), (a_3, a_1)\},$$
$$R_* = \{(a_1, a_1), (a_2, a_2), (a_3, a_3), (a_1, a_2), (a_2, a_3)\} - \tilde{R}.$$

选择函数所导出的偏好之间具有下述关系.

命题 6.1 设 C 是一个选择函数, 则 $\tilde{R} \subseteq \bar{R} \subseteq R$.

证明 由于 $\bar{R} \subseteq R$ 显然, 故我们仅证 $\tilde{R} \subseteq \bar{R}$.

若 $a\tilde{R}b$, 则 $b\tilde{P}^c a$, 因而 $a \in C(\{a, b\})$ (否则, $a \notin C(\{a, b\})$, 则由选择集非空知 $b \in C(\{a, b\})$. 从而 $b\tilde{P}a$, 矛盾). 故 $a\bar{R}b$. □

一般地, $\bar{R} \subseteq \tilde{R}$ 以及 $R \subseteq \tilde{R}$ 并不成立, 例 6.1 说明了这一点.

命题 6.2 对任意选择函数,

(1) R 是强完全的且 P_R 是非循环的;

(2) $\bar{R}$ 是强完全的.

证明 (1) 对任意 $a, b \in A$, 由于 $C(\{a, b\}) \neq \varnothing$, 因此 $a \in C(\{a, b\})$ 或 $b \in C(\{a, b\})$. 若 $a \in C(\{a, b\})$, 则 $a R b$. 若 $b \in C(\{a, b\})$, 则 $b R a$. 所以, R 是一个强完全关系.

设 $a_1 P_R a_2 P_R \cdots P_R a_n$ 且 $a_1 R^c a_n$. 取 $B = \{a_1, a_2, \cdots, a_n\}$. 由于 $a_1 R^c a_n$, 故 $a_1 \notin C(B)$. 由于 $a_1 P_R a_2$, 故 $a_2 R^c a_1$, 从而 $a_2 \notin C(B)$. 类似可得: $a_3 \notin C(B), \cdots$, $a_n \notin C(B)$. 于是 $C(B) = \varnothing$, 与选择集非空矛盾. 故 P_R 是一个非循环的关系.

(2) 类似于 R 强完全性的证明.   □

定义 6.2 [139]   设 C 为 $\mathcal{B}$ 上的一个选择函数, R 是选择函数 C 的显示偏好关系, 任给 $B \in \mathcal{B}$, 定义

$$\hat{C}(B) = \{a | a \in B, \forall b \in B, aRb\}$$

为 $C(B)$ 的像 (image).

显然, $C(B) \subseteq \hat{C}(B) \subseteq B$, 所以 $\hat{C}(B) \neq \varnothing$, 从而 $\hat{C}$ 也是一个选择函数. 下面的例子说明: 一般来说, $C(B) \neq \hat{C}(B)$.

例 6.2   令 $A = \{a, b, c\}$, $\mathcal{B} = P(A) \setminus \{\varnothing\}$, C 定义为

$$C(\{a\}) = \{a\}, \quad C(\{b\}) = \{b\}, \quad C(\{c\}) = \{c\}, \quad C(\{a, b\}) = \{a\},$$

$$C(\{b, c\}) = \{c\}, \quad C(\{a, c\}) = \{a, c\}, \quad C(\{a, b, c\}) = \{a\}.$$

由定义可得

$$R = \{(a, a), (b, b), (c, c), (a, b), (a, c), (c, a), (c, b)\}.$$

于是 $\hat{C}(\{a, b, c\}) = \{a, c\}$, 故 $\hat{C}(\{a, b, c\}) \neq C(\{a, b, c\})$.

定义 6.3 [139]   若 $\forall B \in \mathcal{B}$, $C(B) = \hat{C}(B)$, 则称 C 是正规的 (normal).

定义 6.4   设 C 为 $\mathcal{B}$ 上的一个选择函数, 若存在 A 上一个强完全的二元关系 Q, 使得

$$\forall B \in \mathcal{B}, \quad C(B) = \{a | a \in B, \forall b \in B, aQb\},$$

则称选择函数 C 是合理的 (rational) 且 C 被关系 Q 合理化 (rationalized by Q).

选择函数的合理性是指存在一个具有良好性质的二元关系, 使得选择函数通过该关系来描述, 它是衡量一个消费者或决策者是否理性的理论标准. 由于合理性是通过二元关系来刻画的, 所以选择函数的合理性又称为选择函数的二元性 (binariness). 下面的命题揭示了合理性与正规性之间的关系.

命题 6.3   设 C 是一个被关系 Q 合理化的选择函数, 则 $R = Q$.

证明   由已知, $\forall B \in \mathcal{B}$, $C(B) = \{a | a \in B, \forall b \in B, aQb\}$.

设 aQb. 由于 Q 自反, 即 aQa. 由已知 C 被关系 Q 合理化得 $a \in C(\{a, b\})$, 从而 aRb, 故 $Q \subseteq R$.

另一方面, 若 aRb, 则 $\exists B \in \mathcal{B}$, $b \in B$ 且 $a \in C(B)$. 由于 C 可以被 Q 合理化, 即 $\forall c \in B$, aQc, 故 aQb, 所以 $R \subseteq Q$. 综合即得 $R = Q$.   □

上述命题表明: 选择函数 C 只能被显示偏好关系合理化. 由此立得下列结论.

推论 6.1 设 C 是一个选择函数, 则 C 的正规性与 C 的合理性是等价的.

注 6.4 必须指出的是: 推论 6.1 能够成立, 根本原因在于我们假设了 $\mathcal{B}$ 包含 A 的所有有限的非空子集 (因而包含了所有单点及两元素集), 否则该结论不一定成立, 可参看 [145].

由于刻画选择函数时二元关系 (即显示偏好关系) 性质的差异, 出现了多种多样的选择函数合理性描述[5, 7, 146, 147], 其中传递合理性是最为常见的一种合理性.

定义 6.5 [5, 7] 设 C 是一个选择函数, 若 C 被一个传递关系合理化, 则称 C 是传递合理的 (transitive rational).

命题 6.4 设选择函数 C 是合理的, 则 C 是传递合理的当且仅当 R 是一个序, 即 R 强完全且传递.

证明 在 C 合理的条件下, 由命题 6.3,

$$C \text{ 是传递合理的}$$
$$\Longleftrightarrow C \text{ 被 } R \text{ 合理化且 } R \text{ 传递}$$
$$\Longleftrightarrow R \text{ 满足强完全及传递性}$$
$$\Longleftrightarrow R \text{ 是一个序}. \qquad \square$$

最后, 我们指出, 由于命题 6.3, 对选择函数的理性化问题的研究归根结底是对显示偏好关系性质的研究.

6.2.2 选择函数的合理性条件

选择函数合理性条件及其关系的研究是选择函数最重要的问题之一. 为刻画选择函数的合理性, 些经济学家各自从不同角度提出了一些合理性条件. 这些条件主要有两类.

一类是利用显示偏好来形成合理性条件, 如: Houthakker[148] 的强显示偏好公理 (strong axiom of revealed preference, SARP); Samuelson[142] 的弱显示偏好公理 (weak axiom of revealed preference, WARP); Richter[141] 的强一致性公理 (strong congruence axiom, SCA) 以及 Sen[139] 提出的弱一致性公理 (weak congruence axiom, WCA). 它们的具体形式如下.

弱显示偏好公理 (WARP): 若 $a\tilde{P}b$, 则 $bR^c a$.

强显示偏好公理 (SARP): 若 $a\,\mathrm{tr}(\tilde{P})b$, 则 $bR^c a$, 其中, $\mathrm{tr}(\tilde{P})$ 表示 $\tilde{P}$ 的传递闭包.

弱一致性公理 (WCA): 若 $b \in C(B)$, $a \in B$ 且 aRb, 则 $a \in C(B)$.

强一致性公理 (SCA): 若 $b \in C(B)$, $a \in B$ 且 $a\,\mathrm{tr}(R)b$, 则 $a \in C(B)$, 其中, $\mathrm{tr}(R)$ 表示 R 的传递闭包.

显然, SARP $\Longrightarrow$ WARP; SCA $\Longrightarrow$ WCA.

注 6.5   上述合理性条件均有着一定的实际意义. 弱显示偏好公理表示: 若 a 严格显示好于 b, 则 b 不能显示好于 a; 强显示偏好公理表示: 若 a 间接严格显示好于 b, 则 b 不能显示好于 a; 弱一致性公理表示: 若在包含 a, b 的可选集 B 中选取了 b, 而且 a 显示好于 b, 则 a 也在 B 的选择集中; 强一致性公理表示: 若在包含 a, b 的可选集 B 中选取了 b, 而且 a 间接显示好于 b, 则 a 也在 B 的选择集中.

上述这类条件因为与显示偏好有关, 故称之为显示偏好类条件. 除此之外, 还有另一类合理性条件, 如条件 α, β, γ, δ[6, 139, 149] 等, 它们涉及可选集的收缩与扩张, 故称为收缩扩张 (expansion-contraction) 类条件. 下面我们给出这些条件的具体形式.

条件 α: 设 $B_1, B_2 \in \mathcal{B}$, $a \in B_1$. 若 $B_1 \subseteq B_2$ 且 $a \in C(B_2)$, 则 $a \in C(B_1)$.

条件 α 是指: 若一个备择对象在大集合中被选到, 它在一个较小的集合中也应该被选到, 该条件即为决策中不相关备择对象的独立性. 实际生活中一个解释是: 若某位中国人是世界冠军, 他应该是中国的冠军. 该条件最早由 Chernoff[149] 提出, 所以又称为 Chernoff 性质 (Chernovian property)[8]. 当较小的集合只有两个元素时, 即为下列条件.

条件 α_2: 设 $B \in \mathcal{B}$, $b \in B$. 若 $a \in C(B)$, 则 $a \in C(\{a, b\})$.

显然, $\alpha \Longrightarrow \alpha_2$.

条件 β: 设 $B_1, B_2 \in \mathcal{B}$, $a, b \in C(B_1)$. 若 $B_1 \subseteq B_2$ 且 $a \in C(B_2)$, 则 $b \in C(B_2)$.

条件 β 指的是: 若 a 和 b 均在较小集合中被选到, 则 a 在较大集合中被选到当且仅当 b 在该集合中也被选到. 该条件最早由 Sen[139] 提出. 若较小的集合只有两个元素时, 即为下列条件.

条件 β_2: 设 $B \in \mathcal{B}$, $a, b \in B$. 若 $C(\{a, b\}) = \{a, b\}$ 且 $a \in C(B)$, 则 $b \in C(B)$.

显然, $\beta \Longrightarrow \beta_2$.

另外, 条件 β 还有两个加强的形式.

条件 β': 设 $B_1, B_2 \in \mathcal{B}$. 若 $a, b \in C(B_1)$, $a, b \in B_2$ 且 $a \in C(B_2)$, 则 $b \in C(B_2)$.

条件 β^+: 设 $B_1, B_2 \in \mathcal{B}$, $B_1 \subseteq B_2$. 若 $a \in C(B_1)$, $b \in B_1$ 且 $b \in C(B_2)$, 则 $a \in C(B_2)$.

注 6.6   条件 β^+ 最早由 Sen[139] 提出, 他的记号为 $\beta(+)$; β' 是由 Alcantud[150] 给出的, 但他称其为 Weak Axiom of Revealed Indifference.

显然, $\beta' \Longrightarrow \beta$, $\beta^+ \Longrightarrow \beta$. 一般来说, β^+ 和 β' 是相互独立的. 下面的两个例子可以说明这一点.

例 6.3 设 $A = \{a, b, c\}$, $\mathcal{B} = P(A) \setminus \{\varnothing\}$, C 的定义如下

$$C(\{a\}) = \{a\}, \quad C(\{b\}) = \{b\}, \quad C(\{c\}) = \{c\}, \quad C(\{a, b\}) = \{a, b\},$$
$$C(\{b, c\}) = \{c\}, \quad C(\{a, c\}) = \{c\}, \quad C(\{a, b, c\}) = \{a, b\}.$$

容易验证选择函数满足条件 β'. 但 C 不满足条件 β^+, 这是因为 $c \in C(\{b, c\})$, $b \in \{b, c\}$, $b \in C(\{a, b, c\})$, 但 $c \notin C(\{a, b, c\})$.

例 6.4 设 $A = \{a, b, c, d\}$, $\mathcal{B} = P(A) \setminus \{\varnothing\}$, C 的定义如下

$$C(\{a\}) = \{a\}, \qquad C(\{b\}) = \{b\}, \qquad C(\{c\}) = \{c\},$$
$$C(\{d\}) = \{d\}, \qquad C(\{a, b\}) = \{a\}, \qquad C(\{b, c\}) = \{b, c\},$$
$$C(\{a, c\}) = \{a, c\}, \qquad C(\{a, d\}) = \{a\}, \qquad C(\{b, d\}) = \{b\},$$
$$C(\{c, d\}) = \{c\}, \qquad C(\{a, b, c\}) = \{a, b, c\}, \quad C(\{a, b, d\}) = \{a, b\},$$
$$C(\{a, c, d\}) = \{a, c, d\}, \quad C(\{b, c, d\}) = \{b, c\}, \qquad C(\{a, b, c, d\}) = \{a, b, c, d\}.$$

容易验证选择函数 C 满足条件 β^+. 由于 $a, d \in C(\{a, c, d\})$, $a, d \in \{a, b, d\}$, $a \in C(\{a, b, d\})$ 以及 $d \notin C(\{a, b, d\})$, 故 C 不满足条件 β'.

条件 γ: 设 $B_i \in \mathcal{B}(i \in I)$. 若对任意的 $i \in I$, $a \in C(B_i)$, 则 $a \in C\left(\bigcup_{i \in I} B_i\right)$.

条件 δ: 设 $B_1, B_2 \in \mathcal{B}$, $B_1 \subseteq B_2$. 若存在 $a, b \in C(B_1)$ 且 $a \neq b$, 则 $C(B_2) \neq \{a\}$.

条件 γ 及 δ 最早是由 Sen[139] 提出的. 条件 γ 是指: 若在每个可选集中均选取了 a, 则 a 也在这些可选集的并集中被选到. 条件 δ 指的是: 若 a 和 b 均在较小集合中被选到, 则在较大集合中不会只选到元素 a.

除了上述合理性条件 α, β, γ 以及 δ 以外, Arrow 在文献 [138] 中提出了下述条件.

若 $B_1 \subseteq B_2$ 且 $B_1 \cap C(B_2) \neq \varnothing$, 则 $B_1 \cap C(B_2) = C(B_1)$.

该条件称为 Arrow 公理 (Arrow axiom)[72] 或 Arrow 性质 (Arrow property)[8], 为方便起见, 这里采用 [72] 中的记号, 将其简记为 AA. 文献 [138] 对它的解释为: "如果在大集合中选到某些元素, 当大集合变为小集合时, 小集合中仍然包含先前被选到的元素, 则先前未被选到的元素仍然不被选到, 先前选到的元素仍然被选到."

6.2.3 选择函数合理性条件之间的关系

下面研究这些合理性条件之间的关系.

首先, 研究选择函数的显示偏好类合理性条件之间的关系, 我们先给出下列引理.

引理 6.1 设 C 为一个选择函数, 则 $\bar{R} = R$ 当且仅当 C 满足条件 α_2.

证明 首先设 C 满足条件 α_2. 我们证明 $R \subseteq \bar{R}$. 若 $(a, b) \in R$, 则存在 $B \in \mathcal{B}$ 使得

$$a, b \in B \quad \text{且} \quad a \in C(B).$$

由条件 α_2 可知 $a \in C(\{a,b\})$, 从而 $(a,b) \in \bar{R}$. 至此, 我们证明了 $R \subseteq \bar{R}$. 由命题 6.1 可得 $\bar{R} = R$.

反过来, 我们假设 $\bar{R} = R$. 若存在 $B \in \mathcal{B}$ 使得 $a,b \in B$ 且 $a \in C(B)$, 则 $(a,b) \in R = \bar{R}$. 从而 $a \in C(\{a,b\})$, 即 C 满足条件 α_2. □

引理 6.2　对任意选择函数 C, C 正规当且仅当 C 同时满足条件 α 及条件 γ.

证明　首先假设 C 正规. 设 $B_1 \subseteq B_2$, $a \in B_1$ 且 $a \in C(B_2)$. 由 C 正规, $\forall b \in B_2$ 时 aRb. 所以, $\forall b \in B_1$ 有 aRb. 从而由正规性知 $a \in C(B_1)$, 即 C 满足条件 α.

设对任意的 $i \in I$ 有 $a \in C(B_i)$, 由 C 正规的定义得: $\forall b \in B_i$, aRb. 故 $\forall c \in \bigcup_{i \in I} B_i$, aRc. 由 C 正规的定义知 $a \in C(\bigcup_{i \in I} B_i)$. 故 C 满足条件 γ.

反过来, 设 C 同时满足条件 α 及条件 γ, 我们证明 C 正规. 由于 $C(B) \subseteq \hat{C}(B)$, 故仅需证 $\hat{C}(B) \subseteq C(B)$. 设 $a \in \hat{C}(B)$, 则 $\forall b \in B$, aRb. 由于 C 满足条件 α, 故其满足条件 α_2. 于是, 由引理 6.1 得 $\bar{R} = R$. 从而 $a\bar{R}b$, 即 $a \in C(\{a,b\})$. 由 b 的任意性及条件 γ 知 $a \in C(B)$. 因而 $\hat{C}(B) \subseteq C(B)$. □

由引理 6.1、引理 6.2 立得下列结论.

推论 6.2　若 C 正规, 则 $\bar{R} = R$.

定理 6.1　设 C 为一个选择函数, 则以下陈述等价:

(1) R 为序且 C 正规;

(2) $\bar{R}$ 为序且 C 正规;

(3) C 满足 WCA;

(4) C 满足 SCA;

(5) C 满足 WARP;

(6) C 满足 SARP;

(7) $R = \tilde{R}$;

(8) $\bar{R} = \tilde{R}$ 且 C 正规.

证明　由推论 6.2 得: 若 C 正规, 则 $R = \bar{R}$. 故有 (1) $\Longleftrightarrow$ (2).

下证 (1) $\Longleftrightarrow$ (3).

先证 (1) $\Longrightarrow$ (3). 设 $b \in C(B)$, $a \in B$ 且 aRb. 由 C 正规得: $\forall c \in B$, bRc. 即: $\forall c \in B$, aRb 且 bRc. 由于 R 为序, 故 $\forall c \in B$ 有 aRc. 由 C 正规得 $a \in \hat{C}(B) = C(B)$, 即 C 满足 WCA.

再证 (3) $\Longrightarrow$ (1). 首先证明 R 是一个序. 由命题 6.2, R 强完全, 只需证 R 传递即可. 设 aRb 且 bRc. 由 $C(\{a,b,c\}) \neq \varnothing$ 知

$$a \in C(\{a,b,c\}) \quad \text{或} \quad b \in C(\{a,b,c\}) \quad \text{或} \quad c \in C(\{a,b,c\}).$$

若 $a \in C(\{a, b, c\})$, 显然 aRc.

若 $b \in C(\{a, b, c\})$, 则由 aRb 及 WCA 知 $a \in C(\{a, b, c\})$. 从而 aRc.

若 $c \in C(\{a, b, c\})$, 则由 bRc 及 WCA 知 $b \in C(\{a, b, c\})$. 再由 aRb 及 WCA 得 $a \in C(\{a, b, c\})$. 故 aRc.

因此有: 若 aRb 且 bRc, 则 aRc, 即 R 传递.

下面证明 C 是正规的. 只需证 $\hat{C}(B) \subseteq C(B)$.

任取 $a \in \hat{C}(B)$. 由于 $C(B)$ 非空, 故存在 $b \in B$ 使 $b \in C(B)$. 于是 aRb. 又由 $b \in C(B), a \in B$ 以及 WCA 得 $a \in C(B)$. 从而 $\hat{C}(B) \subseteq C(B)$. 因此 C 正规.

下证 (3) $\Longleftrightarrow$ (4).

只需证 (3) $\Longrightarrow$ (4). 设 C 满足 WCA, 由于 (3) 与 (1) 等价, 故 R 为序, 从而是传递的, 因而 $\text{tr}(R) = R$. 故 C 满足 SCA.

下证 (3) $\Longleftrightarrow$ (5).

先证 (3) $\Longrightarrow$ (5). 若 C 满足 WCA, 但不满足 WARP. 即: 存在 a, b 使得 $a\tilde{P}b$ 但 bRa. 由 $a\tilde{P}b$ 得: $\exists B \in \mathcal{B}, a \in C(B)$ 但 $b \in B \setminus C(B)$. 由 $a \in C(B), b \in B, bRa$ 及 WCA 知 $b \in C(B)$. 这与 $b \notin C(B)$ 矛盾.

再证 (5) $\Longrightarrow$ (3). 若 C 满足 WARP, 但不满足 WCA. 即: $\exists B \in \mathcal{B}, a, b \in B$ 使得 $aRb, b \in C(B)$ 但 $a \notin C(B)$. 由 $b \in C(B), a \in B \setminus C(B)$ 及 $\tilde{P}$ 的定义知 $b\tilde{P}a$. 再由 WARP 的定义得 aR^cb, 与 aRb 矛盾.

下证 (3) $\Longleftrightarrow$ (7).

先证 (3) $\Longrightarrow$ (7). 由命题 6.1 知 $\tilde{R} \subseteq R$, 故只需证 $R \subseteq \tilde{R}$.

若 aRb, 但 $a\tilde{R}^cb$, 则 $b\tilde{P}a$. 即 $\exists B \in \mathcal{B}$, 使得 $b \in C(B)$ 且 $a \in B \setminus C(B)$.

由 $b \in C(B), a \in B, aRb$ 及 WCA 得 $a \in C(B)$, 与 $a \notin C(B)$ 矛盾. 故 $R \subseteq \tilde{R}$. 从而 $R = \tilde{R}$.

再证 (7) $\Longrightarrow$ (3). 若 C 不满足 WCA, 则存在 $B \in \mathcal{B}$, 使得

$$a, b \in B, \quad b \in C(B), \quad aRb \quad 且 \quad a \notin C(B).$$

于是 $b\tilde{P}a$, 即 $a\tilde{R}^cb$, 与 $R = \tilde{R}$ 矛盾.

下证 (5) $\Longleftrightarrow$ (6).

只需证 (5) $\Longrightarrow$ (6). 由于 (5) $\Longleftrightarrow$ (3) $\Longleftrightarrow$ (7), 故 (5) 与 (7) 等价. 所以, $R = \tilde{R}$.

另一方面, (5) $\Longleftrightarrow$ (3) $\Longleftrightarrow$ (1), 故 R 为序, 从而 $\tilde{R}$ 是一个序, 即 $\tilde{R}$ 强完全、传递. 所以, 由命题 1.3 知 $\tilde{R}^c$ 非对称、负传递, 从而由命题 1.4(2) 知 $\tilde{R}^c$ 传递, 即 $\tilde{P} = \tilde{R}^d$ 传递. 此时, $\text{tr}(\tilde{P}) = \tilde{P}$. 故 C 满足 SARP.

下证 (7) $\Longleftrightarrow$ (8).

首先假设 $R = \tilde{R}$. 由命题 6.1 知 $\bar{R} = \tilde{R}$. 另外由 (7) $\Longleftrightarrow$ (3) $\Longleftrightarrow$ (1) 可知 C 正规, 从而 (8) 成立.

反之, 若 (8) 成立, 则由 C 的正规性以及推论 6.2 知 $R = \bar{R}$, 于是 $R = \bar{R} = \tilde{R}$, 从而 (7) 成立.   □

注 6.7　定理 6.1 是由 Sen[139] 给出的, 考虑到其中的一些结果实质上已出现在 Arrow[138] 的文章中, 故 Geogescu 将该定理称为 Arrow-Sen 定理[72].

接下来, 讨论收缩扩张类合理性条件, 我们将给出它们之间以及与显示偏好类合理性条件之间的一些关系.

命题 6.5　若选择函数 C 满足条件 β, 则 C 满足条件 δ.

证明　任取 $B_1 \subseteq B_2$, $a, b \in C(B_1)$ 且 $a \neq b$. 若 $C(B_2) = \{a\}$, 由 $a \in C(B_1) \cap C(B_2)$ 及条件 β 得 $b \in C(B_2)$, 与 $C(B_2) = \{a\}$ 矛盾. 所以 $C(B_2) \neq \{a\}$, 即条件 δ 成立.   □

下面例子说明: 条件 δ 不一定能推出条件 β.

例 6.5　设 $A = \{a, b, c\}$, C 的定义如下

$$C(\{a\}) = \{a\}, \quad C(\{b\}) = \{b\}, \quad C(\{c\}) = \{c\}, \quad C(\{a, b\}) = \{a, b\},$$

$$C(\{b, c\}) = \{b, c\}, \quad C(\{a, c\}) = \{a, c\}, \quad C(\{a, b, c\}) = \{a, c\}.$$

显然, C 满足条件 δ. 因为 $a, b \in C(\{a, b\})$, $a \in C(\{a, b, c\})$ 但 $b \notin C(\{a, b, c\})$, 故 C 不满足条件 β.

命题 6.6　若选择函数 C 满足条件 β^+, 则 C 满足条件 β, γ 且 R 为序.

证明　设 C 满足条件 β^+, 我们仅需证明 C 满足条件 γ 且 R 为序.

先证 C 满足条件 γ. 设对任意的 $i \in I$, $a \in C(B_i)$. 由 $C(\bigcup_{i \in I} B_i)$ 非空, 存在 $b \in \bigcup_{i \in I} B_i$ 使得 $b \in C(\bigcup_{i \in I} B_i)$. 也就是说, 存在某个 $i_0 \in I$, 使得 $b \in B_{i_0}$ 且 $b \in C(\bigcup_{i \in I} B_i)$. 由 β^+ 得 $a \in C(\bigcup_{i \in I} B_i)$. 故 C 满足条件 γ.

再证 R 为序. 只需证 R 传递. 设 aRb 且 bRc.

由 aRb 知

$$\exists B_1 \in \mathcal{B}, \text{ 使得} a \in C(B_1) \text{且} b \in B_1.$$

由 bRc 知

$$\exists B_2 \in \mathcal{B}, \text{ 使得} b \in C(B_2) \text{且} c \in B_2.$$

由 $C(B_1 \cup B_2)$ 非空知

$$\exists d \in B_1 \cup B_2, \text{ 使得} d \in C(B_1 \cup B_2).$$

若 $d \in B_1$, 由 $a \in C(B_1)$ 及条件 β^+ 得 $a \in C(B_1 \cup B_2)$.

若 $d \in B_2$, 由 $b \in C(B_2)$ 及条件 β^+ 得 $b \in C(B_1 \cup B_2)$. 再由 $a \in C(B_1), b \in B_1$ 及 β^+ 条件可得 $a \in C(B_1 \cup B_2)$.

总之, $a \in C(B_1 \cup B_2)$. 再结合 $c \in B_1 \cup B_2$ 知 aRc. 从而 R 传递. □

定理 6.2 选择函数 C 满足 WCA 当且仅当 C 满足条件 α 及 β.

证明 若 C 满足 WCA, 则由定理 6.1 以及引理 6.2 知 C 满足条件 α.

设 $B_1 \subseteq B_2, a, b \in C(B_1)$ 且 $a \in C(B_2)$, 故 bRa. 由 $bRa, b \in B_2, a \in C(B_2)$ 及 WCA 条件得 $b \in C(B_2)$, 即 C 满足条件 β.

反之, 设 aRb, $a \in B$ 且 $b \in C(B)$. 由 $b \in C(B)$, $\{a, b\} \subseteq B$ 及条件 α 得 $b \in C(\{a, b\})$. 由 aRb 知: $\exists B' \in \mathcal{B}$ 使得 $a \in C(B')$ 且 $b \in B'$. 再次应用条件 α 得 $a \in C(\{a, b\})$. 由 $b \in C(B)$ 以及条件 β 得 $a \in C(B)$. 故 C 满足 WCA. □

由引理 6.2、定理 6.1 以及定理 6.2 立得下列结论.

推论 6.3 如果选择函数 C 正规, 则 C 满足条件 β 与 R 为序等价.

命题 6.7 C 满足条件 α_2 及 β_2 当且仅当 C 满足条件 α 及 β.

证明 只需证: 若 C 满足条件 α_2 及 β_2, 则 C 满足条件 α 及 β.

设 $B_1 \subseteq B_2, a \in B_1$ 并且 $a \in C(B_2)$. 由 $C(B_1)$ 非空知: 存在 b 使得 $b \in C(B_1)$.

若 $b = a$, 则 $a \in C(B_1)$. 否则, 由于 C 满足条件 α_2, 故 $b \in C(\{a, b\})$. 由 $a \in C(B_2), b \in B_2$ 及条件 α_2 得 $a \in C(\{a, b\})$. 再由 $a, b \in C(\{a, b\}), b \in C(B_1)$ 以及条件 β_2 得 $a \in C(B_1)$.

所以, 我们总有 $a \in C(B_1)$. 从而 C 满足条件 α.

为了证条件 β 成立, 我们设 $a, b \in C(B_1)$, $B_1 \subseteq B_2$ 且 $a \in C(B_2)$. 由 C 满足条件 α_2 及 $a, b \in C(B_1)$ 知 $a, b \in C(\{a, b\})$. 再由 $a, b \in C(\{a, b\})$, $a \in C(B_2)$, $\{a, b\} \subseteq D_2$ 及条件 β_2 可得 $b \in C(B_2)$. 故条件 β 成立. □

命题 6.8 若选择函数 C 满足条件 α 及 β, 则 C 满足条件 γ, β^+ 及 β'.

证明 由定理 6.2, C 满足 WCA. 由定理 6.1, C 正规. 由引理 6.2, C 满足条件 γ.

设 $B_1 \subseteq B_2, a \in C(B_1), b \in B_1$ 且 $b \in C(B_2)$, 由 $b \in C(B_2)$ 及条件 α 知 $b \in C(B_1)$. 再由 $a, b \in C(B_1), b \in C(B_2)$ 及条件 β 得 $a \in C(B_2)$. 故条件 β^+ 成立.

为了证条件 β' 成立, 我们设 $a, b \in C(B_1)$, $a, b \in B_2$ 且 $a \in C(B_2)$. 由 $a, b \in C(B_1)$ 及条件 α, $C(\{a, b\}) = \{a, b\}$. 再由 $a \in C(B_2)$, $\{a, b\} \subseteq B_2$ 及条件 β 知 $b \in C(B_2)$. 故条件 β' 成立. □

由命题 6.5、命题 6.7 以及命题 6.8 立得下列结论.

推论 6.4 若选择函数 C 满足条件 α_2 及 β_2, 则 C 满足条件 $\alpha, \beta, \beta^+, \beta', \gamma$ 及 δ.

下面, 我们研究条件 α, δ 与 P_R 的传递性之间的关系.

命题 6.9　若 A 是有限集且选择函数 C 正规, 则 C 满足条件 δ 等价于 P_R 传递.

证明　先设 C 满足条件 δ. 若 aP_Rb 且 bP_Rc, 则 bR^ca, cR^cb. 若 aR^cc, 则 $\hat{C}(\{a,b,c\})$ 为空集, 由 C 的正规性得 $C(\{a,b,c\}) = \varnothing$, 与选择函数的定义矛盾, 故 aRc. 若 aP_R^cc, 则 aI_{Rc}. 于是

$$C(\{a,c\}) = \hat{C}(\{a,c\}) = \{a,c\}.$$

同时

$$C(\{a,b,c\}) = \hat{C}(\{a,b,c\}) = \{a\},$$

与条件 δ 矛盾. 故 aP_Rc. 所以, P_R 传递.

反之, 假设 P_R 传递. 若 C 不满足条件 δ, 则存在 $B_1, B_2 \in \mathcal{B}$, $B_1 \subseteq B_2$ 使得

$$a, b \in C(B_1), \quad a \neq b \quad 且 \quad C(B_2) = \{a\}.$$

由 $b \in C(B_1)$ 得 bRa. 由 C 的正规性得

$$\hat{C}(B_2) = C(B_2) = \{a\}.$$

所以 $b \notin \hat{C}(B_2)$. 于是, $\exists c_1 \in B_2$ 且 $c_1 \neq a$ 使得 c_1P_Rb.

同理, $c_1 \notin \hat{C}(B_2)$. 因此, $\exists c_2 \in B_2$, $c_2 \neq a$ 使得 $c_2P_Rc_1$. 如此继续, 得到序列 $c_1, c_2, \cdots, c_n$, 满足: $c_i \neq a$, $c_{i+1}P_Rc_i$ 且 $c_1, c_2, \cdots, c_n$ 互不相等 (由 P_R 的传递性, $i < j$ 时, $c_jP_Rc_i$, 故 $c_i \neq c_j$). 而 B_2 有限, 故存在 n 使得 $a, b, c_1, c_2, \cdots, c_n$ 为 B_2 中全部元素, 即 $B_2 = \{a, b, c_1, c_2, \cdots, c_n\}$. 由于 $C(B_2) = \{a\}$, 故 aRc_n.

若 aP_Rc_n, 则 $aP_Rc_nP_Rc_1P_Rb$, 由 P_R 传递得 aP_Rb, 与 bRa 矛盾.

若 c_nRa, 由于 $c_nP_Rc_1P_Rb$ 及 P_R 的传递性, c_nP_Rb 且 $c_nP_Rc_i$ 对 $i = 1, 2, \cdots, n-1$ 成立, 故 $c_n \in \hat{C}(B_2)$. 由 C 的正规性, $c_n \in C(B_2)$, 与 $C(B_2) = \{a\}$ 矛盾.

所以, C 满足条件 δ.　□

最后, 我们对合理性条件 AA 进行研究.

引理 6.3　若 C 是 $\mathcal{B}$ 上的一个选择函数, 则下列结论成立:

(1) 条件 α 成立当且仅当 $\forall B_1, B_2 \in \mathcal{B}$,

$$B_1 \subseteq B_2 \quad 且 \quad B_1 \cap C(B_2) \neq \varnothing \Longrightarrow B_1 \cap C(B_2) \subseteq C(B_1).$$

(2) 条件 β 成立当且仅当 $\forall B_1, B_2 \in \mathcal{B}$,

$$B_1 \subseteq B_2 \quad 且 \quad C(B_1) \cap C(B_2) \neq \varnothing \Longrightarrow C(B_1) \subseteq B_1 \cap C(B_2).$$

(3) 条件 β^+ 成立当且仅当 $\forall B_1, B_2 \in \mathcal{B}$,

$$B_1 \subseteq B_2 \quad 且 \quad B_1 \cap C(B_2) \neq \varnothing \Longrightarrow C(B_1) \subseteq B_1 \cap C(B_2).$$

证明　(1) 假设条件 α 成立. 由于 $B_1 \cap C(B_2) \neq \varnothing$, 设 $a \in B_1 \cap C(B_2)$, 即 $a \in B_1$ 且 $a \in C(B_2)$. 由 $B_1 \subseteq B_2$ 及条件 α 得 $a \in C(B_1)$, 从而 $B_1 \cap C(B_2) \subseteq C(B_1)$.

反之, 设 $a \in B_1 \subseteq B_2$ 且 $a \in C(B_2)$, 则 $a \in B_1 \cap C(B_2)$. 由 $B_1 \cap C(B_2) \subseteq C(B_1)$ 知 $a \in C(B_1)$. 故条件 α 成立.

(2) 假设条件 β 成立. 设 $B_1 \subseteq B_2$ 且 $C(B_1) \cap C(B_2) \neq \varnothing$. 令 $a \in C(B_1) \cap C(B_2)$, 即 $a \in C(B_1)$ 且 $a \in C(B_2)$. 任取 $b \in C(B_1)$, 则 $b \in B_1$. 由条件 β 得 $b \in C(B_2)$. 故 $C(B_1) \subseteq B_1 \cap C(B_2)$.

反之, 设 $B_1 \subseteq B_2$, $a, b \in C(B_1)$ 且 $a \in C(B_2)$, 则 $a \in C(B_1) \cap C(B_2)$. 由 $C(B_1) \subseteq B_1 \cap C(B_2)$ 得 $b \in C(B_2)$. 从而条件 β 成立.

(3) 假设条件 β^+ 成立. 设 $B_1 \subseteq B_2$ 且 $B_1 \cap C(B_2) \neq \varnothing$. 令 $b \in B_1 \cap C(B_2)$, 任取 $a \in C(B_1)$, 由 $b \in B_1$, $b \in C(B_2)$ 及条件 β^+ 可得 $a \in C(B_2)$. 故 $C(B_1) \subseteq B_1 \cap C(B_2)$.

反之, 设 $B_1 \subseteq B_2$, $a \in C(B_1)$, $b \in B_1$ 且 $b \in C(B_2)$, 所以 $B_1 \cap C(B_2) \neq \varnothing$. 由 $C(B_1) \subseteq B_1 \cap C(B_2)$ 得 $a \in C(B_2)$. 故 β^+ 成立. □

由命题 6.8 及引理 6.3 立得下列结论.

定理 6.3　选择函数 C 满足条件 AA 当且仅当 C 满足条件 α 及 β.

由定理 6.2 及定理 6.3 立得下列结论.

定理 6.4　选择函数 C 满足条件 WCA $\Longleftrightarrow$ C 满足条件 AA.

6.2.4　基于偏好关系的选择函数

我们知道, 已知一个选择函数, 可以导出各种偏好关系. 反之, 已知一个偏好关系, 我们是否能够确定选择函数呢? 本小节主要讨论这个问题. 为此, 先来介绍在一个关系下的极大元的集合与最大元素的集合.

定义 6.6　设 A 是一个备择对象集, Q 是 A 上的一个偏好关系且 $a \in A$, 若不存在 $b \in A$, 使得 $bP_Q a$, 则称 a 是 A 在 Q 下的一个极大元 (maximal element), 所有 A 在 Q 下的极大元集合记为 $M_Q(A)$, 即

$$M_Q(A) = \{a | a \in A \text{ 且} \forall b \in A, bP_Q^c a\}.$$

定义 6.7　若对任意 $b \in A$ 均有 aQb, 则称 a 是 A 在 Q 下的一个最大元 (greatest element), 所有 A 在 Q 下的最大元素的集合记为 $G_Q(A)$, 即

$$G_Q(A) = \{a | a \in A \text{ 且} \forall b \in A, aQb\}.$$

注 6.8　极大元以及最大元的概念出自文献 [9], 该文献中最大元又称为最好元 (best element), 极大元集合 $M_Q(A)$ 称为极大集 (maximal set), 最大元集合 $G_Q(A)$ 称为选择集 (choice set). 在文献 [145] 中, Suzumura 将 $M_Q(A)$ 及 $G_Q(A)$ 分别称为 A 的极大点 (maximal-point) 集与最大点 (greatest-point) 集.

下面的例子说明 $G_Q(A)$ 以及 $M_Q(A)$ 均有可能为空集.

例 6.6 令 $A = \{a, b, c\}$, $Q = \{(a, b), (b, c), (c, a)\}$, 则 $P_Q = Q$, $M_Q(A) = \varnothing$, $G_Q(A) = \varnothing$.

例 6.7 令 $A = \{a, b, c\}$, $Q = \{(a, b), (c, a)\}$, 则 $P_Q = Q$ 且 $M_Q(A) = \{c\}$, 但是 $G_Q(A) = \varnothing$.

命题 6.10 若 A 是有限集, P_Q 为一个传递关系, 则 $M_Q(A) \neq \varnothing$.

证明 若 $M_Q(A) = \varnothing$, 则对 $\forall a \in A$, 均有 $b \in A$ 使得 $bP_Q a$. 任取 $a_1 \in A$, 存在 $a_2 \in A$ 使得 $a_2 P_Q a_1$. 对 a_2, 同样存在 $a_3 \in A$ 使得 $a_3 P_Q a_2$. 如此下去, 对任意 n, 我们得到 $a_1, a_2, \cdots, a_n$ 且 $a_n P_Q a_{n-1} P_Q \cdots P_Q a_1$. 由于 A 是有限的, 于是存在 $i \neq j$ 使得 $a_i = a_j$. 不妨设 $i > j$, $a_i P_Q a_{i-1} P_Q \cdots P_Q a_j$, 由于 P_Q 传递, 从而 $a_i P_Q a_j$, 与 P_Q 非自反矛盾. 故 $M_Q(A) \neq \varnothing$. □

显然, Q 强完全时 $G_Q(A) = M_Q(A)$. 一般情况下, 我们有下列结论.

命题 6.11 $G_Q(A) \subseteq M_Q(A)$.

证明 任取 $a \in G_Q(A)$, 则 $\forall b \in A$, aQb, 从而 $bP_Q^c a$, 即 $a \in M_Q(A)$. 所以 $G_Q(A) \subseteq M_Q(A)$. □

命题 6.12 若 Q 是一个传递关系且 $G_Q(A) \neq \varnothing$, 则 $G_Q(A) = M_Q(A)$.

证明 若 $G_Q(A) \neq M_Q(A)$, 则由命题 6.11 知 $M_Q(A) \nsubseteq G_Q(A)$, 即存在 $a \in M_Q(A)$ 且 $a \notin G_Q(A)$. 任取 $b \in G_Q(A)$, 则 bQa 但 $bP_Q^c a$. 故 $bI_Q a$, 从而 $\forall a' \in A$, $aI_Q bQa'$, 于是由 Q 的传递性得 aQa', 所以 $a \in G_Q(A)$, 矛盾. □

命题 6.13 若 A 是有限集, 且 Q 是一个传递关系, $G_Q(A) = M_Q(A)$ 的充要条件是 $\forall a, b \in M_Q(A)$, $aI_Q b$.

证明 $\Longrightarrow$. 设 $G_Q(A) = M_Q(A)$. 任取 $a, b \in M_Q(A)$, 则 $a, b \in G_Q(A)$. 从而 aQb 且 bQa, 故 $aI_Q b$.

$\Longleftarrow$. 若 $G_Q(A) \neq M_Q(A)$, 则由命题 6.12, $G_Q(A) = \varnothing$. 设 $a_0 \in M_Q(A)$, 由于 $a_0 \notin G_Q(A)$, 故存在 a_1 使得 $a_1 \neq a_0$ 且 $a_0 Q^c a_1$, 从而 $a_1 \notin M_Q(A)$(否则, $a_0 I_Q a_1$, 矛盾). 故存在 a_2 使得

$$a_2 \neq a_1, \quad a_2 \neq a_0 \quad \text{且} \quad a_2 P_Q a_1,$$

此时 $a_2 \notin M_Q(A)$ (否则 $a_0 I_Q a_2 P_Q a_1$, 故 $a_0 P_Q a_1$, 矛盾). 因而存在 a_3 使得 $a_3 P_Q a_2$, 如此下去, 存在 $a_1, a_2, \cdots, a_n$ 互不相同, $a_i \notin M_Q(A)$ 且 $a_n P_Q a_{n-1} P_Q \cdots P_Q a_1$. 由于 A 的有限性, 必存在 n 使得 $a_{n+1} = a_i$. 于是, $a_i = a_{n+1} P_Q a_n P_Q \cdots P_Q a_i$, 由 P_Q 的传递性, 有 $a_i P_Q a_i$, 与 P_Q 非自反矛盾. □

接下来, 我们讨论由最好元集导出的选择函数. 设 Q 是 A 上一个关系, 定义 $G_Q: \mathcal{B} \to P(A)$ 为: $\forall B \in \mathcal{B}$,

$$G_Q(B) = \{a | a \in B \text{ 且} \forall b \in B, aQb\}.$$

命题 6.14 若 A 是有限集, Q 是 A 上的一个强完全关系, 则对任意 $B \in \mathcal{B}$, $G_Q(B) \neq \varnothing$ 的充分必要条件是 P_Q 在 A 上非循环.

证明 $\Longrightarrow$. 若存在 $a_1, a_2, \cdots, a_n$ 使 $a_1 P_Q a_2 P_Q a_3 P_Q \cdots P_Q a_n P_Q a_1$. 从而

$$G_Q(\{a_1, a_2, \cdots, a_n\}) = \varnothing,$$

与必要性假设矛盾. 所以, P_Q 在 A 上非循环.

$\Longleftarrow$. 若所有元素具有 I_Q 关系, 则对任意 $B \in \mathcal{B}$, $G_Q(B) = B \neq \varnothing$. 结论成立.

现设 $a_1, a_2 \in B$ 且 $a_2 P_Q a_1$. 显然 $a_1 \neq a_2$.

若 $a_2 \notin G_Q(B)$, 则存在 a_3 使得 $a_3 P_Q a_2$, $a_1 P_Q^c a_3$ (否则 $a_1 P_Q a_3 P_Q a_2 P_Q a_1$, 与非循环性矛盾), 即 $a_3 Q a_1$, 故 $a_3 \in G_Q(\{a_1, a_2, a_3\})$. 易证 a_1, a_2, a_3 互不相同.

若 $a_3 \notin G_Q(B)$, 则存在 $a_4 P_Q a_3$. 类似可证 $a_4 Q a_1$, $a_4 Q a_2$ 且 a_1, a_2, a_3, a_4 互不相同. 由于 A 中元素有限, 故该过程不可能一直继续下去, 于是总有某个 a_n 使得 $a_n \in G_Q(B)$, 即 $G_Q(B) \neq \varnothing$. $\square$

由命题 6.14 立得下列结论.

定理 6.5 若 A 是有限集, Q 是 A 上的一个强完全关系, 则

$$G_Q \text{ 是 } \mathcal{B} \text{ 上的一个选择函数} \iff P_Q \text{ 在 } A \text{ 上非循环}.$$

命题 6.15 若 G_Q 是 $\mathcal{B}$ 上的一个选择函数, 则 Q 是一个强完全关系.

证明 对任意 $a \in A$, 由 $G_Q(\{a\}) = \{a\}$ 立得 Q 的自反性. 另外, 当 $a \neq b$ 时, 由 $a \in G_Q(\{a, b\})$ 或 $b \in G_Q(\{a, b\})$ 可得 aQb 或 bQa, 从而 Q 是完全的. $\square$

若 G_Q 是 $\mathcal{B}$ 上的一个选择函数, 我们将其显示偏好及生成偏好分别记为 R_Q 及 $\bar{R}_Q$.

命题 6.16 若 G_Q 是 $\mathcal{B}$ 上的一个选择函数, 则 $R_Q = Q$.

证明 由命题 6.15 知 Q 强完全, 从而 G_Q 是被 Q 合理化的选择函数, 故由命题 6.3 即得结论. $\square$

命题 6.17 若 G_Q 是 $\mathcal{B}$ 上的一个选择函数, 则 G_Q 正规且 $\bar{R}_Q = Q$.

证明 若 G_Q 是一个选择函数, 则由命题 6.15 知, Q 是一个强完全关系. 由命题 6.16 可知 $R_Q = Q$. 所以, 由 G_Q 的定义立得其正规性. 从而, 由推论 6.2 即得 $\bar{R}_Q = R_Q = Q$. $\square$

定理 6.6 若 A 是有限集, G_Q 是 $\mathcal{B}$ 上的一个选择函数 $\iff$ Q 是一个强完全关系且 P_Q 非循环.

证明 若 G_Q 是一个选择函数, 则由命题 6.16 知 $R_Q = Q$. 于是, 由命题 6.2 可知, Q 是一个强完全关系且 P_Q 非循环.

反之, 若 Q 是一个强完全关系且 P_Q 非循环, 则由定理 6.5 可知 G_Q 是 $\mathcal{B}$ 上的一个选择函数. □

最后, 我们讨论 G_Q 的合理性条件. 我们假设 G_Q 是 $\mathcal{B}$ 上的一个选择函数, 也就是说, Q 是一个强完全关系且 P_Q 非循环. 由命题 6.17 可知 G_Q 正规, 从而由引理 6.2 可得条件 α 及 γ 成立. 但 G_Q 一般不满足条件 β, 下面的例子说明了这一点.

例 6.8   设 $A = \{a, b, c\}$, $Q = \{(a, a), (b, b), (c, c), (a, b), (b, a), (a, c), (c, b)\}$, 则有 aI_Qb, aP_Qc 且 cP_Qb, 从而 $G_Q(\{a, b\}) = \{a, b\}$. 但 $a \in G_Q(\{a, b, c\})$, $b \notin G_Q(\{a, b, c\})$. 故 G_Q 不满足条件 β.

命题 6.18 G_Q 满足条件 $\beta \iff P_Q \circ I_Q \subseteq P_Q$.

证明 $\Longrightarrow$. 设 aP_Qb, bI_Qc 但 $aP_Q^c c$, 由 Q 强完全知 cQa. 于是 $b, c \in G_Q(\{b, c\})$, $c \in G_Q(\{a, b, c\})$, 但 $b \notin G_Q(\{a, b, c\})$, 与条件 β 矛盾.

$\Longleftarrow$. 若 G_Q 不满足条件 β, 则存在 $B_1 \subseteq B_2$ 且 $a, b \in B_1$ 使得

$$a, b \in G_Q(B_1), \quad a \in G_Q(B_2), \quad b \notin G_Q(B_2).$$

从而 aQb, bQa 且存在 $c \in B_2$ 使得 $bQ^c c$. 由于 $a \in G_Q(B_2)$, 故 aQc. 于是 cP_Qb, bI_Qa 且 aQc, 与 $P_Q \circ I_Q \subseteq P_Q$ 矛盾. □

命题 6.19   若 G_Q 是一个 $\mathcal{B}$ 上的选择函数, 则 $P_Q \circ I_Q \subseteq P_Q \iff Q$ 传递.

证明 Q 传递时, 由命题 1.11 立得 $P_Q \circ I_Q \subseteq P_Q$.

反过来, 假设 $P_Q \circ I_Q \subseteq P_Q$. 我们先证 P_Q 的传递性.

若不然, $\exists a, b, c$ 使得 aP_Qb, bP_Qc 但 $aP_Q^c c$, 即 cQa. 若 cP_Qa, 则 $G_Q(\{a, b, c\}) = \varnothing$, 与 G_Q 是一个选择函数矛盾. 若 cI_Qa, 由 $P_Q \circ I_Q \subseteq P_Q$ 得 bP_Qa, 与 aP_Qb 矛盾. 所以 P_Q 是传递的.

由 P_Q 的传递性、$P_Q \circ I_Q \subseteq P_Q$、$Q$ 强完全及命题 1.14 得 Q 传递. □

由命题 6.18 及命题 6.19 立得下列结论.

命题 6.20 G_Q 满足条件 $\beta \iff Q$ 传递.

定理 6.7   若 G_Q 是一个 $\mathcal{B}$ 上的选择函数且 Q 传递, 则 G_Q 满足 WCA、SCA、WARP 以及 SARP.

证明   由于 Q 传递, 故由命题 6.15 及命题 6.16 知 R_Q 是一个序. 由命题 6.17 知 G_Q 正规. 从而由定理 6.1 即得结论. □

6.3   模糊选择函数及其导出的模糊偏好关系

从本节开始, 我们将介绍选择函数的模糊化, 即模糊选择函数理论. 首先, 引入模糊选择函数的基本概念以及由模糊选择函数导出的模糊偏好关系, 并且给出它们

之间的联系. 我们分别用 T, N 表示 t-模、强非.

定义 6.8 [61]   设 A 是一个普通集合. 如果 $C : \mathcal{B} \to F(A)$ 满足: $\forall B \in \mathcal{B}$, $C(B) \neq \varnothing$ 且 $C(B) \subseteq B$, 则称 C 是 $\mathcal{B}$ 上的一个模糊选择函数. 对任意 $B \in \mathcal{B}$, 称 B 为一个可选集, $C(B)$ 为一个 (模糊) 选择集.

在普通选择函数理论中, 一个备择对象选到与否是截然相反的. 而在模糊选择函数理论中, $C(B)(a)$ 表示在备择对象集 B 中 a 被选到的程度. 由模糊选择函数的定义可知: 对 $\forall B \in \mathcal{B}$, 存在 $a \in B$, 使得 $C(B)(a) > 0$, 即对任意可选集, 总以一个正值程度选到某个元素. 另外, 由 $C(B) \subseteq B$ 可知: $a \notin B$ 时, $C(B)(a) = 0$.

注 6.9   (1) Banerjee[61] 给出模糊选择函数的定义时, 要求: $\forall B \in \mathcal{B}$, $\operatorname{supp} C(B) \subseteq B$, 其中 $\operatorname{supp} C(B)$ 表示 $C(B)$ 的支集. 不难证明 $\operatorname{supp} C(B) \subseteq B$ 等价于 $C(B) \subseteq B$, 所以定义 6.8 和 Banerjee 的定义是等价的. 显然, 普通选择函数是模糊选择函数的特殊情况.

(2) Georgescu[72, 140, 151] 将选择函数的定义域 $\mathcal{B}$ 从普通集推广到模糊集, 因此, 她所定义的选择函数最为广泛, 但我们的讨论仅限于 Banerjee 的选择函数.

与普通选择函数类似, 由一个模糊选择函数可以导出多种模糊偏好关系, 下面给出几种常见的模糊偏好关系.

定义 6.9   设 C 是一个模糊选择函数. 定义 C 的模糊显示偏好关系 R:

$$\forall a, b \in A, \quad R(a, b) = \bigvee_{\{B \mid a, b \in B\}} C(B)(a).$$

模糊生成关系 $\bar{R}$:

$$\forall a, b \in A, \quad \bar{R}(a, b) = C(\{a, b\})(a).$$

模糊严格显示偏好关系 $\tilde{P}$:

$$\forall a, b \in A, \quad \tilde{P}(a, b) = \bigvee_{\{B \mid a, b \in B\}} T(C(B)(a), N(C(B)(b))).$$

另外, 定义 R_* 为

$$\forall a, b \in A, \quad R_*(a, b) = \bigwedge_{\{B \mid a \in B\}} I_T(C(B)(b), C(B)(a)).$$

由 R_* 的定义可得: $\forall a, b \in A$,

$$R_*(a, b) = \bigwedge_{\{B \mid a, b \in B\}} I_T(\dot{C}(B)(b), C(B)(a)) \bigwedge_{\{B \mid a \in B, b \notin B\}} I_T(C(B)(b), C(B)(a))$$

$$= \bigwedge_{\{B \mid a, b \in B\}} I_T(C(B)(b), C(B)(a)).$$

记 $P_R = R \cap_T R_N^d$, $\tilde{R} = \tilde{P}_N^d$.

由定义立得: $\bar{R} \subseteq R$, $\tilde{P} \subseteq R$ 且对任意 $B \in \mathcal{B}$ 及 $a, b \in B$, 均有 $R(a, b) \geqslant C(B)(a)$.

注 6.10   容易证明: R, $\bar{R}$, $\tilde{P}$ 及 R_* 分别是普通情况下相应偏好关系的模糊化.

例 6.9   设 $A = \{a, b, c\}$, C 的定义如下

$$C(\{a\})(a) = 1, \qquad C(\{b\})(b) = 1, \qquad C(\{c\})(c) = 1,$$
$$C(\{a, b\})(a) = 1, \quad C(\{a, b\})(b) = 0, \quad C(\{b, c\})(b) = 0.5,$$
$$C(\{b, c\})(c) = 1, \quad C(\{a, c\})(a) = 1, \quad C(\{a, c\})(c) = 0.5,$$
$$C(\{a, b, c\})(a) = 1, \quad C(\{a, b, c\})(b) = 0.6, \quad C(\{a, b, c\})(c) = 0.5.$$

令 $T = \min$, 经过计算得

$$R = \begin{pmatrix} 1 & 1 & 1 \\ 0.6 & 1 & 0.6 \\ 0.5 & 1 & 1 \end{pmatrix}, \quad \bar{R} = \begin{pmatrix} 1 & 1 & 1 \\ 0 & 1 & 0.5 \\ 0.5 & 1 & 1 \end{pmatrix}, \quad R_* = \begin{pmatrix} 1 & 1 & 1 \\ 0 & 1 & 0.5 \\ 0.5 & 0.9 & 1 \end{pmatrix}.$$

易见: $R_* \neq R$, $R_* \neq \bar{R}$.

本章接下来的讨论中, 我们经常要用到下列假设:

H: 每个选择集都是正规模糊集, 即 $\forall B \in \mathcal{B}$, $\exists a \in B$ 使得 $C(B)(a) = 1$.

下面我们着手讨论这些偏好之间的关系.

命题 6.21   若 H 成立, 则 R 为强完全、非循环的模糊关系, $\bar{R}$ 为强完全的模糊关系.

证明   我们只证明 R 的非循环性, 其余结论的证明留给读者. 用反证法. 若 R 不满足非循环性, 则存在 $a_1, a_2, \cdots, a_n \in A$ 使得

$$R(a_1, a_2) > R(a_2, a_1), R(a_2, a_3) > R(a_3, a_2), \cdots, R(a_n, a_1) > R(a_1, a_n).$$

于是, 我们有

$$R(a_2, a_1) < 1, R(a_3, a_2) < 1, \cdots, R(a_1, a_n) < 1.$$

由 R 的定义知, $\forall B \in \mathcal{B}$, $\forall a, b \in B$ 时, $R(a, b) \geqslant C(B)(a)$. 故 $C(\{a_1, a_2, \cdots, a_n\})(a_i) < 1$ $(i = 1, 2, \cdots, n)$, 与 $C(\{a_1, a_2, \cdots, a_n\})$ 的正规性相矛盾. 于是, R 是非循环的模糊关系.   □

命题 6.22   若 H 成立, 则 (1) $\tilde{R} \subseteq \bar{R} \subseteq R$; (2) $R_* \subseteq \bar{R} \subseteq R$.

证明   (1) 显然 $\bar{R} \subseteq R$, 下证 $\tilde{R} \subseteq \bar{R}$. 事实上, $\forall a, b \in A$,

$$\tilde{R}(a, b) = N(\tilde{P}(b, a)) = N\left(\bigvee_{\{B \in \mathcal{B} | a, b \in B\}} T(C(B)(b), N(C(B)(a))) \right)$$
$$\leqslant N(T(C(\{a, b\})(b), N(C(\{a, b\})(a)))).$$

若 $C(\{a,b\})(a) = 1$, 则显然 $\tilde{R}(a,b) \leqslant C(\{a,b\})(a) = \bar{R}(a,b)$.

若 $C(\{a,b\})(b) = 1$, 则

$$\tilde{R}(a,b) \leqslant N(T(C(\{a,b\})(b), N(C(\{a,b\})(a)))) = C(\{a,b\})(a) = \bar{R}(a,b).$$

故 $\tilde{R} \subseteq \bar{R}$.

(2) 任取 $a,b \in A$, 由于 $C(\{a,b\})$ 是正规的模糊集, 故

$$C(\{a,b\})(a) = 1 \quad \text{或} \quad C(\{a,b\})(b) = 1.$$

若 $C(\{a,b\})(a) = 1$, 则 $R_*(a,b) \leqslant C(\{a,b\})(a) = \bar{R}(a,b)$.

若 $C(\{a,b\})(b) = 1$, 则

$$R_*(a,b) = \bigwedge_{\{B|a,b\in B\}} I_T(C(B)(b), C(B)(a)) \leqslant I_T(C(\{a,b\})(b), C(\{a,b\})(a))$$

$$= I_T(1, C(\{a,b\})(a)) = C(\{a,b\})(a) = \bar{R}(a,b).$$

故 $R_* \subseteq \bar{R}$. □

由于 $\bar{R} \subseteq R$, 我们有下列结果.

推论 6.5 若 H 成立, 则 (1) $\tilde{R} \subseteq R$; (2) $R_* \subseteq R$.

由注 6.3 知, 在普通情况下 $R_* = \tilde{R}$ 恒成立, 但在模糊情况下该等式不一定成立.

例 6.10 设 $A = \{a,b,c\}$, C 的定义如下

$$C(\{a\})(a) = 1, \qquad C(\{b\})(b) = 1, \qquad C(\{c\})(c) = 1,$$

$$C(\{a,b\})(a) = 1, \qquad C(\{a,b\})(b) = 0.2, \qquad C(\{b,c\})(b) = 0.4,$$

$$C(\{b,c\})(c) = 1, \qquad C(\{a,c\})(a) = 0.4, \qquad C(\{a,c\})(c) = 1,$$

$$C(\{a,b,c\})(a) = 0.4, \quad C(\{a,b,c\})(b) = 0.4, \quad C(\{a,b,c\})(c) = 1.$$

令 $T = \min$, $\forall x \in [0,1], N(x) = 1 - x$. 经过计算得

$$\tilde{R} = \tilde{P}_N^d = \begin{pmatrix} 0.6 & 0.6 & 0.4 \\ 0.2 & 0.6 & 0.4 \\ 1 & 1 & 1 \end{pmatrix}, \quad R_* = \begin{pmatrix} 1 & 1 & 0.4 \\ 0.2 & 1 & 0.4 \\ 1 & 1 & 1 \end{pmatrix}.$$

易见: $R_* \neq \tilde{R}$.

那么, 能否增加条件使得 $R_* = \tilde{R}$ 成立呢? 我们有以下结论.

命题 6.23 设 C 是一个模糊选择函数, T 是左连续的 t-模且 I_T 满足 (CP(N)), 则 $R_* = \tilde{R}$.

证明　由 T 是左连续的 t-模且 I_T 满足 $(\mathrm{CP}(N))$ 得: $\forall a,b \in A$,

$$\tilde{R}(a,b) = N(\tilde{P}(b,a))$$

$$= N\left(\bigvee_{\{B|a,b\in B\}} T(C(B)(b), N(C(B)(a)))\right)$$

$$= \bigwedge_{\{B|a,b\in B\}} N(T(C(B)(b), N(C(B)(a))))$$

$$= \bigwedge_{\{B|a,b\in B\}} I_T(C(B)(b), C(B)(a)) \quad (命题\ 2.33(2))$$

$$= R_*(a,b).$$

即: $R_* = \tilde{R}$.　　　　　　　　　　　　　　　　　　　　　　　　　　　　□

定义 6.10　设 C 是一个模糊选择函数, R 是由 C 导出的模糊显示偏好关系, 任给 $B \in \mathcal{B}$, 定义 $C(B)$ 的像 $\hat{C}(B)$ 为

$$\forall a \in B, \quad \hat{C}(B)(a) = \bigwedge_{b\in B} R(a,b).$$

我们约定: 当 $a \notin B$ 时, $\hat{C}(B)(a) = 0$. 于是显然有: $\forall B \in \mathcal{B}$, $C(B) \subseteq \hat{C}(B)$.

定义 6.11　若对任意 $B \in \mathcal{B}$, $\hat{C}(B) = C(B)$, 则称 C 是正规的.

由正规性定义, C 正规当且仅当 $\forall B \in \mathcal{B}$, $\forall a \in A$ 使得 $\hat{C}(B)(a) = C(B)(a)$. 按照我们的约定以及模糊选择函数的定义, 当 $a \notin B$ 时, $\hat{C}(B)(a) = C(B)(a) = 0$. 所以, C 是正规的当且仅当 $\forall B \in \mathcal{B}$, $\forall a \in B$ 使得 $\hat{C}(B)(a) = C(B)(a)$.

定义 6.12　设 C 为一个模糊选择函数, 若存在一个强完全的模糊二元关系 Q, 使得任给 $B \in \mathcal{B}$, $\forall a \in B$,

$$C(B)(a) = \bigwedge_{b\in B} Q(a,b),$$

则称模糊选择函数 C 是合理的. 此时, 称模糊选择函数 C 被 Q 合理化.

命题 6.24　若模糊选择函数 C 被 Q 合理化, 则 $R = Q$.

证明　一方面, 由于 C 被 Q 合理化, 故当 $a,b \in B$ 时, $C(B)(a) \leqslant Q(a,b)$. 于是, $\forall a,b \in A$,

$$R(a,b) = \bigvee_{\{B|a,b\in B\}} C(B)(a) \leqslant Q(a,b).$$

另一方面, 由 Q 的自反性,

$$Q(a,b) = Q(a,a) \wedge Q(a,b) = C(\{a,b\})(a) \leqslant \bigvee_{\{B|a,b\in B\}} C(B)(a) = R(a,b).$$

所以 $R = Q$. $\qquad\square$

上述命题表明: 模糊选择函数 C 只能被显示偏好合理化. 由此得到下列结论.

推论 6.6 若 H 成立, 则 C 的正规性与 C 的合理性是等价的.

证明 C 正规 $\Longrightarrow$ C 合理是显然的. 而 C 合理 $\Longrightarrow$ C 正规由命题 6.24 立得. $\qquad\square$

与普通选择函数类似, 由于刻画模糊选择函数时二元关系 (即显示偏好) 性质的差异, 出现了多种多样的模糊选择函数合理性描述, 其中 T-传递合理性是最为常见的一种合理性.

定义 6.13 [61] 设 C 是一个模糊选择函数, R 是由 C 导出的模糊显示偏好关系, 若 C 被一个 T-传递关系合理化, 则称模糊选择函数 C 是 T-传递合理的 (T-transitive rational).

命题 6.25 若 H 成立且模糊选择函数 C 是合理的, 则 C 是 T-传递合理的当且仅当 R 是一个 T-序, 即 R 强完全且 T-传递.

证明 在 C 合理的条件下, 我们有

$$C \text{ 是 } T\text{-传递合理的}$$
$$\Longleftrightarrow C \text{ 被 } R \text{ 合理化且 } R \text{ 是 } T\text{-传递的}$$
$$\Longleftrightarrow R \text{ 满足强完全及 } T\text{-传递性}$$
$$\Longleftrightarrow R \text{ 是一个 } T\text{-序.} \qquad\square$$

最后, 我们指出, 根据命题 6.24, 对模糊选择函数的理性化问题的研究归根结底是对模糊显示偏好性质的研究.

6.4 模糊选择函数的合理性条件

本节首先给出一些重要的模糊选择函数的合理性条件. 这些条件的定义取自文献 [152], 它们的更一般形式见 [72]. 首先介绍显示偏好类的相关合理性条件.

弱模糊显示偏好公理 (weak axiom of fuzzy revealed preference, WAFRP):

$$\forall a, b \in A, \quad \tilde{P}(a, b) \leqslant N(R(b, a)), \quad \text{即} \quad \tilde{P} \subseteq R_N^d.$$

强模糊显示偏好公理 (strong axiom of fuzzy revealed preference, SAFRP):

$$\forall a, b \in A, \quad \text{tr}(\tilde{P})(a, b) \leqslant N(R(b, a)), \quad \text{即} \quad \text{tr}(\tilde{P}) \subseteq R_N^d,$$

其中, $\text{tr}(\tilde{P})$ 表示 $\tilde{P}$ 的 T-传递闭包.

弱模糊一致性公理 (weak fuzzy congruence axiom, WFCA):

$$\forall B \in \mathcal{B}, \quad \forall a, b \in B, \quad T(R(a, b), C(B)(b)) \leqslant C(B)(a).$$

强模糊一致性公理 (strong fuzzy congruence axiom, SFCA):

$$\forall B \in \mathcal{B}, \quad \forall a, b \in B, \quad T(\text{tr}(R)(a,b), C(B)(b)) \leqslant C(B)(a),$$

其中, $\text{tr}(R)$ 表示 R 的 T-传递闭包.

容易证明: 合理性条件 WAFRP, SAFRP, WFCA 以及 SFCA 分别是普通选择函数合理性条件 WARP, SARP, WCA 以及 SCA 的模糊化. 显然, SAFRP $\Longrightarrow$ WAFRP 且 SFCA $\Longrightarrow$ WFCA. 若 $\tilde{P}(R)$ 是 T-传递的, 则 $\text{tr}(\tilde{P}) = \tilde{P}$ $(\text{tr}(R) = R)$, 故 SAFRP $\Longleftrightarrow$ WAFRP (SFCA $\Longleftrightarrow$ WFCA).

其次, 我们将普通选择函数的收缩扩张类条件, 如条件 $\alpha, \beta, \gamma, \delta$ 等模糊化, 得到模糊选择函数的收缩扩张类条件.

条件 $F\alpha$: $\forall B_1, B_2 \in \mathcal{B}, \forall a \in B_1, B_1 \subseteq B_2 \Longrightarrow C(B_2)(a) \leqslant C(B_1)(a)$.

条件 $F\alpha_2$: $\forall B \in \mathcal{B}, \forall a, b \in B, C(B)(a) \leqslant C(\{a,b\})(a)$, 即

$$C(B)(a) \leqslant \bigwedge_{b \in B} C(\{a,b\})(a).$$

条件 $F\beta$: $\forall B_1, B_2 \in \mathcal{B}, \forall a, b \in B_1$,

$$B_1 \subseteq B_2 \Longrightarrow T(C(B_1)(a), C(B_1)(b), C(B_2)(a)) \leqslant C(B_2)(b).$$

条件 $F\beta_2$: $\forall B \in \mathcal{B}, \forall a, b \in B$,

$$T(C(\{a,b\})(a), C(\{a,b\})(b), C(B)(a)) \leqslant C(B)(b).$$

条件 $F\beta'$: $\forall B_1, B_2 \in \mathcal{B}, \forall a, b \in B_1 \cap B_2$,

$$T(C(B_1)(a), C(B_1)(b), C(B_2)(a)) \leqslant C(B_2)(b).$$

条件 $F\beta^+$: $\forall B_1, B_2 \in \mathcal{B}, \forall a, b \in B_1$,

$$B_1 \subseteq B_2 \Longrightarrow T(C(B_1)(a), C(B_2)(b)) \leqslant C(B_2)(a).$$

条件 $F\gamma$: $\forall B_i \in \mathcal{B}(i \in I), \forall a \in \bigcap_{i \in I} B_i$,

$$\bigwedge_{i \in I} C(B_i)(a) \leqslant C\left(\bigcup_{i \in I} B_i\right)(a).$$

条件 $F\delta$: $\forall B_1, B_2 \in \mathcal{B}, \forall a, b \in B_1$,

$$B_1 \subseteq B_2 \Longrightarrow T(C(B_1)(a), C(B_1)(b)) \leqslant N\left(T\left(C(B_2)(a), \bigwedge_{d \neq a}(N(C(B_2)(d)))\right)\right).$$

容易证明: 上面所定义的模糊选择函数收缩扩张类条件确实是普通选择函数收缩扩张类条件的推广, 且 $F\alpha \Longrightarrow F\alpha_2$, $F\beta \Longrightarrow F\beta_2$, $F\beta' \Longrightarrow F\beta$, $F\beta^+ \Longrightarrow F\beta$.

最后给出条件 AA 的模糊化形式 FAA:

$$B_1 \subseteq B_2 \Longrightarrow \forall a \in B_1, C(B_2)(a) \leqslant \bigwedge_{b \in B_1} E_T(C(B_2)(b), C(B_1)(b)).$$

注 6.11 Banerjee 提出过一些其他合理性条件[61], 如 $FC1$, $FC2$ 及 $FC3$ 等, 它们之间的关系的讨论见 [153].

6.4.1 显示偏好类合理性条件间的关系

本小节, 我们讨论模糊选择函数的显示偏好类合理性条件 WFCA, SFCA, WAFRP 以及 SAFRP, 这里的结论取自文献 [152], [154].

命题 6.26 若 H 成立且 C 正规, 则 $\bar{R} = R$.

证明 任给 $a, b \in A$, 由 C 的正规性及命题 6.21 得

$$\bar{R}(a,b) = C(\{a,b\})(a) = \hat{C}(\{a,b\})(a)$$
$$= \bigwedge_{c \in \{a,b\}} R(a,c) = R(a,a) \wedge R(a,b)$$
$$= R(a,b).$$

$\square$

下面我们给出定理 6.1 的模糊版本.

定理 6.8 设 H 成立. 考虑下列陈述:

(1) R 是 T-序且 C 正规;

(2) $\bar{R}$ 是 T-序且 C 正规;

(3) C 满足 WFCA;

(4) C 满足 SFCA;

(5) C 满足 WAFRP;

(6) C 满足 SAFRP;

(7) $R = \tilde{R}$;

(8) $\bar{R} = \tilde{R}$ 且 C 正规,

则我们有

(i) $(1) \Longleftrightarrow (2) \Longleftrightarrow (3) \Longleftrightarrow (4)$;

(ii) $(5) \Longleftrightarrow (6) \Longleftrightarrow (7) \Longleftrightarrow (8)$;

(iii) 若 T 是关于 N 旋转不变的 t-模, 则 $(3) \Longleftrightarrow (5)$.

证明 (i) 由 C 正规及命题 6.26 知 $R = \bar{R}$. 故 $(1) \Longleftrightarrow (2)$.

接下来证明 $(1) \Longleftrightarrow (3)$. 先设 R 是 T-序且 C 正规.

由 C 正规得: $\forall a \in B$,

$$C(B)(a) = \hat{C}(B)(a) = \bigwedge_{c \in B} R(a, c).$$

由 R 是 T-序得: $\forall a, b, c \in B$,

$$T(R(a, b), C(B)(b)) = T\left(R(a, b), \bigwedge_{c \in B} R(b, c)\right) \leqslant T(R(a, b), R(b, c)) \leqslant R(a, c).$$

从而

$$T(R(a, b), C(B)(b)) \leqslant \bigwedge_{c \in B} R(a, c) = C(B)(a).$$

故 WFCA 成立.

反之, 假设 WFCA 成立. 由命题 6.21 可知 R 强完全. 为证 R 是一个 T-序, 只需证明 R 的 T-传递性即可, 即证

$$\forall a, b, c \in A, \quad T(R(a, b), R(b, c)) \leqslant R(a, c).$$

由 $C(\{a, b, c\})$ 正规知

$$C(\{a, b, c\})(a) = 1 \quad \text{或} \quad C(\{a, b, c\})(b) = 1 \quad \text{或} \quad C(\{a, b, c\})(c) = 1.$$

若 $C(\{a, b, c\})(a) = 1$, 则

$$R(a, c) \geqslant C(\{a, b, c\})(a) = 1,$$

故 $R(a, c) = 1$. 从而 $T(R(a, b), R(b, c)) \leqslant R(a, c)$ 成立.

若 $C(\{a, b, c\})(b) = 1$, 则 $R(b, c) = 1$. 由 WFCA 可得

$$T(R(a, b), R(b, c)) = R(a, b) = T(R(a, b), C(\{a, b, c\})(b))$$
$$\leqslant C(\{a, b, c\})(a) \leqslant R(a, c).$$

若 $C(\{a, b, c\})(c) = 1$, 由 WFCA 可得

$$T(R(a, b), R(b, c)) = T(R(a, b), T(R(b, c), C(\{a, b, c\})(c)))$$
$$\leqslant T(R(a, b), C(\{a, b, c\})(b)) \leqslant C(\{a, b, c\})(a)$$
$$\leqslant R(a, c).$$

至此, 我们证明了 R 的 T-传递性. 所以 R 是一个 T-序. 下面证明 C 的正规性, 只需证对任意 $a \in B$, $\hat{C}(B)(a) \leqslant C(B)(a)$.

由 $C(B)$ 是正规模糊集知, 存在 $c \in B$ 使 $C(B)(c) = 1$. 故由 WFCA, $\forall a \in B$,

$$\hat{C}(B)(a) = \bigwedge_{b \in B} R(a, b) \leqslant R(a, c) = T(R(a, c), C(B)(c)) \leqslant C(B)(a).$$

从而有 C 是正规的.

最后证明 $(3) \iff (4)$. 由于 $(4) \implies (3)$, 故只需证 $(3) \implies (4)$.

若 C 满足 WFCA, 由 $(3) \implies (1)$ 得 R 是 T-传递的. 所以, $\mathrm{tr}(R) = R$. 因此, WFCA $\implies$ SFCA, 即 $(3) \implies (4)$.

(ii) 首先证明 $(5) \iff (7)$. 事实上,

$$R \subseteq \tilde{R} \iff R \subseteq \tilde{P}_N^d \iff \tilde{P} \subseteq R_N^d \iff \text{WAFRP}.$$

由推论 6.5(1) 即得 $R = \tilde{R}$ 和 WAFRP 的等价性.

其次证 $(5) \iff (6)$. 只需证 $(5) \implies (6)$.

要证 C 满足 SAFRP 条件, 只需证 $\tilde{P}$ 是 T-传递的, 即证

$$\forall a, b, c \in A, \quad T(\tilde{P}(a, b), \tilde{P}(b, c)) \leqslant \tilde{P}(a, c).$$

其等价于证明

$$\forall a, b, c \in A, \quad T(N(\tilde{R}(b, a)), N(\tilde{R}(c, b))) \leqslant N(\tilde{R}(c, a)).$$

由于 C 满足 WAFRP, 故 $R = \tilde{R}$ 成立, 于是要证结论等价于

$$T(N(R(b, a)), N(R(c, b))) \leqslant N(R(c, a)). \tag{6.1}$$

由 $C(\{a, b, c\})$ 是正规模糊集得

$$C(\{a, b, c\})(a) = 1 \quad \text{或} \quad C(\{a, b, c\})(b) = 1 \quad \text{或} \quad C(\{a, b, c\})(c) = 1.$$

若 $C(\{a, b, c\})(a) = 1$, 则

$$\begin{aligned}
\tilde{P}(a, c) &= \bigvee_{\{B \in \mathcal{B} | a, c \in B\}} T(C(B)(a), N(C(B)(c))) \\
&\geqslant T(C(\{a, b, c\})(a), N(C(\{a, b, c\})(c))) \\
&= N(C(\{a, b, c\})(c)) \geqslant N(R(c, b)).
\end{aligned}$$

即 $T(N(R(b, a)), N(R(c, b))) \leqslant N(R(c, b)) \leqslant \tilde{P}(a, c) = N(R(c, a))$. 从而不等式 (6.1) 成立.

若 $C(\{a,b,c\})(b) = 1$, 则

$$R(b,a) \geqslant C(\{a,b,c\})(b) = 1.$$

从而 $N(R(b,a)) = 0$, 不等式 (6.1) 成立.

若 $C(\{a,b,c\})(c) = 1$, 类似可证 $N(R(c,b)) = 0$ 成立, 从而不等式 (6.1) 成立.

于是, C 满足 SAFRP 条件.

最后证 (7) $\Longleftrightarrow$ (8).

先证 (8) $\Longrightarrow$ (7). 由 C 正规以及命题 6.26 可得 $R = \bar{R}$. 再由已知 $\bar{R} = \tilde{R}$ 知 $R = \tilde{R}$.

再证 (7) $\Longrightarrow$ (8). 首先证明 C 的正规性. 只需证: $\forall a \in B$, $\hat{C}(B)(a) \leqslant C(B)(a)$.

若 $C(B)(a) = 1$, 则 $\hat{C}(B)(a) \leqslant C(B)(a)$ 显然成立.

否则, 由 $C(B)$ 是正规的模糊集知, 存在 $b \in B$ 满足 $C(B)(b) = 1$.

由于 $R = \tilde{R}$, 故由 N 是强非得

$$
\begin{aligned}
R(a,b) &= N(\tilde{P}(b,a)) \\
&= N\left(\bigvee_{\{B \in \mathcal{B} | a,b \in B\}} T(C(B)(b), N(C(B)(a))) \right) \\
&\leqslant N(T(C(B)(b), N(C(B)(a)))) = C(B)(a).
\end{aligned}
$$

从而 $\hat{C}(B)(a) = \bigwedge_{\{B | c \in B\}} R(a,c) \leqslant R(a,b) \leqslant C(B)(a)$.

因此, $\forall a \in B$ 时, $C(B)(a) = \hat{C}(B)(a)$, 即 C 是正规的.

由 C 正规以及命题 6.26 可得 $R = \bar{R}$. 再由已知 $R = \tilde{R}$ 得 $\bar{R} = \tilde{R}$.

(iii) 由于 T 是关于 N 旋转不变的 t-模, 故

$$
\begin{aligned}
\text{WAFRP} &\Longleftrightarrow \forall a,b \in A, \tilde{P}(a,b) \leqslant N(R(b,a)) \\
&\Longleftrightarrow \forall a,b \in A, \bigvee_{\{B \in \mathcal{B} | a,b \in B\}} T(C(B)(a), N(C(B)(b))) \leqslant N(R(b,a)) \\
&\Longleftrightarrow \forall B \in \mathcal{B}, \forall a,b \in B, T(C(B)(a), N(C(B)(b))) \leqslant N(R(b,a)) \\
&\Longleftrightarrow \forall B \in \mathcal{B}, \forall a,b \in B, T(C(B)(a), R(b,a)) \leqslant C(B)(b) \\
&\Longleftrightarrow \text{WFCA}.
\end{aligned}
$$

从而 (3) $\Longleftrightarrow$ (5). $\hspace{7cm}$ $\square$

由定理 6.8 立得下列结论.

推论 6.7   若 H 成立且 T 关于 N 旋转不变, 则定理 6.8 中陈述 (1)—(8) 是等价的.

我们知道: 在普通情况下, 定理 6.8 中的八个陈述是等价的. 下面的例子说明: 在模糊情况下, 一般来说 WFCA 和 WAFRP 并不等价.

例 6.11 设 $A = \{a, b, c\}$, $N = N_0$. 定义模糊选择函数 C 如下

$$C(\{a\})(a) = 1, \qquad C(\{b\})(b) = 1, \qquad C(\{c\})(c) = 1,$$
$$C(\{a,b\})(a) = 1, \qquad C(\{a,b\})(b) = 0, \qquad C(\{b,c\})(b) = 0.5,$$
$$C(\{b,c\})(c) = 1, \qquad C(\{a,c\})(a) = 1, \qquad C(\{a,c\})(c) = 0.5,$$
$$C(\{a,b,c\})(a) = 1, \quad C(\{a,b,c\})(b) = 0, \quad C(\{a,b,c\})(c) = 0.5.$$

令 $T = \min$, 经计算,

$$R = \begin{pmatrix} 1 & 1 & 1 \\ 0 & 1 & 0.5 \\ 0.5 & 1 & 1 \end{pmatrix}, \quad \tilde{P} = \begin{pmatrix} 0 & 1 & 0.5 \\ 0 & 0 & 0 \\ 0 & 0.5 & 0 \end{pmatrix}.$$

容易验证 $\tilde{P} \subseteq R_N^d$, 即 C 满足 WAFRP. 由于 $R(b, c) = 0.5$, $C(\{a,b,c\})(c) = 0.5$ 及 $C(\{a,b,c\})(b) = 0$, 所以

$$T(R(b,c), C(\{a,b,c\})(c)) = 0.5 \wedge 0.5 = 0.5 > 0 = C(\{a,b,c\})(b).$$

故 C 不满足 WFCA.

最后, 我们讨论 R, R_* 以及 $\bar{R}$ 三者之间的关系.

定理 6.9 若 H 成立且 T 左连续, 则以下陈述等价:

(1) C 满足 WFCA;

(2) $R = R_*$;

(3) $\bar{R} = R_*$ 且 C 正规.

证明 先证 $(1) \Longleftrightarrow (2)$.

任取 $a, b \in A$,

$$R \subseteq R_* \Longleftrightarrow R(a,b) \leqslant R_*(a,b)$$
$$\Longleftrightarrow R(a,b) \leqslant \bigwedge_{\{B \in \mathcal{B} | a, b \in B\}} I_T(C(B)(b), C(B)(a))$$
$$\Longleftrightarrow \forall B \in \mathcal{B}, \forall a, b \in B, R(a,b) \leqslant I_T(C(B)(b), C(B)(a))$$
$$\Longleftrightarrow \forall B \in \mathcal{B}, \forall a, b \in B, T(R(a,b), C(B)(b)) \leqslant C(B)(a) \quad (\text{引理 } 2.6)$$
$$\Longleftrightarrow \text{WFCA}.$$

结合推论 6.5(2) 有 $R = R_* \Longleftrightarrow$ WFCA.

再证 (1) $\Longleftrightarrow$ (3). 由命题 6.26 及 (2) $\Longrightarrow$ (1) 知

$$\bar{R} = R_* \text{且} C \text{正规} \Longrightarrow \bar{R} = R_* \text{且} R = \bar{R} \Longrightarrow R = R_* \Longrightarrow \text{WFCA}.$$

反之, C 满足 WFCA 条件, 则由定理 6.8 得 C 正规. 再由命题 6.26 知 $R = \bar{R}$. 由 (1) $\Longleftrightarrow$ (2) 知 $R = R_*$. 故 $\bar{R} = R_*$.   □

6.4.2　收缩扩张类合理性条件间的关系

本小节, 我们讨论模糊选择函数的收缩扩张意义下一些合理性条件之间的关系, 主要结论取自文献 [152].

命题 6.27　若 C 是一个模糊选择函数, 则 $\bar{R} = R$ 当且仅当 C 满足条件 $F\alpha_2$.

证明　若 C 满足条件 $F\alpha_2$, 则 $\forall B \in \mathcal{B}, \forall a, b \in B$ 有 $C(B)(a) \leqslant C(\{a, b\})(a)$. 于是,

$$\forall a, b \in A, \quad R(a, b) = \bigvee_{\{B | a, b \in B\}} C(B)(a) \leqslant C(\{a, b\})(a) = \bar{R}(a, b),$$

即 $R \subseteq \bar{R}$. 由于 $\bar{R} \subseteq R$, 故 $\bar{R} = R$.

反之, 若 $\bar{R} = R$, 则 $\forall a, b \in A$, $R(a, b) = \bar{R}(a, b)$. 于是,

$$\forall B \in \mathcal{B}, \quad \forall a, b \in B, \quad C(B)(a) \leqslant R(a, b) = C(\{a, b\})(a),$$

即 C 满足条件 $F\alpha_2$.   □

命题 6.28　若 C 是一个模糊选择函数, 则 C 正规等价于条件 $F\alpha$ 和 $F\gamma$ 同时成立.

证明　首先假设 C 正规, 若 $\forall a \in B_1 \subseteq B_2$, 则

$$C(B_2)(a) = \hat{C}(B_2)(a) = \bigwedge_{b \in B_2} R(a, b) \leqslant \bigwedge_{b \in B_1} R(a, b) = \hat{C}(B_1)(a) = C(B_1)(a).$$

故条件 $F\alpha$ 成立.

另外, $\forall B_i \in \mathcal{B}(i \in I), \forall a \in \bigcap_{i \in I} B_i$ 有

$$\bigwedge_{i \in I} C(B_i)(a) = \bigwedge_{i \in I} \bigwedge_{b \in B_i} R(a, b) = \bigwedge_{b \in \bigcup_{i \in I} B_i} R(a, b) = C\left(\bigcup_{i \in I} B_i\right)(a).$$

故 C 满足条件 $F\gamma$.

反过来, 假设 $F\alpha$ 和 $F\gamma$ 成立, 我们证明 C 正规. 由于 $C(B)(a) \leqslant \hat{C}(B)(a)$, 故只需证

$$\forall a \in B, \quad \hat{C}(B)(a) \leqslant C(B)(a).$$

由条件 $F\alpha$, $\forall a, b \in B$, $C(B)(a) \leqslant C(\{a,b\})(a)$. 故

$$R(a,b) = \bigvee_{\{B|a,b\in B\}} C(B)(a) \leqslant C(\{a,b\})(a).$$

由条件 $F\gamma$ 得

$$\hat{C}(B)(a) = \bigwedge_{b\in B} R(a,b) \leqslant \bigwedge_{b\in B} C(\{a,b\})(a) \leqslant C(B)(a).$$

因此 C 是正规的. □

命题 6.29 若 H 成立且 C 满足条件 $F\beta^+$, 则 C 满足条件 $F\gamma$.

证明 任给 $B_i \in \mathcal{B}(i \in I)$, 由 $C\left(\bigcup_{i\in I} B_i\right)$ 是正规的模糊集知, 存在 $b \in \bigcup_{i\in I} B_i$ 使得 $C\left(\bigcup_{i\in I} B_i\right)(b) = 1$.

于是存在 $i_0 \in I$ 使得 $b \in B_{i_0}$, 由 $F\beta^+$ 得: $\forall a \in \bigcap_{i\in I} B_i$,

$$T\left(C(B_{i_0})(a), C\left(\bigcup_{i\in I} B_i\right)(b)\right) \leqslant C\left(\bigcup_{i\in I} B_i\right)(a),$$

即 $C(B_{i_0})(a) \leqslant C\left(\bigcup_{i\in I} B_i\right)(a)$.

故 C 满足条件 $F\gamma$. □

引理 6.4 若 H 成立, 则 C 满足条件 $F\beta^+$ 的充要条件为 $\forall B_1, B_2 \in \mathcal{B}, a \in B_1$, $b \in B_2$ 均有

$$T(C(B_1)(a), C(B_2)(b)) \leqslant C(B_1 \cup B_2)(a).$$

证明 $\Longrightarrow$. 任给 $B_1, B_2 \in \mathcal{B}$, 由 $C(B_1 \cup B_2)$ 的正规性知, 存在 $d \in B_1 \cup B_2$ 使得 $C(B_1 \cup B_2)(d) = 1$.

若 $d \in B_1$, 则由 $F\beta^+$ 得: 当 $a \in B_1$, $b \in B_2$ 时,

$$\begin{aligned}
T(C(B_1)(a), C(B_2)(b)) &= T(T(C(B_1)(a), C(B_1 \cup B_2)(d)), C(B_2)(b)) \\
&\leqslant T(C(B_1 \cup B_2)(a), C(B_2)(b)) \\
&\leqslant C(B_1 \cup B_2)(a).
\end{aligned}$$

若 $d \in B_2$, 则由 $F\beta^+$ 得: 当 $a \in B_1$, $b \in B_2$ 时,

$$\begin{aligned}
T(C(B_1)(a), C(B_2)(b)) &= T(C(B_1)(a), T(C(B_2)(b), C(B_1 \cup B_2)(d))) \\
&\leqslant T(C(B_1)(a), C(B_1 \cup B_2)(b)) \\
&\leqslant C(B_1 \cup B_2)(a).
\end{aligned}$$

故 $\forall B_1, B_2 \in \mathcal{B}, a \in B_1, b \in B_2$ 均有 $T(C(B_1)(a), C(B_2)(b)) \leqslant C(B_1 \cup B_2)(a)$.

$\Leftarrow$. $\forall B_1, B_2 \in \mathcal{B}, B_1 \subseteq B_2, \forall a, b \in B_1$, 由 $B_1 \cup B_2 = B_2$ 以及充分性假设

$$T(C(B_1)(a), C(B_2)(b)) \leqslant C(B_1 \cup B_2)(a)$$

得

$$T(C(B_1)(a), C(B_2)(b)) \leqslant C(B_2)(a).$$

故 C 满足条件 $F\beta^+$.　　　　　　　　　　　　　　　　　　　　　　　　□

命题 6.30　若 H 成立、T 左连续且 C 满足条件 $F\beta^+$, 则 R 是 T-传递的.

证明　由 T 的左连续性及引理 2.2(1) 得: $\forall a, b, c \in A$,

$$T(R(a, b), R(b, c)) = T\left(\left(\bigvee_{\{B_1 | a, b \in B_1\}} C(B_1)(a)\right), \left(\bigvee_{\{B_2 | b, c \in B_2\}} C(B_2)(b)\right)\right)$$

$$= \bigvee_{\{B_1 | a, b \in B_1\}} \bigvee_{\{B_2 | b, c \in B_2\}} (T(C(B_1)(a), C(B_2)(b))).$$

由引理 6.4 得 $\forall a, b \in B_1, \forall b, c \in B_2$,

$$T(C(B_1)(a), C(B_2)(b)) \leqslant C(B_1 \cup B_2)(a) \leqslant R(a, c).$$

故 $\forall a, b, c \in A$, $T(R(a, b), R(b, c)) \leqslant R(a, c)$, 即 R 是 T-传递的.　　□

接下来, 我们研究 WFCA 和条件 $F\alpha$, $F\beta$ 以及 $F\beta^+$ 之间的关系.

我们知道: 对普通选择函数而言, 一个选择函数满足 WCA 当且仅当它满足条件 α 和条件 β. 然而, 模糊情况下 WFCA 和条件 $F\alpha$, $F\beta$ 却不是等价的.

例 6.12　设 $A = \{a, b, c\}$. 定义模糊选择函数 C 如下

$$C(\{a\})(a) = 1, \qquad C(\{b\})(b) = 1, \qquad C(\{c\})(c) = 1,$$

$$C(\{a, b\})(a) = 0.5, \quad C(\{a, b\})(b) = 1, \quad C(\{b, c\})(b) = 0,$$

$$C(\{b, c\})(c) = 1, \qquad C(\{a, c\})(a) = 0.5, \quad C(\{a, c\})(c) = 1,$$

$$C(\{a, b, c\})(a) = 0.5, \quad C(\{a, b, c\})(b) = 0, \quad C(\{a, b, c\})(c) = 1.$$

经过计算得

$$R = \begin{pmatrix} 1 & 0.5 & 0.5 \\ 1 & 1 & 0 \\ 1 & 1 & 1 \end{pmatrix}.$$

令 $T = W$. 容易验证 C 满足条件 $F\alpha$ 和 $F\beta$.

由 $R(b,a) = 1$, $C(\{a,b,c\})(a) = 0.5$ 以及 $C(\{a,b,c\})(b) = 0$ 得

$$T(R(b,a), C(\{a,b,c\})(a)) = T(1, 0.5) = 0.5 > 0 = C(\{a,b,c\})(b).$$

故 C 不满足 WFCA.

然而, 若将条件 $F\beta$ 加强为条件 $F\beta^+$ 时, 我们有如下定理.

定理 6.10 若 H 成立, 则模糊选择函数 C 满足 WFCA 当且仅当 C 满足条件 $F\alpha$ 和 $F\beta^+$.

证明 首先假设 C 满足 WFCA, 则由定理 6.8 知, C 是正规的. 再由命题 6.28 知, C 满足条件 $F\alpha$. 下面证明 C 满足条件 $F\beta^+$.

由 WFCA, $\forall B_1 \subseteq B_2$, $a, b \in B_1$,

$$T(C(B_1)(a), C(B_2)(b)) \leqslant T(R(a,b), C(B_2)(b)) \leqslant C(B_2)(a).$$

故 C 满足条件 $F\beta^+$.

反过来, 假设 C 满足条件 $F\alpha$ 和 $F\beta^+$. $\forall B \in \mathcal{B}$, $\forall a, b \in B$,

$$T(R(a,b), C(B)(b)) = T\left(\bigvee_{\{B'|a,b\in B'\}} C(B')(a), C(B)(b)\right)$$

$$\leqslant T(C(\{a,b\})(a), C(B)(b)) \leqslant C(B)(a).$$

故 C 满足 WFCA. □

定理 6.11 若 H 成立,

(1) C 满足 WFCA, 则 C 满足条件 $F\alpha$ 和 $F\beta$;

(2) C 满足条件 $F\alpha$ 和 $F\beta$ 且 $T = \min$, 则 C 满足 WFCA.

证明 (1) 由定理 6.10 及 $F\beta^+ \Longrightarrow F\beta$ 立得.

(2) 由于 $T = \min$, 故 $\forall B \in \mathcal{B}$, $\forall a, b \in B$,

$$R(a,b) \wedge C(B)(b) = \left(\bigvee_{\{B'|a,b\in B'\}} C(B')(a)\right) \wedge C(B)(b)$$

$$\leqslant C(\{a,b\})(a) \wedge C(B)(b) \qquad (条件 F\alpha)$$

$$= C(\{a,b\})(a) \wedge C(\{a,b\})(b) \wedge C(B)(b) \qquad (条件 F\alpha)$$

$$\leqslant C(B)(a). \qquad (条件 F\beta)$$

故 $R(a,b) \wedge C(B)(b) \leqslant C(B)(a)$, 即 C 满足 WFCA. □

命题 6.31 若 H 成立, 则条件 $F\alpha$ 和 $F\beta$ 等价于条件 $F\alpha_2$ 和 $F\beta_2$.

证明　只需证: 条件 $F\alpha_2$ 和 $F\beta_2$ 可推出条件 $F\alpha$ 和 $F\beta$. 首先证明

$$\forall B \in \mathcal{B}, \forall a \in B, \quad C(B)(a) = \bigwedge_{b \in B} C(\{a,b\})(a).$$

一方面, 任给 $B \in \mathcal{B}$ 以及 $a \in B$, 由条件 $F\alpha_2$ 得

$$C(B)(a) \leqslant \bigwedge_{b \in B} C(\{a,b\})(a).$$

另一方面, 由 $C(B)$ 的正规性知: 存在 $c \in B$ 使得 $C(B)(c) = 1$. 由 $F\alpha_2$ 知, $\forall a \in B, C(B)(c) \leqslant C(\{a,c\})(c)$. 从而 $C(\{a,c\})(c) = 1$. 由于 $\{a,c\} \subseteq B$ 及 C 满足条件 $F\beta_2$,

$$C(\{a,c\})(a) = T(C(\{a,c\})(a), C(\{a,c\})(c), C(B)(c)) \leqslant C(B)(a).$$

所以, $\bigwedge_{b \in B} C(\{a,b\})(a) \leqslant C(\{a,c\})(a) \leqslant C(B)(a)$. 故

$$C(B)(a) = \bigwedge_{b \in B} C(\{a,b\})(a).$$

现在证明条件 $F\alpha$. 任取 $B_1 \subseteq B_2$ 及 $a \in B_1$,

$$C(B_2)(a) = \bigwedge_{b \in B_2} C(\{a,b\})(a) \leqslant \bigwedge_{b \in B_1} C(\{a,b\})(a) = C(B_1)(a),$$

即 C 满足条件 $F\alpha$.

最后证条件 $F\beta$. 任给 $a,b \in B_1 \subseteq B_2$, 由 $F\alpha_2$ 和 $F\beta_2$ 得

$$T(C(B_1)(a), C(B_1)(b), C(B_2)(a))$$
$$\leqslant T(C(\{a,b\})(a), C(\{a,b\})(b), C(B_2)(a))$$
$$\leqslant C(B_2)(b).$$

故 C 满足条件 $F\beta$.　　　　　　　　　　　　　　　　　　　　　　　　　　□

命题 6.32　若 H 成立且 C 满足条件 $F\beta$, 则 C 满足条件 $F\delta$.

证明　任给 $B_1, B_2 \in \mathcal{B}, B_1 \subseteq B_2, \forall a,b \in B_1$, 由 H 知 $C(B_2)$ 正规, 于是存在 $d \in B_2$ 使得 $C(B_2)(d) = 1$, 从而 $N(C(B_2)(d)) = 0$.

若 $d \neq a$, 则

$$T(C(B_1)(a), C(B_1)(b)) \leqslant 1 = N\left(T\left(C(B_2)(a), \bigwedge_{c \neq a} N(C(B_2)(c))\right)\right).$$

若 $d = a$, 则 $C(B_2)(a) = 1$. 由 $F\beta$ 得: $\forall a, b \in B_1$, $a \neq b$,

$$
\begin{aligned}
T(C(B_1)(a), C(B_1)(b)) &= T(C(B_1)(a), C(B_1)(b), C(B_2)(a)) \\
&\leqslant C(B_2)(b) = N(N(C(B_2)(b))) \\
&\leqslant N\left(\bigwedge_{c \neq a} N(C(B_2)(c)) \right) \\
&= N\left(T\left(C(B_2)(a), \bigwedge_{c \neq a} N(C(B_2)(c)) \right) \right).
\end{aligned}
$$

故条件 $F\delta$ 成立.   □

命题 6.33 若 H 成立且 C 满足条件 $F\alpha_2$ 和 $F\beta_2$, 则 C 满足条件 $F\alpha$, $F\beta$, $F\beta'$, $F\gamma$ 以及 $F\delta$.

证明 C 满足条件 $F\alpha$, $F\beta$ 及 $F\delta$ 由命题 6.31、命题 6.32 可得, C 满足条件 $F\beta'$ 的证明与命题 6.31 中证明条件 $F\beta$ 的部分相同, 故我们只需证明 C 满足条件 $F\gamma$.

由命题 6.31 的证明可知

$$
\forall B \in \mathcal{B}, \forall a \in B, \quad C(B)(a) = \bigwedge_{b \in B} C(\{a, b\})(a).
$$

因此, $\forall B_i \in \mathcal{B}(i \in I)$, $\forall a \in \bigcap_{i \in I} B_i$,

$$
\bigwedge_{i \in I} C(B_i)(a) = \bigwedge_{i \in I} \bigwedge_{b \in B_i} C(\{a, b\})(a) = C\left(\bigcup_{i \in I} B_i \right)(a),
$$

即 C 满足条件 $F\gamma$.   □

由命题 6.33 立得下列结论.

推论 6.8 若 H 成立且 C 满足条件 $F\alpha$, 则条件 $F\beta'$ 等价于条件 $F\beta$.

最后, 我们研究条件 $F\alpha$, $F\delta$ 与 P_R 的 T-传递性之间的关系.

在普通情况下, 若 C 正规, 则 P_R 的传递性与条件 δ 是等价的. 然而, 在模糊情况下, 这种等价性并不成立.

例 6.13 设 $A = \{a, b, c\}$, $N = N_0$. 定义模糊选择函数 C 如下

$$
\begin{array}{lll}
C(\{a\})(a) = 1, & C(\{b\})(b) = 1, & C(\{c\})(c) = 1, \\
C(\{a, b\})(a) = 1, & C(\{a, b\})(b) = 1, & C(\{b, c\})(b) = 0.3, \\
C(\{b, c\})(c) = 1, & C(\{a, c\})(a) = 1, & C(\{a, c\})(c) = 0, \\
C(\{a, b, c\})(a) = 1, & C(\{a, b, c\})(b) = 0.3, & C(\{a, b, c\})(c) = 0.
\end{array}
$$

计算得

$$R = \begin{pmatrix} 1 & 1 & 1 \\ 1 & 1 & 0.3 \\ 0 & 1 & 1 \end{pmatrix}, \quad P_R = \begin{pmatrix} 0 & 0 & 1 \\ 0 & 0 & 0 \\ 0 & 0.7 & 0 \end{pmatrix}.$$

容易验证 C 是正规的模糊选择函数, 且对任意 t-模 T, P_R 都是 T-传递的.

由于

$$T(C(\{a,b\})(a), C(\{a,b\})(b)) = 1,$$

$$N\left(T\left(C(\{a,b,c\})(a), \bigwedge_{d \neq a} (N(C(\{a,b,c\})(d))) \right) \right) = 0.3,$$

故

$$T(C(\{a,b\})(a), C(\{a,b\})(b)) > N\left(T\left(C(\{a,b,c\})(a), \bigwedge_{d \neq a} (N(C(\{a,b,c\})(d))) \right) \right),$$

即 C 不满足条件 $F\delta$.

于是, 我们进一步讨论它们之间的关系, 得到下面命题.

命题 6.34 若 H 成立且 C 满足条件 $F\alpha_2$ 和 $F\delta$, 则 P_R 是 T-传递的.

证明   为了证明 P_R 的 T-传递性, 需要证明

$$T(P_R(a,b), P_R(b,c)) \leqslant P_R(a,c) = T(R(a,c), N(R(c,a))). \tag{6.2}$$

由 H 假设, $C(\{a,b,c\})$ 正规, 于是

$$C(\{a,b,c\})(a) = 1 \quad \text{或} \quad C(\{a,b,c\})(b) = 1 \quad \text{或} \quad C(\{a,b,c\})(c) = 1.$$

若 $C(\{a,b,c\})(a) = 1$, 由 $R(a,c) \geqslant C(\{a,b,c\})(a)$ 得 $R(a,c) = 1$.

于是要证结论等价于下列不等式:

$$T(P_R(a,b), P_R(b,c)) \leqslant N(R(c,a)). \tag{6.3}$$

对任意 $a, c \in B$, 由 $F\alpha_2$,

$$C(B)(a) \leqslant C(\{a,c\})(a), \quad C(B)(c) \leqslant C(\{a,c\})(c).$$

因而

$$R(a,c) = \bigvee_{\{B \in \mathcal{B} | a, c \in B\}} C(B)(a) \leqslant C(\{a,c\})(a),$$

$$R(c,a) = \bigvee_{\{B \in \mathcal{B} | a, c \in B\}} C(B)(c) \leqslant C(\{a,c\})(c).$$

由 $F\delta$,

$$
\begin{aligned}
R(c,a) = T(R(a,c), R(c,a)) &\leqslant T(C(\{a,c\})(a), C(\{a,c\})(c)) \\
&\leqslant N\left(T\left(C(\{a,b,c\})(a), \bigwedge_{d\neq a} N(C(\{a,b,c\})(d))\right)\right) \\
&= N\left(\bigwedge_{d\neq a} N(C(\{a,b,c\})(d))\right) \\
&= N(N(C(\{a,b,c\})(b)) \wedge (N(C(\{a,b,c\})(c)))) \\
&\leqslant N(N(R(b,a)) \wedge (N(R(c,b)))).
\end{aligned}
$$

由于 N 是强非, 故

$$
N(R(b,a)) \wedge (N(R(c,b))) \leqslant N(R(c,a)).
$$

因此

$$
\begin{aligned}
T(P_R(a,b), P_R(b,c)) = T(T(R(a,b), N(R(b,a))), T(R(b,c), N(R(c,b)))) \\
\leqslant T(N(R(b,a)), N(R(c,b))) \\
\leqslant N(R(b,a)) \wedge (N(R(c,b))) \\
\leqslant N(R(c,a)),
\end{aligned}
$$

即不等式 (6.3) 成立.

若 $C(\{a,b,c\})(b) = 1$, 由 $R(b,a) \geqslant C(\{a,b,c\})(b)$ 得 $R(b,a) = 1$. 从而

$$
P_R(a,b) = T(R(a,b), N(R(b,a))) = T(R(a,b), N(1)) = 0.
$$

故不等式 (6.2) 成立.

若 $C(\{a,b,c\})(c) = 1$, 类似于 $C(\{a,b,c\})(b) = 1$ 的情况可证. □

为了讨论 FAA 与模糊选择函数合理性条件间的关系, 我们引入下列引理.

引理 6.5 若 C 是一个模糊选择函数, 则下列结论成立:

(1) 若 C 满足条件 $F\alpha$, 则 $\forall B_1, B_2 \in \mathcal{B}$,

$$
B_1 \subseteq B_2 \Longrightarrow \forall a \in B_1, C(B_2)(a) \leqslant \bigwedge_{b\in B_1} I_T(C(B_2)(b), C(B_1)(b)).
$$

若 $\forall B_1, B_2 \in \mathcal{B}$,

$$
B_1 \subseteq B_2 \Longrightarrow \forall a \in B_1, C(B_2)(a) \leqslant \bigwedge_{b\in B_1} I_{\min}(C(B_2)(b), C(B_1)(b)),
$$

则 C 满足条件 $F\alpha$.

(2) T 左连续时, C 满足条件 $F\beta$ 当且仅当 $\forall B_1, B_2 \in \mathcal{B}$,

$$B_1 \subseteq B_2 \Longrightarrow \forall a \in B_1, T(C(B_1)(a), C(B_2)(a)) \leqslant \bigwedge_{b \in B_1} I_T(C(B_1)(b), C(B_2)(b)).$$

(3) T 左连续时, C 满足条件 $F\beta^+$ 当且仅当 $\forall B_1, B_2 \in \mathcal{B}$,

$$B_1 \subseteq B_2 \Longrightarrow \forall a \in B_1, C(B_2)(a) \leqslant \bigwedge_{b \in B_1} I_T(C(B_1)(b), C(B_2)(b)).$$

证明　(1) 若 C 满足条件 $F\alpha$, 设 $B_1 \subseteq B_2, \forall b \in B_1$, 由 $F\alpha$ 知 $C(B_2)(b) \leqslant C(B_1)(b)$, 即 $I_T(C(B_2)(b), C(B_1)(b)) = 1$. 故 $\forall a \in B_1$,

$$C(B_2)(a) \leqslant 1 = \bigwedge_{b \in B_1} I_T(C(B_2)(b), C(B_1)(b)).$$

假设 $B_1 \subseteq B_2$, 由已知 $\forall a \in B_1$,

$$C(B_2)(a) \leqslant \bigwedge_{b \in B_1} I_{\min}(C(B_2)(b), C(B_1)(b)).$$

故 $C(B_2)(a) \leqslant I_{\min}(C(B_2)(a), C(B_1)(a))$.

由引理 2.6 知 $C(B_2)(a) \wedge C(B_2)(a) \leqslant C(B_1)(a)$, 即 $C(B_2)(a) \leqslant C(B_1)(a)$. 从而条件 $F\alpha$ 成立.

(2) $\forall B_1 \subseteq B_2$, 由 T 左连续及引理 2.6 得

$$F\beta \Longleftrightarrow \forall a, b \in B_1, T(C(B_1)(a), C(B_1)(b), C(B_2)(a)) \leqslant C(B_2)(b)$$
$$\Longleftrightarrow \forall a, b \in B_1, T(C(B_1)(a), C(B_2)(a)) \leqslant I_T(C(B_1)(b), C(B_2)(b))$$
$$\Longleftrightarrow \forall a \in B_1, T(C(B_1)(a), C(B_2)(a)) \leqslant \bigwedge_{b \in B_1} I_T(C(B_1)(b), C(B_2)(b)).$$

(3) $\forall B_1 \subseteq B_2$, 由 T 左连续及引理 2.6 得

$$F\beta^+ \Longleftrightarrow \forall a, b \in B_1, T(C(B_2)(a), C(B_1)(b)) \leqslant C(B_2)(b)$$
$$\Longleftrightarrow \forall a, b \in B_1, C(B_2)(a) \leqslant I_T(C(B_1)(b), C(B_2)(b))$$
$$\Longleftrightarrow \forall a \in B_1, C(B_2)(a) \leqslant \bigwedge_{b \in B_1} I_T(C(B_1)(b), C(B_2)(b)). \qquad \square$$

由引理 6.5 立得下列结论.

定理 6.12　下列陈述成立:

(1) 若 T 左连续且 C 满足条件 $F\alpha$ 及 $F\beta^+$, 则 C 满足条件 FAA;

(2) 若 $T = \min$ 且 C 满足条件 FAA, 则 C 满足条件 $F\alpha$ 和 $F\beta^+$.

由定理 6.10 和定理 6.12 立得下列推论.

推论 6.9 若 H 成立且 $T = \min$ 时, C 满足条件 FAA 等价于 C 满足条件 WFCA.

普通情况下, 选择函数 C 满足条件 AA 等价于 C 满足条件 α 和 β. 但在模糊情况下, 对一般 t-模, C 满足条件 FAA 不能保证 $F\alpha$ 成立. 下面例子说明了这一点.

例 6.14 设 $A = \{a, b, c\}$, C 的定义如下

$$C(\{a\})(a) = 1, \qquad C(\{b\})(b) = 1, \qquad C(\{c\})(c) = 1,$$

$$C(\{a,b\})(a) = 1, \qquad C(\{a,b\})(b) = 0.4, \qquad C(\{b,c\})(b) = 1,$$

$$C(\{b,c\})(c) = 0.2, \qquad C(\{a,c\})(a) = 1, \qquad C(\{a,c\})(c) = 0.3,$$

$$C(\{a,b,c\})(a) = 1, \quad C(\{a,b,c\})(b) = 0.4, \quad C(\{a,b,c\})(c) = 0.3.$$

令 $T = W$, 容易验证 C 满足条件 FAA. 但由于 $C(\{a,b,c\})(c) = 0.3$ 且 $C(\{b,c\})(c) = 0.2$, 故 $C(\{a,b,c\})(c) > C(\{b,c\})(c)$, 从而条件 $F\alpha$ 不成立.

6.5 基于模糊偏好关系的选择函数

前面, 我们讨论过基于普通偏好关系的普通选择函数, 现在的问题是, 已知一个模糊偏好关系, 是否能够得到选择函数? 回答是肯定的. 实际上, 已知一个模糊偏好关系, 既可以确定普通选择函数, 也可以确定模糊选择函数. 下面我们分别对它们进行讨论.

6.5.1 基于模糊偏好的普通选择函数

已知一个模糊偏好关系, 可以有多种方式确定普通选择函数. 这类选择函数中最受关注的是所谓的 Orlovsky 选择函数.

例 6.15 对任意 $B \in \mathcal{B}$, $a \in A$ 以及 A 上的模糊关系 Q, 令

$$\mathrm{OV}(a, B, Q) = \bigwedge_{b \in B} ((1 - Q(b, a) + Q(a, b)) \wedge 1),$$

$$C_{\mathrm{OV}}(B, Q) = \{a \in B | \forall b \in B, \mathrm{OV}(a, B, Q) \geqslant \mathrm{OV}(b, B, Q)\},$$

则 C_{OV} 是一个 $\mathcal{B}$ 上的选择函数, 该选择函数称为 Orlovsky 选择函数.

注 6.12 Orlovsky 选择函数源于文献 [51] 中的模糊非控元素集 (fuzzy set of nondominated elements), "Orlovsky 选择函数 (Orlovsky choice function)" 一词最早出现在文献 [65] 中.

下面, 我们对 Orlovsky 选择函数进行讨论, 首先引入一个记号.

对任意 $B \in \mathcal{B}, a \in A$ 以及 A 上的模糊关系 Q, 记

$$C_0(B, Q) = \{a \in B | \forall b \in B, Q(a, b) \geqslant Q(b, a)\}.$$

由引理 5.1 立得下列命题.

命题 6.35   若 Q 是有限集 A 上的模糊关系, 则 C_0 是一个 $\mathcal{B}$ 上的选择函数当且仅当 Q 非循环.

命题 6.36   若 Q 是有限集上的一个非循环的模糊关系, 则

$$\forall B \in \mathcal{B}, \quad C_{OV}(B, Q) = C_0(B, Q).$$

证明   若 $a \in C_0(B, Q)$, 则对任意 $b \in B, Q(a, b) \geqslant Q(b, a)$, 从而,

$$OV(a, B, Q) = 1 \geqslant OV(b, B, Q).$$

所以 $a \in C_{OV}(B, Q)$, 即 $C_0(B, Q) \subseteq C_{OV}(B, Q)$.

反之, 我们假设 $a \in C_{OV}(B, Q)$, 则对任意 $b \in B$,

$$OV(a, B, Q) \geqslant OV(b, B, Q).$$

由命题 6.35 及 Q 非循环知: $C_0(B, Q) \neq \varnothing$. 于是, 存在 $b_0 \in B, \forall b \in B$ 使得 $Q(b_0, b) \geqslant Q(b, b_0)$. 故有 $OV(b_0, B, Q) = 1$. 于是

$$OV(a, B, Q) \geqslant OV(b_0, B, Q) = 1,$$

即 $OV(a, B, Q) = 1$. 所以, 对任意 $b \in B, Q(a, b) \geqslant Q(b, a)$, 从而 $a \in C_0(B, Q)$. 于是

$$C_{OV}(B, Q) \subseteq C_0(B, Q).$$

综上, $\forall B \in \mathcal{B}, C_{OV}(B, Q) = C_0(B, Q)$.   □

接下来, 我们讨论 Orlovsky 选择函数的刻画问题. 令 C 是一个 $\mathcal{B}$ 上的基于 Q 的选择函数, 考虑下列两个合理性条件:

C1: 对 $\forall a, b \in A$, 若 $Q(a, b) \geqslant Q(b, a)$, 则 $a \in C(\{a, b\}, Q)$;

C2: 对 $\forall a, b \in A$, 若 $Q(a, b) > Q(b, a)$, 则 $\{a\} = C(\{a, b\}, Q)$.

定理 6.13   设 Q 是有限集 A 上一个非循环的模糊关系, C 是一个 $\mathcal{B}$ 上的基于 Q 的选择函数, 则 C 满足条件 C1, C2, α 以及 γ 的充分必要条件为 $C = C_0$.

证明   首先, 容易验证 C_0 满足条件 C1, C2, α 以及 γ, 故充分性是显然的.

必要性. 我们假设 C 满足条件 C1, C2, α 以及 γ, 将证明

$$\forall B \in \mathcal{B}, \quad C(B, Q) = C_0(B, Q).$$

若 $a \in C(B,Q)$, 由条件 α 可得

$$\forall b \in B \text{且} b \neq a \text{时, 则} a \in C(\{a,b\},Q).$$

此时, 若存在 $b \in B$ 使得 $Q(a,b) < Q(b,a)$, 则由 C2 知

$$\{b\} = C(\{a,b\},Q),$$

与 $a \in C(\{a,b\},Q)$ 矛盾. 所以, $\forall b \in B$ 时, $Q(a,b) \geqslant Q(b,a)$. 于是由 C1 知 $a \in C_0(B,Q)$. 所以 $C(B,Q) \subseteq C_0(B,Q)$.

下面, 我们对 B 中元素的个数 $|B|$ 归纳证明 $C_0(B,Q) \subseteq C(B,Q)$.

设 $a \in C_0(B,Q)$, 则对 $\forall b \in B, Q(a,b) \geqslant Q(b,a)$.

$|B| = 2$ 时, 可设 $B = \{a,b\}$.

若 $Q(a,b) = Q(b,a)$, 则由 C1 得

$$C(B,Q) = \{a,b\} = C_0(B,Q).$$

若 $Q(a,b) > Q(b,a)$, 则由 C2 得

$$C(B,Q) = \{a\} = C_0(B,Q).$$

此时结论成立.

现设 $|B| = k$ 时结论成立, 考虑 $|B| = k+1$ 的情形.

设 $B = \{a_1, a_2, \cdots, a_k, a_{k+1}\}$, 由条件 γ, 我们有

$$C(B,Q) = C(\{a_1, a_2, \cdots, a_k, a_{k+1}\}, Q)$$

$$\supseteq C(\{a_1, a_2, \cdots, a_k\}, Q) \cap C(\{a_2, \cdots, a_k, a_{k+1}\}, Q).$$

由归纳假设及 C_0 满足条件 α 及 γ,

$$C(\{a_1, a_2, \cdots, a_k\}, Q) \cap C(\{a_2, \cdots, a_k, a_{k+1}\}, Q)$$

$$\supseteq C_0(\{a_1, a_2, \cdots, a_k\}, Q) \cap C_0(\{a_2, \cdots, a_k, a_{k+1}\}, Q)$$

$$= C_0(\{a_1, a_2, \cdots, a_k, a_{k+1}\}, Q) = C_0(B,Q).$$

所以, $C(B,Q) \supseteq C_0(B,Q)$. 因而 $C = C_0$. □

由定理 6.13 及命题 6.36 立得如下结论.

定理 6.14 设 Q 是有限集 A 上一个非循环的模糊关系, C 是一个 B 上的基于 Q 的选择函数, 则 C 满足条件 C1, C2, α 以及 γ 的充分必要条件为 C 为 Orlovsky 选择函数 C_{OV}.

注 6.13   上述定理见 [62], 除了该定理外, 还有其他 Orlovsky 选择函数的刻画定理[65, 155], 但对 Q 的要求或者是一致性, 或者是弱传递性, 它们均比非循环要强.

除了 Orlovsky 选择函数以外, 一些文献实际上也讨论了其他形式的基于模糊偏好的选择函数, 例如: 对任意 $B \in \mathcal{B}$, $a \in A$ 以及 A 上的模糊关系 Q, 令

$$mD(a, B, Q) = \bigwedge_{b \in B \setminus \{a\}} (Q(a, b) - Q(b, a)),$$

$$C_{mD}(B, Q) = \{a | \forall b \in B, mD(a, B, Q) \geqslant mD(b, B, Q)\},$$

则我们得到基于 Q 的选择函数 C_{mD}[156].

对其他基于偏好的选择函数及其合理性的详细讨论, 读者可参看 [78], [156], [157], 文献 [158] 是这方面的综述性文章.

6.5.2   基于模糊最大元集的模糊选择函数

已知一个模糊偏好关系, 可以有多种方式确定模糊选择函数. 这类选择函数中最受关注的是基于 (模糊) 最大元集的模糊选择函数.

定义 6.14   设 Q 是 A 上的一个模糊关系. 定义 A 在 Q 下的 (模糊) 最大元集 $G_Q(A)$ 为

$$\forall a \in A, \quad G_Q(A)(a) = \bigwedge_{b \in A} Q(a, b).$$

对于任意 $a \in A$, $G_Q(A)(a)$ 表示元素 a 属于 A 在 Q 下的 (模糊) 最大元集的程度.

注 6.14   最早利用模糊最大元集来讨论基于偏好关系的选择函数的是 Basu[159].

我们讨论基于最大元集的模糊选择函数, 其主要结论是对文献 [160] 的进一步改进.

设 Q 是 A 上的一个模糊关系, 定义 $G_Q : \mathcal{B} \to F(A)$ 为

$$\forall B \in \mathcal{B}, \quad G_Q(B)(a) = \begin{cases} \bigwedge_{b \in B} Q(a, b), & a \in B, \\ 0, & \text{其他}. \end{cases}$$

显然, $\forall B \in \mathcal{B}$, $a, b \in A$ 时有 $G_Q(B)(a) \leqslant Q(a, b)$.

注 6.15   容易看出: $\forall B \in \mathcal{B}$ 时, $G_Q(B) \subseteq B$. 因此, G_Q 是模糊选择函数的充要条件是

$$\forall B \in \mathcal{B}, \quad G_Q(B) \neq \varnothing.$$

首先, 我们研究 G_Q 生成模糊选择函数的条件.

命题 6.37 若 G_Q 是一个 $\mathcal{B}$ 上的模糊选择函数, 则对任意的正整数 n 及 $a_1, a_2, \cdots, a_n \in A$,

$$Q(a_1, a_2) \vee Q(a_2, a_3) \vee \cdots \vee Q(a_{n-1}, a_n) \vee Q(a_n, a_1) > 0.$$

证明 设 G_Q 是一个 $\mathcal{B}$ 上的模糊选择函数, 则 $\forall B \in \mathcal{B}, G_Q(B) \neq \varnothing$.

若存在 n 个元素 $a_1, a_2, \cdots, a_n \in A$ 满足

$$Q(a_1, a_2) \vee Q(a_2, a_3) \vee \cdots \vee Q(a_{n-1}, a_n) \vee Q(a_n, a_1) = 0,$$

则 $Q(a_i, a_{i+1}) = 0 \ (i = 1, 2, \cdots, n-1), \ Q(a_n, a_1) = 0$.

设 $B = \{a_1, a_2, \cdots, a_n\} \in \mathcal{B}$, 则

$$G_Q(B)(a_i) = \bigwedge_{b \in B} Q(a_i, b) \leqslant Q(a_i, a_{i+1}) = 0 \quad (i = 1, 2, \cdots, n-1),$$

$$G_Q(B)(a_n) = \bigwedge_{b \in B} Q(a_n, b) \leqslant Q(a_n, a_1) = 0.$$

因此 $G_Q(B) = \varnothing$, 与模糊选择函数的定义矛盾. $\qquad\square$

命题 6.38 如果 A 有限, 且对任意正整数 n 及 $a_1, a_2, \cdots, a_n \in A$ 满足

$$Q(a_1, a_2) \vee Q(a_2, a_3) \vee \cdots \vee Q(a_{n-1}, a_n) \vee Q(a_n, a_1) > 0,$$

则 G_Q 是一个 $\mathcal{B}$ 上的模糊选择函数.

证明 为了证明 G_Q 是一个模糊选择函数, 需要证明

$$\forall B \in \mathcal{B}, \quad G_Q(B) \neq \varnothing.$$

假设存在 $B \in \mathcal{B}, G_Q(B) = \varnothing$, 则任取 $a_1 \in B$ 有 $G_Q(B)(a_1) = 0$, 即

$$\bigwedge_{b \in B} Q(a_1, b) = 0.$$

由于 B 是 A 的子集, 故 B 是有限集. 因而存在 $a_2 \in B$ 使得 $Q(a_1, a_2) = 0$. 再由 $G_Q(B) = \varnothing$ 可知 $G_Q(B)(a_2) = 0$. 类似地, 存在 $a_3 \in B$, 使得 $Q(a_2, a_3) = 0$. 如此继续下去, 存在 $a_n \in B$ 使得对任意正整数 n, $Q(a_{n-1}, a_n) = 0$.

由于 B 有限, 当 n 充分大时, $a_1, a_2, \cdots, a_n$ 中必有两个元素相同. 不妨设 $a_1 = a_n$. 此时

$$Q(a_1, a_2) \vee Q(a_2, a_3) \vee \cdots \vee Q(a_{n-1}, a_1) = Q(a_1, a_2) \vee Q(a_2, a_3) \vee \cdots \vee Q(a_{n-1}, a_n) = 0,$$

与 $Q(a_1, a_2) \vee Q(a_2, a_3) \vee \cdots \vee Q(a_{n-1}, a_1) > 0$ 矛盾.

因此, $\forall B \in \mathcal{B}, G_Q(B) \neq \varnothing$, 即 G_Q 是一个模糊选择函数. $\qquad\square$

值得注意的是: 若 A 不是有限集, 命题 6.38 未必成立.

例 6.16　设 $A = \{a_i | i = 1, 2, 3, \cdots\}$，$\mathcal{B}$ 是 A 的所有非空子集的集合. 定义 A 上的模糊关系 Q 如下

$$\forall a_i, a_j \in A, \quad Q(a_i, a_j) = \begin{cases} 0, & i < j, \\ 1, & i = j, \\ 0.5, & i > j, \end{cases}$$

则 $\forall a_{i_1}, a_{i_2}, \cdots, a_{i_n} \in A \ (i_1 < i_2 < \cdots < i_n)$，

$$Q(a_{i_1}, a_{i_2}) \vee Q(a_{i_2}, a_{i_3}) \vee \cdots \vee Q(a_{i_{n-1}}, a_{i_n}) \vee Q(a_{i_n}, a_{i_1}) = 0.5 > 0.$$

然而，$\forall a_i \in A$，$G_Q(A)(a_i) = \bigwedge_{b \in A} Q(a_i, b) \leqslant Q(a_i, a_{i+1}) = 0$，即 $G_Q(A) = \varnothing$. 因此，G_Q 不是模糊选择函数.

由命题 6.37、命题 6.38 立即得到下列定理.

定理 6.15　如果 A 有限，则 G_Q 是一个 $\mathcal{B}$ 上的模糊选择函数的充分必要条件是对任意正整数 n 及 $a_1, a_2, \cdots, a_n \in A$，

$$Q(a_1, a_2) \vee Q(a_2, a_3) \vee \cdots \vee Q(a_{n-1}, a_n) \vee Q(a_n, a_1) > 0.$$

由命题 6.37 立得下面命题.

命题 6.39　若 G_Q 是一个 $\mathcal{B}$ 上的模糊选择函数，则 $\forall a, b \in A$，$Q(a, b) \vee Q(b, a) > 0$.

命题 6.40　Q 是有限集 A 上的一个非循环关系，若其满足

$$\forall a, b \in A, \quad 有 \quad Q(a, b) \vee Q(b, a) > 0,$$

则 G_Q 是一个 $\mathcal{B}$ 上的模糊选择函数.

证明　若 G_Q 不是一个模糊选择函数，则由定理 6.15 知，存在 $a_1, a_2, \cdots, a_n \in A$ 满足

$$Q(a_1, a_2) \vee Q(a_2, a_3) \vee \cdots \vee Q(a_{n-1}, a_n) \vee Q(a_n, a_1) = 0.$$

因此

$$Q(a_1, a_2) = Q(a_2, a_3) = \cdots = Q(a_{n-1}, a_n) = Q(a_n, a_1) = 0.$$

由已知 $\forall a, b \in A$，$Q(a, b) \vee Q(b, a) > 0$，

$$Q(a_2, a_1) > 0, Q(a_3, a_2) > 0, \cdots, Q(a_n, a_{n-1}) > 0, Q(a_1, a_n) > 0.$$

故

$$Q(a_n, a_{n-1}) > Q(a_{n-1}, a_n), Q(a_{n-1}, a_{n-2}) > Q(a_{n-2}, a_{n-1}), \cdots, Q(a_2, a_1) > Q(a_1, a_2).$$

根据 Q 的非循环性，$Q(a_1, a_n) \leqslant Q(a_n, a_1) = 0$，即 $Q(a_1, a_n) = 0$，矛盾.　　□

一般而言，若 G_Q 是一个 $\mathcal{B}$ 上的模糊选择函数，Q 的非循环性不一定成立.

例 6.17 设 $A = \{a, b, c\}$, $\mathcal{B}$ 是 A 的所有非空子集的集合. 定义 A 上的模糊关系

$$Q = \begin{pmatrix} 1 & 0.8 & 0.3 \\ 0.7 & 1 & 0.6 \\ 0.4 & 0.5 & 1 \end{pmatrix}.$$

容易验证 G_Q 是 $\mathcal{B}$ 上的一个模糊选择函数. 然而, $Q(a,b) > Q(b,a)$, $Q(b,c) > Q(c,b)$ 且 $Q(a,c) < Q(c,a)$, 故 Q 不满足非循环性.

命题 6.41 若 G_Q 是一个 $\mathcal{B}$ 上的模糊选择函数, 且 G_Q 的每个选择集正规, 则 Q 是一个强完全、非循环的模糊关系.

证明 由 $G_Q(\{a\})$ 的正规性知

$$\forall a \in A, \quad Q(a,a) = G_Q(\{a\})(a) = 1,$$

故 Q 是自反的. 同时, 对任意 $a, b \in A$, 由 $G_Q(\{a,b\})$ 的正规性知

$$G_Q(\{a,b\})(a) = 1 \quad \text{或} \quad G_Q(\{a,b\})(b) = 1.$$

若 $G_Q(\{a,b\})(a) = 1$, 则 $Q(a,b) \wedge Q(a,a) = 1$, 即 $Q(a,b) = 1$.
若 $G_Q(\{a,b\})(b) = 1$, 则 $Q(b,a) \wedge Q(b,b) = 1$, 即 $Q(b,a) = 1$.
因而 Q 是强完全的.

若 Q 不是非循环的模糊关系, 则存在 $a_1, a_2, \cdots, a_m \in A$ 使得 $Q(a_1, a_2) > Q(a_2, a_1)$, $Q(a_2, a_3) > Q(a_3, a_2)$, $\cdots$, $Q(a_{m-1}, a_m) > Q(a_m, a_{m-1})$, 但 $Q(a_1, a_m) < Q(a_m, a_1)$.

令 $B = \{a_1, a_2, \cdots, a_m\}$, 则 $G_Q(B)(a_1) \leqslant Q(u_1, u_m) < 1$, $G_Q(B)(a_2) \leqslant Q(a_2, a_1) < 1$, $\cdots$, $G_Q(B)(a_m) \leqslant Q(a_m, a_{m-1}) < 1$.

所以 $G_Q(B)$ 不是正规的, 与假设矛盾. 从而 Q 非循环. □

命题 6.42 设 A 是有限集. 若 Q 是一个强完全、非循环的模糊关系, 则 G_Q 是一个 $\mathcal{B}$ 上的模糊选择函数且 G_Q 的每个选择集正规.

证明 首先证明 $\forall B \in \mathcal{B}$, $G_Q(B)$ 正规. 否则, 存在 $B \in \mathcal{B}$ 使得 $G_Q(B)$ 不是正规的, 即

$$\forall a \in B, \quad G_Q(B)(a) \neq 1.$$

取 $a_1 \in B$, 则 $\bigwedge_{b \in B} Q(a_1, b) = G_Q(B)(a_1) \neq 1$. 因而, 存在 $a_2 \in B$ 使得 $Q(a_1, a_2) \neq 1$. 由 Q 的强完全性可得 $Q(a_2, a_1) = 1$. 类似有: $\bigwedge_{b \in B} Q(a_2, b) = G_Q(B)(a_2) \neq 1$. 因此存在 $a_3 \in B$ 使得 $Q(a_2, a_3) \neq 1$. 从而 $Q(a_3, a_2) = 1$. 如此继续下去, 对任意正整数 n,

存在 $a_1, a_2, \cdots, a_n$ 使得

$$Q(a_i, a_{i+1}) < 1, \quad Q(a_{i+1}, a_i) = 1 \quad (i = 1, 2, \cdots, n-1).$$

因为 A 有限, 故存在 $i\ (i < n)$, 使得 $a_n = a_i$. 从而,

$$Q(a_n, a_{n-1}) = 1 > Q(a_{n-1}, a_n),$$
$$Q(a_{n-1}, a_{n-2}) = 1 > Q(a_{n-2}, a_{n-1}), \cdots,$$
$$Q(a_{i+2}, a_{i+1}) = 1 > Q(a_{i+1}, a_{i+2}).$$

由 Q 非循环, $Q(a_n, a_{i+1}) \geqslant Q(a_{i+1}, a_n)$, 即 $Q(a_i, a_{i+1}) \geqslant Q(a_{i+1}, a_i)$, 矛盾.

所以, 对 $B \in \mathcal{B}$, $G_Q(B)$ 正规.

其次, 由 Q 强完全, $\forall a, b \in A$, $Q(a, b) \vee Q(b, a) = 1$. 由命题 6.40, G_Q 是 $\mathcal{B}$ 上的模糊选择函数. $\qquad\square$

由命题 6.41 与命题 6.42 立得下列结论.

定理 6.16　设 A 是有限集, 则下列陈述等价:

(1) Q 是一个强完全、非循环的模糊关系;

(2) G_Q 是一个 $\mathcal{B}$ 上的模糊选择函数且其每个选择集正规.

接下来, 讨论由模糊选择函数导出的模糊偏好关系之间的联系.

设 G_Q 是 $\mathcal{B}$ 上的模糊选择函数. 与一般的模糊选择函数类似, 由该模糊选择函数可以导出各种各样的模糊显示偏好关系. 我们用 R_Q 和 $\bar{R}_Q$ 分别表示模糊显示偏好关系、模糊生成偏好关系, $\tilde{P}_Q$ 表示在 t-模 T 和非 N 下的模糊严格显示偏好关系, $\tilde{R}_Q = (\tilde{P}_Q)_N^d$. 我们先给出 Q 和 R_Q 之间的关系.

命题 6.43　$R_Q \subseteq Q$.

证明　任取 $a, b \in A$,

$$R_Q(a, b) = \bigvee_{\{B | a, b \in B\}} G_Q(B)(a) = \bigvee_{\{B | a, b \in B\}} \bigwedge_{c \in B} Q(a, c).$$

由于 $\forall b \in B$, $\bigwedge_{c \in B} Q(a, c) \leqslant Q(a, b)$. 故 $\forall a, b \in A$, $R_Q(a, b) \leqslant Q(a, b)$, 即 $R_Q \subseteq Q$. $\qquad\square$

与普通情形不同, R_Q 与 Q 不一定相等, 下面的例子说明了这一点.

例 6.18　令 $A = \{a, b\}$, 定义 $Q = \begin{pmatrix} 0.4 & 0.5 \\ 0.4 & 0.5 \end{pmatrix}$. 计算得

$$G_Q(\{a\})(a) = 0.4, \ G_Q(\{b\})(b) = 0.5, \ G_Q(\{a, b\})(a) = 0.4, \ G_Q(\{a, b\})(b) = 0.4.$$

显然 G_Q 是模糊选择函数. 然而 $R_Q = \begin{pmatrix} 0.4 & 0.4 \\ 0.4 & 0.5 \end{pmatrix} \neq Q$.

下面命题表明弱模糊自反关系 $(\forall a, b \in A, Q(a,a) \geqslant Q(a,b))$ 是 $Q \subseteq R_Q$ 的一个充分条件.

命题 6.44 若 Q 是一个弱模糊自反关系, 则 $Q \subseteq R_Q$.

证明 任取 $a, b \in A$,

$$R_Q(a,b) = \bigvee_{\{B|a,b \in B\}} G_Q(B)(a) \geqslant G_Q(\{a,b\})(a) = Q(a,a) \wedge Q(a,b).$$

由 Q 的弱模糊自反性, $Q(a,a) \geqslant Q(a,b)$. 于是 $Q \subseteq R_Q$. □

定理 6.17 Q 是弱模糊自反关系的充分必要条件为 $R_Q = Q$.

证明 若 Q 是弱模糊自反的, 由命题 6.43 和命题 6.44 知 $R_Q = Q$.

下面设 $R_Q = Q$. 若存在 $a, b \in A$ 使得 $Q(a,a) < Q(a,b)$. 由于 $\forall B \in \mathcal{B}, a \in B$,

$$G_Q(B)(a) = \bigwedge_{c \in B} Q(a,c) \leqslant Q(a,a).$$

因此, $R_Q(a,b) = \bigvee_{\{B|a,b \in B\}} G_Q(B)(a) \leqslant Q(a,a) < Q(a,b)$, 与 $R_Q = Q$ 矛盾.

所以, $\forall a, b \in A, Q(a,a) \geqslant Q(a,b)$, 即 Q 是弱模糊自反关系. □

由 Q 的自反性可以得出 Q 的弱自反性, 于是有下列结果.

推论 6.10 若 Q 是 A 上模糊自反关系, 则 $R_Q = Q$.

接下来研究 $\bar{R}_Q$ 和 R_Q 之间的关系.

引理 6.6 G_Q 是正规的.

证明 由命题 6.43, $R_Q \subseteq Q$. 因此, $\forall B \in \mathcal{B}, a \in B$,

$$\hat{G}_Q(B)(a) = \bigwedge_{b \in B} R_Q(a,b) \leqslant \bigwedge_{b \in B} Q(a,b) = G_Q(B)(a).$$

另一方面, $\forall B \in \mathcal{B}$, 由 R_Q 的定义得, $\forall a, b \in B, R_Q(a,b) \geqslant G_Q(B)(a)$. 故 $\forall a \in B$,

$$\hat{G}_Q(B)(a) = \bigwedge_{b \in B} R_Q(a,b) \geqslant G_Q(B)(a).$$

总之, $\forall a \in B, \hat{G}_Q(B)(a) = G_Q(B)(a)$. 因而 $\hat{G}_Q(B) = G_Q(B)$, 即 G_Q 是正规的. □

注 6.16 若 G_Q 正规, 则 $\forall B \in \mathcal{B}, \forall a \in B, G_Q(B)(a) = \bigwedge_{b \in B} R_Q(a,b) = \bigwedge_{b \in B} Q(a,b)$. 然而, 由例 6.18 看出 R_Q 与 Q 不一定相等.

由引理 6.6 和命题 6.26 立得下列结论.

定理 6.18 若 H 成立, 则 $\bar{R}_Q = R_Q$.

接下来讨论 $\tilde{R}_Q$ 与 $\bar{R}_Q$ 之间的关系. 首先由命题 6.22 易得下列结果.

引理 6.7 若 H 成立, 则 $\tilde{R}_Q \subseteq \bar{R}_Q$.

引理 6.8 设 T 是关于 N 旋转不变的 t-模. 若 Q 是 T-传递的, 则 $\bar{R}_Q \subseteq \tilde{R}_Q$.

证明 由 Q 的 T-传递性, $\forall a, b, c \in A$,

$$T(Q(a,b), Q(b,c)) \leqslant Q(a,c).$$

由命题 6.43, $R_Q \subseteq Q$. 因此, $\forall a, b, c \in A$,

$$T(Q(a,b), R_Q(b,c)) \leqslant T(Q(a,b), Q(b,c)) \leqslant Q(a,c).$$

故 $\forall B \in \mathcal{B}, \forall a, b, c \in B$,

$$T\left(Q(a,b), \bigwedge_{c \in B} R_Q(b,c)\right) \leqslant T(Q(a,b), R_Q(b,c)) \leqslant Q(a,c).$$

由于 $\bar{R}_Q(a,b) = Q(a,a) \wedge Q(a,b) \leqslant Q(a,b)$, 且由引理 6.6 知 G_Q 是正规的, 故

$$T(\bar{R}_Q(a,b), G_Q(B)(b)) \leqslant T\left(Q(a,b), \bigwedge_{c \in B} R_Q(b,c)\right) \leqslant \bigwedge_{c \in B} Q(a,c),$$

即 $\forall B \in \mathcal{B}, \forall a, b \in B, T(\bar{R}_Q(a,b), G_Q(B)(b)) \leqslant G_Q(B)(a)$.

由 T 对 N 的旋转不变性, $\forall B \in \mathcal{B}, \forall a, b \in B$,

$$T(G_Q(B)(b), N(G_Q(B)(a))) \leqslant N(\bar{R}_Q(a,b)).$$

由 N 是强非, $\forall a, b \in A$,

$$\tilde{R}_Q(a,b) = N\left(\bigvee_{\{B|a,b \in B\}} T(G_Q(B)(b), N(G_Q(B)(a)))\right)$$
$$= \bigwedge_{\{B|a,b \in B\}} N(T(G_Q(B)(b), N(G_Q(B)(a))))$$
$$\geqslant \bar{R}_Q(a,b).$$

故 $\bar{R}_Q \subseteq \tilde{R}_Q$. □

由引理 6.7 及引理 6.8 立得下列结论.

定理 6.19 若 H 成立且 T 关于 N 旋转不变, 则 Q 是 T-传递的充分必要条件是 $\bar{R}_Q = \tilde{R}_Q$.

推论 6.11 若 H 成立、T 关于 N 旋转不变且 Q 是 T-传递的, 则 $\tilde{R}_Q = \bar{R}_Q = R_Q = Q$.

证明 由于 G_Q 的每个选择集正规, 故由命题 6.41 知 Q 是强完全的. 由推论 6.10, $Q = R_Q$. 由定理 6.18 知 $\bar{R}_Q = R_Q$. 由定理 6.19 得 $\tilde{R}_Q = \bar{R}_Q$. 故 $\tilde{R}_Q = \bar{R}_Q = R_Q = Q$. □

最后, 讨论 G_Q 的合理性性质. 为此, 我们假设 G_Q 为 $\mathcal{B}$ 上的一个模糊选择函数.

命题 6.45 若 Q 是 T-传递的, 则 G_Q 满足条件 WFCA, SFCA.

证明 由命题 6.43, $R_Q \subseteq Q$. 由 Q 的 T-传递性, $\forall B \in \mathcal{B}$, $\forall a, b \in B$,

$$T(R_Q(a,b), G_Q(B)(b)) = T\left(R_Q(a,b), \bigwedge_{c \in B} Q(b,c)\right)$$

$$\leqslant T\left(Q(a,b), \bigwedge_{c \in B} Q(b,c)\right)$$

$$\leqslant \bigwedge_{c \in B} T(Q(a,b), Q(b,c))$$

$$\leqslant \bigwedge_{c \in B} Q(a,c) = G_Q(B)(a).$$

因此 G_Q 满足条件 WFCA.

由 Q 是 T-传递的知 $Q = \mathrm{tr}(Q)$, 故 G_Q 满足条件 SFCA. □

下面例子说明由 G_Q 满足条件 WFCA 并不能保证 Q 的 T-传递性.

例 6.19 设 $A = \{a, b, c\}$, $Q = \begin{pmatrix} 0.8 & 0.7 & 0.6 \\ 0.6 & 0.8 & 0.7 \\ 0.6 & 0.6 & 0.8 \end{pmatrix}$. 经计算得

$$G_Q(\{a\})(a) = G_Q(\{b\})(b) = G_Q(\{c\})(c) = 0.8,$$

$$G_Q(\{a,b\})(a) = G_Q(\{b,c\})(b) = 0.7, \quad G_Q(\{a,b\})(b) = 0.6,$$

$$G_Q(\{a,c\})(a) = G_Q(\{a,c\})(c) = G_Q(\{b,c\})(c) = 0.6,$$

$$G_Q(\{a,b,c\})(a) = G_Q(\{a,b,c\})(b) = G_Q(\{a,b,c\})(c) = 0.6.$$

令 $T = \min$. 容易验证 G_Q 满足条件 WFCA. 但是, $Q(a,b) \wedge Q(b,c) = 0.7 > Q(a,c)$. 故 Q 不是传递的.

命题 6.46 若 H 成立, 则 G_Q 满足条件 WFCA 当且仅当 Q 是 T-传递的.

证明 由于 G_Q 的每个选择集正规, 由命题 6.41, Q 强完全, 故 Q 自反. 由推论 6.10, $Q = R_Q$. 由引理 6.6, G_Q 正规. 由定理 6.8 中 (1) 和 (3) 的等价性, G_Q 满足 WFCA 当且仅当 R_Q 是 T-序且 G_Q 正规. 故 G_Q 满足 WFCA 当且仅当 Q 是 T-传递的. □

由定理 6.8 及命题 6.46 立得下列结论.

命题 6.47 若 H 成立且 T 关于 N 旋转不变, 则 G_Q 满足条件WAFRP(SAFRP) 当且仅当 Q 是 T-传递的.

由命题 6.28 及引理 6.6 立得下列结论.

命题 6.48 G_Q 满足条件 $F\alpha$ 及 $F\gamma$.

一般来说, 一个模糊选择函数满足条件 $F\beta'$, 则它一定满足条件 $F\beta$; 反之未必成立. 然而, 对模糊选择函数 G_Q, 我们有下列命题.

命题 6.49 若 H 成立且 G_Q 满足 $F\beta$, 则 G_Q 满足 $F\beta'$.

证明 由命题 6.48, G_Q 满足 $F\alpha$. 由命题 6.31 及命题 6.33 知 G_Q 满足 $F\beta'$. □

由命题 6.49 立得下列结论.

推论 6.12 若 H 成立, 则 G_Q 满足 $F\beta$ 等价于 G_Q 满足 $F\beta'$.

命题 6.50 若 Q 是 T-传递的, 则 G_Q 满足条件 $F\beta^+$.

证明 $\forall B_1, B_2 \in \mathcal{B}, B_1 \subseteq B_2, \forall a, b \in B_1,$

$$
\begin{aligned}
T(G_Q(B_1)(a), G_Q(B_2)(b)) &= T\left(\bigwedge_{c \in B_1} Q(a,c), \bigwedge_{c \in B_2} Q(b,c)\right) \\
&\leqslant T\left(Q(a,b), \left(\bigwedge_{c \in B_2} Q(b,c)\right)\right) \\
&\leqslant \bigwedge_{c \in B_2} T(Q(a,b), Q(b,c)) \\
&\leqslant \bigwedge_{c \in B_2} Q(a,c) = G_Q(B_2)(a).
\end{aligned}
$$

因此, G_Q 满足条件 $F\beta^+$. □

由命题 6.49 及命题 6.50 立得下列结论.

推论 6.13 若 H 成立且 Q 是 T-传递的, 则 G_Q 满足条件 $F\beta$ 和条件 $F\beta'$.

下面例子说明命题 6.50 的逆命题未必成立.

例 6.20 设 $A = \{a, b, c\}$, $Q = \begin{pmatrix} 0.7 & 0.6 & 0.9 \\ 0.6 & 0.7 & 0.8 \\ 0.6 & 0.8 & 0.7 \end{pmatrix}$, 则 G_Q 为

$$G_Q(\{a\})(a) = G_Q(\{b\})(b) = G_Q(\{c\})(c) = 0.7,$$
$$G_Q(\{a,b\})(a) = 0.6, \quad G_Q(\{a,b\})(b) = 0.6, \quad G_Q(\{a,c\})(a) = 0.7,$$
$$G_Q(\{a,c\})(c) = 0.6, \quad G_Q(\{b,c\})(b) = 0.7, \quad G_Q(\{b,c\})(c) = 0.7,$$
$$G_Q(\{a,b,c\})(a) = G_Q(\{a,b,c\})(b) = G_Q(\{a,b,c\})(c) = 0.6.$$

令 $T = \min$, 则 G_Q 满足条件 $F\beta^+$. 但是

$$Q(a,c) \wedge Q(c,b) = 0.9 \wedge 0.8 = 0.8 > Q(a,b) = 0.6,$$

即 Q 不是传递的.

由推论 6.12, $F\beta$ 等价于 $F\beta'$, 例 6.20 也说明推论 6.13 反过来不一定成立. 但我们用条件 $F\beta^+$ 代替条件 $F\beta$, 得到了 Q 是 T-传递的充分条件.

定理 6.20 若 H 成立且满足条件 $F\beta^+$, 则 Q 是 T-传递的.

证明 由命题 6.48, G_Q 满足条件 $F\alpha$. 由于 G_Q 的每个选择集正规且 G_Q 满足条件 $F\beta^+$, 由定理 6.10, G_Q 满足 WFCA. 故由命题 6.46, Q 是 T-传递的. □

定理 6.21 若 H 成立且 $T=\min$, 则 G_Q 满足条件 $F\beta$ 当且仅当 Q 是传递的.

证明 若 $T=\min$, 由定理 6.11, G_Q 满足 WFCA 等价于 G_Q 满足条件 $F\alpha$ 和 $F\beta$. 由命题 6.48, G_Q 满足 $F\alpha$, 故 WFCA 等价于条件 $F\beta$. 由于 G_Q 的每个选择集正规, 由命题 6.46 知 WFCA 等价于 Q 的传递性. 因此 G_Q 满足条件 $F\beta$ 当且仅当 Q 是 T-传递的. □

由推论 6.12、命题 6.50、定理 6.20 及定理 6.21 立得下列结论.

推论 6.14 若 H 成立且 $T=\min$, 则条件 $F\beta$, $F\beta'$, $F\beta^+$ 和 Q 的 T-传递性等价.

下面例子说明: 若 $T\neq\min$, 定理 6.21 未必成立.

例 6.21 设 $A=\{a,b,c\}$, $Q=\begin{pmatrix} 1 & 1 & 0.5 \\ 0.8 & 1 & 0.6 \\ 1 & 1 & 1 \end{pmatrix}$. 则 G_Q 为

$$G_Q(\{a\})(a) = G_Q(\{b\})(b) = G_Q(\{c\})(c) = 1,$$
$$G_Q(\{a,b\})(a) = 1, \quad G_Q(\{a,b\})(b) = 0.8, \quad G_Q(\{a,c\})(a) = 0.5,$$
$$G_Q(\{a,c\})(c) = 1, \quad G_Q(\{b,c\})(b) = 0.6, \quad G_Q(\{b,c\})(c) = 1,$$
$$G_Q(\{a,b,c\})(a) = 0.5, \quad G_Q(\{a,b,c\})(b) = 0.6, \quad G_Q(\{a,b,c\})(c) = 1.$$

令 $T=W$. 容易验证 G_Q 满足 $F\beta$. 由于 $T(Q(a,b),Q(b,c))=T(1,0.6)>0.5>Q(a,c)$, 故 Q 不是 T-传递的.

最后我们指出: 在选择函数模糊化的过程中, 文献中存在两个框架, 一个是 Banerjee 模糊选择函数[61], 这就是我们所采用的研究框架[152,154,160-162], 在讨论时所涉及的逻辑联结运算 t-模 T 以及非 n 是互相独立的; 另一个是更为广义的 Georgescu 模糊选择函数, 讨论时的逻辑联结以剩余格 $([0,1],\vee,\wedge,*,\rightarrow,0,1)$ 为基础[68,72,140,151,163]. 尽管使用不同的逻辑框架, 但一些讨论 (如合理性条件等) 背后的直观或决策意义并没有本质的不同. 诚然, 框架的不同也带来结果上的一些细微的差别, 事实上, Georgescu 模糊选择函数的一般性也使得获得同样的结果所用条件更为严格, 例如: 在 Georgescu[72] 框架下, 仅在取小 t-模下得到了 R 是 T-序与 WFCA 的等价性[72]; 仅在 Łukasiewicz t-模下得到了 $\tilde{R}\subseteq R$[72]. 而 Banerjee 框架下, 在任意 t-模下, 均得到相应结论[152]. 另外, t-模一旦确定, 在剩余格框架下,

蕴涵及非也相应地确定了, 例如, 有时需在 min t-模下讨论合理性条件等, 此时, 所涉及的非只能是直觉非. 当然, 在剩余格下, 所有逻辑联结相互联系, 形成一个有机整体, 可以利用 R-蕴涵丰富结果. 值得一提的是, 在定义严格显示偏好时, 采用该框架自然就是非自反的[72], 这一点更为自然. 尽管两类模糊选择函数所选框架各不相同, 但当所涉及的 t-模为旋转不变 t-模时, 它们所采用的逻辑联结却是完全相同的. 关于模糊选择函数的综述性文章, 读者可参看 [164].

参 考 文 献

[1] Riguet J. Les relations de Ferrers. C.R. Acad. Sci., 1951, 232: 1729–1730.

[2] Chipman J S. Consumption Theory without Transitive Indifference. Preferences, Utility and Demand. New York: Harcourt Brace, 1971.

[3] Duggan J. A general extension theorem for binary relations. J. Economic Theory, 1999, 86: 1–16.

[4] Bandyopadhyay T. Revealed preference and the axiomatic foundations of intransitive indifference: The case of asymmetric subrelations. Journal of Mathematical Psychology, 1990, 34: 419–434.

[5] Bandyopadhuay T, Sengupta K. Revealed preference axioms for rational choice. The Economic Journal, 1991, 101: 202–213.

[6] Sen A K. Social choice theory: A re-examination. Econometrica, 1977, 45: 53–89.

[7] Sánchez M C. Rational choice on non-finite sets by means of expansion-contraction axioms. Theory and Decision, 1978, 45: 1–17.

[8] Suzumura K. Remarks on the theory of collective choice. Economica, 1976, 43: 381–390.

[9] Sen A K. Collective Choice and Social Welfare. San Francisco: Holden-Day, 1970.

[10] Doignon J P, Monjardet B, Roubens M. Ph. Vincke, Biorders families, valued relations and preference modeling. Journal of Mathematical Psychology, 1986, 30: 143–241.

[11] Roubens M, Vincke P H. Preference Modeling. Berlin: Springer-Verlag, 1985.

[12] Pirlot M, Vincke P H. Semiorders: Properties. Representations, Applications. B.V., Dordrecht: Springer-Science+Business Media, 1997.

[13] Doignon J P. Generalizations of interval orders // Degreef E, Van Buggenhaut J, ed. Trends in Mathematical Psychology. North-Holland: Elsevier Science Publishers, 1984: 209–217.

[14] Fodor J C, Roubens M. Fuzzy Preference Modeling and Multicriteria Decision Support. Dordercht/Boston/London: Kluwer Academic Publishers, 1994.

[15] Baczyński M, Jayaram B. Fuzzy Implications. Berlin/Heidelberg: Springer-Verlag, 2008.

[16] Sugeno M. Fuzzy measures and fuzzy integrals: A survey // Gupta M M, Saridis G N, Gaines B R, ed. Fuzzy Automata and Decision Processes. Amsterdam: North-Holland, 1977: 89–102.

[17] Trillas E. Sobre functiones de negación en la teoría de conjunctos diffusos. Stochastica, 1979, 3: 47–59.

[18] Ovchinnikov S, Roubens M. On strict preference relations. Fuzzy Sets and Systems, 1991, 43: 319–326.

[19] Fodor J C. A new look at fuzzy connectives. Fuzzy Sets and Systems, 1993, 57:

141–148.

[20] Klement E, Mesiar R, Pap E. Triangular Norms. Dordercht/Boston/London: Kluwer Academic Publishers, 2000.

[21] Menger K. Statistical metrics. Proc. Nat. Acad. Sci. U.S.A, 1942, 8: 535–537.

[22] Schweizer B, Sklar A. Probabilistic Metric Space. New York: North-Holland, 1983.

[23] Fodor J C. Contrapositive symmetry of fuzzy implications. Fuzzy Sets and Systems 1995, 69: 141–156.

[24] Jenei S. Geometry of left-continuous t-norms with strong induced negations. Belgian Journal of Operational Research, Statistics and Computer Science, 1998, 38: 5–16.

[25] Jenei S. Continuity of left-continuous triangular norms with strong induced negations and their boundary condition. Fuzzy Sets and Systems, 2001, 124: 35–41.

[26] Ling C H. Representation of associative functions. Publ. Math. Debrecen 1965, 12: 189–212.

[27] Klement E, Mesiar R, Pap E. Problems on triangular norms and related operators. Fuzzy Sets and Systems, 2004, 145: 471–479.

[28] Yao O. A conditionally cancellative left-continuous t-norm is not necessarily continuous. Fuzzy Sets and Systems, 2006, 157: 2328–2332.

[29] 李欣, 王绪柱. 关于 t-模的旋转不变性. 模糊系统与数学, 2015, 6(29): 40–45.

[30] 彭育威, 徐小湛, 吴守宪. 模糊关系的若干传递性质之间的关系. 模糊系统与数学, 2007, 4(21): 95–99.

[31] Wang X, Cao X, Wu C, Chen J. Indicators of fuzzy relations. Fuzzy Sets and Systems, 2013, 216: 91–107.

[32] 张永利, 王绪柱. 基于 S-蕴涵的模糊等价. 模糊系统与数学, 2012, 5(26): 100–106.

[33] Yager R R, Rybalov A. Uninorm aggregation operators. Fuzzy Sets and Systems, 1996, 80: 111–120.

[34] Fodor J C, Yager R R, Rybalov A. Structure of uninorms. Int. J. Uncertainty, Fuzziness and Knowledge-Based Systems, 1997, 5: 411–427.

[35] Bandler W, Kohout L. Semantics of implication operators and fuzzy relational products. Int. J. Man-Machine Studies, 1980: 89–116.

[36] Fodor J C. On fuzzy implication operators. Fuzzy Sets and Systems, 1991, 42: 293–300.

[37] Shi Y, Van Gasse B, Ruan D, Kerre E. On the first place antitonicity in QL-implications. Fuzzy Sets and Systems, 2008, 159: 2988–3013.

[38] Trillas E, Valverde L. On some functionally expressible implications for fuzzy set theory // Klement E P, ed. Proc. Third International Seminar on Fuzzy Set Theory. Linz, Austria, 1981: 173–190.

[39] Alsina C, Trillas E. When (S, n)-implications are (T, T_1)-conditional functions? Fuzzy Sets and Systems, 2003, 134: 305–310.

[40] Dubois D, Prade H. Fuzzy sets in approximate reasoning, Part 1: Inference with possibility distributions. Fuzzy Sets and Systems, 1991, 40: 143–202.

[41] Bělohlávek R. Fuzzy Relational Systems. Foundations and Principles. Norwell: Kluwer Academic Publishers, 2012.

[42] Hájek P. Metamathematics of Fuzzy Logic. Dordrecht /Boston /London: Kluwer Academic Publishers, 1998.

[43] Baczyński M. Fuzzy implications revisited. Notes on the Smets-Magrez Theorem. Fuzzy Sets and Systems, 2004, 145: 267–277.

[44] Baczyński M, Jayaram B. QL-implications: Some properties and intersections. Fuzzy Sets and Systems, 2010, 161: 158–188.

[45] Mas M, Monserrat M, Torrens J. QL-implications versus D-implications. Kybernetika, 2006, 42: 351–366.

[46] 孙伟忠, 王绪柱. 一类模糊蕴涵性质的研究. 模糊系统与数学, 2010, 24(6): 27–33.

[47] Klir G J, Yuan B. Fuzzy Sets and Fuzzy Logic-Theory and Applications. New Jersey: Prentice Hall PTR, 1995.

[48] 刘普寅, 吴孟达. 模糊理论及其应用. 长沙: 国防科技大学出版社, 1998.

[49] 罗承中. 模糊集引论 (上、下册). 北京: 北京师范大学出版社, 2005.

[50] Wang X, Ruan D, Kerre E. Mathematics of Fuzziness-Basic Issues. Berlin /Heidelberg: Springer-Verlag, 2009.

[51] Orlovsky S A. Decision-making with a fuzzy preference relation. Fuzzy Sets and Systems, 1978, 1: 155–167.

[52] Dubois D. The role of fuzzy sets in decision sciences: Old techniques and new directions. Fuzzy Sets and Systems, 2011, 184: 3–28.

[53] Peng Y, Xu X. The dual composition of fuzzy relations and its applications of transitivity properties. 模糊系统与数学, 2005, 4(19): 54–59.

[54] Bandler W, Kohout L J. Fuzzy relational products as a tool for analysis and synthesis of the behaviour of complex and artificial systems // Wang P P, Chang S K, ed. Fuzzy Sets : Theory and Applications to Policy Analysis and Information Systems. New York: Plenum Press, 1980: 341–367.

[55] Fodor J C. Traces of fuzzy binary relations. Fuzzy Sets and Systems, 1992, 50: 331–341.

[56] Wang X, Zhang C, Cheng Y. A revisit to traces in characterizing properties of fuzzy relations. Int. J. Uncertainty, Fuzziness and Knowledge-based Systems, 2014, 22: 865–877.

[57] Zadeh L A. Similarity relations and fuzzy orderings. Information Science, 1971, 3: 177–200.

[58] Fodor J C, Roubens M. Structure of transitive valued binary relations. Mathematical Social Sciences, 1995, 30: 71–94.

[59] Ovchinnikov S. Transitive fuzzy ordering of fuzzy numbers. Fuzzy Sets and Systems, 1989, 35: 283–295.

[60] Wang X, Xue Y. Notes on transitivity, negative transitivity, semitransivity and Ferrers property. Int. J. Fuzzy Mathematics, 2004, 12(2): 323–330.

[61] Banerjee A. Fuzzy choice functions, revealed preference and rationality. Fuzzy Sets and Systems, 1995, 70: 31–43.

[62] Bouyssou D. Acyclic fuzzy preferences and the Orlovsky choice function: A note. Fuzzy Sets and Systems, 1997, 89: 107–111.

[63] Kolodziejczyk W. Orlovsky's concept of decision making with fuzzy preference relations-fuzzy results. Fuzzy Sets and Systems, 1986, 19: 11–20.

[64] Ok E A. On the approximation of fuzzy preferences by exact relations. Fuzzy Sets and Systems, 1994, 67: 173–179.

[65] Banerjee A. Rational choice under fuzzy preference: the orlovsky choice function. Fuzzy Sets and Systems, 1993, 53: 295–299.

[66] Georgescu I. Acyclic rationality indicators of fuzzy choice functions. Fuzzy Sets and Systems, 2009, 160: 2673–2685.

[67] Alcantud J C R, Diaz S. Conditional extensions of fuzzy preorders. Fuzzy Sets and Systems, 2015, 278: 3–19.

[68] Martinetti D, De Baets B, Diaz S, Montes S. On the role of acyclicity in the study of rationality of fuzzy choice functions. Fuzzy Sets and Systems, 2014, 239: 35–50.

[69] Wang X. An investigation into relations between some transitivity-related concepts. Fuzzy Sets and Systems, 1997, 89: 257–262.

[70] Bandler W, Kohout L J. Special properties, closures and interiors of crisp and fuzzy relations. Fuzzy Sets and Systems, 1988, 26: 317–331.

[71] De Baets B, De Meyer H. On the existence and construction of T-transitive closures. Information Sciences, 2003, 152: 167–179.

[72] Georgescu I. Fuzzy Choice Functions. Berlin: Springer-Verlag, 2007.

[73] Bandler W, Kohout L. Fuzzy power sets and fuzzy implication operators. Fuzzy Sets and Systems, 1980, 4: 13–30.

[74] Divyendu S, Dougherty E R. Fuzzification of set inclusion: Theory and applications. Fuzzy Sets and Systems, 1993, 55: 15–42.

[75] Burillo P, Frago N, Fuentes R. Inclusion grade and fuzzy implication operators. Fuzzy Sets and Systems, 2000, 114: 417–429.

[76] Wang X, Xue Y. Traces and property indicators of fuzzy relations. Fuzzy Sets and Systems, 2014, 246: 78–90.

[77] Ovchinnikov S. Structure of fuzzy binary relations. Fuzzy Sets and Systems, 1981, 6: 169–195.

[78] Roubens M. Some properties of choice functions based on valued binary relations.

European Journal of Operations Research, 1989, 40: 309–321.

[79] Roubens M, Vincke P H. Fuzzy preferences in an optimization perspective // Kacprzyk J, Orlovsky A, ed. Optimization Models Using Fuzzy Sets and Possibility Theory. Dordrecht: D. Reidel Publishing Company, 1987: 77–90.

[80] Ovchinnikov S, Roubens M. On fuzzy strict preference, indifference, and incomparability relations. Fuzzy Sets and Systems, 1992, 49: 15–20.

[81] Fodor J C. An axiomatic approach to fuzzy preference modeling. Fuzzy Sets and Systems, 1992, 52: 47–52.

[82] Van de Walle B, De Baets B, Kerre E. A plea for the use of Łukasiewicz triplets in fuzzy preference structures (I). General argumentation, Fuzzy Sets and Systems, 1998, 97: 349–359.

[83] Bufardi A. On the fuzzification of the classical definition of preference structure. Fuzzy Sets and Systems, 1999, 104: 323–332.

[84] Van de Walle B, De Baets B, Kerre E. Characterizable preference structures. Annas of Operations Research, 1998, 80: 105–136.

[85] De Baets B, Van de Walle B. Minimal definitions of classical and fuzzy preference structures // Proceeding of the Annual Meeting of the North American Fuzzy Information Processing Society. New York: Syracuse, 1997: 299–304.

[86] Van de Walle B, De Baets B. Characterizable fuzzy preference structures. Annals of Operations Research, 1998, 80: 105–136.

[87] Bufardi A. On the construction of fuzzy preference structures. Journal of Multi-criteria Decision Analysis, 1998, 7: 169–175.

[88] Llamazares B. Characterization of fuzzy preference structures through Łukasiewicz triplets. Fuzzy Sets and Systems, 2003, 136: 217–235.

[89] Díaz S, De Baets B, Montes S. On the Ferrers property of valued interval orders. Top, 2011, 19: 421–447.

[90] Díaz S, Induráin E, De Baets B, Montes S. Fuzzy semi-orders: The case of t-norms without zero divisors. Fuzzy Sets and Systems, 2011, 184: 52–67.

[91] 仝坤玉, 王绪柱. T-S-Ferrers 性质与区间序指标. 模糊系统与数学, 2014, 28(6): 144–151.

[92] De Baets B, Van de Walle B. Weak and strong fuzzy interval orders. Fuzzy Sets and Systems, 1996, 79: 213–225.

[93] 孙新会. 基于可加的 φ-模糊偏好结构的传递性及其指标研究. 太原理工大学硕士学位论文, 2015.

[94] De Baets B, Van de Walle B, Kerre E. Fuzzy preference structures without comparability. Fuzzy Sets and Systems, 1995, 79: 333–348.

[95] Alsina C. On a family of connectives for fuzzy sets. Fuzzy Sets and Systems, 1985, 16: 231–235.

[96] 孙高峰. 一类模糊偏好结构的研究. 太原理工大学硕士学位论文, 2005.

[97]　宋雪丽. 强 De Morgan 三元组下的模糊偏好结构. 太原理工大学硕士学位论文, 2004.

[98]　Montes I, Díaz S, Montes S. On complete fuzzy preorders and their characterizations. Soft Computing, 2011, 15: 1999–2011.

[99]　Bufardi A. An alternative definition for interval orders. Fuzzy Sets and Systems, 2003, 133: 249–259.

[100]　王绪柱, 宋雪丽. 模糊全区间序结构. 数学杂志, 2005, 25(3): 320–326.

[101]　宋雪丽, 王绪柱. 模糊全半序结构. 模糊系统与数学, 2004, 18(2): 8–14.

[102]　De Baets B, Fodor J. Twenty years of fuzzy preference structures (1978–1997). Belgian. Journal of Operational Research, Statistics and Computer Science, 1997, 37: 61–82.

[103]　Adamo J M. Fuzzy decision trees. Fuzzy Sets and Systems, 1980, 4: 207–219.

[104]　Watson S R, Weiss J J, Donnel M L. Fuzzy decision analysis. IEEE Transactions on Systems, Man and Cybernetics, 1979, 9: 1–9.

[105]　Buckley J J. Fuzzy hierarchical analysis. Fuzzy Sets and Systems, 1985, 17: 233–247.

[106]　Laarhoven P J M, Pedrycz W. A fuzzy extension of Saaty's priority theory. Fuzzy Sets and Systems, 1983, 11: 229–241.

[107]　Delgado M, Verdegay J L, Vila M A. A general model for linear programming. Fuzzy Sets and Systems, 1989, 29: 21–29.

[108]　Ramik J, Rimanek J. Inequality relation between fuzzy numbers and its use in fuzzy optimization. Fuzzy Sets and Systems, 1985, 16: 123–138.

[109]　Zadeh L A. Fuzzy sets. Information and Control, 1965, 8: 338–353.

[110]　Kerre E. Introduction to the basic principles of fuzzy set theory and some of its applications. Comunication & Cognition, Blandijberg, Gent, Belgium, 1993.

[111]　Dubois D, Prade H. Operations on fuzzy numbers. International Journal of System Science, 1978, 9: 613–626.

[112]　罗承中. 扩展原理与模糊数 (II). 模糊数学, 1988, (3): 14–23.

[113]　Yager R R. A procedure for ordering fuzzy sets of the unit interval. Information Sciences, 1981, 24: 143–161.

[114]　Liou T, Wang J. Ranking fuzzy numbers with integral value. Fuzzy Sets and Systems, 1992, 50: 247–255.

[115]　Campos L, Munoz A. A subjective approach for ranking fuzzy numbers. Fuzzy Sets and Systems, 1989, 29: 145–153.

[116]　Yager R R. Ranking fuzzy subsets over the unit interval. Proc. CDC, 1978: 1435–1437.

[117]　Kerre E. The use of fuzzy set theory in electrocardiological diagnostics // Gupta M, Sanchez E, ed. Approximate Reasoning in Decision-Analysis. Amsterdam: North-Holland Publishing Company, 1982: 277–282.

[118]　Chen S. Ranking fuzzy numbers with maximizing set and minimizing set. Fuzzy Sets

and Systems, 1985, 17: 113–129.

[119]　Jain R. Decision making in the presence of fuzzy variables. IEEE Transactions on Systems, Man and Cybernetics, SMC, 1976, 6: 698–703.

[120]　Kim K, Park K S. Ranking fuzzy numbers with index of optimism. Fuzzy Sets and Systems, 1990, 35: 143–150.

[121]　Wang X, Kerre E. Reasonable properties for the ordering of fuzzy quantities (II). Fuzzy Sets and Systems, 2001, 118: 386–405.

[122]　Dubois D, Prade H. Ranking fuzzy numbers in the setting of possibility theory. Information Sciences, 1983, 30: 183–224.

[123]　Montero F J, Tejada J. A necessary and sufficient condition for the existence of Orlovsky's choice set. Fuzzy Sets and Systems, 1988, 26: 121–125.

[124]　Wang X, Ruan D. On the transitivity of fuzzy preference relations in ranking fuzzy numbers // Ruan D, ed. Fuzzy Set Theory and Advanced Mathematical Applications. Dordrecht/Boston/London: Kluwer Academic Publishers, 1995: 155–173.

[125]　Wang X. A comparative study of the ranking methods for fuzzy quantities. Ph D. Dissertation of Gent Univerity, 1997.

[126]　Baas S M, Kwakernaak H. Rating and ranking of multiple-aspect alternatives using fuzzy sets. Automatic, 1977, 13: 47–58.

[127]　Nakamura K. Preference relations on a set of fuzzy utilities as a basis for decision making. Fuzzy Sets and Systems, 1986, 20: 147–162.

[128]　Dubois D, Prade H. The use of fuzzy numbers in decision analysis // Gupta M M, Sanchez E, ed. Fuzzy Information and Decision Processes. Amsterdam: North-Holland Publishing Company, 1982: 309–321.

[129]　Tong R M, Bonissone P P. A linguistic approach between fuzzy numbers and its use in fuzzy sets. IEEE Transactions on Systems, Man and Cybernetics, 1980, 10: 716–723

[130]　Saade J J, Schwarzlander H. Ordering fuzzy sets over the real line: An approach based on decision making under uncertainty. Fuzzy Sets and Systems, 1992, 50: 237–246.

[131]　Yuan Y. Criteria for evaluating fuzzy ranking methods. Fuzzy Sets and Systems, 1991, 43: 139–157.

[132]　Freeling S. Fuzzy sets and decision analysis. IEEE Transactions on Systems, Man and Cybernetics, 1980, 10: 341–354.

[133]　Wang X, Kerre E. Reasonable properties for the ordering of fuzzy quantities (I). Fuzzy Sets and Systems, 2001, 118: 375–385.

[134]　Bortolan G, Degni R. A review of some methods for ranking fuzzy subsets. Fuzzy Sets and Systems, 1985, 15: 1–19.

[135]　Chen S, Hwang C. Fuzzy Multiple Attibute Decision Making. Berlin/Heidelberg: Springer-Verlag, 1994.

[136]　王绪柱, 单静. 模糊量排序综述. 模糊系统与数学, 2002, 16(4): 28–34.

[137] Uzawa H. Note on preference and axioms of choice. Annals of the Institute of Statis-
       tical Mathematics, 1956, 8: 35–40.

[138] Arrow K J. Rational choice functions and orderings. Economica, 1959, 26: 121–127.

[139] Sen A K. Choice functions and revealed preference. Review of Economic Studies, 1971,
       38: 307–317.

[140] Georgescu I. Rational and congruous fuzzy consumers. Proceeding of the International
       Conference on Fuzzy Information Processing. Theory and Applications, Beijing, 2003:
       133–137.

[141] Richter M K. Revealed preference theory. Econometrica, 1966, 34: 635–645.

[142] Samuelson P A. A note on the pure theory of consumer's behavior. Economica, 1938,
       5: 61–71.

[143] Herzberger H G. Ordinal preference and utility functions. Econometrica, 1973, 41:
       187–237.

[144] Suzumura K. Rational Choice, Collective Decisions and Social Welfare. Cambridge:
       Cambridge University Press, 1983.

[145] Suzumura K. Rational choice and revealed preference. The Review of Economica
       Studies, 1976, 43: 149–158.

[146] Fishburn P C. Semiorders and choice functions. Econometrica, 1975, 43: 975–976.

[147] Jamisonand D T, Lau L J. Semiorders and the theory of choice. Econometrica, 1973,
       41: 901–912.

[148] Houthakker H S. Revealed preference and the utility function. Economica, 1950, 17:
       159–174.

[149] Chernoff H. Rational selection of decision functions. Econometrica, 1954, 22:
       119–130.

[150] Alcantud J C R. Revealed indifference and models of choice behavior. Journal of
       Mathematical Psychology, 2002, 46: 418–430.

[151] Georgescu I. On the axioms of revealed preference in fuzzy consumer theory. Journal
       of Systems Sciences and Systems Engineering, 2004, 13: 279–296.

[152] Wu C, Wang X. A further study on rationality conditions of fuzzy choice functions.
       Fuzzy Sets and Systems, 2011, 176: 1–19.

[153] Wang X. A note on congruence conditions of fuzzy choice functions. Fuzzy Sets and
       Systems, 2004, 145: 355–358.

[154] 武彩萍, 王绪柱, 郝永花. 模糊选择函数中一些显示偏好关系的研究. 模糊系统与数学,
       2010, 24(1): 84–91.

[155] Sengupta K. Fuzzy preference and Orlovsky choice procedure. Fuzzy Sets and Systems,
       1998, 93: 231–234.

[156] Barrett C R, Pattanaik P K, Salles M. On choosing rationally when preferences are
       fuzzy. Fuzzy Sets and Systems, 1990, 34: 197–212.

[157]   Dutta B, Panda S C, Pattanaik P K. Exact choices and fuzzy preferences. Mathematical Social Sciences, 1986, 11: 53–68.

[158]   Kulshreshtha P, Shekar B. Interrelationships among fuzzy preference-based choice functions and significance of rationality conditions: A taxonomic and intuitive perspective. Fuzzy Sets and Systems, 2000, 109: 429–445.

[159]   Basu K. Fuzzy revealed preference theory. J. Economic Theory, 1984, 32: 212–227.

[160]   王玥, 王绪柱. 一个基于模糊偏好的选择函数. 模糊系统与数学, 2012, 26(4): 130–136.

[161]   Wu C, Wang X. Fuzzification of Suzumura's results on choice functions // Li M, Liang Q, Wang L, Song Y, ed. Proceedings of the 2010 seventh international conference on Fuzzy Systems and Knowledge Discovery. Yantai, China, 2010: 1020–1024.

[162]   苏俊萍, 王绪柱. 模糊选择函数拟传递合理性指标. 模糊系统与数学, 2011, 25(6): 81–87.

[163]   Martinetti D, Montes S, Díaz S, De Baets B. On Arrow-Sen style equivalences between rationality conditions for fuzzy choice functions. Fuzzy Optim Decis Making, 2014, 13(4): 369–396.

[164]   Wang X, Wu C, Wu X. Choice functions in fuzzy environment: An overview // Cornelis C, Deschrijver G, Nachtegael M, et al., ed. 35 years of fuzzy set theory. Berlin/Heidelberg: Springer-Verlag, 2011: 149–169.